HANDBUCH DER ANALYTISCHEN CHEMIE

HERAUSGEGEBEN

VON

W. FRESENIUS UND G. JANDER

WIESBADEN BERLIN

ZWEITER TEIL

QUALITATIVE NACHWEISVERFAHREN

BAND VIII b α

ELEMENTE DER ACHTEN NEBENGRUPPE

I

Springer-Verlag Berlin Heidelberg GmbH 1956

ELEMENTE DER ACHTEN NEBENGRUPPE

I

EISEN · KOBALT · NICKEL

BEARBEITET

VON

B. GRÜTTNER · H. HAHN

MIT 33 ABBILDUNGEN

Springer-Verlag Berlin Heidelberg GmbH 1956

Ursprünglich erschienen bei Springer Verlag oHG Berlin Gottigen Heidelberg 1956.

ISBN 978-3-662-30607-9 ISBN 978-3-662-30606-2 (eBook)
DOI 10.1007/978-3-662-30606-2
Softcover reprint of the hardcover 1st edition 1956

Inhaltsverzeichnis.

Verzeichnis der Zeitschriften und ihrer Abkürzungen.

Abkürzung	Zeitschrift
A.	LIEBIGS Annalen der Chemie; bis **172** (1874): Annalen der Chemie und Pharmacie.
Acc. Sci. med. Ferrara	Accadimie delle scienze mediche di Ferrara.
A. Ch.	Annales de Chimie; vor 1914: Annales de Chimie et de Physique.
Acta Comment. Univ. Tartu	Acta et Commentationes Universitatis Tartensis (Dorpatensis).
Acta med. Scand.	Acta Medica Scandinavica.
Agricultura	Agricultura.
Am. Chem. J. (*Am. Ch.*)	American Chemical Journal; seit 1917 vereinigt mit Am. Soc.
Am. Fertilizer	The American Fertilizer.
Am. J. Physiol.	American Journal of Physiology.
Am. J. Sci.	American Journal of Science.
Am. Soc.	Journal of the American Chemical Society.
Am. Soc. Test. Mater. (*Am. Soc. Testing Materials*)	American Society of Testing Materials.
Anal. Chem.	Analytical Chemistry, früher Ind. Eng. Chem. Anal. Edit.
Anal. chim. Acta	Analytica chimica acta.
Analyst	The Analyst.
An. Argentina	Anales de la asociación química Argentina.
An. Españ.	Anales de la sociedad espanola de física y química; seit 1941: Anales de fisica y quimica (Madrid).
An. Farm. Bioquim.	Anales .de farmacia y bioquímica (Buenos Aires).
Angew. Ch.	Angewandte Chemie, vor 1932: Zeitschrift für angewandte Chemie.
Ann. Acad. Sci. Fenn.	Annales academiae scientiarum fennicae.
Ann. agronom.	Annales agronomiques.
Ann. Chim. anal.	Annales de Chimie analytique et de Chimie appliquée.
Ann. Chim. appl(ic).	Annali di chimica applicata.
Ann. Falsific.	Annales des Falsifications et des Fraudes.
Ann. Office nat. Combustibles liquides	Annales de l'Office National des Combustibles Liquides.
Ann. Phys.	Annalen der Physik (GRÜNEISEN und PLANCK).
Ann. Sci. agronom. Franç.	Annales de la Science agronomique française et étrangère; nach 1930: Annales agronomiques.
Ann. Soc. Sci. Bruxelles	Annales de la société scientifique de Bruxelles, Série A: Sciences mathématiques; Série B: physiques et naturelles.
Anz. Akad. Wiss. Wien, math.-naturwiss. Kl.	Anzeiger der Akademie der Wissenschaften in Wien, Mathematische-Naturwissenschaftliche Klasse.
Anz. Krakau. Akad.	Anzeiger der Akademie der Wissenschaften, Krakau.
Apoth.-Z.	Apotheker-Zeitung.
Ar.	Archiv der Pharmazie.
Arch. Eisenhüttenw.	Archiv für das Eisenhüttenwesen.
Arch. exp. Pathol.	Archiv für experimentelle Pathologie und Pharmakologie (NAUNYN-SCHMIEDEBERG).
Arch. Math. Naturvidensk (*Arch. F. Mathem. og Naturvid.*)	Archiv for Mathematik og Naturvidenskab.
Arch. Néerland. Physiol.	Archives Néerlandaises de Physiologie de l'Homme et des Animaux.
Arch. Phys. biol.	Archives de Physique biologique et de Chimie-Physique des Corps organisés.
Arch. Physiol.	Archiv für die gesamte Physiologie des Menschen und der Tiere (PFLÜGER).

Abkürzung	Zeitschrift
Arch. Sci. biol.	Archivio di science biologiche (Italy).
Arch. Sci. phys. nat. Genève	Archives des Sciences physiques et naturelles, Genève.
Atti Accad. Lincei	Atti della Reale Accademia nazionale dei Lincei.
Atti Accad. Sci. Torino	Atti della Reale Accademia delle Scienze di Torino.
Atti Congr. naz. Chim. pura applic.	Atti del congresso nazionale di chimica pura ed applicata.
Atti X Congr. int. Chim., Roma (Atti Congr. int. Chim. Roma)	Atti del X Congresso Internazionale di Chimica (Roma).
Austr. J. exp. Biol. med. Sci.	Australian Journal of Experimental Biology and Medical Science.
B.	Berichte der Deutschen Chemischen Gesellschaft.
Ber. dtsch. keram. Ges.	Berichte der Deutschen Keramischen Gesellschaft.
Ber. dtsch. pharm. Ges.	Berichte der Deutschen Pharmazeutischen Gesellschaft.
Ber. oberhess. Ges. Naturk.	Bericht der oberhessischen Gesellschaft für Natur- und Heilkunde.
Ber. Wien. Akad.	Sitzungsberichte der Akademie der Wissenschaften, Wien.
Betriebslab.	Betriebslaboratorium; russ.: Sawodskaja Laboratorija.
Biochem. J.	Biochemical Journal.
Biol. Bl.	Biological Bulletin of the Marine Biological Laboratory; seit 1930: Biological Bulletin.
Bio. Z.	Biochemische Zeitschrift.
Bl.	Bulletin de la Société chimique de France; vor 1907: Bulletin de la Société chimique de Paris.
Bl. Acad. Roum.	Bulletin de la section scientifique de l'Académie Roumaine.
Bl. Acad. Russie	Bulletin de l'Académie des Sciences de Russie; seit 1925: Bl. Acad. URSS.
Bl. Acad. Sci. Pétersb.	Bulletin de l'Académie impériale des Sciences, Pétersbourg; seit 1917: Bl. Acad. Russie.
Bl. Acad. URSS.	Bulletin de l'Académie des Sciences de l'U[nion des] R[épubliques] S[oviétiques] S[ocialistes].
Bl. Acad. URSS., Sér. chim.	Bulletin de l'Académie des Sciences de l'U[nion des] R[épubliques S[oviétiques] S[ocialistes], Sér. chimique.
Bl. agric. chem. Soc. Japan	Bulletin of the Agricultural Chemical Society of Japan.
Bl. Am. phys. Soc.	Bulletin of the American Physical Society.
Bl. Assoc. techn. Fonderie (Bull. [Ass.] techn. Fonderie)	Bulletin de l'Association Technique de Fonderie.
Bl. Biol. pharm.	Bulletin des Biologistes pharmaciens.
Bl. Bur. Mines Washington	Bulletin, Bureau of Mines, Washington.
Bl. chem. Soc. Japan	Bulletin of the Chemical Society of Japan.
Bl. Chim. pura apl. Bukarest (B. Chim. pura aplicata Bukarest)	Buletinul de Chimie Pură si Aplicată (al Societătii Romane de Chimie) Bukarest.
Bl. Inst. physic. chem. Res. (Abstr.) Tôkiô	Bulletin of the Institute of Physical and Chemical Research, Abstracts, Tôkyô.
Bl. Sci. pharmacol.	Bulletin des Sciences pharmacologiques.
Bl. Soc. chim. Belg.	Bulletin de la Société chimique Belgique.
Bl. Soc. Chim. biol.	Bulletin de la Société de Chimie biologique.
Bl. Soc. chim. Paris	Vgl. Bl.
Bl. Soc. Min.	Bulletin de la Société française de Minéralogie.
Bl. Soc. Mulhouse	Bulletin de la Société industrielle de Mulhouse.
Bl. Soc. Pharm. Bordeaux	Bulletin des Travaux de la Société de Pharmacie de Bordeaux.
Bl. Soc. România	Buletinul societatii de chimie din România.
Bodenkunde Pflanzenernähr.	Bodenkunde und Pflanzenernährung: 1. Folge (Band **1** bis **45**) heißt: Zeitschrift für Pflanzenernährung, Düngung und Bodenkunde.
Boll. chim. farm.	Bolletino chimico-farmaceutico.
Branntwein-Ind. (russ.)	Branntwein-Industrie (russisch).
Brit. chem. Abstr.	British Chemical Abstracts.
Bur. Stand. J. Res.	Bureau of Standards Journal of Research.
C.	Chemisches Zentralblatt.
Canad. Chem. Metallurgy (Can. Chem. Met.)	Canadian Chemistry and Metallurgy; ab Bd. **22** (1938): Canadian Chemistry and Process Industries.

Abkürzung	Zeitschrift
Canadian J. Res.	Canadian Journal of Research.
Časopis českoslov. Lékárn.	Časopis československého Lékárnictva.
Cereal Chem.	Cereal Chemistry.
Chem. Abstr.	Chemical Abstracts.
Chem. Age	Chemical Age.
Chem. Apparatur	Chemische Apparatur.
Chem. eng. min. Rev.	Chemical Engineering and Mining Review.
Chem. Ind.	Chemistry and Industry.
Chemisat. soc. Agric. (Chemisat. socialist. Agr.) (russ.)	Chemisation of Socialistic Agriculture (russisch).
Chemist-Analyst	The Chemist-Analyst.
Chem. J. Ser. A	Chemisches Journal Serie A, Journal für allgemeine Chemie; russ.: Chimitscheski Shurnal Sser. A, Shurnal obschtschei Chimii.
Chem. J. Ser. B	Chemisches Journal Serie B, Journal für angewandte Chemie; russ.: Chimitscheski Shurnal Sser. B, Shurnal prikladnoi Chimii.
Chem. Listy	Chemické Listy pro vědu a průmysl.
Chem. Metallurg. Eng. (Chem. Met. Engin.)	Chemical and Metallurgical Engineering.
Chem. N.	Chemical News.
Chem. Obzor	Chemický Obzor.
Chem. Reviews	Chemical Reviews.
Chem. social. Agric.	Chemisation of socialistic Agriculture; russ.: Chimisazia sozialistitscheskogo Semledelija.
Chem. Trade J. chem. Engr. (Chem. Trade J.)	Chemical Trade Journal and Chemical Engineer.
Chem. Weekbl.	Chemisch Weekblad.
Ch. Fabr.	Die chemische Fabrik.
Chim. e Ind. (Milano)	Chimica e Industria (Milano).
Chim. Ind.	Chimie & Industrie.
Chim. Ind. 17. Congr. Paris	Chimie & Industrie, 17. Congrès, Paris.
Ch. Ind.	Die chemische Industrie.
Ch. Z.	Chemiker-Zeitung.
Ch. Z. Chem. techn. Übersicht	Chemiker-Zeitung, Chemisch-technische Übersicht.
Ch. Z. Repert.	Chemiker-Zeitung, Repertorium.
Coll. Trav. chim. Tchécosl.	Collection des Travaux chimiques de Tchécoslovaquie.
C. r.	Comptes rendus de l'Académie des Sciences.
C. r. Acad. URSS.	Comptes rendus (Doklady) de l'académie des sciences de l'U[nion des] R[épubliques] S[oviétiques] S[ocialistes].
C. r. Carlsberg	Comptes rendus des Travaux du Laboratoire de Carlsberg.
C. r. Soc. Biol.	Comptes rendus de la Société de Biologie.
Current Sci.	Current Science.
Dansk Tidsskr. Farm.	Dansk Tidsskrift for Farmaci.
Dingl. J.	DINGLERS Polytechnisches Journal.
Dtsch. med. Wschr.	Deutsche medizinische Wochenschrift.
Dtsch. tierärztl. Wschr.	Deutsche tierärztliche Wochenschrift.
Eng. Min. Journ.	Engineering and Mining Journal.
E. P.	Englisches Patent.
Erzmetall	Zeitschrift für Erzbergbau und Metallhüttenwesen; neue Folge von „Metall und Erz“.
Fenno-Chem.	Fenno-Chemica.
Finska Kemistsamfundets Medd.	Finska Kemistsamfundets Meddelanden; fortgesetzt unter der Bezeichnung: Fenno-Chemica.
Fortschr. Chem. Physik physik. Chem.	Fortschritte der Chemie, Physik und physikalischen Chemie.
Fr.	Zeitschrift für analytische Chemie (FRESENIUS).
G.	Gazzetta chimica italiana.
Gas- und Wasserfach	Das Gas- und Wasserfach; vor 1922: Journal für Gasbeleuchtung sowie für Wasserversorgung.
Gen. electr. Rev. (General Electric Rev.)	General Electric Review.

Abkürzung	Zeitschrift
Giorn. Biol. appl. Ind. chim. aliment. (*G. Biol. appl. Ind. chim.*)	Giornale di Biologia Applicata alla Industria Chimica ed Alimentare; ab Bd. **5** (1935): Giornale di Biologia Industriale Agraria ed Alimentare.
Giorn. Chim. ind. ed applic. (*Giorn. Chim. ind. appl.*)	Giornale di Chimica Industriale ed Applicata.
Glastechn. Ber.	Glastechnische Berichte.
Glückauf	Glückauf, berg- und hüttenmännische Zeitschrift.
H.	Zeitschrift für physiologische Chemie (HOPPE-SEYLER).
Helv.	Helvetica chimica acta.
Ind. Chemist (*chem. Manufacturer*) (*Ind. Chemist a. Chemical Manufacturer*)	Industrial Chemist and Chemical Manufacturer.
Ind. chimica	L'Industria chimica, mineraria e metallurgica.
Ind. eng. Chem.	Industrial and Engineering Chemistry.
Ind. eng. Chem. Anal. Edit.	Industrial and Engineering Chemistry, Analytical Edition.
Ing. Chimiste (*Bruxelles*)	Ingénieur Chimiste (Bruxelles).
Internat. Sugar J.	International Sugar Journal.
J. agric. Sci.	Journal of Agricultural Science.
J. Am. ceram. Soc.	Journal of the American Ceramic Society.
J. Am. Leather Chem.	Journal of the American Leather Chemists' Association.
J. Am. med. Assoc.	Journal of the American Medical Association.
J. Am. pharm. Assoc.	Journal of the American Pharmaceutical Association.
J. Am. Soc. Agron.	Journal of the American Society of Agronomy.
J. Am. Water Works Assoc.	Journal of the American Water Works Association.
J. anal. appl. Chem.	Journal of Analytical and Applied Chemistry.
J. Assoc. offic. agric. Chem.	Journal of the Association of Official Agricultural Chemists.
J. Biochem.	Journal of Biochemistry (Japan).
J. biol. Chem.	Journal of Biological Chemistry.
Jbr.	Jahresberichte über die Fortschritte der Chemie (LIEBIG und KOPP), 1847—1910.
Jb. Radioakt.	Jahrbuch der Radioaktivität und Elektronik.
J. chem. Educat.	Journal of Chemical Education.
J. chem. Ind.	Journal der chemischen Industrie; russ.: Shurnal Chimitscheskoi Promyschlennosti.
J. chem. Physics (*J. chem. Phys.*)	Journal of Chemical Physics.
J. chem. Soc.	Journal of the Chemical Society of London.
J. chem. Soc. Japan	Journal of the Chemical Society of Japan.
J. Chim. appl. (*J. chem. applic.*) (*russ.*)	Journal de Chimie Appliquée (russisch).
J. Chim. phys.	Journal de Chimie physique; seit 1931: . . . et Revue générale des Colloides.
J. chos. med. Assoc.	Journal of the Chosen Medical Association (Japan).
Jernkont. Ann.	Jernkontorets Annaler.
J. ind. eng. Chem.	Journal of Industrial and Engineering Chemistry; seit 1923: Ind. eng. Chem.
J. Indian chem. Soc.	Journal of the Indian Chemical Society.
J. Indian Inst. Sci.	Journal of the Indian Institute of Science.
J. Inst. Brew.	Journal of the Institute of Brewing.
J. Inst. Petrol. Tech.	Journal of the Institution of Petroleum Technologists.
J. Iron Steel Inst.	Journal of the Iron and Steel Institute.
J. Labor clin. Med.	Journal of Laboratory and Clinical Medicine.
J. Landwirtsch.	Journal für Landwirtschaft.
J. of Hyg. (*Brit.*)	Journal of Hygiene (britisch).
J. opt. Soc. Am.	Journal of the Optical Society of America.
J. Pharm. Belg.	Journal de Pharmacie de Belgique.
J. Pharm. Chim.	Journal de Pharmacie et de Chimie.
J. pharm. Soc. Japan	Journal of the Pharmaceutical Society of Japan.
J. physic. Chem.	Journal of Physical Chemistry.
J. Physiol.	Journal of Physiology.
J. pr.	Journal für praktische Chemie.
J. Pr. Austr. chem. Inst.	Journal and Proceedings of the Australian Chemical Institute.

Abkürzung	Zeitschrift
J. Res. Nat. Bureau of Standards	Journal of Research of the National Bureau of Standards, früher: Bur. Stand. J. Res.
J. Russ. phys.-chem. Ges.	Journal der russischen physikalisch-chemischen Gesellschaft.
J. S. African chem. Inst.	Journal of the South African Chemical Institute.
J. Sci. Soil Manure	Journal of the Sciences of Soil and Manure (Japan).
J. Soc. chem. Ind.	Journal of the Society of Chemical Industrie (Chemistry and Industry).
J. Soc. chem. Ind. Japan (Suppl.)	Journal of the Society of Chemical Industry, Japan. Supplement.
J. Soc. Dyers Colourists	Journal of the Society of Dyers and Colourists.
J. Washington Acad. Sci.	Journal of the Washington Academy of Sciences.
J. Zucker-Ind.	Journal der Zuckerindustrie; russ.: Shurnal Sakharnoi Promyschlennosti.
Keem. Teated	Keemia Teated (Tartu).
Kem. Maanedsbl. nord. Handelsbl. kem. Ind.	Kemisk Maanedsblad og Nordisk Handelsblad for Kemisk Industri.
Klin. Wschr.	Klinische Wochenschrift.
Koks u. Chem. (russ.)	Koks und Chemie (russisch).
Kolloidchem. Beih.	Kolloidchemische Beihefte.
Kolloid-Z.	Kolloid-Zeitschrift.
Lantbruks-Akad. Handl. Tidskr.	Kungl. Lantbruks-Akademiens Handlingar och Tidskrift.
Lantbruks-Högskol. Ann.	Lantbruks-Högskolans Annaler.
L. V. St.	Landwirtschaftliche Versuchsstation.
M.	Monatshefte für Chemie.
Magyar Chem. Folyóirat	Magyar Chemiai Folyóirat (Ungarische chemische Zeitschrift).
Malayan agric. J.	Malayan Agricultural Journal.
Medd. Centralanst. Försöksväs. jordbruks., landwirtsch.-chem. Abt.	Meddelande från Centralanstalten för Försöksväsendet på Jordbruksområdet, landbrukskemi.
Medd. Nobelinst.	Meddelanden från K. Vetenskapsakademiens Nobelinstitut.
Med. Doswiadczalna i Spoleczna	Medycyna Doswiadczalna i Spoleczna.
Mem. Sci. Kyoto Univ.	Memoirs of the College of Science, Kyoto Imperal University
Metal Ind. (London)	Metal Industry (London).
Metallurgia ital. (Metallurg. Ital.)	Metallurgia Italiana.
Metallwirtschaft (Metallwirtsch., Metallwiss., Metalltechn.)	Metallwirtschaft, Metallwissenschaft, Metalltechnik.
Met. Erz	Metall und Erz.
Mikrochemie (Mikrochem.)	Mikrochemie, vereinigt mit Mikrochimica acta.
Mikrochim. A.	Mikrochimica acta.
Milchw. Forsch.	Milchwirtschaftliche Forschungen.
Mitt. berg- u. hüttenmänn. Abt. kgl. ung. Palatin-Joseph-Universität Sopron	Mitteilungen der berg- und hüttenmännischen Abteilung der königlich ungarischen Palatin-Joseph-Universität, Sopron.
Mitt. Forsch.-Anst. G. H. Hütte (Gutehoffnungshütte-Konzerns)	Mitteilungen aus den Forschungsanstalten des Gutehoffnungshütte-Konzerns.
Mitt. Geb. Lebensmitteluntersuch. Hyg.	Mitteilungen auf dem Gebiet der Lebensmitteluntersuchung und Hygiene.
Mitt. Kali-Forsch.-Anst.	Mitteilungen der Kali-Forschungsanstalt.
Mitt. K.W. I. Eisenforschg. (Düsseldorf)	Mitteilungen aus dem Kaiser-Wilhelm-Institut für Eisenforschung zu Düsseldorf.
Nachr. Götting. Ges.	Nachrichten der Kgl. Gesellschaft der Wissenschaften, Göttingen; seit 1923 fällt „Kgl." fort.
Nature	Nature (London).
Naturwiss.	Naturwissenschaften.
Natuurwetensch. Tijdschr.	Natuurwetenschappelijk Tijdschrift.
Nederl. Tijdschr. Geneesk.	Nederlandsch Tijdschrift voor Geneeskunde.
Neues Jahrb. Mineral. Geol.	Neues Jahrbuch für Mineralogie, Geologie und Paläontologie.

Abkürzung	Zeitschrift
New Zealand J. Sci. Tech.	New Zealand Journal of Science and Technology.
Öst. Ch. Z.	Österreichische Chemiker-Zeitung.
Onderstepoort J. Vet. Sci.	Onderstepoort Journal of Veterinary Science and Animal Industry.
P. C. H.	Pharmazeutische Zentralhalle.
Ph. Ch.	Zeitschrift für physikalische Chemie.
Pharm. Weekbl.	Pharmaceutisch Weekblad.
Pharm. Z.	Pharmazeutische Zeitung.
Phil. Mag.	Philosophical Magazine and Journal of Science.
Phil. Trans.	Philosophical Transactions of the Royal Society of London.
Phys. Rev.	Physical Review.
Phys. Z.	Physikalische Zeitschrift.
Plant Physiol.	Plant Physiology.
Pogg. Ann.	Annalen der Physik und Chemie, herausgegeben von POGGENDORF (1824—1877); dann Wied. Ann. (1877—1899); seit 1900: Ann. Phys.
Pr. Am. Acad.	Proceedings of the American Academy of Arts and Sciences, Boston.
Pr. Am. Soc. Test. Mater. (*Pr. Am. Soc. for testing Materials*)	Proceedings of the American Society for Testing Materials.
Pr. (*chem. Soc.*)	Proceedings of the Chemical Society (London).
Pr. Indian Acad. Sci.	Proceedings of the Indian Academy of Sciences.
Pr. internat. Soc. Soil Sci.	Proceedings of the International Society of Soil Science.
Pr. Leningrad Dept. Inst. Fert.	Proceedings of the Leningrad Departmental Institute of Fertilizers.
Pr. Roy. Soc. Edinburgh	Proceedings of the Royal Society of Edinburgh.
Pr. Roy. Soc. London Ser. A	Proceedings of the Royal Society (London). Serie A: Mathematical and Physical Sciences.
Pr. Roy. Soc. New South Wales	Proceedings of the Royal Society of New South Wales.
Pr. Soc. Cambridge	Proceedings of the Cambridge Philosophical Society.
Problems Nutrit.	Problems of Nutrition; russ.: Woprossy Pitanija.
Pr. Oklahoma Acad. Sci.	Proceedings of the Oklahoma Academy of Science.
Pr. Soc. exp. Biol. Med.	Proceedings of the Society for Experimental Biology and Medicine.
Pr. Utah Acad. Sci.	Proceedings of the Utah Academy of Sciences.
Przemysl Chem.	Przemysl Chemiczny.
Publ. Health Rep.	Public Heath Reports.
R.	Recueil des Travaux chimiques des Pays-Bas.
Radium	Le Radium, seit 1920: Journal de Physique et Le Radium.
Rep. Connecticut agric. Exp. Stat.	Report of the Connecticut Agricultural Experiment Station.
Repert. anal. Chem.	Repertorium der analytischen Chemie (1881—1887).
Répert. Chim. appl.	Répertoire de Chimie pure et appliquée (von 1864 ab: Bulletin de la Société chimique de France).
Rep. Invest. (*Rep. Investig.*)	United States Department Interior, Bureau of Mines, Report of Investigation.
Rev. brasil. chim. (*Revista brasileira de chimica*)	Revista Brasileira de Chimica (São Paulo).
Rev. Centro Estud. Farm. Bioquim.	Revista del centro estudiantes de farmacia **y bioquímica.**
Rev. Mét.	Revue de Métallurgie.
Rev. univ. des Min.	Revue universelle des Mines.
Roczniki Chem.	Roczniki Chemji.
Schweiz. Apoth. Z.	Schweizerische Apotheker-Zeitung.
Schweiz. med. Wschr.	Schweizerische medizinische Wochenschrift.
Schw. J.	SCHWEIGGERS Journal für Chemie und Physik (Nürnberg, Berlin 1811—1833, 68 Bde.).
Science	Science (New York).
Sci. Pap. Inst. Tôkyô	Scientific Papers of the Institute of Physical and Chemical Research Tôkyô.
Sci. quart. nat. Univ. Peking	Science Quarterly of the National University of Peking.

Abkürzung	Zeitschrift
Sci. Rep. Tôhoku (Imp. Univ.)	Science Reports of the Tôhoku Imperial University.
Skand. Arch. Physiol.	Skandinavisches Archiv für Physiologie.
Soc.	Journal of the Chemical Society of London.
Soc. chem. Ind. Victoria (Proc.)	Society of Chemical Industry of Viktoria, Proceedings.
Soil Sci.	Soil Science.
Spectrochim. Acta.	Spectrochimica Acta.
Sprechsaal	Sprechsaal für Keramik-Glas-Email.
Stahl Eisen	Stahl und Eisen.
Svensk Tekn. Tidskr.	Svensk Teknisk Tidskrift.
Sv. V.A.H. (SvVAH, Sv. Vet. Akad. Handl.)	Svenska Vetenskaps-Akademiens-Handlingar.
Techn. Mitt. Krupp	Technische Mitteilungen KRUPP.
Tôhoku J. exp. Med.	Tôhoku Journal of Experimental Medicine.
Trans. Am. electrochem. Soc.	Transactions of the American Electrochemical Society.
Trans. Am. Inst. min. metalling. Eng. (Trans. Am. Inst. Min. Eng.)	Transactions of the American Institute of Mining and Metallurgical Engineers.
Trans. Butlerov Inst. chem. Technol. Kazan	Transactions of the BUTLEROV Institute; (seit 1935: KIROV Institute) for Chemical Technology of Kazan.
Trans. ceram. Soc. England	Transactions of the Ceramic Society, England; ab Bd. **38** (1939): Transactions of the British Ceramic Society.
Trans. Dublin Soc.	Scientific Transactions of the Royal Dublin Society.
Trans. Faraday Soc.	Transactions of the FARADAY Society.
Trans. Roy. Soc. Edinburgh	Transactions of the Royal Society of Edinburgh.
Trans. sci. Inst. Fert.	Transactions of the Scientific Institute of Fertilizers and Insectofungicides (USSR.).
Trans. Sci. Soc. China	Transactions of the Science Society of China.
Trav. Inst. Etat Radium (russ.)	Travaux de l'Institut d'Etat de Radium (russisch).
Trav. Lab. biogéochim. Acad. Sci. URSS.	Travaux du laboratoire biogéochimique de l'académie des sciences de l'U[nion des] R[épubliques] S[oviétiques] S[ocialistes].
Uchen. Zapiski Kazan. Gosud. Univ.	Uchenye Zapiski Kazanskogo Gosudarstvennogo Universiteta (USSR.).
Ukrain. chem. J.	Ukrainian Chemical Journal (Journal chimique de l'Ukraine).
Union pharm.	Union pharmaceutique.
Union S. Africa Dept. Agric.	Union of South Africa. Department of Agriculture.
Univ. Illinois Bl.	University of Illinois, Bulletin.
U. S. Dep. Commerce Bur. Mines Bl. (U. S. Bur. Min. B.)	U. S. Department of Commerce, Bureau of Mines, Bulletin.
U. S. Dep. Interior Bur. (U. S. Mines Bull.)	United States Department of the Interior, Bureau of Mines, Bulletin.
U. S. Dept. Agric. Bl.	United States Department of Agriculture, Bulletins.
U. S. Geol. Surv. Bl.	United States Geological Survey Bulletin.
Verh. phys. Ges.	Verhandlungen der Deutschen physikalischen Gesellschaft.
Vorratspflege u. Lebensmittelforsch.	Vorratspflege und Lebensmittelforschung.
Washington Acad. Science	Journal of the Washington Academy of Sciences.
Wschr. Brauerei	Wochenschrift für Brauerei.
Wied. Ann.	Annalen der Physik und Chemie, herausgegeben von WIEDEMANN; s. Pogg. Ann.
Wien. klin. Wschr.	Wiener klinische Wochenschrift.
Wien. med. Wschr.	Wiener medizinische Wochenschrift.
Wiss. Nachr. Zucker-Ind.	Wissenschaftliche Nachrichten der Zuckerindustrie (ukrain.).
Wiss. Veröffentl. Siemens-Konzern	Wissenschaftliche Veröffentlichung aus dem SIEMENS-Konzern (seit 1935: aus den SIEMENS-Werken).
Z. anorg. Ch.	Zeitschrift für anorganische und allgemeine Chemie.
Zbl. Min. Geol. Paläont. Abt. A	Zentralblatt für Mineralogie, Geologie und Paläontologie, Abt. A.: Mineralogie und Petrographie.

Abkürzung	Zeitschrift
Z. Chem. Ind. Kolloide	Zeitschrift für Chemie und Industrie der Kolloide; seit 1913: Kolloid-Zeitschrift.
Z. Deutsch. Öl- u. Fettind.	Zeitschrift für Deutsche Öl- und Fettindustrie.
Z. El. Ch.	Zeitschrift für Elektrochemie.
Zentr. wiss. Forsch.-Inst. Leder-Ind.	Zentrales wissenschaftliches Forschungsinstitut für die Lederindustrie; russ.: Zentralny nautschno-issledowatelski Institut koshewennoi Promyschlennosti, Sbornik Rabot.
Z. ges. Brauw.	Zeitschrift für das gesamte Brauwesen.
Z. ges. Kältetechnik (-Industrie)	Zeitschrift für die gesamte Kältetechnik (-Industrie).
Z. Hygiene	Zeitschrift für Hygiene und Infektionskrankheiten.
Z. klin. Med.	Zeitschrift für klinische Medizin.
Z. Krist.	Zeitschrift für Kristallographie und Mineralogie.
Z. landw. Vers.-Wes. Österr.	Zeitschrift für das landwirtschaftliche Versuchswesen in Deutsch-Österreich; 1925—1933 genannt: Fortschritte der Landwirtschaft.
Z. Lebensm.	Zeitschrift für Untersuchung der Lebensmittel; bis 1925: Zeitschrift für Untersuchung der Nahrungs- und Genußmittel sowie der Gebrauchsgegenstände.
Z. Metallkunde	Zeitschrift für Metallkunde.
Z. Naturforschg.	Zeitschrift für Naturforschung.
Z. Oberschl. Berg- u. Hüttenmänn. Verb.	Zeitschrift des Oberschlesischen Berg- und Hüttenmännischen Verbandes.
Z. öffentl. Ch.	Zeitschrift für öffentliche Chemie.
Z. Pflanzenernähr. Düng. Bodenkunde	Vgl. Bodenkunde Pflanzenernähr.
Z. Phys.	Zeitschrift für Physik.
Z. pr. Geol.	Zeitschrift für praktische Geologie.
Zprávy česk. keram. společnosti	Zprávy československé keramické společnosti.
Z. techn. Phys. (russ.)	Zeitschrift für technische Physik (russ.).
Z. VDI (Z. Ver. dtsch. Ing.)	Zeitschrift des Vereins Deutscher Ingenieure.

Abkürzungen oft benutzter Sammelwerke.

Abkürzung	Sammelwerk
Berl-Lunge	BERL-LUNGE: Chemisch-technische Untersuchungsmethoden, 8. Aufl. Berlin 1931—1934. Bis zur 7. Aufl. „LUNGE-BERL“ genannt.
GM.	GMELINS Handbuch der anorganischen Chemie, 8. Aufl. Berlin.
Handb. Pflanzenanal.	Handbuch der Pflanzenanalyse (KLEIN).
Lunge-Berl	Vgl. BERL-LUNGE.
Schiedsverfahren	Analyse der Metalle. Erster Band: Schiedsverfahren. 2. Aufl. Berlin-Göttingen-Heidelberg 1949.

ELEMENTE DER ACHTEN NEBENGRUPPE

I

Eisen.

Fe, Atomgewicht 55,85; Ordnungszahl 26.

Von **Barbara Grüttner**, Wiesbaden, Laboratorium Fresenius
unter Mitarbeit von **W. Zschaage**, Beuel b. Bonn.

Mit 19 Abbildungen.

Inhaltsübersicht.

Seite

Seite

I. Vorkommen.

Das Eisen ist ein weitverbreitetes Element, es ist am Aufbau der Erdrinde zu 4,7% beteiligt. Gediegenes Eisen findet man nur selten, z. B. in Meteoren, aber sulfidische und oxydische Erze kommen sehr häufig vor. Die wichtigsten dieser Erze sind: Magneteisenstein Fe_3O_4, Roteisenstein Fe_2O_3, Brauneisenstein $2Fe_2O_3 \cdot 3H_2O$, Spateisenstein $FeCO_3$ und Eisenkies FeS_2. Das Eisen ist auch ein Bestandteil vieler Silicate und Bodenarten, es findet sich als Hydrogencarbonat gelöst in manchen Quellen, ferner ist es, organisch gebunden, ein lebensnotwendiger Bestandteil tierischer und pflanzlicher Lebewesen. In vielen Legierungen ist das Eisen Haupt- oder Nebenbestandteil, es findet sich auch häufig als Verunreinigung in sogenannten „reinen" Metallen.

II. Wertigkeit und Verhalten des Eisens und seiner Verbindungen in analytischer Hinsicht.

Das Eisen steht in der 8. Gruppe des Periodensystems und besitzt in chemischer und analytischer Hinsicht manche Ähnlichkeit mit Cobalt und Nickel, aber auch mit Aluminium. Es tritt hauptsächlich zwei- und dreiwertig auf, daneben kennt man noch Verbindungen des sechswertigen Eisens, die Ferrate, in denen das Eisen das Anion FeO_4^{--} bildet. Diese sind jedoch sehr wenig stabil, sie zersetzen sich in wässeriger Lösung unter Sauerstoffabgabe und Bildung von Eisen(III)-verbindungen. Analytische Nachweise für Eisen(VI)-verbindungen sind nicht bekannt. Die dreiwertige Stufe des Eisens ist die beständigste, infolgedessen ist das Fe(II)-ion ein Reduktionsmittel. Die Reduktionswirkung ist besonders stark in Gegenwart von OH^- oder von Verbindungen, die mit Fe(III) stabile Komplexe bilden und damit eine Erniedrigung des Redoxpotentials bewirken, z. B. Fluoride oder nach Job Pyrophosphate. In der qualitativen Analyse unbekannter Stoffe werden meistens Nachweisverfahren für das dreiwertige Eisen verwandt, deshalb wird häufig die zu untersuchende Lösung vorher von vornherein oxydiert (mit konzentrierter Salpetersäure oder H_2O_2).

Von den Verbindungen des zwei- und dreiwertigen Eisens sind die Phosphate, Sulfide, Oxyde, Hydroxyde u. a. m. sowie das Fe(II)-carbonat in Wasser unlöslich, jedoch löslich in Mineralsäuren, bis auf hochgeglühtes Fe_2O_3. Frischgefälltes Eisen(III)-hydroxyd ist auch merklich in heißer konzentrierter Natron- oder Kalilauge löslich, besitzt also sehr schwach ausgeprägte amphotere Eigenschaften.

Eisenionen, besonders Fe(III), sind befähigt, mit vielen Verbindungen Komplexe zu bilden, die sehr unterschiedliche Stabilität besitzen, z. B. mit Cyaniden, Rhodaniden, Phosphaten, Fluoriden, Chloriden, organischen Säuren u. a. Barlot beschreibt grüne (bei Oxalsäureüberschuß) und gelbe Fe(III)-oxalatkomplexe, bei denen die Reaktion des Eisens mit Hexacyanoferrat(II) erhalten bleibt, die Rhodanidreaktion jedoch ausbleibt. Die Gegenwart von Cyaniden oder organischen Oxysäuren verhindert das Eintreten vieler Reaktionen des Eisens, sie müssen gegebenenfalls vorher zerstört werden. Bei den Fluoriden und Phosphaten hängt die reaktionshindernde Wirkung sehr von den Mengenverhältnissen zwischen Eisenion und Komplexbildner, sowie auch von der H^+-ionenkonzentration ab. Der Nachweis von Fe(II) mit α,α'-Dipyridyl ist nach Feigl (e) auch in Gegenwart von sehr viel Fluorid möglich. Lanford und Kiehl haben gefunden, daß sich in saurer Lösung aus Fe(III) und Phosphorsäure $FeHPO_4^+$ bildet. Thoms und Clair Gantz haben festgestellt, daß die Stabilität der Eisen(III)-komplexe in folgender Reihenfolge abnimmt: Cyanid, Citrat, Oxalat, Tartrat, Acetat, Phosphat, Fluorid, Rhodanid, Tetraborat, Sulfat, Chlorid, Bromid, Nitrat. Wegen der großen Stabilität der Eisen(II)- und Eisen(III)-cyanokomplexe wird deren Nachweis gesondert behandelt (S. 92).

Der analytische Nachweis des Fe(II)-ions wird am besten durch Farbreaktionen mit α,α'-Dipyridyl, o-Phenanthrolin, Dimethylglyoxim oder durch Fällung oder Färbung mit Hexacyanoferrat(III) geführt. Zum Nachweis von Fe(III) dient vornehmlich die Reaktion mit Hexacyanoferrat(II), die Färbung mit Rhodanid oder eine der sehr zahlreichen, zum Teil hochempfindlichen Farbreaktionen mit organischen Verbindungen.

III. Aufschluß unlöslicher Verbindungen.

Metallisches Eisen und viele Eisenlegierungen sind in Mineralsäuren löslich. In konzentrierter Schwefelsäure und konzentrierter Salpetersäure, sowie in der Mischung beider, ist Eisen durch Passivierung der Oberfläche unlöslich. Man verwendet häufig Salpetersäure oder Salzsäure 1 : 1, konzentrierte Salzsäure, 10%ige Schwefelsäure oder 60 bis 70%ige Perchlorsäure. In § 5, Nachweis in besonderen Fällen, findet man Angaben über das jeweils verwendete Angriffs- oder Lösungsmittel.

a) **Ferrolegierungen, die durch Säure nicht angreifbar sind,** z. B. Ferrosilicium oder Ferrochrom, werden feinst gepulvert mit der sechsfachen Menge eines Gemisches von 2 Teilen Natriumkaliumcarbonat und 1 Teil Natriumperoxyd (Ferrosilicium) bzw. mit einem Gemisch aus 3 g Natriumkaliumcarbonat und 5 g Natriumperoxyd oder reinem Natriumperoxyd (Ferrochrom) geschmolzen (vgl. Handbuch für das Eisenhüttenlaboratorium, hrsg. vom Chemiker-Ausschuß des VDEH, Verlag Stahleisen, Düsseldorf 1941, Bd. 2).

b) **Keramische Produkte, Eisensilicate** werden mit Natriumkaliumcarbonat im Schmelzfluß aufgeschlossen.

c) **Hochgeglühtes Eisenoxyd** ist nach Feigl (c) in Säuren sehr schwer löslich. Die Angreifbarkeit von Eisenoxyd durch Säuren hängt ab von der Temperatur, bei der das Oxyd geglüht wurde, und von der Dauer der Erhitzung. Schoorl (a) gibt an, daß Eisenoxyd, welches auf 500° C erhitzt wurde, sich nicht mehr in verdünnter Essigsäure löst. Wird es im Platingefäß auf Rotglut erhitzt, nimmt auch die Löslichkeit in starken anorganischen Säuren allmählich ab: zuerst wird es unlöslich in verdünnter Salpetersäure, während es noch lange in Salzsäure löslich bleibt, nach langem Glühen ist es dann auch in Salzsäure nicht mehr löslich. Rohland gibt an, daß in verdünnter Säure schwerlösliches Eisenoxyd leichter von Wasser, das HCO_3^- und HSO_4^- gemeinsam enthält, gelöst wird. Im allgemeinen wird Eisenoxyd am bequemsten und schnellsten durch Schmelzen mit Kaliumhydrogensulfat in ein lösliches Salz überführt. Seltener werden auch alkalische Schmelzen verwandt. West und Smith z. B. schließen einen unlöslichen Analysenrückstand auf, indem sie in einer Platindrahtöse eine Carbonatperle schmelzen, diese in die fein gepulverte Substanz tauchen, wieder schmelzen, bis alles homogen ist, etwas Natriumperoxyd mit verschmelzen, die Perle dann in Wasser zerfallen lassen und den Rückstand mit wenig verdünnter Salzsäure lösen. Feigl (c) gibt S. 76 einen Nachweis von Eisen, ohne vorher Eisenoxyd aufzuschließen.

d) Zum Nachweis von **Eisen neben oder in organischen Substanzen** müssen diese vorher durch Glühen oder starke Oxydationsmittel wie Brom, konz. Salpetersäure, konz. H_2SO_4 oder Schmelzen mit Alkalicarbonat und -nitrat zerstört werden. Nähere Angaben findet man im § 5. Komplexe Eisencyanide können durch wiederholtes Abrauchen mit konzentrierter Schwefelsäure zerstört werden.

IV. Übersicht über die analytische Gruppe und Abtrennung des Eisens von seinen Begleitern.

Eisen bildet ein in Säuren lösliches Sulfid, es bleibt daher bei dem gebräuchlichen Trennungsgang mit Schwefelwasserstoff im Filtrat der Schwefelwasserstoffgruppe und fällt mit den anderen Ionen der Ammoniumsulfidgruppe als schwarzes Sulfid aus. Innerhalb der Gruppe wird es mit Mangan zusammen, nach Abtrennung von Cobalt und Nickel, als Hydroxyd mit konzentrierter Natronlauge und H_2O_2 gefällt.

Da für den Nachweis des Eisens eine Anzahl von Reaktionen zur Verfügung steht, die so spezifisch und empfindlich sind, daß die Gefahr einer Verwechslung mit oder Maskierung durch andere Ionen nur gering ist, erübrigt es sich im allgemeinen, das Eisen in langwierigen Trennungsgängen von den anderen Ionen zu scheiden. Eine Reihe von Autoren weist deshalb Eisen nach geeigneter Vorbehandlung der Analysenprobe direkt in der Urlösung neben allen anderen Ionen nach. Es seien hierfür nur die Arbeiten von FEIGL (e), CARRERAS (b), FEIGL und STERN, HAUSER, GUTZEIT (b), (c), (d), TANANAEFF, CHARLOT (b), ODEKERKEN (b), WINKLEY und YANOWSKI und HYNES erwähnt. Andere Autoren, wie z. B. FISCHER, DIETZ, BRÜNGER und GRIENEISEN oder LOHRER, die Trennungsgänge für die Ammoniumsulfidgruppe bei Gegenwart von seltenen Elementen ausgearbeitet haben, weisen Eisen sofort im Filtrat der Schwefelwasserstoffgruppe nach, ohne eine weitere Trennung vorzunehmen. Eine Unterteilung in einige größere Gruppen mit anschließendem Nachweis ohne weitere Trennung innerhalb einer Gruppe schlagen unter anderen auch WENGER und GUTZEIT, GROSSET, CARRERAS (a), (b) vor. EMSCHWILLER und CHARLOT weisen jeweils die Ionen einer Gruppe nach und trennen sie erst dann ab, um die Elemente der nächstfolgenden Gruppe auffinden zu können. WEST und SMITH (s. S. 10) sowie SMITH und WEST teilen eine unbekannte Analysensubstanz durch Schmelzen mit Natriumcarbonat und Natriumperoxyd oder durch Behandeln der Analysenlösung mit diesen Reagenzien in zwei Gruppen, die dann ohne weitere Trennung analysiert werden. AGOSTINI (a) oder SCHEIBER verfolgen ein ähnliches Prinzip.

Da die den Eisennachweis eventuell störenden Anionen verhältnismäßig leicht entfernt werden können: Fluoride durch Abrauchen mit konzentrierter Schwefelsäure, organische Anionen und Cyanide nach den auf S. 74 angegebenen Methoden, muß nur noch auf die Entfernung des in größeren Mengen störenden Phosphates hingewiesen werden.

A. Abtrennung des Phosphates.

CHARLOT (a) hat die Methoden für die Fällbarkeit der Phosphorsäure für qualitative Zwecke zusammengestellt und kritisch bewertet. Bei der Abscheidung mit metallischem Zinn in stark saurer Lösung und bei der Fällung mit Pb(II) wird etwas Eisen mitgerissen. Die Abscheidung mit Bi(III) ist weniger günstig als die mit Pb(II). Die Benutzung von Zirkonsalzen ist kostspielig.

1. Abscheidung mit Zirkon(IV).

a) Nach Pittman. Im Filtrat der H_2S-Gruppe wird der Schwefelwasserstoff verkocht, man neutralisiert mit Ammoniak und setzt dann 5 ml 6 n HNO_3 hinzu. 100 ml dieser Flüssigkeit werden unter Rühren in der Kälte tropfenweise mit 35 ml 0,015 m Zirkonylchloridlösung versetzt. Nach einiger Zeit filtriert man. Die obige Menge genügt für 40 mg PO_4^{---}. Man wäscht den Niederschlag mit 5%iger Ammoniumnitratlösung, im Filtrat befindet sich weniger als 1 mg Phosphat. Diese Menge ist für den Eisennachweis belanglos. Der Überschuß an Zirkon

Tabelle 1. *Wellenlängen der Analysenlinien von Eisen nach* GERLACH *und* RIEDEL

Analysen-linien	Störende Elemente (Koinzidenzen)		Starke Störungslinien		Kontrollinien	
	1	2				
4404,8	Al_s *Ba* Co *Cr* Ir (*Mo*) Os *Pd*		Sc II	4400,4	≧ Sc II	4374,5
I	Pt *Rh* *Sr* (*Te*) *Ti* *V* *W*		V I	**4408,5**	> V I	4111,8
			V I	4400,6	≧ V I	4395,2
4383,5	Al_s Bi Cr *Mn* [Mo] *Mo* Ni *Os*				≧ Mo	4385,9
I	Pb_{fs} Pt *Ru* *Sc* V *W*		Cr I	4385,0	≧ Cr I	4371,3
			Mo	4381,7	> {Mo I	4277,3
					{Mo	4276,9
			Pb II	4386,9	≧ Pb II	4245,2
			Ru I	4385,7}	≧ Ru I	4297,7
			Ru I	4385,4}		
			Th	**4381,9**	ZEISS: ≧ Th	4019,1
			V I	**4384,7**	≧ V I	4379,2
			V I	**4379,2**		
4325,8	Be Ba_v (*Co*) Cr *Mn* Mo [*Na*$_d$]		Mo	4326,1	≧ Mo I	4288,7
I	Ni Os *Pd* *Pt* Rh *Ru* *Sc* Sr_v		Sc II	4325,0	≧ Sc II	4320,8
	Ti *W*		V I	4330,0	≧ V I	4323,8
4307,9	(Ba) Bi Ca Cd (Co) Cr (*In*)		Ca I	4307,7	≧ Ca I	4318,6
I	[*Mo*$_v$] Ni *Os* *Pt* *Rh* Ru (Sr) Ti		Ir	4311,5	≧ Ir	4399,5
	V *W*		Os I	4311,4	FUESS: > Os I	4112,0
					ZEISS: ≧ Os I	4112,0
			Sr II	4305,5		
			Ti I	**4305,9**	> Ti I	4533,2
4271,8	(*β*) Be Bi (*Co*) (Cr) *Cr* *In* Li		Cr I	**4274,8**	≧ Cr I	4254,3
I	(*Mn*) (Mo) *Mo* *Os* Pt *Rh* (*Ru*)		Ti I	4274,6	≧ Ti II	4337,9
	(*Ti*) V [W]		V	4271,6	> V	4268,6
			W	4269,4	≧ W I	4302,1
4063,6	[*As*$_f$] *Au* (*Co*) Cu Mn [Mo] *Ni* *Pb*		Au I	4065,1		
I	Ru Ti V *W*		Co I	4066,4	> Co I	4086,3
			Cu I	4062,8	FUESS: > Cu I	4651,2
			Mo I	4062,1	≧ Mo	4069,9
4045,8	Co (*Cr*) Hg K (*In*) *Mn* [Mo]		Co I	4045,4	≧ Co I	4092,4
I	(*Ni*) (*Os*) Pt (*Sc*) (*V*) W		Hg I	4046,6	≧ Hg I	4358,3
			K I	**4047,2**	≧ K I	4044,2
			K I	**4044,2**		
			Mn I	4048,8	≧ Mn I	4055,6
3734,9	Ca_s [Cu] Pb_s	Co Ir (Mo_v)	(Mo_v)	3734,4		
I		Rh V	Ca II	3736,9	≧ Ca II	3179,3
			Ru I	3730,4	≧ Ru I	3661,4
			Ti I	3729,8	≧ Ti I	3752,9
			V	3732,8	> V	3727,5
3719,9	(Bi) Li Mg	Mo Os Pd [Rh]				
I		Ru (W)				

bleibt beim Eisen, stört aber den Nachweis mit z. B. Rhodanid oder Hexacyanoferrat(II) nicht. 1 mg Fe in der ursprünglichen Lösung kann nach der Abscheidung des Zirkonphosphates noch leicht nachgewiesen werden.

b) Cole und Wilson benutzen eine 10%ige Lösung von Zirkonnitrat in 1 n HNO_3 als Fällungsmittel. Sie haben gezeigt, daß die Ausfällung des Zirkonphosphates in der Siedehitze vollständiger ist. Die Salpetersäurekonzentration kann zwischen 1 und 8 n schwanken; die Salzsäurekonzentration soll kleiner als 1 n sein, außerdem versetzt man die Lösung mit 0,2 g NH_4Cl/ml. Ein Reagensüberschuß von

Tabelle 1. (Fortsetzung.)

Analysen-linien	Störende Elemente (Koinzidenzen)		Starke Störungslinien		Kontrollinien	
	1	2				
3581,2 I	Au (Ba)	Mo$_s$ [Pd$_v$] Sc (V) (W)	[Pd$_v$]	~3580,7		
			Cr I	**3578,7**		
			Mo	3581,9	$>$ Mo	3624,5
			Nb I	**3580,3**	$>$ Nb I	4079,7
			Rh I	3583,1	$>$ Rh I	3597,2
			Sc II	3581,0	$\geqq$ Sc II	3576,4
			Sc II	3576,4	$\geqq$ Sc II	3572,6
3020,6 I	Hg	Cr (Mo) Os Ru (V) [W$_f$]	Bi I	3024,6	$\geqq$ Bi I	2989,0
			Cr I	3021,6	b: $\geqq$ Cr I	3605,3
					f: $\geqq$ Cr II	2835,6
			Os I	3018,0	$>$ Os I	2838,6
			W	3017,4	$\geqq$ W	3215,6
2755,7 II	Ag Ge$_s$ Zn	(Os) [V] [W]	Cr II	2757,7	$\geqq$ Cr II	2750,7
			Ge I	**2754,6**	$\geqq$ Ge I	3039,1
			In I	2753,9	$\geqq$ In I	2932,6
			V	2753,4	$\geqq$ V II	2728,7
2749,3 II	Au$_s$ Cd	Cr Ir Os [Pt$_b$] Pt$_f$ [V]	Au I	2748,3	$\geqq$ Au I	3122,8
			Cd II	2748,7	$\geqq$ Cd II	2312,9
			Cr II	2750,7	$>$ Cr II	2749,0
			Cr II	2749,0	$>$ Cr II	2750,7
			Mo	2746,3	$\geqq$ Mo	2717,3
2599,4 II	Pb$_s$ Sb	Ir$_s$	Ir	2599,1	$>$ Ir	2592,1
			Sb I	**2598,1**	$>$ Sb I	2528,5
2483,3 I	Bi$_d$ Cu Hg Sn	[Mo] Pt Rh	Sn I	2483,4	$>$ Sn I	2421,7
			W	2481,5	$>$ W	2435,9
2395,6 II	Ag$_f$ Pb$_s$ Sb	[Mo] Os Pt$_f$ Ru$_v$	Ni	2394,6	$>$ Ni	2416,1
			Ru$_v$	~2395,8		
			W	2397,1	$\geqq$ W	2947,0
2382,0 II	Te Tl	Ir$_s$ Pt Ru	As I	2381,2	$\geqq$ As I	2370,8
			Co II	2383,5	$\geqq$ Co II	2378,6
			Te I	**2383,3**	$\geqq$ Te I	2385,8

Glasspektr.: Fuess: 4383,5 $\gg$ 4325,8 $\approx$ 4307,9 $\approx$ 4271,8 $\approx$ 4404,8 $(\geqq)$ 4045,8 $>$ 4063,6.
Zeiss: 3734,9 $\geqq$ 3820,4 (I) $\approx$ 3719,9 $(\geqq)$ 3859,9 (I) $\approx$ 3749,5 (I) $\geqq$ 3737,1 (I) $\approx$ 4045,8 $(\geqq)$ 4383,5 $\geqq$ 3827,8 (I) $(\geqq)$ 3758,2 (I) $\approx$ 3886,3 (I) $\approx$ 4063,6 $(\geqq)$ 4325,8 $\approx$ 4307,9 $\approx$ 4271,8 $(\geqq)$ 4404,8.

Quarzspektr.: b: 3581,2 $\approx$ 3719,9 $>$ 3734,9 $\approx$ 2483,3 $>$ 3020,6 $\approx$ 2599,4 $>$ ... vgl. *f* (E!).
f: 2599,4 ($\geqq$ 3581,2) $>$ 2382,0 $>$ 2395,6 ($\approx$ 2483,3) $\approx$ 2755,7 $\approx$ 2749,3 (E!).

über 25% wirkt störend. Unabhängig von der ursprünglichen Phosphatmenge bleiben 0,07 mg PO_4/ml in Lösung. Bei einem Molverhältnis von $PO_4 : Fe = 4 : 1$ werden 7% Fe mitgefällt.

2. Abscheidung mit Titan(IV) in salpetersaurer Lösung.

Nach Nutten werden bei dieser Methode verhältnismäßig geringe Mengen anderer Ionen mitgerissen, je höher der Phosphatgehalt der Lösung ist, desto mehr steigt die Menge der mitgerissenen Ionen. Von 0,08 g Fe^{+++} neben 0,375 g KH_2PO_4 werden 80% wiedergefunden. Nach Nutten und Sabiston verkocht man aus der sauren Lösung H_2S, oxydiert das Eisen mit HNO_3, neutralisiert mit Ammoniak, macht mit HCl schwach sauer, bis alles gelöst ist, gibt etwas Filterbrei zu und versetzt mit einem Überschuß an Reagens. Dieses stellt man her, indem man frisch gefälltes und gewaschenes $Ti(OH)_4$, aus $TiCl_4$, sofort in konzentrierter HNO_3 löst; man verdünnt die Reagenslösung dann, bis sie 3 n an HNO_3 ist. Nach Zusatz der Reagenslösung kocht man zwei Minuten, kühlt ab und filtriert. Überschüssiges Titan bleibt beim Eisen, welches mit Rhodanid nachgewiesen wird.

3. Entfernug von Phosphat durch Ionenaustausch.

Für die in neuerer Zeit häufig ausgeführte Entfernung von Phosphat durch Ionenaustausch benutzen HAHN, CH. BAKER und R. BAKER Amberlite IRA-400. Eine Säule von 1 cm Durchmesser wird 20 cm hoch mit dem Harz gefüllt (etwa 30 g). Vor der Analyse wird sie mit gesättigter NaCl-Lösung behandelt und dann zwei bis dreimal mit destilliertem Wasser gewaschen. Nach Gebrauch kann sie so auch wieder regeneriert werden. Bis 300 mg PO_4^{---} werden festgehalten. Die Analysenlösung, die 0,25 n an HCl sein soll, wird durch die Säule geschickt, Phosphat wird zurückgehalten, die Kationen finden sich quantitativ im Filtrat, wie Probeanalysen, u. a. solche von Mischungen der Ionen aus der Schwefelwasserstoff-, Ammoniumsulfid- und Erdalkaligruppe und mit Phosphat gezeigt haben. Der Ionenaustauscher ist aber nur bei Benutzung einer Säule brauchbar.

B. Hinweis auf weitere Trennungsgänge.

Wegen der schon erwähnten Möglichkeit, Eisen direkt aus der Analysenlösung nachzuweisen, erübrigt sich ein Eingehen auf die in riesiger Zahl vorliegenden Vorschläge zur Modifizierung oder völligen Änderung des altbekannten Schwefelwasserstoff-Trennungsganges. MCDONNELL und WILSON haben eine Übersicht über die Trennungsgänge gegeben, die 1. auf dem Gebrauch von H_2S, 2. der Benutzung von Sulfiden oder solchen Substanzen, die durch Zersetzung H_2S liefern, beruhen. 3. berichten sie über Systeme die ohne H_2S oder Sulfid arbeiten und 4. über solche, die organische Reagenzien oder Tüpfelproben benutzen. Ferner kann noch auf die zahlreichen Möglichkeiten, die die chromatographische, speziell die papierchromatographische Trennung der anorganischen Ionen für die systematische qualitative Analyse bietet, hingewiesen werden (vgl. a. § 5, S. 114). Ein Trennungsgang im Mikromasstab wird bezüglich des Nachweises von Eisen an späterer Stelle (S. 75) beschrieben.

Nachweismethoden.

§ 1. Nachweis auf spektralanalytischem Wege.

Allgemeine Bemerkungen. Wellenlängen der Analysenlinien von Eisen.

Das Eisen liefert ein sehr linienreiches Spektrum, welches durch Funken, Bogen oder die Luft-Acetylen-Flamme angeregt werden kann, letztere verwendet man jedoch ausschließlich um Eisen quantitativ zu bestimmen. GERLACH und RUTHARDT (b) geben allgemeine Richtlinien und Gesichtspunkte für die richtige Auswahl der Anregungsbedingungen bei der qualitativen Analyse. Sie empfehlen die Anregung im Abreißbogen, da hierbei die Banden geschwächt und Luftlinien unterdrückt werden. Ferner kann auch der kondensierte Funken verwendet werden, gegebenenfalls unter Variation von Selbstinduktion und Kapazität. Für nicht leitende Substanzen, z. B. Organpräparate eignet sich der Hochfrequenzfunken am besten. Das Präparat liegt auf einem mit Natriumnitratlösung befeuchteten Filterpapier von 3×4 cm, das auf einer 0,5 mm dicken 9×12 cm Glasplatte ruht. Diese Glasplatte wird von einer Plattenelektrode von 5×8 cm Fläche getragen, als Gegenelektrode dient ein Gold oder Platindraht von 0,2 bis 0,3 mm Durchmesser.

Gerlach und Riedel geben die Wellenlängen der Analysenlinien für den Nachweis von Eisen, sowie die Störungen, die durch andere Elemente eintreten können. Es sind 56 eventuell störende Elemente berücksichtigt. Die Angaben sind unter der Annahme gemacht, daß Eisen als Verunreinigung dieser 56 Elemente, die dann die Grundsubstanz darstellen, vorläge. Die gegebenen Analysenlinien sind die physikalisch stärksten, d. h. sie treten noch auf, wenn Eisen nur noch in sehr geringer Menge vorhanden ist (letzte Linien). In der Tab. 1 sind in der ersten Spalte die Analysenlinien des Eisens in Å, in der 2. Spalte die Störungen durch Koinzidenzen mit Linien anderer Elemente, in der 3. Spalte Linien anderer Elemente, die in der Nähe der Analysenlinien des Eisens liegen und leicht damit verwechselt werden, verzeichnet.

Die Symbole und Abkürzungen bedeuten folgendes:

I hinter der Wellenlänge: Bogenlinie.
II hinter der Wellenlänge: Funkenlinie.
(E!) die Angaben (meist Intensitätsverhältnisse) hängen stark von der Art der Entladung ab.
β in der Reihe der Elementsymbole: an der Stelle der Analysenlinie oder in ihrer Nähe liegt eine relativ scharfe Bande, die mit einer Linie zu verwechseln möglich ist.
(Te) bedeutet: schwache Tellurlinie.
[Mo] bedeutet: sehr schwache Molybdänlinie.
Kursivdruck eines Elementsymbols (nur bei Störungen der Analyse im sichtbaren Gebiet mit Glassepektrograph!) bedeutet, daß nur bei kleiner Dispersion (z. B. Zeiss 9 × 12 oder Steinheil-Zweiprismenapparat) Vorsicht nötig ist.
Fettdruck einer Wellenlänge in der Spalte der Störungslinien: eine der empfindlichsten, also stärksten Linien des störenden Elements, besonders gefährliche Störungslinie.
b als Index eines Elementsymbols: die störende Linie tritt besonders im (Abreiß-) Bogen auf.
f als Index eines Elementsymbols: die störende Linie tritt besonders im Funkenspektrum auf.
v als Index eines Elementsymbols: die Analysenlinie wird durch eine Linie des so bezeichneten Elements verbreitert, die Störung hängt also stark von der Dispersion ab, aber auch von der Intensität der Linien relativ zueinander.
[Mo_v] bedeutet: eine sehr schwache Molybdänlinie wird bei kleiner Dispersion durch die Analysenlinie verbreitert.
d als Index eines Elementsymbols, z. B. Na_d: diffuse Linie von Na.
s als Index eines Elementsymbols, z. B. Pb_s: das Spektrum des Pb hat bei der Wellenlänge der Analysenlinie regelmäßig starken Untergrund (Banden).
4385,7 } 4385,4 } diese Linien sind im normalen Spektrographen nicht getrennt.

$\gg$	vor einer Wellenlänge bedeutet: viel stärkere	Intensität als die vorangehende Linie.
$>$	vor einer Wellenlänge bedeutet: stärkere	
$\geqq$	vor einer Wellenlänge bedeutet: wenig stärkere	
($\geqq$)	vor einer Wellenlänge bedeutet: sehr wenig stärkere	
$\approx$	vor einer Wellenlänge bedeutet: ungefähr gleiche	

Die Trennung der Spalte „Koinzidenzen“ in die Unterabteilungen 1 und 2 bedeutet, daß die Analysen teils mit Qu 18 (1), teils mit Qu 24 (2) bearbeitet sind. Fe wurde mit Qu 24 bearbeitet. Am Fuß der Tabelle sind die Nachweislinien in der Reihenfolge ihrer Intensitäten gegeben, wenn nur sehr wenig Eisen in der Lichtquelle vorhanden ist.

Nach einer Beobachtung von Ricard und Dufour ist die Zahl und Stärke der Eisenlinien, die man in einem Bogen zwischen zwei Aluminiumelektroden als Verunreinigung beobachten kann, stark abhängig von der Atmosphäre, in der der Bogen brennt. In Luft wurden neben den Linien anderer Verunreinigungen zahlreiche Eisenlinien beobachtet. In Wasserstoff bleiben nur 7 abgeschwächte Fe-Linien sichtbar.

Pierce, Ramirez Torres und Marshall machen sehr ausführliche Angaben über die Anordnung der Apparatur und die Durchführung der qualitativen spektrographischen Analyse auf Eisen mit Graphitelektroden und mit Bogenanregung. Es werden Acheson-Graphitstabelektroden mit einem Durchmesser von 4,8 mm für feste Proben, bei Lösungen beträgt der Durchmesser 6,3 mm, verwendet. In die Anode wird zur Aufnahme der Probesubstanz ein Krater gebohrt, der

5 bis 12 mm tief ist und dessen Wände bei fester Substanz möglichst dünn, bei Lösungen 0,8 mm dick sind. Die Elektroden werden vor Gebrauch durch längeres Kochen mit Säure, dann durch 1 Min. dauerndes Vorfunken mit einem Bogen von 10 A gereinigt. Als Stromquelle dient ein 220 V Generator, für die Aufnahmen wird ein HILGER-E1-Spektrograph verwendet. 5 bis 20 mg feste Probe werden 60 bis 150 Sek. für Aufnahmen im UV, 20 bis 50 Sek. für Aufnahmen im sichtbaren Gebiet abgefunkt. Bei Lösungen gibt man 0,05 ml bis 0,1 ml in den Krater, verdampft in einem Ofen zur Trockne und verfährt dann wie bei festen Proben. Zur Deutung wird das erhaltene Spektrum auf eine Tafel projiziert und mit einem Eisenspektrum verglichen.

Nachweisverfahren.

I. Emissionsspektrum.

A. Nachweis in Metallen.

1. In Platin.

Zur Reinheitsprüfung von Platin benutzen GERLACH und RUTHARDT (b) als Anregungsquelle für den Nachweis von Eisen sowohl den kondensierten Funken (12000 cm Kapazität und 3×10^{-4} Henry Selbstinduktion) als auch den Abreißbogen, letzterer ist für den Nachweis von Eisen günstiger. Die Aufnahmen wurden mit dem ZEISS-Apparat oder dem großen FUESS-Spektrographen Modell C gemacht. Folgende Linien des Eisens, deren Wellenlängen in Å gegeben sind, werden nicht gestört: 2585,9, 2607,1, 2611,9 (nur bei großer Dispersion verwendbar wegen 2611,4 Pt) 2631,0, 2739,6. Mit schwachen Platinlinien zusammenfallend, aber doch verwendbar ist Fe 2743,2, welche die sehr schwache Pt-Funkenlinie 2743,5 verstärkt.

Wegen Zusammenfallen mit Platinlinien nicht verwendet werden können die empfindlichen, sonst für die Analyse auf Eisen oft verwendeten Linien: 2625,7, 2628,3, 2746,5, 2749,3, 2755,7. Sehr empfindlich im Abreißbogen sind auch 3021,1, 3020,5 (Vorsicht wegen Pt 3023,0, 3018,0).

Zum Nachweis von Verunreinigungen in handelsüblich reinem Platin empfehlen RAPER und WITHERS die Anregung mit Hilfe eines Gleichstrombogens von 200 V und 6 A. Ein HILGER-Medium Quarzspektrograph mit einer Schlitzweite von 0,015 mm wurde benutzt, die Expositionszeit beträgt 45 Sek., wobei die Schmelzperiode mit in die Expositionszeit fällt. Als Elektroden dienen Graphitstäbe (HILGER) mit einem Durchmesser von 10 mm, die obere Elektrode (Kathode) ist zugespitzt, die untere enthält in der Spitze ein 4 mm tiefes Loch, das 0,3 g der Probe aufnimmt, die als Anode dient. Man setzt untereinander je eine Aufnahme des Spektrums von reinem Platin, der Probe und „R. U. powder". Mit folgenden Linien kann Fe nachgewiesen werden:

Linie	störende Linie	Bemerkungen
3020,64	—	
{2973,24 {2973,13	—	
2966,90	—	
{2599,57 {2599,40	Pt 2599,92	kann gerade von der Pt-Linie unterschieden werden.
2598,37	Sb 2598,06	Achtung bei Anwesenheit von Sb.
2488,15	Pt 2488,74	Vorsicht vor Verwechslung mit Pt.
2483,27	Pt 2483,37	Kann nicht benutzt werden.

Etwa 0,001% Fe sind nachweisbar mit den Linien 2599,57, 2599,40.

CHEIFITZ und KATTSCHENKOW haben ebenfalls Fe in gereinigtem Platin nachgewiesen.

2. In Iridium.

Nach GERLACH und RUTHARDT (a) werden folgende Eisenlinien nicht gestört: 2628,3, 2631,0, 2749,3. Linien, die auch verwendet werden können, weil sie einige schwache Ir-Linien verstärken: Fe 2611,9, 2625,7. Auch 2739,6, 2743,2, 2746,5, 2755,7 wirken verstärkend, jedoch ist ihre Verwendung zum Eisennachweis nicht einwandfrei. Bezüglich der Anregungsbedingungen gilt das beim Nachweis in Platin Gesagte.

3. In Rhodium.

Folgende Eisenlinien werden nach GERLACH und RUTHARDT (a) nicht gestört: 2585,9, 2746,5, 2755,7. Durch Verstärkung von Rh-Linien können erkannt werden: 2611,9, 2631,0, 2743,2 allerdings nicht sehr deutlich bzw. nur bei höherem Eisengehalt.

Nicht geeignet zum Eisennachweis sind die Linien: 2599,4, 2607,1, 2625,7, 2628,3, 2739,6. Für die Anregungsbedingungen vgl. „Nachweis in Platin".

4. In Kupfer.

MILBOURN benutzt zum Nachweis geringster Mengen an Verunreinigungen in Kupfer die „globule-method". Ein Bogen von 5 A und einer Länge von 4 mm brennt zwischen einer reinen Kupferelektrode, die als Anode geschaltet ist, und der Probe (0,2 bis 0,5 g), die in einer Höhlung von 1,5 cm Durchmesser einer HILGER-H.S.-Graphitelektrode liegt. Das Probestück wurde vorher geätzt, gewaschen und getrocknet. Es wird ein HILGER-Quarz-Spektrograph E 315 benutzt, die Expositionszeit betrug 15 Sek., die Spannung 40 V. Bei dieser Methode können noch 0,002% Fe mit der Linie 2483,3 nachgewiesen werden. Die Anode enthält selbst u. a. etwa 0,001% Fe, jedoch stören diese nicht, da die Menge unter der Nachweisgrenze liegt.

5. In Aluminium und Aluminiumlegierungen.

Für den Nachweis von Eisen in Aluminium oder dessen Legierungen ist nach ADAN das Funken- oder Bogenspektrum geeignet. Zur Erzeugung des Funkens wird ein Hochfrequenzunterbrecher benutzt, der mit Wechselstrom von 100 bis 120 V und 60 Perioden gespeist wird. Für das Bogenspektrum wird Strom von 110 V und 1 A verwandt. Als Anode dient ein Magnesiumstab von 1 cm Durchmesser, in den ein kleines Loch von 1 mm Durchmesser gebohrt ist, das zur Aufnahme der Substanz dient. Die Kathode ist ebenfalls ein Magnesiumstab von 1 cm Durchmesser, der konisch verläuft. Die empfindlichen letzten Linien für Eisen: 2755,8, 2749,4, 2739,7, 2395,7, 2382,1 werden mit einem Quarzspektrographen photographisch registriert. Es werden jeweils 4 Spektren aufgenommen: 1. das Eisenspektrum (als Vergleich), 2. das Spektrum der Magnesiumelektroden (um deren Verunreinigungen festzustellen), 3. das Spektrum von reinem Aluminium und 4. das Spektrum des Probestücke.

6. In Zink.

Eisen kann in Zink nach D. M. SMITH (b) sowohl mit dem Funken- als auch dem Bogenspektrum nachgewiesen werden, meistens wurde das Bogenspektrum verwendet. Zur Erzeugung des Funkens dient ein $^1/_4$ kW-Transformator, der mit Wechselstrom von 150 V gespeist wird, die Sekundärspannung beträgt 15000 V. Parallel zur Funkenöffnung befindet sich ein $^1/_4$ kW-Kondensator von 0,006 mF Kapazität. Die Selbstinduktion beträgt etwa 0,001 Henry. Für den Bogen benutzt man Gleichstrom von 220 V und 1,5 A. Die Zinkelektroden besitzen einen Durchmesser von etwa 6,4 mm, der Abstand zwischen ihnen beträgt 4,8 mm. Die Expositionszeit beträgt beim Funkenspektrum 2 Min., beim Bogenspektrum 30 Sek. Die Funkenspektrogramme wurden mit einem HILGER-Quarzspektrographen erhalten, die Linien im Gebiet von 2756 bis 2327 Å wurden identifiziert. Die Nachweisgrenze von Eisen in Zink beträgt 0,003% Fe. Über die Nachweisbarkeit des Eisens werden folgende Angaben gemacht:

Funkenspektrum.

% Fe	
0,1	Die Linien 2704,00 und 2692,66 gerade sichtbar.
0,05	Fe 2388,63 und Zn 2390,20 von fast gleicher Intensität.
0,01	Fe 2388,63 schwächer als Zn 2390,20.
0,008	Gerade sichtbare Linien: 2749,32, 2395,63, 2382,04.
0,003	Einzig sichtbare Linie 2382,04.

Bogenspektrum.

% Fe	
0,1	Fe 4307,9 und Zn 4298,5 von fast gleicher Intensität.
0,05	Fe 3745,6 und 3734,9 und Zn 4629,9 von fast gleicher Intensität.
0,01	Fe 2382,0 gerade sichtbar.
0,003	Verschiedene schwache Linien, aber 2382,0 nicht vorhanden.

Balz weist mit Hilfe von Funkenanregung Eisen und andere Elemente in Zink- und Aluminiumspritzgußlegierungen nach, und auch Hauser empfiehlt den spektralanalytischen Nachweis für die Untersuchung von Zink-Rohmaterialien und Fertigprodukten mit Hilfe des Bogens.

7. In Zinn und Zinn-Blei-Lötmitteln

weist D. M. Smith (a) spektrographisch Eisen nach.

B. Nachweis in Mineralien und Düngesalzen.

1. Nachweismethoden.

Zum qualitativen Nachweis von Spurenelementen in Düngesalzen, u. a. Eisen, empfiehlt Bartelt die Lichtbogenanregung, da diese die empfindlichste Methode darstellt. Als Elektroden dienen Spektralkohlen der Firma Ruhstrat, die vor jeder Füllung zur Kontrolle spektrographiert werden. 20 mg der getrockneten, pulverisierten und homogenisierten Substanz werden in die ausgehöhlte Anode gebracht und im Lichtbogen, der bei 220 V und etwa 10 A gebrannt wird, verdampft. Der Bogen brennt ungleichmäßig, er wird so lange aufrecht erhalten, bis alles verdampft ist. Zur Wellenlängenbestimmung der Spektrallinien wurden Vergleichsaufnahmen mit Eisen gemacht.

Donati sowie Porlezza und Donati weisen spektralanalytisch Eisen in den Eruptivprodukten des Stromboli nach und Pokrovskii in Ammoniumchloridkristallen, die beim Brand einer Kohlenlagerstätte entstanden sind. Russanow erwähnt, daß durch Einblasen von Mineralienpulvern in die Acetylen-Luft-Flamme Eisen nachweisbar ist.

2. Anreicherungsverfahren.

a) Pyroelektrische Konzentration. Nach Piña de Rubies und López de Azcona verdampft man eine größere Probe, 10 bis 20 g einer Blende im Bogen und photographiert während dieser Zeit 7 bis 9mal das Spektrum. Es verdampfen zuerst die leichter flüchtigen Elemente, die verschiedenen Elemente reichern sich in bestimmten Phasen an, und man erhält Spektren mit verschiedener Intensität der Linien. Eisen findet sich in der 5. Phase neben: Ge, Ga, Cu, Sn, Ni, Mn, Si, Mg, Al, Ca, Co. Noch etwa $5 \cdot 10^{-2}$% Fe konnten in Blende nachgewiesen werden.

b) Durch Erhitzen im Vakuum. Rose und Böse erhitzen 0,5 g gepulverten, hellblauen Aquamarin in einem einseitig geschlossenen Kieselglasrohr von 0,6 cm lichter Weite 2 Std. im Vakuum auf 1200°. Dabei werden leichtflüchtige Bestandteile, hauptsächlich in Form gediegener Metalle und flüchtiger Metallverbindungen in Freiheit gesetzt und an den kälteren Wandungen in leidlich getrennten Ringen abgesetzt. Nach Zerschneiden des Rohres werden die Ringe in Lösung gebracht und die Lösungen funkenspektrographisch untersucht. Dabei findet man noch Bestandteile, die vorher mit dem Gleichstrombogen unter Ausnutzung der linienreichen Glimmschicht an der Kathode nicht nachgewiesen werden konnten. Eisen findet man in der Zone I, meistens mit Spuren von Mangan.

C. Nachweis in biologischem Material.

Im allgemeinen wird die zu untersuchende Substanz vor dem Spektrographieren verascht, eine Ausnahme macht nur die Versuchsanordnung von GERLACH und RUTHARDT (b), die auf S. 14 bereits beschrieben wurde. Die Verfasser konnten so in einem Leber- oder Nierenschnitt von $^1/_2$ cm^2 Größe und etwa 30 mg Gewicht Eisen neben anderen Metallen nachweisen. Es wurde 30 Sek. belichtet. MEYER konnte noch 10^{-4} mg Fe in Leberpräparaten mit Hilfe des Funkens nachweisen.

HOOGLAND verascht das zu untersuchende biologische Material 12 Std. bei 500° im elektrischen Ofen und benutzt die empfindliche Kathodenschichtmethode nach MANNKOPF und PETERS. Die Kohleelektroden werden vorher durch Widerstandsheizung gereinigt, in einer Bohrung befindet sich die Substanz, als Spektrograph dient ein HILGER-LARGE-Autocollimating-Quarz-Spektrograph E 492. Das Bild des Spektrums wird auf eine Spektralkarte projiziert, auf der die Positionen der Analysenlinien der Elemente gegenüber einem Eisenspektrum als Wellenlängenskala verzeichnet sind. Die Anwesenheit eines Elements gilt als bewiesen, wenn 2 oder mehr schwache oder 1 oder mehr starke Linien sichtbar sind. Eisen wurde in jeder Probe gefunden.

Zum Nachweis von Metallionen in Gemüse wird die Substanz von AMBROSIS calciniert und die Asche dann direkt analysiert oder in spektralreiner HCl gelöst bzw. suspendiert. Die Anregung erfolgt mit Hilfe des kondensierten Funkens, es werden HILGER-Spezial-Graphitelektroden verwendet. Eisen wird mit den Wellenlängen: 2382,0, 2395,6, 2404,9, 2406,7, 2410,5, 2483,3, 2625,7, 2628,3, 2631,0, 3719,9 nachgewiesen. BRECKPOT untersucht Zuckerrüben spektralanalytisch mit Hilfe des Bogens auf Spurenelemente. Die Asche des Probestücks wird entweder direkt auf die Graphitelektrode aufgebracht oder mit $HNO_3 + H_2SO_4$ aufgenommen und nach Abscheidung der Kieselsäure nacheinander mit H_2S, Ammoniumsulfid und Natriumphosphat behandelt. Jede Fraktion wird dann spektralanalytisch untersucht.

Nach vorhergehender Veraschung haben z. B. folgende Autoren Eisen nachgewiesen: PIÑA DE RUBIES und LEMMEL in Holz (Bogenspektrum, Kohleelektroden), DREA in Hühnereiern und Kückengewebe (Bogenspektrum, Graphitelektroden), BLUMBERG und RASK in Milch und Kuhfutter (Bogenspektrum: Graphitelektroden, Funkenspektrum: Kupferelektroden) und ZBINDEN in Milch (Bogenspektrum, Kohleelektroden).

D. Besondere Nachweismethoden.

1. Nachweis in Lösungen oder Niederschlägen.

Eine einfache Apparatur zur qualitativen *Spektralanalyse gelöster Substanzen im sichtbaren Gebiet* beschreibt TODD. Die Platinelektroden, deren Abmessungen im Original nicht gegeben sind, tauchen in die zu analysierende Lösung ein. Die obere Elektrode ist beweglich und wird nach 15 bis 18 Std. ununterbrochener Benutzung ausgetauscht, sie taucht 4 bis 6 mm tief in die Lösung ein, ihr Abstand von der Gefäßwand beträgt 1 mm. Der Apparat ist so eingeklammert, daß die obere Elektrode vor dem Schlitz steht, Abstand Schlitz : Apparatur = 1 mm.

Die obere Elektrode wird mit einer 110 V Wechselstromquelle verbunden, die untere Elektrode über einen biegsamen Kupferdraht in Serie mit einem Widerstand geschaltet, der 500 bis 750 W aushält. Die Lösung wird in das offene Rohr gefüllt und der Widerstand allmählich herausgenommen, die Flüssigkeit beginnt zu kochen; wenn die obere Elektrode zu glühen beginnt, tritt eine geringe harmlose Explosion ein(Knallgas). Wenn der Widerstand ganz herausgenommen ist, herrscht ein Spannungsabfall von 110 V zwischen den Elektroden, die Lösung kocht langsam, die Rohrwände dienen als Rückflußkühler, eventuell ersetzt man das verdampfende Wasser. Die Natur der Strahlung ist weder die eines Funkens noch die eines Bogens, sondern ein homogenes Glühen; man richtet es wie oben beschrieben so ein, daß die obere Elektrode glüht, weil sie eine geringere Oberfläche in der Lösung hat. Zur Ausführung der Analyse pulverisiert man 0,5 bis 0,005 g der Probe und gibt sie zu etwa 3 ml 10%iger HNO_3. Die Mischung mit dem eventuell vorhandenen Niederschlag wird analysiert. Vorher muß einmal die Lage der Wasserstofflinien der 10%igen HNO_3 festgestellt werden, sie dienen als Vergleichslinien. Die Platinelektroden geben keine Linien. Die besten letzten Linien für Eisen im sichtbaren Gebiet sind: 4957, 4891, 4383, die Nachweisgrenze beträgt 0,5 mg/ml. Wenn zwei, besser drei Linien eines unbekannten Elements mit diesen Linien koinzidieren, ist Eisen vorhanden. In Mischungen ist die Nachweisgrenze nicht ganz so niedrig. Die Alkali- und Erdalkalimetalle erscheinen bei dieser Methode besonders stark, größere Mengen stören die Linien fast aller anderen Metalle. Falls sie vorhanden sind, wird die Analysenlösung vorher mit konzentriertem Ammoniak alkalisch gemacht, der Niederschlag durch einen kleinen BÜCHNER-Trichter abfiltriert, mit Wasser gewaschen und dann mit 3 ml 10%iger HNO_3 gelöst. Nach der Analyse wird der Apparat mehrmals mit Wasser gespült, dann läßt man die obere Elektrode wie beschrieben in reiner 10%iger HNO_3 glühen, bis nur noch die Wasserstofflinien sichtbar sind.

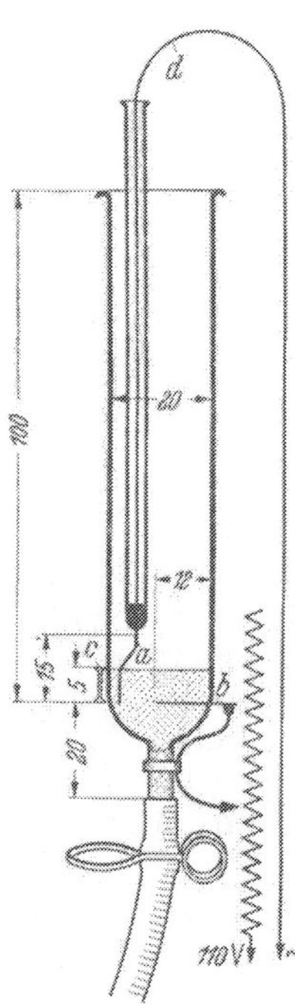

Abb. 1. Apparatur zur Spektralanalyse von Lösungen nach F. TODD: J. Chem. Education 15, 241 (1938). Das Gefäß und das Glasrohr bestehen aus Pyrexglas. Alle Maße in mm. *a* obere Platinelektrode, *b* untere Platinelektrode, *c* Schlitz, *d* Zuführug aus Kupferdraht.

JOLIBOIS und BOSSUET benutzen für die Analyse von Metallsalzlösungen eine *Vorrichtung, bei der ein Funken von der Oberfläche einer Salzlösung überspringt*, die mit der Kathode einer hochgespannten Stromquelle verbunden ist. Die optischen, geometrischen und elektrischen Bedingungen werden konstant gehalten. Die Stromstärke beträgt 40 mA, die Lösung ist 1 n an NH_4Cl, weil die Gegenwart von NH_4Cl die Intensität der emittierten Spektrallinien erhöht, die Exposition dauert 5 Min. In 1/405 m Lösungen an Fe, dies ist die niedrigste Konzentration, bei der Eisen noch nachweisbar ist, sind folgende Linien feststellbar: 2483,2, 2488,1, 2491,1, 2527,4, 3021,0, 3581,1, 3719,9, 3734,8, 3737,1. Die Linie 3719,9 wurde bei der Grenzkonzentration benutzt.

Für die *mikrochemische Spektralanalyse im Hochfrequenzfunken* haben SCHLEICHER und BRECHT-BERGEN folgende Methode ausgearbeitet: Der Funke wird mit einem Transformator erzeugt, der primär mit Wechselstrom von 110 V und 6 bis 8 A gespeist wird, die Sekundärspannung beträgt 12000 V. Als Löschfunkenstrecke dienen 2 Plattenelektroden aus Zink mit konzentrischen Rillen, Abstand 4 bis 5 mm. Zwei MINOS-Plattenverdichter geben parallel geschaltet eine Kapazität von je 7000 cm. Der untere Elektrodentisch besitzt die Abmessungen von 4 × 5 cm und ist mit einer 2 mm dicken, 11 × 12 cm messenden Glasplatte belegt, darauf kommt das Präparat. Als Gegenelektrode dient ein Kupfer-, Silber- oder Golddraht von 1 mm Durchmesser, der zu einer Spitze zugefeilt ist, oder ein Kohlestäbchen. Sie ist in 1 bis 2 mm Entfernung von der Präparatoberfläche angebracht. Die Analyse wird so ausgeführt, daß man ein Filter von 1 cm Durchmesser auf die Glasplatte legt, mit 1 bis 2 Mikrotropfen Probelösung befeuchtet, oder man benutzt ein Filter mit Niederschlag, dann gibt man 1 bis 2 Tropfen einer heißen Gelatinelösung darauf (4 Gewichtsteile Gelatine + 1 Gewichtsteil Agar oder reine Gelatine, 2 g/10 ml Wasser), läßt 10 Min. erstarren und verkohlt dann während 30 Sek. die Masse mit dem Filter mit Hilfe des Funkens. Agar und Gelatine müssen vorher durch Elektrodialyse gereinigt werden. Der Rückstand wird mit 1 Tropfen entweder konz. HCl, HF, HNO_3, CH_3COOH oder NH_3 angefeuchtet, dann funkt man ab, bis alles verbrannt ist. Die Verfasser schlagen einen systematischen Trennungsgang vor, um zu verhindern, daß in einem zu prüfenden Gemisch sehr linienreiche Elemente nebeneinander vorliegen. Aus einem Gemisch von 32 Elementen wurden aus dem Filtrat der Fällung mit HCl und H_2S mit Ammoniak Be, Fe, Al, Cr ausgefällt. Die Gruppenfällung wird durch doppelte Fällung (bei $\sim 10\,\gamma$ Niederschlag) oder Elektrodialyse (bei $> 100\,\gamma$ Niederschlag) von mitgerissenen Elementen gereinigt. Die Empfindlichkeit wurde mit Standardlösungen der Chloride, die 10% HCl enthielten, bestimmt. Die Angaben beziehen sich auf den Nachweis von Eisen neben Cr, Al, Be.

Erfassungsgrenze γ	Grenzverhältnis	Letzte Linien	Störungsmöglichkeiten
1,0	$1:5\cdot10^2$	3618,7 4383,5 4404,7	Cr 4385,0, wenn mehr als 100 γ Cr vorliegen.

2. Nachweis nach elektrolytischer Abscheidung.

Bayle und Amy (a), (b) benutzen eine einfache Anordnung für die elektrolytische Abscheidung: Die zu analysierende Lösung befindet sich in einem Reagensglas, als Anode dient Platin, als Kathode ein emaillierter Kupferdraht, der unten abgeschnitten ist und durch 1 bis 2 Min. langes Eintauchen in reine HNO_3 von den Eisenspuren, die durch das Abschneiden an der Schnittfläche haften, befreit wurde. Diese kleine Metalloberfläche genügt. Eisen wird aus 5%iger Citronensäurelösung elektrolysiert. Da die Citronensäure des Handels stets eisenhaltig ist benutzt man stattdessen Citronensaft. Es werden je 2 bis 3 ml Lösung elektrolysiert. Elektrolysebedingungen: Dauer 2 bis 3 Std. in kalter, $^3/_4$ Std. in kochender Lösung, Stromstärke 0,05 bis 0,1 A je nachdem, ob man in kalter oder heißer Lösung elektrolysiert, Stromdichte 1,5 bis 3 A/cm^2. Der Funke wird mit einem Unterbrecher von Baudoin erzeugt, der mit Wechselstrom von 110 V, 42 Perioden/Sek. gespeist wird. Die Sekundärspannung beträgt 20000 V. Man nimmt drei Spektren auf: 1. den Funken, der zwischen dem nicht benutzten Ende der Kathode und einem Stück des gleichen Metalls überspringt, 2. den Funken zwischen dem zur Elektrolyse benutzten Ende der Kathode und einem gleichen Stück Metall, 3. das Spektrum des Eisens. Die Expositionszeit beträgt 10 Sek. Die Empfindlichkeit des Nachweises ist nur dann unabhängig von den Bedingungen der elektrolytischen Abscheidung, wenn das Metall allein vorliegt, in stark alkali-, erdalkali oder ammoniumsalzhaltiger Lösung wird sie jedoch nicht beeinflußt, 10^{-7} g Fe können noch in 10 ml Lösung, die 20%ig an obigen Salzen ist, nachgewiesen werden. Die Verfasser geben eine sehr ausführliche Zusammenstellung der Linien, die man bei unterschiedlichen Konzentrationen noch erkennen kann.

SCHLEICHER (b) elektrolysiert zuerst eine Reihe von Metallen aus salzsaurer Lösung (5 ml konz. HCl/50 bis 100 ml Lösung), wechselt dann die Elektrode, setzt 12 ml konz. NH_3 zu und elektrolysiert wieder. Als Elektrode dient ein Kupferdrahtnetz von 36 mm × 28 mm × 0,25 mm. Die elektrolytisch niedergeschlagenen Metalle werden in der Funkenstrecke verdampft und spektrographiert. Eisen findet sich in der zweiten Gruppe, die Erfassungsgrenze beträgt 10 γ, die Grenzkonzentration $1 : 10^7$.

Diese Methode hat SCHLEICHER (a) auch für die Mikroanalyse ausgebaut. Als Anode und gleichzeitig als Behälter dient ein Platindeckel, als Kathode ein Kupferdraht von 0,5 bis 1,2 mm Durchmesser oder ein Kohlestäbchen. Die Kathode ist in der optischen Achse des Spektrographen justiert (ZEISS-Apparat), die Anode wird nach der Elektrolyse entfernt und durch eine Gegenelektrode aus Kupfer oder Kohle ersetzt. Man entfernt zuerst eine Reihe von Metallen, indem man 0,1 ml Lösung, die 2 n an HCl ist, bei 2 V und 40 mA während 30 Min. elektrolysiert (bei einem größeren Volumen bis zu 3 ml elektrolysiert man länger), dann scheidet man aus ammoniakalischer Lösung in 30 Min. bei 4 V und 80 mA Eisen neben Ag, Cd, Tl, Ga, In, Ge, Zn, Ni, Co, Mo, V, U, Cr, Al, Mn (anodisch) ab. Das Eisen wird wahrscheinlich als Metall und Hydroxyd abgeschieden. Zur Anregung dient ein Abreißbogen, der durch Gleichstrom von 70 V und 1 bis 1,5 A erzeugt wird. Die Belichtungszeit beträgt 10 bis 30 Sek. Die Zahl der letzten Linien ist bei Anwesenheit von 10 γ Fe: 16; 1 γ: 7; 0,1 γ: 3, in Gegenwart größerer Konzentrationen anderer Metalle werden diese Zahlen sicher kleiner! Die Grenzkonzentration beträgt $10^{-4,75}$ Grammion Fe/l. Aus größerem Volumen elektrolysiert man zuerst an ein Platinnetz von 1 × 1 cm, legt dieses dann auf den Platindeckel, bedeckt mit 2 ml 2 n HCl, löst gegebenenfalls anodisch und elektrolysiert dann an die Metalldrahtspitze. Auf diese Weise haben SCHLEICHER und KAISER Eisen in 0,1 ml Grubenwasser nachgewiesen.

E. Empfindlichkeit.

BARBOSA und FILHO geben in einer zusammenfassenden Arbeit die Nachweisgrenzen für 33 Elemente wieder, darunter auch Eisen. GAZZI macht auf die Verminderung der Empfindlichkeit spektrographischer Teste bei Gegenwart anderer Elemente aufmerksam. Nach VAN DE PUTTE ist die Nachweisbarkeit von Eisen in Neusilber vermindert, sie beträgt 0,23 bis 0,26%, in Zink aber nicht (0,05%). Die kleinste Menge Eisen, die nach BAROWIK und INDITSCHENKO in Mineralien noch nachweisbar ist, beträgt 8 bis $10 \cdot 10^{-9}$ g.

Die folgenden Angaben über die Nachweisgrenze des Eisens entstammen meistens Arbeiten, die sich mit der quantitativen Bestimmung auf spektralanalytischem Wege befassen. CHOLAK und HUBBARD geben die Nachweisgrenze nach LUNDEGÅRDH in der Luft-Acetylen-Flamme mit 5 mg/l bei der Linie 3849,9 an, die Linie 3719,9 ist noch etwas empfindlicher. FELDMAN findet mit der „porous cup electrode"-Methode noch 2,5 mg/l bei der Linie 2599,396. WILSKA konnte mit der gleichen Methode noch geringere Mengen nachweisen, er fand noch 0,5 mg/l bei den Linien 2382,039, 2395,625, 2599,396. Diese Ergebnisse sind stark abhängig von den Anregungsbedingungen. MILBOURN und HARTLEY konnten mit Hilfe des Funkens noch 0,001% Fe in Kupfer nachweisen. CALLON und CHARETTE fanden mit dem ARL-Quantometer 0,002% Fe in Aluminiumlegierungen bei der Linie 3735 Å, während URECH als Erfassungsgrenze von Eisen in reinstem Aluminium 0,001% angibt. Die gleiche Menge kann nach ANTHEUNISSENS in Messing nachgewiesen werden. In Blei findet man nach PIERCE, RAMIREZ TORRES und MARSHALL ebenfalls 0,001% Fe, in biologischer Asche noch 0,02 μg Fe bei der Wellenlänge 3021 Å. Die Grenze der Nachweisbarkeit liegt nach WRIGHT in Zink oder dessen Legierungen sogar erst bei 0,0001% Fe.

II. Andere Spektren.

Nachweis mit Hilfe von Röntgenstrahlen.

Der Nachweis von Verunreinigungen in reinen Metallen kann nach TURNER vorteilhaft mit Hilfe von Röntgenstrahlen durchgeführt werden, da hierbei viel leichter überschaubare, linienärmere Spektren erhalten werden. Es werden eine Glas-Metall-Röntgenröhre und ein Spektrometer vom BRAGG-Typ benutzt, es wurden die K- oder L-Serien-Spektren erhalten. Zum Beispiel konnte Eisen in Zink mit einer Nachweisgrenze von 0,0001% Fe mit Hilfe der folgenden Linien identifiziert werden:

Serie	α_2 Linie	α_1 Linie	β_1 Linie
K	1938 (1937)	1932 (1932)	1753 (1753)

Die Wellenlängen sind in X-Einheiten gegeben, die geklammerten Zahlen sind die Soll-Linien.

B. Andere Methoden.

MILLER und WILKINS schlagen vor, mit Hilfe von *kombinierter Infrarot-, Emissionsspektral- und Röntgenstrahlenanalyse* die qualitative Analyse unbekannter anorganischer Salzgemische durchzuführen. In der Reihenfolge der Ausführung gibt die Emissionsspektralanalyse an, welche Metalle vorhanden sind, die Infrarotspektralanalyse Aufschluß über die polyatomigen Ionen, und die Röntgenanalyse gibt ihre Zusammengehörigkeit zu spezifischen Salzen. Die Arbeit gibt die Lage und Intensität der Infrarot-Absorptionsbanden, eine graphische Darstellung der Spektren sowie die charakteristischen Frequenzen von polyatomigen Ionen für folgende Eisensalze: $Fe(NO_3)_3 \cdot 9H_2O$, $FeSO_4 \cdot 7H_2O$, $K_3[Fe(CN)]_6$, $Na_4[Fe(CN_6)] \cdot 10H_2O$, $K_4[Fe(CN)_6] \cdot 3H_2O$, $Ca_2[Fe(CN)_6] \cdot 12H_2O$.

§ 2. Nachweis des Fe^{2+}-ions.

Allgemeines. In einer Reihe zusammenfassender Arbeiten ist die Literatur über die zum Nachweis von Fe^{++} und Fe^{+++} empfohlenen Reagenzien gesammelt worden. Von diesen Berichten seien folgende hier zitiert: DUBSKY und LANGER (a), HELLER (b), REIMERS und GOTTLIEB (a), JACOBSON, QUINTELA und CORREIA, CLAEYS, FALCIOLA, JENSEN, BLICK, OTTINO. Andere Arbeiten werden später noch im Text zitiert.

I. Nachweis auf trockenem Wege.

Für den Nachweis des Fe(II)-ions auf trocknem Weg kommen die Phosphorsalz- oder Boraxperle in Frage, jedoch ist diese Reaktion sehr wenig empfindlich und deshalb nicht zu empfehlen. Die Perle färbt sich bei Anwesenheit von Eisen in der Reduktionsflamme in der Hitze und Kälte schwach grünlich. Nach JANDER und WENDT wird die Perle in der Reduktionsflamme durch: Ni grau, Co blau, bei starker Reduktion auch grau, Cr smaragdgrün, so daß die schwache Färbung des Eisens überdeckt wird, s. S. 126.

II. Nachweis auf nassem Wege. A. Nachweis durch Fällungsreaktionen.

Das Fe^{++}-ion sieht in wäßriger Lösung schwach grün aus, Eisen(II)-salze reagieren durch Hydrolyse sauer. Folgende Reagenzien fällen in Wasser schwerlösliche Eisen(II)-verbindungen, die aber zum Nachweis nicht geeignet sind, weil sie nicht charakteristisch sind. Nach CHARLOT (b) fällt weißes $Fe(OH)_2$ bei p_H 5,8, es wird an der Luft grün, dann schwarz, schließlich rotbraun unter Bildung von $Fe(OH)_3$. In Gegenwart von Weinsäure tritt die Fällung nicht ein. Alkalicarbonat fällt weißes Eisencarbonat, das grün, dann braun wird, auch das Oxalat und Phosphat sind schwerlöslich. Cyanide fällen rotbraunes Eisen(II)-cyanid, das im Überschuß des Fällungsmittels löslich ist. Das schwarze FeS fällt oberhalb p_H 4, letzteres wird manchmal zum Nachweis des Eisens benutzt.

Für den Nachweis des Eisen(II)-ions durch Fällung gibt es nur wenige geeignete Reagenzien, die meisten Reaktionen sind nicht spezifisch, so daß Farbreaktionen im allgemeinen besser geeignet sind.

1. Fällung mit Kaliumhexacyanoferrat(III).

Es bildet sich ein dunkelblauer Niederschlag, in verdünnten Lösungen eine Färbung, die durch Lauge wieder zerstört wird.

Ausführung der Reaktion. Etwa 5 ml einer zu analysierenden Lösung, die am besten schwach mit Mineralsäure (Schwefelsäure) angesäuert ist, werden mit 1 Tropfen 1 n Kaliumhexacyanoferrat(III)-lösung versetzt.

KARAOGLANOV (b) hat die **Empfindlichkeit** dieser Reaktion geprüft: nach Zusatz von 1 ml 0,02%iger Reagenslösung (damit deren Eigenfarbe nicht stört) konnten in insgesamt 10 ml Lösung noch 2 μg Fe^{++}, entsprechend einer Verdünnung von 1 : 4951000, erkannt werden.

Störungen. Nach KOHN (d) wirken Oxalate auflösend auf die blaue Fällung. SZEBELLÉDY hat gezeigt, daß bei Anwesenheit oder nachträglichem Zusatz von Ammoniumfluorid die blaue Fällung oder Färbung entfärbt wird. In 5 ml 0,02 n $FeSO_4$-lösung, die mit 1 Tropfen 1 n Reagenslösung versetzt wurden, wirken 60 mg NH_4F entfärbend. Diese schädliche Wirkung des Fluorids wird durch Säurezusatz und Reagensüberschuß abgeschwächt. Nach SPILLER wird die Reaktion durch Citrat völlig maskiert.

Bemerkungen. Die blaue Fällung oder Färbung, die Fe(II) mit $K_3[Fe(CN)_6]$ gibt, ist recht charakteristisch für das Eisen(II)-ion, jedoch ist sie nicht geeignet, Fe^{++} neben Fe^{+++} nachzuweisen, da Hexacyanoferrat(III) niemals frei von Hexacyanoferrat(II) ist, welches mit Fe(III) den gleichen blauen Niederschlag liefert [FEIGL (e)]. Auch der von THIEL gemachte Vorschlag, Fe^{+++} zuerst in schwach saurer Lösung mit Rhodanid nachzuweisen (vgl. S. 57), dann mit Seignettesalz zu entfärben und auf Fe^{++} mit Hexacyanoferrat(III) zu prüfen, dürfte keinen eindeutigen Nachweis von Fe(II) neben Fe(III) ermöglichen, schon weil Fe^{+++} durch Rhodanid allmählich reduziert wird.

Das blaue Reaktionsprodukt zwischen Fe^{++} und $[Fe(CN)_6]^{3-}$ wird „Turnbulls Blau" genannt. Nach CHARLOT (b) bildet sich formal $Fe(II)[Fe(III)(CN)_6]^-$. Man ist heute weitgehend der Ansicht, daß Turnbulls Blau mit dem aus Fe^{+++} und $[Fe(CN)_6]^{4-}$ entstehenden „Berliner Blau" identisch ist (CHARLOT (b), DELABY und GAUTIER, SIMON und HAUFE , MÜLLER (a), HANINK). DELABY und GAUTIER z. B. erklären dies so, daß im Fall des Turbulls Blau die Fe(II)-ionen das Hexacyanoferrat(III) zum Teil reduzieren, während im Fall des Berliner Blau die Fe(III)-ionen das Hexacyanoferrat(II) zum Teil oxydieren, es sind also auf jeden Fall Fe^{++}, Fe^{+++}, $[Fe(CN)_6]^{4-}$, $[Fe(CN)_6]^{3-}$ und K^+ vorhanden, und es gibt eine Mischung von: $KFe(II)[Fe(III)(CN)_6]$, $Fe_3^{II}[Fe(III)(CN)_6]_2$, $KFe(III)[Fe(II)(CN)_6]$, $Fe_4^{III}[Fe(II)(CN)_6]_3$. DAVIDSON (a) stellte theoretische Untersuchungen über die Geschwindigkeit der Redoxreaktion und Bedingungen der Bildung von Turnbulls und Berliner Blau an und formuliert die blauen Produkte als Abkömmlinge eines polynuclearen Komplexes. Ebenso haben SCHAEPPI und TREADWELL, THOMPSON, EMSCHWILLER u. a. Messungen durchgeführt. KEGGIN und MILES haben durch Röntgenstrukturmessungen festgestellt, daß es sich um Superkomplexe mit

Eisen handelt, EMSCHWILLER hat gefunden, daß auch nicht überkomplex gebundenes Eisen vorhanden ist, er gibt dem Turbulls Blau die Formel $[Fe(III)\{Fe(II)(CN)_6\}]Fe^{II}/3\ K/3$. Zu einer ähnlichen Formel kommt JUSTIN-MUELLER, ferner haben sich CAMBI und Mitarbeiter, BHATTACHARYA und derselbe mit DHAR mit der Zusammensetzung der blauen Produkte beschäftigt. Beide Produkte können als „lösliches" (kolloidales) und als unlösliches Blau entstehen je nach den Reaktionsbedingungen (CHARLOT (b), DELABY und GAUTIER).

2. Fällung mit Kaliumhexacyanoferrat(II).

Fe^{++} geben mit Hexacyanoferrat(II) eine weiße Fällung, die an der Luft bald blau wird. Nach KARAOGLANOV (b) können nach Zusatz von 1 ml 2%iger $K_4[Fe(CN)_6]$-Lösung in insgesamt 10 ml saurer Lösung noch 20 μg Fe^{++}, entsprechend einer Verdünnung von 1 : 495000, nachgewiesen werden. Diese Reaktion ist nicht besonders zu empfehlen, Hexacyanoferrat(II) gibt mit vielen Ionen gefärbte Niederschläge, vgl. S. 92.

3. Weitere anorganische Reagenzien.

a) Reaktion mit Sulfid. Schwarzes FeS wird durch Ammonium- oder Alkalisulfid oberhalb p_H 4 (vgl. S. 24) gefällt, nach WINDERLICH ist deshalb auch die Fällung in essigsaurer, acetatgepufferter Lösung mit H_2S möglich. SPILLER behauptet, das FeS in Gegenwart von Citrat unvollständig gefällt wird. In sehr verdünnten Lösungen entsteht nur eine Färbung (vgl. S. 39). Bekanntlich fallen viele andere schwarze Metallsulfide unter den gleichen Bedingungen.

b) Reaktion nach BALAREW mit Silbernitrat und Lauge. Fügt man zu einer Eisen(II)-salzlösung zuerst einen Tropfen Alkalilauge, dann Silbernitratlösung und zuletzt einen Überschuß an Ammoniak oder verdünnter Essigsäure, so bleibt ein schwarzer (NH_3) bzw. gelbbrauner (Essigsäure) Niederschlag zurück. Co(II) und Mn(II) geben die Reaktion auch, aber Ni, Al, Zn, Ti, U, Fe(III) nicht. Durch Ammoniumsalze wird sie verhindert. Der Zusatz an Natronlauge darf nicht zu groß sein, weil sonst die ammoniakalische Silberlösung selbst eine dunkelbraune Fällung gibt.

c) Mit Nitroprussiat geben Fe(II)-ionen eine schokoladenbraune Fällung (DUBSKY und KRAMETZ). Cd, Zn, Co, Hg(I), Hg(II), Ag geben auch rosa oder weiße Niederschläge.

d) Mit $[Hg(SCN)_4]^{2-}$ und Zn^{++}. Man erhält einen gelben Niederschlag, 12 μg Fe^{++} sind in 1 ml nachweisbar. Die Herstellung der benötigten Reagenzien ist S. 48 beschrieben. Die Reaktion wird meistens als Mikroreaktion ausgeführt. Co, Cu, Fe^{3+} und Ni geben auch Niederschläge [KORENMAN (a)].

4. Reaktion mit 2,4-Dinitrosoresorcin.

Das Reagens, auch Solid- oder Echtgrün genannt, entsteht bei der Einwirkung von salpetriger Säure auf Resorcin. Nach GOLDSTÜCK gibt es mit Eisen(II)-salzen einen dunkelgrünen, blaustichigen Niederschlag, mit Eisen(III)-salzen einen hellgrünen Niederschlag.

Durchführung und Empfindlichkeit der Reaktion. Man versetzt die neutrale, höchstens ganz schwach saure oder sehr schwach alkalische Probelösung mit einer gesättigten Lösung des Reagenses in Wasser (Internationale Tabellen der Reagenzien für qualitative Analyse), es bildet sich ein grüner Niederschlag, bei sehr geringen Mengen an Fe(II) nur eine Färbung. Es können noch 0,02 mg Fe^{++}/10 ml nachgewiesen werden. Die Reaktion mit Fe^{+++} ist nicht sehr empfindlich. Ähnliche Angaben machen ORNDORFF und NICHOLS bzw. NICHOLS und COOPER und OTTINO.

Störungen. Freie Mineralsäuren oder Laugen stören, obwohl der einmal gebildete Niederschlag sich nicht darin löst, Wein- oder Essigsäure stören nicht. Cu und nach TOUGARINOFF auch Co geben eine ähnliche Reaktion (braune bzw. rotorange Fällung oder Färbung). Oxydationsmittel wie HNO_3, H_2O_2 geben eine Gelbfärbung und dürfen nicht vorhanden sein, vgl. auch S. 56.

5. Fällung mit 8-Oxychinolin und dessen Derivaten.

a) Mit 8-Oxychinolin. Das von BERG (c) in die analytische Chemie eingeführte 8-Oxychinolin (Oxin) fällt sehr viele Ionen, die fast alle gelb bis grünlichgelb gefärbte Niederschläge ergeben. Charakteristisch gefärbt sind nur das Fe(II) (rot), Fe(III) (schwarz), V^V (schwarzbraun) und Uranyloxinat (rotbraun). Aus einer Probelösung mit einem Gesamtvolumen von 5 ml, die 1. essigsauer ist und 1 ml gesättigte Natriumacetatlösung enthält oder 2. ammoniakalisch ist und einige Tropfen gesättigte Natriumtartratlösung enthält oder 3. 0,5 ml 2 n Natronlauge und 0,5 ml Natriumtartratlösung enthält, fällt nach Zusatz einiger Tropfen frisch bereiteter 1%iger alkoholischer Oxinlösung und Erwärmen auf 80° C ein roter Niederschlag bei Anwesenheit von Fe^{++}. Angaben über die Empfindlichkeit sind nicht vorhanden. Die Reaktion mit Oxin wird praktisch nur für den Nachweis von Fe^{+++} verwandt (vgl. S. 51), das unter den gleichen Bedingungen aus Natronlauge-haltiger Lösung nicht fällt.

b) Mit 5-Methyl-8-oxychinolin. Als brauchbares Reagens für Fe(II) in alkalischer Lösung bezeichnen GIETZ und SÁ das Methyloxin.

Durchführung der Reaktion. 5 ml der Probelösung, in der 0,5 ml 2 n Natronlauge und 0,5 ml gesättigte Natriumtartratlösung enthalten sind, werden auf 80 bis 90° erhitzt und mit 1 Tropfen Reagenslösung versetzt. Diese stellt man her, indem man 3,8 g Methyloxin in 13 ml 2 n HCl löst und mit Wasser auf 100 ml verdünnt. Bei Anwesenheit von Eisen(II) fällt ein schwärzlich grüner Niederschlag. Man beobachtet nach 10 Min. und macht einen Blindversuch daneben.

Erfassungsgrenze: 5 μg.

Grenzkonzentration: 1 : 1000000. Fe(III) fällt ebenfalls schwärzlich grün, wenn mehr als 100 μg vorhanden sind. Ferner fallen unter gleichen Bedingungen Co gelb, Pd orangegelb, Cu gelb, Zn grünlich gelb, Cd hellgelb, Mg hellgelb.

c) Mit Chinolinchinon-(5,8)-[8-oxychinolyl-(5)-imid]-5 = Indooxin. Indooxin löst sich in Alkohol mit roter bzw. rotvioletter Farbe. Es verhält sich wie ein Säure-Basen-Indicator, in saurer Lösung ist es rot, bei p_H 6 bis 8 schlägt es nach Blau um, mit überschüssiger Base färbt es sich grün (BERG und BECKER). Mit vielen Metallionen, auch mit Fe(II) und Fe(III), fallen in essigsaurer Lösung blaue oder blaugrüne Niederschläge.

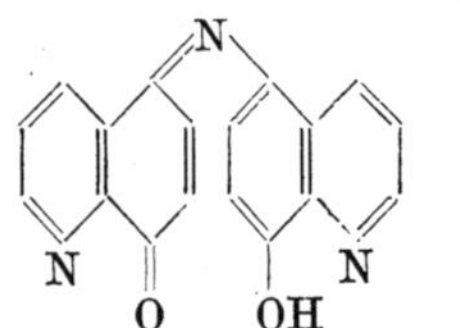

Ausführung der Reaktion. Einige ml der Probelösung werden mit 0,5 ml 2 n Essigsäure, 1 ml konz. Natriumacetatlösung und 1 ml 0,05%iger alkoholischer Reagenslösung versetzt, man verdünnt auf 5 ml und erhitzt zum Sieden. Es können noch 0,4 μg/ml an Fe^{++}-ion erkannt werden, die Reaktion ist jedoch gar nicht spezifisch; da auch Cu, Ag, Au(III), Mg, Zn, Cd, Hg(II), Ce(IV), Ga, Ti(IV), Zr, Pb, Bi, V^V, Mo, W, Co, Ni, Pd(II) fallen, von denen allerdings Cu, Ag, Au, Hg, Co, Ni, Pd durch NaCN und Zr, Ti durch Citrat maskiert werden können, vgl. S. 37, 52, 74.

d) Mit o-Oxychinolinsulfonsaurem Kalium = Chinosol (Superol). Nach SCHOORL (b) gibt eine neutrale Lösung, die Fe^{++}-ionen enthält, mit einer 0,2%igen Lösung von Superol in Wasser nach einiger Zeit einen schwarzen Niederschlag, der in

HNO_3 oder HCl löslich ist. Andere Ionen, wie As(V), Ba, Cu, Hg(I), Pb, Sr, Sn(II, IV), Ag geben auch Niederschläge, die aber alle weiß oder gelb aussehen. Fe(III) reagiert nach TOUGARINOFF nicht (vgl. aber S. 71).

e) **Mit 5-Methyl-7-nitroso-8-oxychinolin** fallen Fe^{++} und Fe^{+++} im p_H-Bereich von 5,3 bis 8,4. Viele andere Ionen werden auch gefällt (HOLLINGSHEAD).

6. Fällung mit Oximen.

a) **Mit Phenanthrenchinonmonoxim.** Von allen vorgeschlagenen Oximen ist nur das Phenanthrenchinonmonoxim ein einigermaßen brauchbares Fällungsreagens für Fe^{++}. Nach PAVOLINI (b) stellt man das Reagens durch Kochen von 1,04 g Phenanthrenchinon in 50 ml Alkohol mit 0,35 g Hydroxylammoniumchlorid dar.

Ausführung der Reaktion. Die neutrale oder ganz schwach saure Probelösung wird zum Sieden erhitzt und tropfenweise mit einer 1%igen alkoholischen Reagenslösung versetzt. Das Reagens selbst ist in Wasser unlöslich, ein Reagensüberschuß ergibt daher in wäßriger Lösung eine gelbe Fällung. Mit Fe^{++} gibt es einen grünbläulichen Niederschlag, der in Salzsäure löslich ist.

Empfindlichkeit. 1 Teil Fe^{++} kann noch in 500000 Teilen Lösung nachgewiesen werden. Nach CIUSA können in insgesamt 10 ml Lösung, die 1 ml 0,1%ige Reagenslösung enthält, noch 9 μg Fe^{++}/ml durch Fällung und 0,09 μg Fe^{++}/ml durch Färbung nachgewiesen werden.

Störungen. Nach PAVOLINI (b) fallen auch Co, Ni, Cu, Fe(III), nach KEUNING und DUBSKÝ bzw. PALLAUD außerdem noch Pb, Hg, Ag, Cr(III), und zwar das letztere auch grün, die anderen rot, orange oder gelb.

b) **Mit anderen Oximen.** CIUSA benutzt auch Phenanthrenchinondioxim als Fällungsreagens, es gibt ähnlich gefärbte Niederschläge wie unter a) beschrieben. Isatin-β-oxim gibt nach PALLAUD bzw. HOVORKA und Mitarbeitern (c) in schwach saurer, acetatgepufferter Lösung mit Fe^{++} eine schmutzig grüne Fällung, es fallen außerdem noch viele Ionen. Ebenso wenig sind die Fällungen mit den β-Semicarbazonen des Isatins und seiner Derivate für Fe^{++} charakteristisch (HOVORKA und HOLZBECHER). Das Salicylaldoxim und seine Chlor-, Brom- und Nitroderivate fällen außer Fe(II) noch sehr viele andere Ionen (FLAGG und FURMAN). α-Furyldioxim gibt in ammoniakalischer Lösung mit Eisen(II) eine purpurrote Fällung, in sehr verdünnten Lösungen nur eine grünliche Färbung (SOULE, GRISOLLET und SERVIGNE), das Reagens dient im allgemeinen zum Nickelnachweis, Nickel gibt eine rote Fällung. DUBSKÝ und Mitarbeiter haben die Reaktion verschiedener Oxime mit unter anderen auch Fe(II) und Fe(III) untersucht.

7. Fällung mit anderen organischen Reagenzien.

Die weiter noch zur Fällung von Fe^{++} benutzten Reagenzien bieten keinerlei Vorteil, sie sind im allgemeinen gar nicht spezifisch.

a) **Mit Natriumrhodizonatlösung** in Wasser gibt Fe^{++} nach FEIGL und SUTER in neutraler Lösung einen rotbraunen Niederschlag, der schnell schwarzblau wird. Sehr viele ein- und zweiwertige Ionen geben auch Niederschläge (vgl. S. 74).

b) **Mit substituierten Dithiocarbamaten** fällt nach GLEU und SCHWAB nur in Gegenwart starker Reduktionsmittel die Fe(II)-verbindung, die gelb aussieht. Die Dithiocarbamate fällen sehr viele Metallionen. HERRMANN-GURFINKEL benutzt als Fällungsmittel das Dithiocarbamat des Cyclohexyläthylamins (Vulcacit 774), das mit Fe(II) und Fe(III) braune Niederschläge gibt (vgl. S. 53, 54).

c) **Mit Nitrosophenylhydroxylamin oder seinen Derivaten** wird auch Fe(II) gefällt; mit Cupferron gibt es genau wie Fe(III) einen braunen, auch in Säuren schwerlöslichen Niederschlag (PINKUS und MARTIN). Andere Ionen werden auch durch Cupferron gefällt. BRAMBILLA stellte fest, daß das Semicarbazon und Oxim des Isonitramino-8-menthons, das eine dem Cupferron ähnliche Gruppe trägt, mit zweiwertigen Ionen, auch Fe^{++}, Fällungen gibt. Fe^{++} wird gelb gefällt, Cr und Al fallen auch.

d) Mit Natriumalizarinsulfonatlösung fallen die meisten Ionen unter Bildung von meist rot gefärbten Lacken. Fe^{++} fällt nach GERMUTH und MITCHELL auch dunkelrot, der Lack ist in 1%iger Essigsäure unlöslich.

e) Die Reaktion mit Derivaten des Pyrazolons haben HOVORKA und SÝKORA (a), (b), (d) untersucht. In acetatgepufferter Lösung fällt Fe^{++} mit grüner Farbe. Viele andere Ionen werden auch gefällt.

f) Mit Hämatoxylinlösung (0,01 n in Wasser, das möglichst wenig Ammoniak enthält) fällt Fe(II) rotviolett, außerdem fallen zahlreiche andere Ionen [DUBSKY (b)], vgl. S. 56.

g) Mit Salicylimin und seinen Derivaten. DUKE hat die Reaktion von zahlreichen Ionen mit Salicylimin oder dessen N-Methylimin sowie ihrer Nitro- und Bromderivate untersucht. Die Darstellung dieser Substanzen ist im Original gegeben. Zu 5 ml Probelösung, die 5%ig an Natriumtartrat ist, werden 2 ml Reagenslösung, die Salicylaldehyd oder dessen Derivate und Ammoniak oder Methylamin enthält, gesetzt. Mit den N-Methylderivaten gibt Fe^{++} rote, purpurne oder blaue Niederschläge von ziemlich großer Empfindlichkeit. Andere zweiwertige Ionen werden auch gefällt, z. B. Cu, Ni, Co, Pd u. a., auch Fe(III). Ähnliche Angaben machen TERENT'EV und RUKHADZE (vgl. S. 40).

h) Mit Dithiooxamid = Rubeanwasserstoff in alkoholischer Lösung geben Fe(II)-salze und Fe(III)-salze in neutraler oder acetatgepufferter Lösung einen dunklen Niederschlag [NILSSON (a)]. Dieses Reagens dient aber für gewöhnlich zum Nachweis von Ni, Cu, Co, mit denen es blaue, schwarze oder braune Niederschläge gibt (vgl. S. 85).

i) Mit Thionalid nach BERG und ROEBLING gibt Fe(II) in natronalkalischer, tartrathaltiger Lösung eine schmutzig grüne, wenig empfindliche Fällung. Cu, Ag, Au, Hg, Cd, Tl fallen auch.

k) Mit Aminen. E. J. FISCHER hat gezeigt, daß Fe^{++} durch die meisten Amine gefällt wird. Die grünen, grünschwarzen oder blaugrünen Niederschläge sind entweder das Hydroxyd oder Additionsverbindungen der Basen an das Metallsalz. Selbstverständlich werden Fe(III) und viele andere Ionen auch gefällt.

l) Mit dem Pyridin- und Triäthanolaminsalz der 2-Oxynaphthalin-1,2′-azonaphtalin-1′-sulfonsäure und der Stilben-4,4′-bis-[1″-azo-2″-oxynaphtalin]-2,2′-disulfonsäure. Nach KUSNETZOW (c) werden die freien Säuren in gesättigter Lösung in einer 0,5%igen Lösung von Pyridin oder Triäthanolamin in Alkohol als Reagens verwendet. Das Reagens, das man aus der Oxynaphthalin-azonaphthalinsulfonsäure herstellt, gibt in reinem Wasser eine orange Färbung, die Gegenwart von Salzspuren führt zur Bildung gefärbter Trübungen, die bei Fe^{++} und vielen anderen Ionen himbeerrot ist. Die Reagenzien dienen zum Nachweis, daß überhaupt ein Salz, eventuell nur Spuren davon, in Wasser vorhanden ist.

B. Nachweis durch Farbreaktionen.

Für den Nachweis des Eisen(II)-ions gibt es einige sehr schöne, empfindliche und spezifische Farbreaktionen. Hierfür kommen fast ausschließlich organische Reagenzien in Frage, viele davon tragen die für das Fe(II) spezifische Gruppe —N—C—C—N—. Die zum Nachweis gut geeigneten Reagenzien sind unter 1. bis 4. aufgeführt.

1. Nachweis mit α,α'-Dipyridyl und ähnlichen Substanzen.

a) Nachweis mit α,α'-Dipyridyl. Fe^{++}-ionen reagieren mit α,α' Dipyridyl unter Bildung eines löslichen, intensiv rot gefärbten Komplexes von der Formel $[Fe(Dipyridyl)_3]^{++}$. In sehr verdünnten Lösungen sieht der Komplex rosa aus, in etwas konzentrierterer Lösung undurchsichtig rotbraun. Die Darstellung des Reagenses ist bei FEIGL und HAMBURG beschrieben. In verdünnten Lösungen ist der Komplex beständig gegen Säuren und Laugen und weitgehend beständig gegen Alkalisulfid (FEIGL und HAMBURG). Nach BLAU, dem Entdecker dieser Reaktion, wirken verdünnte Säuren so langsam zerstörend auf den Komplex, daß die Reaktion in saurer Lösung praktisch nicht beeinträchtigt wird. 10%ige Schwefelsäure bewirkt nach Stunden langsam eine Verblassung der Färbung, in der Hitze wirkt sie rasch, sie verzögert daher auch umgekehrt die Bildung des Komplexes. Auch FEIGL, KRUMHOLZ und HAMBURG weisen darauf hin, daß die Farbintensität bei einem Säuregehalt von mehr als 0,2 n geringer ist. COOPER gibt für colorimetrische Messungen an, daß der Komplex zwischen p_H 3,5 bis 8,5 stabil ist. Laugen fällen nach Blau erst nach einiger Zeit in Berührung mit der Luft $Fe(OH)_3$ aus, ebenso tritt mit Sulfiden erst nach einigem Stehen langsam Fällung von FeS ein. An sich bildet der Fe(II)-dipyridylkomplex lösliche Salze, nur durch einige großvolumige Anionen kann er gefällt werden, z. B. $Cr_2O_7^{--}$, $AuCl_4^-$, $PtCl_6^{--}$, SCN^- Hexacyanoferrat(II) und -(III) und durch $HgCl_2$. Alkalihalogenide oder -sulfate können, wenn sie in großen Mengen vorliegen, aussalzend wirken, dies stört aber den Nachweis nicht.

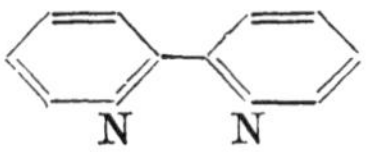

Ausführung der Reaktion. Nach FEIGL und HAMBURG führt man den Nachweis so, daß man 1 ml schwach saure Probelösung in einem Reagensglas mit einigen Tropfen 2%iger salzsaurer α,α'-Dipyridyllösung versetzt, in Gegenwart von Eisen(II) tritt eine blutrote bzw. rosa Färbung ein.

Erfassungsgrenze. 0,1 μg Fe.

Grenzkonzentration. 1 : 10000000. Die gleiche Empfindlichkeit geben WENGER und DUCKERT an, welche jedoch die Probelösung neutral bis schwach ammoniakalisch halten. Die Reaktion wird besonders häufig als Tüpfelreaktion ausgeführt, man vergleiche deshalb S. 42.

Bemerkungen. Fe(III)-ionen reagieren nach FEIGL und HAMBURG mit Dipyridyl nicht, nach BLAU geben sie eine durch Säure zersetzbare braune Verbindung (wahrscheinlich nur in sehr konzentrierter Lösung). Der rote Fe(II)-dipyridylkomplex kann durch sehr starke Oxydationsmittel, wie $KMnO_4$, konz. HNO_3, Chlorwasser (BLAU) zu einem löslichen hellblauen Fe(III)-dipyridylkomplex oxydiert werden. Dieser entsteht offensichtlich nicht aus freien Fe^{+++}-ionen und Dipyridyl. Der instabile blaue Komplex wird sehr leicht durch schwache Reduktionsmittel wieder zu dem roten Komplex reduziert. Deshalb kann man auch Fe^{+++} nach Zusatz von etwas festem Natriumsulfit (FEIGL und HAMBURG) oder festem Hydroxylammoniumchlorid (Internationale Tabellen der Reagenzien, II. Ausgabe) mit Dipyridyl nachweisen.

Ausführung in besonderen Fällen. FEIGL und HAMBURG versetzen hierzu die saure Probelösung mit einigen Kriställchen Natriumsulfit und wie oben mit dem Reagens und erwärmen. Nach dem Erkalten tritt rote bis rosa Färbung ein. Erfassungsgrenze 0,2 μg Fe, Grenzkonzentration 1 : 5000000.

Das Dipyridyl eignet sich gut zum Nachweis von Fe(II) neben Fe(III). Nach FEIGL und HAMBURG können größere Fe(II)-Mengen ohne weiteres neben Fe(III) im Reagensglas nachgewiesen werden, da die Rotfärbung neben der gelben Farbe des Fe(III) erkennbar ist. Liegen aber nur Spuren von Fe^{++} neben Fe^{+++} vor, so macht die gelbe Farbe den Fe^{++}-Nachweis unmöglich. Man bindet dann das Fe(III) komplex durch Fluorid, welches den Fe(II)-Nachweis nicht stört. Man darf aber nicht in Glas arbeiten, da die entstehende HF schon Spuren Fe aus dem Glas in Freiheit setzt.

1 ml Probelösung wird in einem Porzellantiegel, der innen paraffiniert ist, mit einer Messerspitze KF entfärbt, dann versetzt man mit einigen Tropfen Reagenslösung und erhält bei Anwesenheit von Fe^{++} eine rote oder rosa Färbung. Bei Abwesenheit von Fe^{++} wird die Lösung farblos bzw. es fällt weißer Eisenkryolith aus. Noch 2 μg Fe(II) neben der 25000fachen Menge Fe(III) sind erkennbar. Da auch in reinen Fe(III)-salzen häufig ein sehr geringer Fe(II)-Gehalt mit Dipyridyl nachweisbar ist, empfiehlt es sich, beim Nachweis allerkleinster Fe(II)-Mengen eine Blindprobe mit Eisenalaun zu machen. Für den Nachweis in anderen Produkten vergleiche man § 5, S. 122.

Störungen. Die Reaktion zwischen Fe^{++} und α,α'-Dipyridyl gilt als praktisch spezifisch. Nach CHARLOT (b) kann man die Störung durch stark gefärbte andere Ionen dadurch verhindern, daß man die Lösung verdünnt. Andere amminbildende Ionen reagieren nach FEIGL und HAMBURG sowie CHARLOT (b) auch mit Dipyridyl, jedoch wird der Eisennachweis dadurch nicht behindert, weil die Färbung des Eisenkomplexes viel stärker ist. In Gegenwart solcher Ionen, z. B. Zn Cd, Cu, Co, Ni muß man dafür sorgen, daß ein genügend großer Überschuß an Reagens vorhanden ist. Nach FEIGL und HAMBURG erwärmt man mit dem Reagens, das Farbmaximum des Eisenkomplexes tritt erst nach dem Abkühlen ein. Nach WENGER und DUCKERT stören folgende Ionen nicht: Fe(III), Ag, Hg, Cu, Pb, Bi, Cd, As, Sb, Sn, Au, Rh, Pd, Ir, Pt, Se, Te, W, Mo, V, Nb, Ta, Al, Cr, UO_2^{++}, Ce, La, Y, Zr, Ti, Th, Tl, Be, Zn, Mn, Co, Ni, Erdalkalien, Alkalien. Nach CHARLOT (b) geben Co und Cu(II) gefärbte Komplexe (orange bzw. braun), die die Empfindlichkeit des Eisennachweises herabsetzen. Nach OKÁČ bzw. BLAU soll der Cu(II)-komplex bläulich oder grünlich aussehen. Angaben über die Verminderung der Empfindlichkeit des Eisennachweises findet man in „Nachweis durch Mikro- und Tüpfelreaktionen" (s. S. 43). Nach BLAU sehen der Chrom-III- und der Nickel-dipyridylkomplex rot aus (wahrscheinlich nur in konzentrierter Lösung). OKÁČ und auch WEST (b) machen darauf aufmerksam, daß Cu(I) mit Dipyridyl eine rotbraune Färbung gibt, die mit der Farbe des Eisenkomplexes verwechselt werden kann. Nach OKÁČ kann es geschehen, daß bei der Reduktion des Eisens in Gegenwart von α,α'-Dipyridyl gleichzeitig auch Cu(II) reduziert wird und bei Abwesenheit von Eisen dieses vortäuscht. Die rotbraunen Cu(I)-komplexe sind schwerer löslich, aber löslich im Überschuß von Dipyridyl. Ihre Stabilität hängt vom Anion ab, in Gegenwart von CN^-, SCN^- und J^- bilden sich besonders stabile Komplexe. Wie weit diese Störung wirklich ernstlich auftritt, ist aus der Literatur nicht klar ersichtlich.

HAITINGER, FEIGL und SIMON geben an, daß die salzsaure Lösung von α,α'-Dipyridyl fluoresziert, die Fluoreszenz wird durch Eisensalze ausgelöscht.

b) Reaktion mit Abkömmlingen des Dipyridyls. MORGAN und BURSTALL beschreiben die komplexbildenden Eigenschaften von *2,2',2''-Tripyridyl.* Diese Base gibt mit Fe^{++} eine charakteristische purpurrote Färbung, die als spezifischer und empfindlicher Test auf Fe(II) bis herauf zu Verdünnungen von 1 : 2000000 dienen kann. Andere Ionen geben auch Verbindungen mit dem Reagens, die zum Teil gefärbt sind. Irgendwelche nähere Angaben fehlen. Dasselbe Reagens (auch Terpyridin genannt) wurde von WILKINS und SMITH (a) untersucht, außerdem noch *2,6-Bis-(2-pyridyl)-4-phenyl-pyridin* (Terosin) und *2,6-Bis-(4-methyl-2-pyridyl)-4-phenyl-pyridin* (Terosol). Alle drei Substanzen geben mit Fe^{++} und Co^{++} Färbungen, die Reaktion des Terosols mit Fe^{++} ist besonders empfindlich.

WALTER und FREISER untersuchten die Reaktion von *2-(2-Pyridyl)-benzimidazol* (= I) und *2-(2-Pyridyl)-imidazolin* (= II) mit Eisen(II)-ionen. Die Darstellung der beiden Substanzen ist im Original beschrieben, man benutzt eine Reagenslösung, die 20 mg Base in 1 ml 95%igem Alkohol enthält. I gibt im sauren oder basischen Milieu mit Fe(II) eine intensiv rote Farbe, mit Hg(II) bildet sich ein weißer Niederschlag, mit Co oder Cu entstehen hellbraune bis orange Färbungen. Andere untersuchte Ionen reagieren nicht mit der Base. Mit II gibt Fe^{++} eine purpurrote Farbe wiederum sowohl im sauren als auch basischen Gebiet. Hg(II) bildet einen weißen Niederschlag, Co, Fe(III) und Cu(I) geben tief gelbe Färbungen, und Cu(II) erzeugt eine tief bläuliche Farbe. Wie weit die angegebenen Fremdionen den Eisennachweis stören, ist nicht bekannt, auf jeden Fall muß ein genügender Überschuß an Reagens verwandt werden.

2. Nachweis mit o-Phenanthrolin oder ähnlichen Substanzen.

a) Nachweis mit o-Phenanthrolin. o-Phenanthrolin kann nach Hieber und Mühlbauer leicht dargestellt werden. Seine Reaktion mit Fe(II), die ebenfalls von Blau entdeckt wurde, ähnelt sehr stark derjenigen des α,α'-Dipyridyls. Man erhält einen dunkelroten Komplex, der ebenfalls gut löslich ist. Die Reaktion dieses Eisen(II)-phenanthrolinkomplexes, $[Fe(o\text{-}Phenanthrolin)_3]^{++}$, mit Lauge, Säure, Sulfiden, Oxydationsmitteln, großvolumigen Anionen ($Cr_2O_7^{--}$ u. a.) usw. entspricht völlig derjenigen des Eisen(II)-dipyridylkomplexes. Auch die Reaktion des o-Phenanthrolins mit anderen Kationen und die **Störungen**, die diese Komplexe für den Eisennachweis herbeiführen können, entsprechen dem bei α,α'-Dipyridyl Gesagten [Blau, Charlot (b)]. Nach Feigl und Hamburg sind die Fe(II)-Phenanthrolinverbindungen etwas säurezersetzlicher als die Dipyridylverbindungen, ferner ist die Empfindlichkeit des Eisennachweises etwas geringer. Walden und Hammett behaupten gerade umgekehrt, daß der Fe(II)-phenanthrolinkomplex säurebeständiger als der Dipyridylkomplex sei. Aus diesem Grund bevorzugen Feigl und Hamburg α,α'-Dipyridyl als Reagens. Nach Charlot (b) bzw. Wenger und Duckert gibt Iridium einen zinnoberroten Komplex mit o-Phenanthrolin und stört deshalb den Nachweis des Fe^{++}. Abgesehen hiervon, bewirken alle die Ionen, die Wenger und Duckert als nicht störend für den Nachweis mit Dipyridyl bezeichnen, auch bei der Verwendung von o-Phenanthrolin keine Störung. Nach Hoste (b) geben Cu(I)-ionen auch mit Phenanthrolin eine stark gefärbte Verbindung, diese kann nach Wilkins und Smith (b) mit n-Octanol ausgeschüttelt werden.

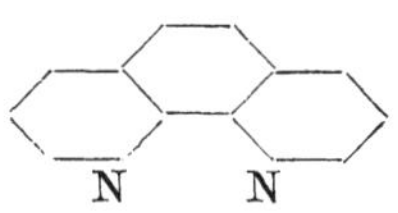

Ausführung der Reaktion. Man führt den Nachweis sinngemäß so aus, wie es beim Nachweis mit α,α'-Dipyridyl beschrieben ist. Nach Wenger und Duckert soll die Probelösung schwach sauer bis neutral sein. Als Reagens benutzt man eine 0,025 m Lösung der Base in Wasser. Die Empfindlichkeit der Reaktion ist nach diesen Autoren die gleiche wie beim Nachweis mit Dipyridyl, man verlgeiche aber die Angaben von Feigl und Hamburg. Die Reaktion kann zum Nachweis von Fe^{++} empfohlen werden, sie wird häufig auch als Tüpfelreaktion ausgeführt (s. S. **43**), wo man auch weitere Angaben findet.

Zum Nachweis von Fe(III) mit diesem Reagens reduziert man am wirksamsten mit Hydroxylammoniumchlorid (Fortune und Mellon). Diese Autoren bezeichnen den p_H-Bereich zwischen 2 und 9 als günstig für die Entwicklung der vollen Intensität der Färbung.

b) Mit Abkömmlingen des o-Phenanthrolins. Nach Hale und Mellon geben auch das *Oxy-* und *Carbäthoxyderivat des o-Phenanthrolins* Komplexe mit Fe(II). Nach Peterson reagieren Fe(II)-ionen mit *4,7-Diphenyl-1,10-phenanthrolin* unter Bildung eines roten Komplexes. Man verwendet das Reagens in 0,0025 m-Lösung in Isoamylalkohol, der günstigste p_H-Bereich für die Reaktion ist 4 bis 7. Der rote Komplex wird von Amylalkohol extrahiert. Co gibt eine aus saurer Lösung nicht extrahierbare gelbe Färbung, der Kupferkomplex ist in saurer Lösung farblos.

3. Nachweis mit Dimethylglyoxim und ähnlichen Verbindungen.

a) Mit Dimethylglyoxim. Dimethylglyoxim gibt mit Fe^{++} und Ammoniak eine bordeauxrote lösliche Komplexverbindung von der Formel $Fe(C_4H_7N_2O_2)_2 \cdot 2NH_3$ [CHARLOT (b), FEIGL (e)]. Diese von SLAWIK bzw. TSCHUGAEFF und ORELKIN zuerst beschriebene Reaktion ist sehr empfindlich, wenn auch nicht so spezifisch wie die beiden vorherbeschriebenen. Das Ammoniak tritt mit in den Komplex ein, an seine Stelle kann auch Pyridin oder ein primäres aliphatisches Amin treten (TSCHUGAEFF und ORELKIN). Ohne den Zusatz von Ammoniak oder Amin tritt nach VAUBEL nur eine schwächere Gelbrotfärbung ein. In saurer Lösung tritt keine Färbung ein (GRISOLLET und SERVIGNE).

Ausführung der Reaktion. Nach TSCHUGAEFF und ORELKIN versetzt man die zu untersuchende Lösung mit etwa 1 ml gesättigter Dimethylglyoximlösung in Aethylalkohol und setzt überschüssiges Ammoniak zu. Es entsteht sofort eine intensive Rotfärbung, die an der Luft aber bald anfängt zu verblassen, da Oxydation des Fe(II) eintritt. Geringe Mengen Fe(II) ergeben eine rosa Färbung. Um das Verblassen der Färbung zu verhindern, schlägt KOENIG vor, in CO_2-Atmosphäre zu arbeiten bzw. auf jeden Fall das Ammoniak erst am Schluß zuzusetzen. TSCHUGAEFF und ORELKIN setzen zur Verhinderung der Oxydation Hydrazinsulfat hinzu und erhitzen einige Minuten auf freier Flamme, man findet dann aber natürlich das gesamte Eisen und nicht nur die Eisen(II)-ionen. An Stelle von Hydrazinsulfat kann auch ein Hydroxylammoniumsalz verwendet werden (Internationale Tabellen der Reagenzien, II. Ausgabe). SLAWIK und KOENIG versetzen die Probelösung vor der Zugabe von Reagens mit Weinsäure, nach FEIGL (e) ist dieser Zusatz von Weinsäure unbedingt notwendig, wenn Fe^{+++} zugegen ist.

Empfindlichkeit. Nach TSCHUGAEFF und ORELKIN ist die Reaktion mit Dimethylglyoxim sehr empfindlich, noch 0,05 μg Fe sollen bei einer Grenzkonzentration von 10^{-7} Grammatom Fe/l = 1 : 167000000 nachweisbar sein. Nach EKKERT (a) beträgt die Erfassungsgrenze 1 μg Fe^{++}, nach KOENIG die Grenzkonzentration 1 : 2500000. In den Internationalen Tabellen der Reagenzien wurden die Angaben von TSCHUGAEFF und ORELKIN überprüft, die Erfassungsgrenze beträgt danach 25 μg Fe(II) in 5 ml, Grenzkonzentration = 1 : 200000. Nach WENGER und DUCKERT kann man noch 1 μg Fe^{++} in 5 ml nachweisen, nach KARAOGLANOV (b) noch 1,6 μg Fe^{++}/10 ml (1 : 6250000).

Bei den **Störungen** dieser Reaktion interessiert zunächst das Verhalten des Fe^{+++}. Kleine Mengen Fe(III) stören offensichtlich nicht, da sie keine Färbung mit Dimethylglyoxim geben (TSCHUGAEFF, KOENIG). Größere Mengen Fe(III) fallen beim Zusatz von Ammoniak aus, dies kann man durch Zugabe von Wein- oder Citronensäure [FEIGL (e)] oder Fluorid [CHARLOT (b) (vgl. S. 44)] verhindern. Nach VAUBEL, KRAUS oder KOENIG werden größere Mengen Fe(III) durch Dimethylglyoxim, bei den gleichen Bedingungen wie beim Nachweis des Fe(II), gelb gefärbt. Nach KOENIG stört die Gegenwart von viel Fe(III) in Gegenwart von Tartrat den Nachweis des Fe^{++} nicht, während SLAWIK vom Nachweis von Fe(II)-Spuren neben Fe(III) abrät. Im allgemeinen scheinen jedoch keine Bedenken gegen den Nachweis des Fe^{++} neben Fe^{+++} mit Dimethylglyoxim zu bestehen, wenn die nötigen Vorsichtsmaßregeln eingehalten werden. In Gegenwart von Co und Fe^{+++} fällt mit Dimethylglyoxim auch in Gegenwart von Wein- oder Citronensäure ein Niederschlag (WÈELDENBURG). Fe(III) kann für diesen Nachweis außer mit den genannten Reduktionsmitteln auch mit Zn, $SnCl_2$ (SLAWIK) oder einer geringen Menge Ammoniumsulfid reduziert werden [VAUBEL, NAKASEKO(b)], daneben kann eventuell Ausscheidung von FeS eintreten. Kobalt gibt mit Dimethylglyoxim bei der Reduktion mit Sulfid eine weinrote Färbung, die zu Irrtümern Anlaß geben könnte (VAUBEL, STONE).

Von den anderen Ionen stört Nickel, weil es einen roten Niederschlag gibt, so daß die Erkennung der roten Färbung des Eisendimethylglyoximkomplexes schwierig sein kann. Nach WEST (b) sowie FEIGL (e) kann diese Störung durch Zusatz von Alkalicyanid unterbunden werden, in dem sich das Nickeldimethylglyoximat löst, während der Eisenkomplex nicht angegriffen wird. Co gibt eine braune Färbung mit dem Reagens, die auch durch Mineralsäure nicht zerstört wird (STONE), nach WENGER und DUCKERT reagieren außerdem Cu(II) und Pt(IV) ähnlich wie das Eisen, ferner stören As, Au, Rh, Ir, W, V, Mn, letzteres weil es an der Luft Braunstein bildet. Fluorid, Phosphat und aliphatische Oxysäuren verhindern die Reaktion nicht. Weitere Angaben findet man S. 44, Tüpfelreaktionen.

b) Mit anderen Dioximen reagiert Fe^{++} auch. Diese dienen im allgemeinen als Reagenzien auf Nickel, Fe(II) reagiert mit ihnen zum Teil in Gegenwart von Ammoniak oder Aminen, mit manchen aber auch in schwach saurer Lösung, die Reaktionen wurden in quantitativer Hinsicht untersucht. Folgende Substanzen wurden untersucht: *Diäthylaminobutandiondioxim*, *Diphenyläthandiondioxim* (GRIFFING und MELLON), *1,2-Cyclohexandiondioxim* (GRIFFING und MELLON, FERGUSON und BANKS, MATHEWS und DIEHL, BANKS und BYRD), *Cycloheptandiondioxim* (GILLIS, HOSTE und VAN MOFFAERT). Mit Hilfe der violetten oder roten Farbe, die man mit Cyclohexandiondioxim in Gegenwart von Aminen bei p_H über 9,5 erhält, kann 1 Teil Fe^{++} in 18000000 Teilen Lösung erkannt werden (MATHEWS und DIEHL).

c) Mit Formaldoxim gibt Fe(II) in schwach natronalkalischem Medium eine gelbe Färbung, die durch Luftoxydation schnell in die des Fe(III) übergeht (s. dort). Die Reaktion ist nicht charakteristisch (G. H. WAGENAAR).

4. Nachweis mit Verbindungen, die die Nitroso- (Isonitroso-) Gruppe enthalten.

Substanzen, die die Nitroso- bzw. Isonitrosogruppe in Nachbarstellung zu einer CO-Gruppe enthalten, reagieren häufig sehr empfindlich mit Fe^{++} unter Bildung von blauen Verbindungen. Eine Reihe solcher Verbindungen wurde von DUTT, KÜSTER, PALLAUD angeführt.

a) Nachweis mit Diisonitrosoaceton $HON{=}\underset{}{\overset{H}{\overset{|}{C}}}{-}\overset{O}{\overset{\|}{C}}{-}\overset{H}{\overset{|}{C}}{=}NOH$.

Ausführung der Reaktion. Nach DUBSKÝ und KURAS (a) (referiert durch TAMCHYNA) gibt man zu 5 ml einer Fe(II)-haltigen Lösung 1 ml 1%ige alkoholische Lösung von Diisonitrosoaceton und neutralisiert dann mit einigen Tropfen Ammoniumacetatlösung (eisenfrei!). Bei Gegenwart von Fe(II) tritt eine intensiv blaue Färbung auf, bei Spuren an Fe färbt sich die Lösung erst nach einigen Minuten schwach rötlichviolett.

Die **Erfassungsgrenze** beträgt 0,5 μg Fe, die **Grenzkonzentration** 1 : 10000000. Fe(III) kann nach Reduktion mit Hydrazinsulfat und Lauge nachgewiesen werden. Große Mengen Ni und Co stören, Mn schwächt die Reaktion nur sehr wenig, die von den Internationalen Tabellen I empfohlen wird.

b) Nachweis mit Isonitrosoacetophenon $C_6H_5{-}\underset{O}{\underset{\|}{C}}{-}\underset{NOH}{\underset{\|}{C}}{-}H$. Das Reagens ist nach CLAISEN darstellbar, es wird aus Chloroform umkristallisiert, dann noch einmal in Chloroform gelöst und mit Petroläther ausgefällt. Man stellt eine Lösung von 1,5 g Isonitrosoacetophenon in 100 ml Chloroform her und benutzt sie als Reagens.

Ausführung der Reaktion. Nach KRÖHNKE (a) versetzt man die neutrale Probelösung mit 1 ml dieser Lösung und macht dann vorsichtig alkalisch. Am besten geschieht dies, indem man etwas Ammoniakgas auf die Oberfläche bläst und umschüttelt, die Chloroformschicht färbt sich bei Anwesenheit von Fe^{++} tiefblau, die wäßrige Schicht wird durch das Ammoniumsalz des Isonitrosoacetophenon gelb gefärbt. Das Maximum der Färbung erhält man bei Verwendung von 1 ml 0,1 n Ammoniaklösung. Bei Anwesenheit sehr geringer Mengen an Fe(II) verwendet man milder basisch wirkende Substanzen wie Anilin, oder man setzt tropfenweise eine 0,01 m Lösung von Na_2HPO_4 hinzu und schüttelt jedesmal um. Die wäßrige Schicht bleibt dann klar und farblos. Die Färbung ist recht beständig, wenn die überstehende Lösung nicht zu alkalisch oder sauer ist.

Empfindlichkeit. Der Nachweis ist sehr empfindlich, es können noch 0,03 mg Fe/l, Grenzkonzentration 1 : 33000000, nachgewiesen werden, die Erfassungsgrenze beträgt 0,06 μg Fe. Bei sehr geringen Eisenmengen schreibt KRÖHNKE vor, die Probelösung vor dem Nachweis mit wenig reinem Hydrazinsulfat zu kochen, man findet dann natürlich auch das dreiwertige Eisen.

Störungen. Andere zweiwertige Ionen geben mit dem Reagens auch Färbungen; die Chloroformschicht färbt sich mit Co rotgelb, Ni braun, Cu(II) braun, Mn braun, Zn und Cd gelb, Pb rotgelb, Hg gelb. Bei Anwesenheit von Fe(III) bleibt die Chloroformschicht farblos. Die aufgezählten färbenden Ionen sollen vor dem Nachweis des Eisens entfernt werden. Für den Nachweis von Eisen in Wasser vergleiche man § 5, S. 125.

c) Nachweis mit dem Äthylester der Isonitrosoacetessigsäure. Fe(II) ergibt bei der Reaktion mit diesem Ester eine blaue Farbe, die aber nur bei p_H 7,8 beständig ist, ein Überschuß an Ammoniak oder Erhitzen wirken zerstörend, in natronalkalischer Lösung bildet sich das Alkalisalz des Reagenses mit störender gelber Farbe. Mit Chloroform oder Amylalkohol ist die Färbung extrahierbar.

$$CH_3-\overset{\overset{\large O}{\|}}{C}-\underset{\underset{\large NOH}{\|}}{C}-\overset{\overset{\large O}{\|}}{C}-OC_2H_5$$

Ausführung der Reaktion. Nach BOUCHERLE versetzt man 2 ml der zu prüfenden Lösung mit 1 ml 2%iger Lösung des Reagenses in Wasser und 1 ml Pufferlösung nach SÖRENSEN (2 ml 0,05 m Boraxlösung werden mit 8 ml 0,2 m Borsäurelösung, die noch 0,05 m an NaCl ist, gemischt). Die Farbe ist nach 5 Min. voll entwickelt.

Empfindlichkeit. 5 μg Fe(II) können bei einer Grenzkonzentration von 1 : 500000 noch nachgewiesen werden. Wenn man mit etwas Chloroform extrahiert, kann 1 μg bei einer Grenzkonzentration von 1 : 5000000 nachgewiesen werden. Fe^{+++} kann vor dem Nachweis reduziert werden, indem man die Lösung mit 1 ml 1%iger Hydrazinhydratlösung 5 Min. auf dem Wasserbad erhitzt.

Störungen. Von vielen untersuchten Ionen geben Co und Pd mit organischen Lösungsmitteln extrahierbare Komplexe (rosa oder gelb), welche stören, ferner wirken Oxalat, Tartrat, Citrat, Persulfat störend und Fe^{+++}, wenn mehr als 5mal soviel wie Fe^{++} davon vorhanden ist. Die Reaktion wurde schon früher von FEIGL und RAPPAPORT beschrieben.

d) Nachweis mit Derivaten des Nitrosonaphthols. α) *Mit α-Nitroso-β-naphthol.* Nach VANOSSI (d) kann man bei geeigneten Reaktionsbedingungen Fe(II) mit α-Nitroso-β-naphthol nachweisen. Dieses Reagens gibt außer mit vielen anderen Ionen (z. B. Co) auch mit Fe^{++} in alkalischer Lösung einen grünen Komplex, der nach einiger Zeit aus wäßriger Lösung ausfällt. Er ist luft- und hitzebeständig und löslich in organischen Lösungsmitteln, am besten eignet sich hierzu Äthylacetat.

Ausführung und Empfindlichkeit der Reaktion. 1 ml Probelösung wird in einem kleinen Reagensglas mit 0,3 ml Äthylacetat versetzt, dann fügt man 1 bis 2 Tropfen 0,1 %ige α-Nitroso-β-naphthollösung in 0,1 n Natronlauge oder in Essigsäure hinzu und säuert mit 1 Tropfen 10 n Säure (HCl, H_2SO_4, $HClO_4$) an, nach Umschütteln macht man mäßig alkalisch durch Zusatz einiger Tropfen von etwa 10 m Ammoniaklösung. Nach Umschütteln färbt sich die organische Schicht grün, die Färbung erscheint bei Anwesenheit von wenig Eisen erst nach einigen Minuten. Man kann etwa 0,02 μg Fe/ml nachweisen.

Bemerkungen und Störungen. Säuren schwächen die grüne Färbung oder bringen sie ganz zum Verschwinden. Bei Anwesenheit von Fe(III) entsteht ein rötlicher Komplex. Nach VANOSSI (d) wird Fe(III) in Gegenwart von SCN^- und α-Nitroso-β-naphthol in saurer Lösung reduziert, wenn man dann nach kurzem Erhitzen auf 70 bis 80° alkalisch macht, entsteht der grüne Fe(II)-komplex. Ferner kann Fe(III) durch Hydroxylammonium- oder Hydrazinsalze, Sulfit oder Hydrochinon (hiervon darf kein Überschuß verwandt werden), aber nicht durch $SnCl_2$ reduziert werden. Folgende Ionen können die Reaktion hindern oder verdecken: Cr, Ni, Ti, UO_2^{++}, Th, Zr, Tl(III), VO^{++}, VO_4^{---}, Mo, Phosphormolybdat, Ce(IV), Mn, Fe(III), Co. Der letztere rötliche Komplex ist besonders beständig. Allerdings gibt keines der angeführten Ionen einen grünen Komplex, ist dieser also sichtbar, ist Fe^{++} bestimmt vorhanden. Nach VANOSSI (d) gibt es Möglichkeiten, diese Störungen zu verhindern, entweder überführt man vor der Reaktion und nach Oxydation des Eisens dieses in das Rhodanid, extrahiert es mit Äthylacetat (vgl. S. 60), wäscht die organische Schicht mehrmals, und befreit sie dadurch von einem Teil der störenden Ionen, zieht sie dann ab und versetzt mit der Nitrosonaphthollösung und arbeitet wie oben beschrieben weiter. Ferner kann man nach Zusatz des α-Nitroso-β-naphthols durch Ansäuern das Fe^{++} in die wäßrige Phase ziehen, die anderen Komplexe sind wenig löslich in Säure, und die Reaktion wiederholen. Ein Überschuß an Nitrosonaphthol ist zu vermeiden, da sich dieses mit gelber Farbe in Äthylacetat löst, gegebenenfalls setzt man lieber später noch 1 bis 2 Tropfen zu. Durch Verringerung der Volumina kann die Vorschrift auf mikroanalytischen Maßstab übertragen werden. In Gegenwart von Co, Mn, Tl (0,001 Mol) beträgt die Empfindlichkeit nach Ausschaltung der Störung, wie oben beschrieben, 0,02 μg bis 0,2 μg Fe/ml. Fluoride vermindern vor Zugabe des Reagenses die Empfindlichkeit beträchtlich, behindern aber die einmal gebildete Farbe nicht mehr.

β) *Nach Sarver gibt 2-Nitroso-1-naphthol-4-sulfonsäure* (1 %ige Lösung in Wasser) mit einigen Ionen Fällungen, mit Fe(II) eine grüne Färbung, und mit Co und Cu ebenfalls Färbungen (rot bzw. orange), konzentrierte Lösungen der letzteren drei Ionen werden auch gefällt. Für den Nachweis des Fe^{++} ist ein p_H von 5 am günstigsten. Fe(III) gibt nur eine schwache Färbung (welche, ist nicht angegeben), die durch Fluorid unterdrückt wird. Nickel stört nur in hohen Konzentrationen. Die übrigen Kationen stören nicht, aber in Gegenwart der Ionen Cu und Co muß erst nach den Verfahren der qualitativen Analyse getrennt werden. Die Anwesenheit von Cyanid verhindert die Farbreaktion. Wenn Eisen allein vorliegt, kann es bei einer Verdünnung von 1 : 20000000 nachgewiesen werden.

γ) *Mit Nitroso-R-salz.* Nach DEAN und LADY gibt Fe^{++} mit Nitroso-R-salz in einem p_H-Bereich von 3 bis 8 eine grüne Färbung, der günstigste Bereich ist 6 bis 7, den man durch Zusatz von 2 m Ammoniumacetatlösung einstellt. Diese Reaktion ist zwar gar nicht für Eisen charakteristisch, aber man kann durch Zugabe von Hydrazinhydrochloridlösung und Erhitzen bei geeignetem p_H die anderen Komplexe und das überschüssige Reagens zerstören. Man stellt zu diesem Zweck auf p_H 6 bis 7 ein, und erhitzt auf 95° C, wenn die reingrüne Färbung des Fe(II)-komplexes sichtbar wird, kühlt man rasch ab. Als Reagenzien dienen

1%ige wäßrige Nitroso-R-salzlösung, 10%ige Hydrazinhydrochloridlösung und 2 m Ammoniumacetatlösung. In Gegenwart von Co muß ein genügender Reagensüberschuß vorhanden sein, da Co bevorzugt das Reagens verbraucht.

e) Nachweis mit Isonitrosodibenzoylmethan. Man arbeitet bei diesem Nachweis immer so, daß man die Reagenslösung vorlegt und die zu prüfende Lösung dazu gibt.

Ausführung und Empfindlichkeit der Reaktion. 5 ml der 1%igen alkoholischen Reagenslösung werden mit 2,5 ml 10%iger Natriumacetatlösung versetzt, worauf sich die Reagenslösung gelb färbt, dann setzt man 5 ml Probelösung hinzu und nach 30 Sek. 2 ml Benzol. Nach dem Schütteln färbt sich die Benzolschicht blau, beim Verdünnen wird sie grünstichig. 0,25 μg Fe^{++} können in 5 ml nachgewiesen werden, Grenzkonzentration 1:20000000.

Störungen. Fe^{+++}, Cu^{++}, Co und Ni stören die Reaktion, da sie selbst Niederschläge oder Färbungen ergeben. Zn, Mn, Pb, Ag, Cr^{+++} reagieren nicht, verringern aber die Empfindlichkeit. Keine Störungen treten auf in Gegenwart von Mg, Cd, Al, UO_2^{++}, Ca, Sr, Ba, Na, K, NH_4.

Bemerkungen. Fe^{+++}, das selbst mit dem Reagens eine gelbe Farbe gibt, kann durch Thiosulfat reduziert werden, man versetzt 5 ml Probelösung mit 2,5 ml 10%iger $Na_2S_2O_3$-Lösung, bei sehr verdünnten Probelösungen erhitzt man etwas, die reduzierte Lösung gibt man in die Mischung von 5 ml Reagens- und 2,5 ml Natriumacetatlösung. Man schüttelt mit 2 ml Benzol aus. 2 μg Fe sind in 5 ml nachweisbar. Man kann auch Fe(II) neben Fe(III) nachweisen: Die Probelösung wird dann vorher mit einer genügenden Menge an gesättigter NaF-Lösung versetzt. 5 ml der Mischung werden, wie oben beschrieben, in die Reagensmischung gegeben. 1 μg Fe^{++} ist dann in 5 ml nachweisbar, wenn das Verhältnis $Fe^{++} : Fe^{+++}$ wie 1 : 1000 ist.

Neben Cu^{++} gelingt der Nachweis, wenn man Cu(II) durch Zusatz von 10%iger KJ-Lösung als CuJ abscheidet, dieses abfiltriert, das gebildete Jod mit 5%iger Bisulfitlösung entfärbt und wie oben beschrieben fortfährt. Neben der 100fachen Menge Cu^{++} können 3 μg Fe^{++} in 5 ml nachgewiesen werden.

Co und Ni können nicht maskiert werden und verhindern den Nachweis. Die Reaktion kann auch als Tüpfelreaktion ausgeführt werden (vgl. S. 45 [Vláčil und Hovorka]).

f) Reaktion mit weiteren Nitrosoverbindungen. Nach Gillis, Hoste und Pijck gibt *1,1-Dimethylcyclohexandion-(3,5)-oxim-(4)* (*Isonitrosodimedon*) mit Fe(II) und Fe(III) eine intensiv blaue Färbung, die mit NaF maskiert wird. Es dient hauptsächlich als Reagens auf Co (roter Niederschlag). *Isonitroso-3-methyl-5-pyrazolon* gibt nach Hovorka und Sýkora (e) mit Fe^{++} eine grüne, mit Fe^{+++} eine braunrote Färbung. Einige andere Ionen werden gefällt. Küster hat die Reaktionen von Fe(II) mit vielen Nitrosoverbindungen beschrieben, *Nitrosoacetylaceton* gibt mit Fe^{++} nach Zusatz von einigen Tropfen Ammoniak oder Natriumacetatlösung eine blaue Färbung.

g) Nachweis von Fe(II) durch Bildung von [FeNO]SO_4. Blum empfiehlt zum Nachweis von Fe^{++} neben Fe^{+++} folgende Reaktion: Ein Teil der auf Fe(II) zu prüfenden Lösung wird mit dem gleichen Volumen konz. H_2SO_4 gemischt, man kühlt ab und läßt in das schief gehaltene Glas einen größeren Kristall von KNO_3 gleiten, man bewegt etwas und beobachtet die Färbung. Es treten vom Kristall ausgehende Streifen auf, die bei wenig Fe rot aussehen, bei mehr Fe werden sie braun. Größere Mengen von Chloriden setzen die Empfindlichkeit der Reaktion herab. In diesem Fall erhitzt man nach Zusatz der Schwefelsäure und vertreibt so die Salzsäure. Außerdem können natürlich auch andere Störungen eintreten, z. B. durch gefärbte Ionen.

5. Nachweis mit Alloxan.

Nach DENIGÈS (e) gibt Alloxan mit Fe^{++} in schwach alkalischer Lösung eine blaue Färbung. Das Reagens wird durch Mischen von 2 g Harnsäure mit 2 ml HNO_3 d = 1,38 hergestellt. Nach kurzer Zeit tritt eine heftige Reaktion ein, nach deren Beendigung man 2 ml Wasser zusetzt und bis zum Klarwerden erwärmt. Dann füllt man auf 100 ml auf.

```
       O
       ‖
  HN———C
  /      \
O=C        NH
  \      /
   C———C
   ‖   ‖
   O   O
```

Ausführung und Empfindlichkeit der Reaktion. Einige ml des Reagenses werden mit einigen Tropfen der Probelösung versetzt, dann fügt man 1 bis 2 Tropfen Natronlauge hinzu, bei Anwesenheit von Eisen(II)-ionen tritt eine blaue Farbe auf, die nach längerem Schütteln mit Luft in hellgelb übergeht (Oxydation des Fe^{++}.) 0,05 mg Fe/ml können so nachgewiesen werden. Taucht man in das Reagens Metalle, wie Zn, Mg, Cd, Fe, Co, Ni, Mn und kocht, so treten auch Färbungen auf. KUHLBERG (e) gibt eine Theorie der entstehenden Komplexverbindungen. Es sei hier auf die Reaktion von Alloxanthin mit Fe^{+++} hingewiesen (S. 67), DUBSKÝ, KEUNING und ŠINDELÁŘ behaupten nämlich, daß nur Fe^{++} mit Alloxanthin und Lauge reagiert, also weder Fe^{++} mit Alloxan, noch Fe^{+++} mit Alloxanthin.

6. Reaktion mit Chinolin- und Pyridinderivaten.

Nach MAJUMDAR und SEN (a) gibt *α-Picolinsäure* mit Fe(II) bei p_H 6 bis 7 eine Färbung, die durch überschüssiges KCN intensiviert wird, die orangegelbe Färbung ist dann sehr stabil. Als Reagens dient eine 1%ige Lösung von Natriumpicolinat in Wasser, Co, Ni, Cu, Cr(III) geben auch Färbungen. Nach RÂY und BOSE sowie SEN und MAJUMDAR gibt eine 1%ige Lösung des Natriumsalzes der *Chinaldinsäure* mit Fe^{++} in neutralem Medium ebenfalls eine blaßrote Färbung, die durch KCN-Zusatz intensiviert wird. Die Erfassungsgrenze beträgt 0,172 μg Fe^{++}, die Grenzkonzentration 1 : 14500000. Chinaldinsäure bildet mit einer Reihe von Ionen schwerlösliche, in Säure aber lösliche Salze, das Cu-Salz ist auch in Säuren unlöslich, infolgedessen verringert die Anwesenheit von viel Cu, aber auch von Co und Ni die Empfindlichkeit des Eisennachweises. Der unter gleichen Bedingungen aus Fe^{++}, KCN und *Benzochinaldinsäure* (Natriumsalz) entstehende Komplex ist nicht so stabil [MAJUMDAR und SEN (b)]. *Chinolin-8-carbonsäure* färbt Fe(II) rot und gibt mit anderen Ionen Niederschläge (MAJUMDAR). 5-Oxychinolin-8-carbonsäure gibt mit vielen Ionen Niederschläge, aber nur mit Fe^{++} und Ru^{+++} Färbungen (dunkelgrün bzw. blauschwarz), die Färbung mit Eisen entsteht bei p_H-Werten über 1,4 (BRECKENRIDGE und SINGER). Nach BERG und BECKER gibt *Indooxin* mit sehr verdünnten Fe(II)-salzlösungen nur eine blaue Färbung. Die Durchführung der Probe ist S. 26 beschrieben, man verwendet nur 2 bis 3 Tropfen Reagens. 0,08 μg Fe(II)/ml können durch Färbung erkannt werden. Die S. 26 angeführten Ionen geben die gleiche Färbung. LEY, SCHWARTE und MÜNNICH haben festgestellt, daß *Chinoxalindicarbonsäure* (0,05 m Lösung des Na-Salzes in Wasser) mit Fe^{++} in acetatgepufferter Lösung eine intensive Violettfärbung ergibt, das entstehende Produkt ist ziemlich schwer löslich. Andere Ionen wie Ni, Co, Cu, Fe(III) bilden schwerlösliche Salze, mit überschüssigem Reagens erscheint die Färbung des Fe^{++}. In 10^{-5} m Lösungen ist die Färbung mit Fe^{++} noch erkennbar, in Gegenwart von Fe^{+++} fällt erst das gelbe Fe(III)-salz aus, die Violettfärbung ist in der Lösung noch erkennbar, wenn sie 10^{-4} m an Fe^{++} und 10^{-2} m an Fe^{+++} war. HOSTE und GILLIS beschreiben die Reaktion zwischen Fe^{++} und *1-Isochinolylhydrazin* und *1-Methylisochinolylketimin*.

7. Reaktion mit Dithiooxamid und Oxalhydrazidin.

Nach NILSSON (a) kann man eine Fe(II)-haltige Lösung mit einem Überschuß an kalter alkalischer *Dithiooxamid*lösung versetzen, man erhält dann eine blaue Färbung, die nicht sehr stabil ist. Die Reaktion tritt noch in 0,001 m Lösungen an Fe^{++} ein. Fe^{+++} reagiert in Gegenwart eines Reduktionsmittels wie $Na_2S_2O_4$ ebenso. Vgl. auch S. 28.

Oxalhydrazidin gibt nach DEDICHEN mit Fe(II) und Fe(III) Farbreaktionen, in konzentrierter Lösung erhält man eine tiefrote, in verdünnterer Lösung rotgelbe, in stark verdünnter Lösung gelbe Färbung. Die gelbe Färbung ist noch bei Verdünnungen sichtbar, bei denen die Reaktion mit Rhodanid nicht mehr sichtbar ist. Co gibt die gleiche Farbreaktion, andere Ionen werden gefällt.

$$\begin{array}{l} C\begin{cases} NH_2 \\ N{-}NH_2 \end{cases} \\ | \\ C\begin{cases} N{-}NH_2 \\ NH_2 \end{cases} \end{array}$$

8. Mit Protocatechusäure.

Nach LUTZ geben Fe^{++}-Salzlösungen mit Protocatechusäure im schwach alkalischen Gebiet eine rote Färbung. 5 ml Probelösung werden mit 0,1 ml gesättigter wäßriger Reagenslösung versetzt, dann macht man durch Zusatz von Natriumcarbonatlösung alkalisch. Bei Verdünnungen von 1 : 10000000 ist die Farbe noch erkennbar. Fe^{+++} gibt in alkalischer Lösung mit derselben Empfindlichkeit die gleiche Färbung, in schwach saurer Lösung eine bläulich grüne Farbe, UO_2^{++}, Ti(IV) und Ce(IV) geben auch Färbungen (rotbraun, orange, schmutzig violett).

9. Mit Sulfosalicylsäure

gibt Fe(II) nach LAPIN und KILL sowie ALTEN, WEILAND und HILLE im alkalischen Gebiet eine intensive Gelbfärbung, nach ALTEN, WEILAND und HILLE entsteht im sauren Gebiet eine sehr schwache Rotfärbung. Diese Reaktion dient hauptsächlich zum Nachweis des Fe(III), das in saurer Lösung rot, in alkalischer Lösung gelb gefärbt wird, sie wird dort besprochen (S. 62).

10. Reaktion mit Diphenylthiocarbazon = Dithizon.

H. FISCHER hat angegeben, daß Fe^{++} mit einer (sehr verdünnten) Lösung von Dithizon in CCl_4 oder CS_2 eine rote Färbung ergibt, während Fe(III) nicht charakteristisch reagiert. DAWSON behauptet, daß sowohl Fe^{++} als auch Fe^{+++} bei p_H 9 mit Dithizon reagiert und eine Gelbfärbung des Lösungsmittels hervorruft. RIENÄCKER und SCHIFF geben an, daß Fe^{+++} in alkalischer Lösung die CCl_4-Schicht des Dithizons rosa färbt. PILIPENKO berichtet, daß Fe^{++} nur bei $p_H > 7$ Dithizonate bildet. STROHECKER und SIERP haben die Rotfärbung des Dithizon mit Fe^{++} zum Nachweis des zweiwertigen Eisens benutzt. Dem steht aber gegenüber, daß FISCHER und WEYL bereits 1935 mit Hilfe von Absorptionsspektren nachgewiesen haben, daß Fe^{++} und Fe^{+++} keine Dithizonate bilden, sondern daß die auftretende rote Färbung von Zn stammt, das als Verunreinigung vorhanden war.

11. Nachweis mit Hilfe der reduzierenden Wirkung des Fe(II).

a) Auf Phosphorwolframsäure. Nach RICHAUD und BIDOT kann Fe(II) durch seine reduzierende Wirkung, die es auf Phosphorwolframat ausübt, nachgewiesen werden. Man setzt zu der zu prüfenden Lösung einige Tropfen der Reagenslösung, die man durch Mischen von 25 g Natriumphosphorwolframat mit 5 ml reiner HCl und 250 ml Wasser erhält, und macht dann mit Natronlauge alkalisch, es tritt eine blaue Färbung auf, die beim Ansäuern wieder verschwindet. Die Empfindlichkeit der Reaktion soll sehr groß sein. POPESCO hat schon darauf hingewiesen, daß diese Reaktion nicht spezifisch für Fe^{++} ist, sondern von vielen Reduktionsmitteln, auch organischen, gegeben wird.

b) Auf Kakothelin. Nach ROSENTHALER (c) wird Kakothelin durch Fe^{++} in Gegenwart von Phosphorsäure oder Fluorid zu einer violetten löslichen Verbindung reduziert. LANG hat diese Reaktion näher studiert und festgestellt, daß sie in Gegenwart von Fluorid am besten funktioniert. In Gegenwart von Thiosulfat und Cu^{++} kann sowohl Fe(II) als auch Fe(III) nachgewiesen werden.

Ausführung und Empfindlichkeit der Reaktion. 5 ml Probelösung werden mit 2 ml 0,1 m $CuSO_4$-Lösung versetzt, dann gibt man 10 Tropfen 0,1 n Natriumthiosulfatlösung und 2 Tropfen 0,5%ige Kakothelinlösung hinzu. Nun streut man reichlich festes NaF ein. Grau- oder Violettfärbung zeigt noch 10 μg Fe an. Cu und die meisten anderen Schwermetalle stören den Nachweis nicht. Es handelt sich bei den geschilderten Reaktionen um induzierte Reaktionen, deren Deutung recht schwierig ist. Andere starke Reduktionsmittel reagieren auch.

12. Nachweis mit Sulfid.

Fe^{++}-ionen geben mit Sulfid eine schwarze Fällung (vgl. S. 25), sehr verdünnte Lösungen geben eine olivgrüne Färbung, dies tritt besonders dann ein, wenn Komplexbildner wie Pyrophosphat (JOB) oder Citrat (SPILLER) vorhanden sind. Die Reaktion ist selbstverständlich nicht spezifisch, da viele Schwermetallionen dunkel gefärbte Niederschläge oder Färbungen geben, sie wird manchmal zum Nachweis von Eisen in Trinkwasser verwendet. Die Färbung verschwindet nach dem Ansäuern mit HCl und unterscheidet sich so von der Färbung durch Cu, Pb usw. (PFAU und SCHEFFEL). Fe^{+++} reagiert ebenso.

Ausführung und Empfindlichkeit der Reaktion. Nach JOB gießt man einige Tropfen der sehr verdünnten eisenhaltigen Lösung in Natriumpyrophosphatlösung und läßt eine Blase Schwefelwasserstoff durchperlen, die zuerst farblose Lösung wird grün. Nach MOUNEYRAT versetzt man 50 ml der Probelösung mit 3 ml Ammoniak (62 g NH_3/l) und leitet dann 10 bis 12 Min. lang H_2S ein. Die entstehende grüne Lösung wird an der Luft gelb. Die Grenzkonzentration beträgt etwa 1 : 1000000. Neben Mineralsäuren entfärben auch konzentrierte Lösungen von $(NH_4)_2SO_4$, Na_2SO_4, NaCl. Organische Substanzen, z. B. Glycerin, Zucker, Glucose, Mannit, Milchsäure, Weinsäure, Citronensäure, erhöhen die Stabilität der Färbung. Albumin erhöht die Empfindlichkeit der Reaktion. Die Probelösung wird vor dem Einleiten von H_2S mit 1 bis 5 mg mineraleisenfreiem Albumin versetzt, nach dem Einleiten von H_2S kann man mit dem gleichen Volumen 90%igem Alkohol versetzen, nach 10 bis 12 Std. bildet sich ein grüner Rückstand. In Lösungen von der Konzentration 1 : 800000, die Albumin enthalten, geben folgende Ionen keine Färbungen: Hg, Pb, Ag, Cr, Ni, Co. DE KONINCK behauptet, daß in sehr verdünnten Lösungen von Eisen beim Zusatz von Na_2S erst eine braune Färbung gebildet wird, die dann in grün übergeht. Die Reaktion tritt noch ein, wenn 0,25 mg Fe/l vorhanden sind. Nach KARAOGLANOV (b) geben 2,02 μg Fe^{++} in 10 ml Gesamtlösung nach Zusatz von 1 ml 1 n Ammoniumsulfidlösung noch eine Färbung, REIMERS und GOTTLIEB (b) vergleichen die Färbungen, die in sehr verdünnten Lösungen von Fe, Co, Bi, Cu, Ni, Ag, Cd, Pb durch Na_2S hervorgerufen werden.

13. Weitere Farbreaktionen des Fe(II)-ions mit organischen Substanzen.

a) Mit Hämatoxylin (0,1%ige Lösung in 10%igem Alkohol) gibt eine neutrale Fe(II)-lösung eine blaue Färbung, die nicht durch Mineralsäuren zerstört wird, Fe^{+++} eine rötlichviolette Färbung, die von Mineralsäuren zerstört wird. Cu gibt ebenfalls eine Amethystfarbe (RIVAS GODAY), andere Ionen reagieren auch (WILDENSTEIN). Nach den Internationalen Tabellen der Reagenzien beträgt die Grenzkonzentration für den Nachweis von Fe^{++} 1 : 10000000. Man vgl. S. 28, 56, 73.

b) o-Oxyphenylfluoron (0,1%ige alkoholische Lösung) gibt mit Fe^{++} in salzsaurer Lösung eine gelbe Färbung, mit Fe^{+++} eine braune Färbung. Ein Zusatz von KF ändert die Farben nach rosa-orange, setzt man anschließend Schwefelsäure zu, erhält man in beiden Fällen eine gelbe Färbung. Die Reaktion ist nicht für den Nachweis des Eisens geeignet (GILLIS, CLAEYS und HOSTE).

c) Mit Oxyaldiminen und -ketiminen. Mit Salicylimin und dessen Nitroderivat gibt Fe^{++} eine rote Färbung (DUKE, vgl. S. 28). Mit Resorcylimin, β-Oxynaphthaldimin und o-Oxyacetophenonimin bzw. deren Methylderivaten, die nach der Methode von DUKE hergestellt wurden, geben Fe^{++} und Fe^{+++} orangerote bis violettrote Färbungen (MUKHERJEE).

d) Eine Lösung von Naphthensäure in Benzin oder Ligroin färbt sich nach CHARITSCHKOFF beim Schütteln mit einer neutralen oder schwach sauren Fe(II)-Lösung braun. Nach LUTSCHINSKY wird nur durch Fe(III)-Salze eine Gelbfärbung hervorgerufen.

e) Boletustinktur (Boletus luridus, satanas, scaber, bovidus), die nach GUYOT durch Behandeln der zerkleinerten Pilze mit kochendem Wasser oder Alkohol und anschließendes Verdünnen mit Wasser gewonnen wird, gibt mit einigen Tropfen Fe(II)- oder Fe(III)-lösung eine grüne Färbung, die durch Säuren gelb, durch Alkalien wieder grün wird. Auch einige komplexe Eisenverbindungen reagieren ebenso, nur Hexacyanoferrat(II) und -(III) sowie Hämoglobin sind unwirksam. Nach den Internationalen Tabellen sind noch 6 μg Fe in 0,06 ml nachweisbar.

f) Eine Lösung von Alkannin zeigt nach FORMÁNEK eine eigene Absorption (Hauptstreifen bei 524 mμ, Nebenstreifen bei 564, 545,1, 488,5 mμ). Bei Zusatz von nicht zu verdünnter, neutraler Metallsalzlösung, z. B. Fe^{++}- oder Fe^{+++}-Salzlösung ändert sich die Absorption der Lösung. Zerkleinerte Alkannawurzel wird mit 95%igem Alkohol ausgezogen, man verdünnt die Lösung, bis die Eigenabsorption in Reagensgläsern von 10 bis 12 mm Durchmesser nur noch mittelstark erscheint; 5 ml dieser Lösung versetzt man mit 2 Tropfen neutraler $FeCl_2$-Lösung: blauviolette Färbung. Gibt man sehr wenig Ammoniak hinzu, so ändert sich die Färbung zuerst nach Rotbraun (einseitige Absorption im Grünen und Blauen und bei 589,5 und 547,5 mμ), nach kurzem Stehen wird die Lösung schmutzig grün, die Streifen verschwinden. Viele andere Ionen ändern auch die Absorption der Alkannatinktur (vgl. dieses Handbuch Teil II, Bd. 3, S. 29), in Mischungen treten gegenseitige Beeinflussungen der Absorptionserscheinungen ein. Die Erscheinungen sind viel zu komplex, stark variierend und in jedem Mischungsfall anders, um für den Nachweis von Nutzen zu sein. Reine Alkannatinktur wird durch Ammoniak blau gefärbt, Aluminiumsalzlösungen werden in Gegenwart von Ammoniak als purpurner Farblack gefällt (ESTILL und NUGENT).

g) Guajakharzlösung (0,5%ig in Alkohol) gibt mit Fe^{++} und H_2O_2 eine blaue Färbung (SIMON und KÖTSCHAU). 250 ml Wasser, das Spuren Fe^{++} enthält, werden mit 5 ml Reagenslösung und zuletzt mit 20 ml 1,5%igem H_2O_2 versetzt; es tritt je nach der Menge an Fe(II) eine blaue Färbung auf. In 250 ml sind noch 1,4 μg Fe^{++} nachweisbar, in ganz schwach saurer Lösung können noch 17 μg Fe^{++} in 250 ml nachgewiesen werden. Die Färbung kann mit Chloroform ausgeschüttelt werden. In neutralen, etwas stärker eisenhaltigen Lösungen tritt leicht Ausflokkung ein, man arbeitet dann besser im schwach sauren Gebiet. Fe^{+++} (ohne Zusatz von H_2O_2) reagiert auch. Die Guajak-H_2O_2-Reaktion ist ferner positiv mit Ferrum reduct. verrieben, Kupferpulver, Quecksilber, Tierkohle (verrieben und unverrieben) und Platinasbest. Cu^{++} reagiert ebenso mit Guajakharzlösung (FLEMING). Im prallen Sonnenlicht ist die Reaktion nach einiger Zeit immer positiv.

h) Benzidin (0,5%ige Lösung in Alkohol) wird nach SIMON und KÖTSCHAU durch H_2O_2 in Gegenwart von Fe^{++} gebläut, Co^{++}, Mn^{++}, Cu^{+}, Ni^{++} reagieren ebenso, manche davon in alkalischer Lösung. Hg(I) ist schon ohne H_2O_2-Zusatz wirksam. Benzidin wird durch viele Oxydationsmittel blau gefärbt, z. B. in essigsaurer Lösung durch Vanadat [WEST (b)], Fe^{+++}, ClO_3^-, Phosphormolybdat und die Hydroxyde von Mn(II), Co(II), Tl(III), Ce(III), Ce(IV) (GRISOLLET und SERVIGNE) und Hexacyanoferrat(III)(S.109). Da die näheren Reaktionsbedingungen von SIMON und KÖTSCHAU nicht angegeben wurden und zu viele Störungsmöglichkeiten vorhanden sind, kann die Reaktion nicht empfohlen werden.

14. Nachweis durch Luminescenzerscheinungen.

a) Durch Auslöschung der Fluorescenz von Resorufin. Resorufin gibt mit wäßrigem Alkali eine gelbrot fluorescierende Lösung. Reduktionsmittel führen in das Hydroresorufin über, das keine Fluorescenz mehr zeigt.

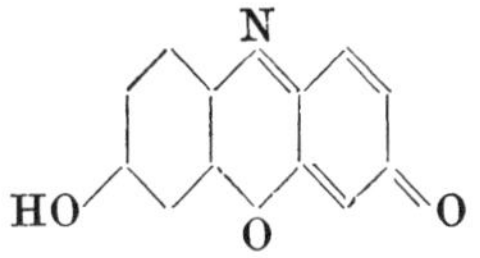

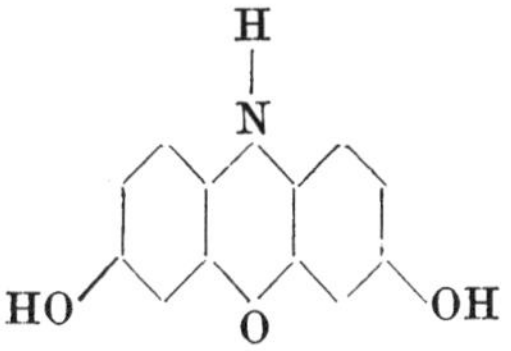

Ausführung der Reaktion. Zum Nachweis des zweiwertigen Eisens versetzt man nach EICHLER (b) die Probelösung mit Ammoniak, um $Fe(OH)_2$ zu fällen, und gibt dann tropfenweise Reagenslösung (0,2 g Resorufin und 0,2 g Natriumcarbonat in 100 ml luftfreiem Wasser) hinzu. Wenn $Fe(OH)_2$ vorhanden ist, tritt so lange keine Fluorescenz auf, bis überschüssiges Resorufin in der Lösung vorliegt. In Abwesenheit von Fe^{++} erzeugt bereits der erste Tropfen der Reagenslösung intensiv gelbrote Fluorescenz, man arbeitet also am besten unter Vergleich mit einer Blindprobe.

Bemerkungen. Hydroresorufin geht an der Luft oder durch Peroxydisulfat in fluorescierendes Resorufin über. Ähnlich wie Fe^{++} reagiert auch das $S_2O_4^{--}$ in sodaalkalischer Lösung. Folgende Substanzen reagieren nicht: Sulfit, Arsenit, Thiosulfat, Formaldehyd. Sulfid reduziert in derKälte nicht, zersetzt Resorufin aber bei höherer Temperatur. Oxydationsmittel zerstören Resorufin, damit hört gleichfalls die Fluorescenz in alkalischer Lösung auf. Dichromate zerstören es in der Hitze in schwefelsaurer Lösung, Hypochlorite bereits in der Kälte, Permanganat zerstört es in saurer und sodaalkalischer Lösung. Angaben über die Empfindlichkeit der Reaktion sind nicht vorhanden, sie ist nach WENGER und DUCKERT nicht besonders zu empfehlen.

b) Durch katalytische Beeinflussung der Reaktion zwischen Luminol und H_2O_2. Nach STEIGMANN (c) reagiert Luminol mit H_2O_2 unter Leuchten. Diese empfindliche Reaktion wird unter anderem von Fe^{++} katalysiert und kann zu dessen Nachweis dienen. Das Reagens wird aus 0,1 g Luminol und 10 ml Ammoniak d = 0,91 hergestellt, man verdünnt mit Wasser auf 100 ml.

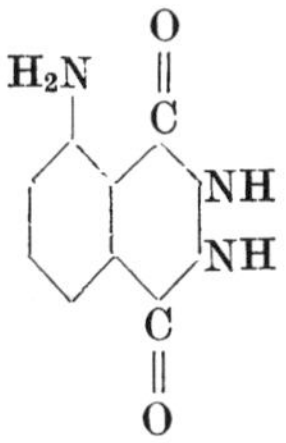

Ausführung der Reaktion. Zum Nachweis von Fe(II) mischt man 1 ml dieser Reagenslösung mit 4 ml Wasser und 0,5 ml 3%igem H_2O_2. 0,5 ml dieser Mischung werden in einem kleinen Reagensglas mit der Probelösung versetzt. Ein kurzes Aufleuchten (im Dunkeln beobachten) bzw. kurze Blitze zeigen die Anwesenheit von Fe(II) an.

Nachweisgrenze: 0,25 μg Fe^{++}, **Grenzkonzentration:** 1 : 2500000.

Störungen. Die Reaktion wird durch „Inhibitoren", z. B. CN^- verhindert. Cu^{++} reagiert ebenso wie Fe^{++}, ein Kupferdraht genügt schon. STEIGMANN (a) gibt an, daß noch andere Katalysatoren die Reaktion in Gang setzen, z. B. Hämin, Katalase, Kaliumhexacyanoferrat(III), [aber nicht Hexacyanoferrat(II)], Co^{++}. Bei den Fe^{++}-salzen reagieren auch einige Komplexe, die meisten Komplexe sind aber inaktiv.

C. Nachweis durch Mikro- und Tüpfelreaktionen.

1. Nachweis mit Hilfe von Tüpfelreaktionen.

Viele der im vorhergehenden beschriebenen Nachweise mit Hilfe von Farbreaktionen und einige der Fällungsreaktionen können auch auf der Tüpfelplatte oder auf Papier bzw. im Mikroreagensglas ausgeführt werden. Im folgenden werden Störungen und Besonderheiten nur aufgezählt, soweit sie nicht auf den vorhergehenden Seiten schon beschrieben wurden.

a) Nachweis mit Kaliumhexacyanoferrat(III). Wegen des intensiv blau gefärbten Reaktionsproduktes mit Fe^{++} kann diese Reaktion auch auf der Tüpfelplatte ausgeführt werden.

Durchführung und Empfindlichkeit der Reaktion. ROSENTHALER (d) prüft Arzneimittel auf Verunreinigungen durch Fe(II) mit Hilfe von Kaliumhexacyanoferrat(III) auf dem Objektträger und beobachtet mit Hilfe eines Mikroskops bzw. er empfiehlt, eine Cellulosefaser einige Stunden mit der zu prüfenden Lösung zu macerieren und die Reaktion dann mit der Faser vorzunehmen. STREBINGER führt die Reaktion auf Papier aus, SEELY gießt einen Glyzerin-Gelatinefilm auf einen Objektträger, darauf werden die zu prüfenden Teilchen gelegt, die mit einem dünnen Plastikfilm bedeckt werden (man läßt eine 1%ige Lösung von Saran-Harz X 121 in Äthylenchlorid darüberfließen). Ein Tropfen gesättigte Hexacyanoferrat(III)-lösung in Glyzerin wird über das Teilchen gesetzt, man beobachtet im Mikroskop (vgl. a. S. 43). TANANAEFF bzw. WENGER und GUTZEIT empfehlen den Nachweis des Eisens, wenn viele andere Ionen daneben vorhanden sind, auf Papier, das mit Hexacyanoferrat(III) getränkt war, bei gleichzeitiger Reduktion des Eisens. Man gibt einen Tropfen der zu prüfenden Lösung auf ein Stück Filterpapier, das mit gesättigter Hexacyanoferrat(III)-lösung getränkt und dann getrocknet wurde. Dann fügt man einen Tropfen 1%iger Kaliumjodidlösung, um Fe^{+++} und Cu^{++} zu reduzieren, und 1 Tropfen 1%iger Thiosulfatlösung hinzu. Bei Anwesenheit von Eisen entsteht ein blaugrüner Kreis, bei nochmaligem Betupfen mit Hexacyanoferrat(III) wird die Färbung tiefer. Die Empfindlichkeit beträgt auch in Gegenwart anderer Ionen 4×10^{-2} g/l (TANANAEFF und ROMANJUK); bzw. 1 μg Fe kann bei einer Grenzkonzentration von 1 : 50000 nachgewiesen werden (WENGER und GUTZEIT). Man kann nach TANANAEFF auch folgendermaßen arbeiten: Ein Tropfen der zu prüfenden Lösung wird auf Filterpapier gesetzt, dann mit einem kleinen Überschuß an Natriumsulfidlösung und mit einem Tropfen konzentrierter HCl versetzt. Man trocknet über einer Spiritusflamme, um H_2S zu entfernen. Nach Anfeuchten der äußeren farblosen Zone mit Hexacyanoferrat(III)-lösung erscheint ein grüner oder blauer Kreis. Man muß parallel einen Blindversuch machen, denn eine grüne Färbung kann infolge der Zersetzung des Reagenses erscheinen. FEIGL (e) weist darauf hin, daß Hexacyanoferrat(III) auf Papier zu Hexacyanoferrat(II) reduziert wird. DELABY und GAUTIER geben an, daß man auf Papier noch etwa 1 μg Fe^{++} mit Hexacyanoferrat(III) nachweisen kann. FRITZ konnte mit der Elektrotüpfelmethode noch 0,0002 μg Fe nachweisen (das Reagens enthielt 10 Teile 2%ige Kaliumhexacyanoferrat(III)-lösung und 40 Teile 2%ige Kaliumrhodanidlösung und HCl).

b) Nachweis mit α,α'-Dipyridyl.

Durchführung der Reaktion. Nach FEIGL (e) versetzt man 1 Tropfen (nicht zu saure) Probelösung auf der Tüpfelplatte mit 1 Tropfen 2%iger alkoholischer Reagenslösung, oder man setzt 1 Tropfen Probelösung auf Filtrierpapier (SCHLEICHER und SCHÜLL 589), das mit der Reagenslösung vorher getränkt und getrocknet worden war. Es bildet sich ein roter oder rosa Kreis. **Erfassungsgrenze** bei beiden Ausführungen 0,03 μg Fe^{++}, **Grenzkonzentration** 1 : 1666000. In ähnlicher Weise wird der Nachweis auch von FEIGL und HAMBURG, CHARLOT (b), STREBINGER, RUDZIK vorgeschlagen. Zum Nachweis von ursprünglich dreiwertig vorliegendem Eisen reduziert CHARLOT (b) durch Zusatz eines Tropfens Bisulfit. Zum Nachweis von wenig Fe(II) neben viel Fe(III) wird entsprechend der Vorschrift auf S. 30 unter Zusatz von KF gearbeitet.

Weitere Angaben. Die Internationalen Tabellen der Reagenzien, II. Ausgabe, geben folgende Vorschrift: 1 Tropfen Analysenlösung wird auf einer Tüpfelplatte mit einigen Kristallen Hydroxylammoniumchlorid versetzt, dann gibt man 1 Tropfen Reagenslösung (0,2%ige Lösung von α,α'-Dipyridyl in 3 n HCl) und 1 Tropfen 4 n Ammoniak zu. In Gegenwart von Eisen erscheint eine rosa bis karminrote Färbung. Die Grenzkonzentration beträgt $1:1{,}5 \times 10^6$, die Reaktion soll in dieser Ausführung absolut spezifisch sein. Cu^{++} und Co^{++} im Verhältnis 100 : 1 reduzieren die Empfindlichkeit auf $1:3 \times 10^4$, in Gegenwart von Cu^{++} soll an Stelle von Hydroxylamin lieber mit $SnCl_2$ reduziert werden. Die Ionen von Rh, TeO_3^{--}, Nb, Ti^{3+} im Verhältnis 300 : 1 reduzieren die Empfindlichkeit auf $1:10^5$. Die übrigen nicht störenden Ionen sind auf S. 30 aufgezählt. Ebenso stören Fluoride, Phosphate und Anionen der aliphatischen Oxysäuren nicht.

Nach CHARLOT (b) reduziert Co^{++} die Empfindlichkeit des Eisennachweises auf 5×10^{-3} g Ion/l, Cu^{++} auf 10^{-3} g Ion/l. Ferner macht CHARLOT Angaben, wie groß der Reagensüberschuß sein muß, wenn Fe^{++} neben anderen, das Reagens verbrauchenden Ionen nachgewiesen werden soll. Um 3×10^{-5} g Ion Fe/l neben je 0,5 g Ion des Fremdions/l nachzuweisen, braucht man bei Cu, Zn, 10 Tropfen 2%ige alkoholische Reagenslösung, bei Co, Sb(III), Bi 4 Tropfen, bei Cd 3 Tropfen und bei Hg(II), Ni 2 Tropfen.

Nach SEELY mischt man 1 Teil gesättigte Lösung von α,α'-Dipyridyl in Äthylenglykolmonoäthyläther mit 9 Teilen warmer Glyzerin-Gelatine-Mischung und gießt die Mischung auf einen Objektträger, so daß sich ein 0,3 mm dicker Film bildet. Die festen Partikeln, in denen Fe^{++} nachgewiesen werden soll, werden darauf gelegt. Lösliche Partikeln geben einen tiefroten durchsichtigen Hof bei Hellfeldbeleuchtung, mäßig lösliche Teilchen (Siderit oder andere Carbonate, die Fe(II) enthalten) verschiedene Schattierungen von rot, sehr unlösliche Teilchen (Magnetit oder Silicate) werden nach der anderen Methode des Verfassers, die auf S. 42 beschrieben ist, behandelt, als Reagens dient die obige α,α'-Dipyridyllösung. Vor dem Reagenszusatz setzt man das mit dem Plastikfilm bedeckte Material 5 Min. den Dämpfen einer Mischung aus gleichen Teilen konz. HCl und HF aus. Die Erfassungsgrenze beträgt für mäßig lösliche Teilchen etwa 10^{-10} g, für lösliche Teilchen 10^{-12} g.

c) Nachweis mit o-Phenanthrolin. Gemäß den Angaben von FEIGL (e) und CHARLOT (b) kann bei den unter b) beschriebenen Nachweisverfahren das α,α'-Dipyridyl durch o-Phenanthrolin ersetzt werden, das sehr ähnliche Reaktionen mit Fe^{++} liefert (vgl. S. 31). CHARLOT (b) benutzt als Reagens eine 2%ige Lösung des o-Phenanthrolinhydrochlorids in Wasser, WENGER und DUCKERT benutzen eine 0,025 m Lösung von o-Phenanthrolin in Wasser. Alle Angaben von CHARLOT (b) über die Störungen des Nachweises von Fe^{++} mit Dipyridyl, über den Reagensüberschuß, den man bei Anwesenheit anderer Ionen anwenden muß und die Empfindlichkeit, gelten ebenso für den Nachweis mit Phenanthrolin.

Ausführung und Empfindlichkeit der Reaktion. Nach den Internationalen Tabellen der Reagenzien, II. Ausgabe, gibt man 1 Tropfen schwach saurer Probelösung auf eine Tüpfelplatte, setzt einige Kristalle Hydroxylammoniumchlorid hinzu und dann 1 Tropfen Reagenslösung (0,025 m Lösung in Wasser). Die Empfindlichkeit (Grenzkonzentration) beträgt $1:1{,}5 \times 10^6$, sie wird auf $1:1{,}5 \times 10^4$ gesenkt durch Cu^{++} im Verhältnis 50 : 1. Sb^{5+} und Co^{++} im Verhältnis 500 : 1 reduzieren die Empfindlichkeit auf 1 : 1,5 × 10^5. Ir stört, es gibt einen zinnoberroten Niederschlag. Die übrigen nicht störenden Ionen entsprechen den auf S. 30 aufgezählten. Nach WENGER und DUCKERT beträgt die Grenzkonzentration bei Ausführung auf Tüpfelpapier 1 : 5 × 10^5.

d) Nachweis mit Dimethylglyoxim. Diese Reaktion wird sehr häufig als Tüpfelreaktion entweder auf Papier oder der Tüpfelplatte ausgeführt.

Ausführung und Empfindlichkeit der Reaktion. Störungen. Nach FEIGL (e) versetzt man 1 Tropfen der Probelösung mit 1 Weinsäurekristall und dann mit 1 Tropfen 1%iger Dimethylglyoximlösung in Alkohol und etwas Ammoniak. Es entsteht bei Anwesenheit von Fe^{++} eine mehr oder weniger intensive Rotfärbung, die beim Stehen an der Luft verbleicht. Die Erfassungsgrenze beträgt 0,4 μg Fe^{++}, die Grenzkonzentration 1 : 125000. Fe^{+++} wird durch die Weinsäure komplex gebunden, es kann aber auch nachgewiesen werden, wenn man vor Ausführung der Reaktion mit Hydrazinsulfat reduziert. Über Störungen und ihre Beseitigung (s. S. 32). Nach den Internationalen Tabellen der Reagenzien, II. Ausgabe, wird Fe^{+++} durch Zugabe von festem Hydroxylammoniumchlorid reduziert. Die Grenzkonzentration wird zu 1 : 5 × 10^5 angegeben. Bezüglich der Störungen durch Co^{++} und Ni^{++} s. S. 32, 33. Au(III), Cr(III), Mn(II) und Th(IV) im Verhältnis 1000 : 1 senken die Empfindlichkeit um eine Zehnerpotenz. Die Ionen der Elemente Rh, Ir, Pt und W reduzieren die Empfindlichkeit auf 1 : 5 × 10^3, falls sie im Verhältnis 15 : 1 vorhanden sind. Folgende Ionen der Elemente Ag, Hg, Cu, Pb, Bi, Cd, As, Sb, Sn, Pd, Se, Mo, Nb, Ta, Al, U, Ce, seltene Erden, Y, Ti, Zr, Be, Tl, Zn, Erdalkalien, Alkalien, stören nicht, wenn sie im Verhältnis 1500 : 1 vorliegen (vgl. aber S. 33). CHARLOT (b) gibt eine etwas andere Vorschrift: 1 Tropfen der Probelösung wird im Mikrozentrifugenrohr mit 2 Tropfen Reagens (1%ige alkoholische Dimethylglyoximlösung oder wäßrige Lösung des Natriumsalzes von Dimethylglyoxim oder eine 1%ige Lösung in folgender Pufferlösung: 40 ml Ammoniak (d = 0,88), 20 g NH_4Cl, 60 ml Wasser) und 2 Tropfen der erwähnten Pufferlösung versetzt. Man zentrifugiert und kann so die Farbe der Lösung erkennen. Grenzkonzentration 1 : 333000. Diese wird durch die atmosphärische Oxydation erhöht. Die störende Wirkung von Fe^{+++} wird vor Zugabe der Pufferlösung durch Zusatz von festem NaF beseitigt, jedoch wird Fe^{++} in Gegenwart von F^- durch Cu^{++} teilweise oxydiert. CHARLOT (b) gibt ebenfalls an, daß Cu^{++}, Mn^{++} und Co^{++} stören, letzteres kann Fe^{+++} in ammoniakalischer Lösung reduzieren (und damit Fe^{++} erzeugen), falls kein Komplexbildner zugegen ist.

Ähnliche Vorschriften wie FEIGL (e) geben auch ACOSTA (Erfassungsgrenze 0,62 μg), ROSSI und TRONCOSO (a), DELABY und GAUTIER sowie WENGER und GUTZEIT (Erfassungsgrenze 0,04 μg, Grenzkonzentration 1 : 250000), STREBINGER. Als Reduktionsmittel kann $SnCl_2$ dienen.

KOENIG führt bei sehr kleinen Eisenmengen den Nachweis auf Papier. Man setzt auf das mit Dimethylglyoximlösung getränkte Papier 1 Tropfen verdünntes Ammoniak und einige Tropfen der Probelösung. Bei einer Konzentration von 1 : 200000 gibt es noch eine schwache Rosafärbung. Eine Verwechslung mit Ni^{++} tritt nicht leicht ein, da die Färbung durch Eisen sehr vergänglich ist. Bei sehr starker Färbung kann man 1 Tropfen H_2O_2 auf das Papier setzen, die Färbung durch Eisen verschwindet, während die durch Ni^{++} hervorgerufene Farbe nicht geändert wird. VAN ECK tüpfelt erst die Probelösung auf das Papier, dann Weinsäurelösung, schließlich Dimethylglyoxim und Ammoniak. TANANAEFF und ROMANJUK konnten so 2 × 10^{-2} g Fe^{++}/l auch in Gegenwart anderer Ionen (außer Ni) nachweisen. Man vgl. auch die Methode von FRITZ S. 119.

e) Nachweis mit Verbindungen, die die Nitroso- (Isonitroso-) Gruppe enthalten.

α) *Mit α-Nitroso-β-naphthol.*

Die **Arbeitsvorschrift** von VANOSSI (d) (S. 35) kann, wie schon erwähnt, auf den Mikromaßstab übertragen werden. Man arbeitet dann in Mikroreagensgläsern, extrahiert zuerst die Rhodanide mit Äthylacetat und setzt dann mit α-Nitroso-β-naphthollösung um (s. S. 35). Man verwendet 1 Tropfen Lösung, 0,05 ml Äthylacetat (gegebenenfalls setzt man während der Durchführung noch etwas mehr Äthylacetat zu), 1 Tropfen 0,02%ige α-Nitroso-β-naphthollösung.

Empfindlichkeit. Es lassen sich so noch 0,003 bis 0,006 μg Fe nachweisen, in Gegenwart von 1 Mol/l Fremdion 0,003 bis 0,05 μg Fe. Bezüglich der Anreicherung von Fe-Spuren und den Maßnahmen zur Verhinderung von Störungen durch z. B. Phosphat vgl. S. 60, 61.

KUTZELNIGG (a) hat gezeigt, daß auch eine Reaktion zwischen Fe^{++} und α-Nitroso-β-naphthol eintritt, wenn man 1 Tropfen der Metallsalzlösung auf Filterpapier eintrocknen läßt und dann auf ein mit dem Reagens imprägniertes Papier legt (Co und Cu reagieren ebenso).

β) *Mit 2-Nitroso-1-naphthol-4-sulfonsäure.* Nach FEIGL (e) weist man Fe(II) nach durch Tüpfeln mit 1%iger wäßriger Lösung von 2-Nitroso-1-naphthol-4-sulfonsäure bei $p_H = 5$, man erhält eine grüne Färbung, die Erfassungsgrenze beträgt 0,01 μg Fe^{++}. Co und Cu geben ebenfalls Farbreaktionen (vgl. S. 35).

γ) *Mit Isonitrosodibenzoylmethan.* Diese auf S. 36 beschriebene Reaktion kann auch auf der Tüpfelplatte oder auf Papier ausgeführt werden (VLÁČIL und HOVORKA).

Ausführung und Empfindlichkeit der Reaktion. Man setzt 1 Tropfen der Probelösung auf Filterpapier, darauf 1 Tropfen 1%ige alkoholische Reagenslösung und schließlich 1 Tropfen 10%ige Natriumacetatlösung. Man erhält dann eine blaue Färbung. An Stelle eines Zusatzes von Natriumacetat kann man den Fleck auch mit Ammoniak bedampfen, man erhält dann eine grüne Farbe (Mischfarbe aus dem blauen Reaktionsprodukt und der durch Ammoniak gelb gefärbten Reagenslösung). 0,02 μg Fe(II) können in 0,03 ml nachgewiesen werden.

Auf der Tüpfelplatte mischt man 1 Tropfen Reagenslösung mit 1 Tropfen Natriumacetatlösung und versetzt mit 1 Tropfen Probelösung. Es kann an Stelle von Natriumacetat wieder vorsichtig Ammoniakgas auf die Flüssigkeit geblasen werden, bei direktem Zusatz von Ammoniak ist die Empfindlichkeit geringer. Man erhält eine blaue bis grüne Färbung. 0,01 μg Fe(II) können in 0,03 ml nachgewiesen werden.

Weitere Angaben. Der Nachweis von Fe(II) neben Fe(III), bzw. der Nachweis von Fe(III) nach seiner Reduktion, wie er auf S. 36 beschrieben ist, kann ebenso auf der Tüpfelplatte durchgeführt werden. Man findet in beiden Fällen noch 0,03 μg Fe [Fe(II) neben der 1000fachen Menge Fe(III)] in 0,03 ml. Beim Nachweis von Fe(II) neben Cu(II) arbeitet man ebenfalls wie auf S. 36 beschrieben, zieht dann die Flüssigkeit nach 10 Min. vom Niederschlag des CuJ ab, reduziert das gebildete Jod und arbeitet wie beschrieben weiter. Neben der 100fachen Menge an Cu können 0,02 μg Fe(II) in 0,03 ml nachgewiesen werden.

f) Nachweis mit Quercetin oder Quercitrin.

Ausführung der Reaktion. Nach KOCSIS setzt man 1 Tropfen Probelösung auf Filterpapier (SCHLEICHER und SCHÜLL, Nr. 589) und auf den noch feuchten Fleck 1 Tropfen Reagenslösung (0,2%ige Lösung von Quercetin oder Quercitrin in Alkohol). Die Reaktion tritt nach einigen Sekunden ein, man erhält einen olivgrünen Fleck. Wenn weniger als 3 μg Fe vorhanden sind, erhält man einen olivgrünen Ring, der innere Teil des Ringes sieht blaß grünlich-grau aus, der äußere Teil ist stark hellgelb umrandet. Die **Erfassungsgrenze** beträgt 0,3 μg Fe im Tropfen [nach FEIGL (e) 3 μg Fe].

Bemerkungen. Fe^{++} und Fe^{+++} verhalten sich gleich, können also nicht unterschieden werden. Uran reagiert auch mit den Reagenzien, es gibt einen rostbraunen Ring, nach den Internationalen Tabellen der Reagenzien, III. Ausgabe reagiert Titan ebenfalls. Ionen mit starker Eigenfarbe stören, wenn ihre Konzentration 0,01 Mol/l übersteigt. Die Reagenzien werden durch starke Säuren zersetzt, deshalb darf die Säurekonzentration nicht höher als die des vorliegenden Eisens sein.

g) Nachweis mit Sulfid. KORENMAN (b) tüpfelt mit der Probelösung auf Papier, das mit Zinksulfid getränkt ist. Das Papier (aschefreies Filterpapier oder Glanz- oder Halbmatt-Bromsilberphotopapier, das zur Entfernung der Silbersalze mit 10%iger Thiosulfatlösung behandelt und wiederholt mit Wasser gewaschen wurde) wird 10 bis 15 Min. in 10%ige Zinksulfatlösung, dann die gleiche Zeit in 10%ige Natriumsulfidlösung und schließlich nochmals in Zinksulfatlösung gebracht, dann spült man ab und trocknet.

Ausführung und Empfindlichkeit der Reaktion. 1 Tropfen der sauren Lösung = 0,25 ml wird mit einem Kapillarröhrchen auf das Reagenspapier gesetzt, es tritt rasch die ein Schwermetall ankündende Farbe auf, die von seiner Menge abhängt. Diese Reaktion ist selbstverständlich nicht für Fe spezifisch. 0,01 μg Fe^{++} geben noch eine bräunliche Färbung. Die Proben auf Zinksulfidpapier sind etwas weniger empfindlich als die auf Zinksulfidfasern (EMICH).

h) Nachweis durch die reduzierende Wirkung des Fe(II). Als Reagens dient nach FEIGL und DACORSO eine 5%ige Lösung von Phosphormolybdänsäure in Wasser oder Alkohol. Die filtrierte Lösung ist stabil, wenn sie in geschlossenen dunklen Flaschen aufbewahrt wird.

Ausführung und Empfindlichkeit der Reaktion. 1 Tropfen Probelösung oder 0,5 bis 1 mg feste Substanz werden auf der Tüpfelplatte mit 1 Tropfen Reagenslösung und bei schwerlöslichen Substanzen mit 1 Tropfen verdünnter Schwefelsäure versetzt, man beobachtet eine blaue oder grüne Farbe. Die Reaktion kann auch unter schwachem Erwärmen im Mikrotiegel oder auf dem mit alkoholischer Reagenslösung getränkten Papier ausgeführt werden. Das Reagenspapier muß unter Ausschluß von Licht aufbewahrt werden, da sonst schon Reduktion durch die Cellulose eintritt. In 1 Tropfen können noch 2,5 μg Fe^{++} nachgewiesen werden. Zahlreiche andere Reduktionsmittel, organische reduzierende Substanzen, freie Metalle, auch solche, die edler als Wasserstoff sind, reagieren ebenfalls.

i) Nachweis durch die katalytische Wirkung des Fe(II). α) *Einwirkung auf die Reaktion zwischen p-Phenetidin und H_2O_2.* Nach SZEBELLÉDY und AJTAI (b) reagiert p-Phenetidin nur sehr langsam mit H_2O_2 unter Bildung eines violetten Oxydationsproduktes. Die Reaktion wird katalytisch beschleunigt durch „Eisencyanid" (vgl. S. 97, 107). Freies Eisenion katalysiert auch, die Reaktion ist jedoch nicht so empfindlich. Es wird daher in den α,α'-Dipyridylkomplex übergeführt, der besser wirkt. Das gebildete Reaktionsprodukt ist satt rot, die Farbe ist intensiver als die Eigenfarbe des Eisen-dipyridylkomplexes.

Ausführung der Reaktion. Etwa 0,1 ml neutrale Probelösung werden in einem Mikroporzellantiegel mit 1 Tropfen 2%iger alkoholischer Dipyridyllösung, 0,1 ml 0,01%iger Lösung von salzsaurem p-Phenetidin und 0,1 ml 0,2%igem H_2O_2 versetzt. Je nach der Menge an Eisen und je nachdem, ob Fe^{++} oder Fe^{+++} vorliegt, färbt sich die Probe sofort oder auf dem Wasserbad nach 1 bis 5 Min. rot. Eine Vergleichsprobe bleibt unter den gleichen Bedingungen farblos oder wird nur ganz schwach rosa. 0,001 μg Fe^{++} in 0,1 ml färbt nach Zusatz der Reagenzien die Lösung nach 5 Min. blaßrosa, die Vergleichsprobe sieht kaum merklich rosa aus.

Die **Erfassungsgrenze** beträgt 0,001 μg Fe(II), die **Grenzkonzentration** 1 : 500000000 (manchmal gibt schon die Emailglasur des Tiegels Eisenspuren ab), man beachte die **Bemerkungen** auf S. 107. Nach den Internationalen Tabellen der Reagenzien reagieren U, V, Ti und Ce ähnlich, nach WENGER, RUSCONI und DUCKERT färben auch Sb(V), Au(III), Ir(IV), Fe(III) und CrO_4^{2-} p-Phenetidin violett.

β) *Einwirkung auf die Oxydation von Polythionaten durch H_2O_2.* Nach FEIGL (a) katalysieren Fe(II) und Fe(III)-Salze die Oxydation der Polythionate durch H_2O_2 zu Sulfat. In Gegenwart von $BaCl_2$ entsteht eine Trübung. Die Reaktion ist für Eisen etwa so empfindlich wie die Rhodanidreaktion, sie besitzt jedoch nach FEIGL (a) keine Bedeutung. Eine weitere katalytische Reaktion ist S. 124 beschrieben.

k) Weitere Tüpfelreaktionen, die für den Nachweis des Fe(II) nicht geeignet erscheinen, geben KRUMHOLZ und KRUMHOLZ (mit *Styrylfarbstoffen*), WENGER, DUCKERT und BLANC PAIN (mit *9-Methyl-2,3,7-trioxy-6-fluoron*) und SIBONI [*Unterscheidung der Färbung*, die Fe(II)- oder Fe(III)-salzlösungen beim Eintrocknen auf Papier annehmen]. FRITZ gibt an, daß mit *Protocatechusäure* und Na_2CO_3 mit Hilfe der Elektrotüpfelmethode 0,0005 μg Fe nachgewiesen werden können.

2. Nachweis mit Hilfe von Mikrokristallreaktionen.

Die zum Nachweis des Fe(II) vorgeschlagenen Mikrokristallreaktionen sind nicht besonders charakteristisch, es ist im allgemeinen mehr empfehlenswert, die auf S. 42—45 beschriebenen Methoden zu verwenden, wenn man im Mikromaßstab arbeiten will.

a) Nachweis mit 2-Nitroindandion-(1,3). Nach WANAG bildet Nitroindandion ein sehr charakteristisches Fe(II)-Salz, das in Wasser schwerlösliche violettschwarze Kristalle liefert. Fe(III) gibt keinen Niederschlag. WANAG gibt an, daß mit diesem Reagens Fe(II) neben Fe(III) nachgewiesen werden kann.

Ausführung der Reaktion. Man versetzt die saure Fe(II)-salzlösung auf dem Objektträger mit Nitroindandion (wahrscheinlich in wäßriger Lösung), die Lösung färbt sich violett, nach kurzer Zeit setzt Kristallausscheidung ein. Unter dem Mikroskop beobachtet man sechsseitige längliche Tafeln, die **Grenzkonzentration** ist n/160. Die Kristalle sind in organischen Lösungsmitteln löslich und werden durch Kochen mit Wasser zersetzt. Das Reagens wird durch Nitrieren von 10 g Indandion in 100 ml Eisessig mit 10 ml rauchender HNO_3, dic mit 30 ml Eisessig verdünnt wird, hergestellt. Einige andere Ionen geben auch Niederschläge, die aber leichter löslich sind.

b) Nachweis mit Dimethylglyoxim und Pyridin.

Ausführung der Reaktion. Nach ARREGUINE mischt man auf der Mitte eines Objektträgers 1 Tropfen 1%ige alkoholische Dimethylglyoximlösung mit 1 Tropfen der Probelösung, ohne daß der Tropfen zu sehr ausgebreitet wird. Dann hält man den Objektträger umgekehrt über die Öffnung einer Flasche mit Pyridin und läßt die Dämpfe einige Augenblicke einwirken. Der Tropfen wird erst rot, beim Reiben mit einem Glasstab scheiden sich spontan viele orangefarbene Kristalle ab. Unter dem Mikroskop erkennt man doppelbrechende Nadeln, oft auch kurze Prismen, manche in Form von Kreuzen oder Rosetten.

Empfindlichkeit. Man kann 0,1 μg Eisen(II)-salz nachweisen.

c) Reaktion des Fe(II) mit Kalium- oder Ammoniumquecksilberrhodanid. BENEDETTI-PICHLER und SPIKES (b) geben an, daß aus einer Fe(II)-salzlösung (1%ig), der man einen Kristall in der halben Größe eines Mohnsamens von Kaliumquecksilberrhodanid zugefügt hat, sofort gelbe Kristallnadelbüschel ausfallen. GARNER bezeichnet diese Reaktion als nicht so nützlich für den Nachweis von Eisen. Viele andere Ionen geben auch Niederschläge, davon liefert Cu^{++} Kristalle von sehr ähnlicher Farbe. Fe^{+++} gibt auch eine Reaktion (vgl. S. 89). Nach

KORENMAN (a) ist die Reaktion von $(NH_4)_2[Hg(SCN)_4]$ mit Fe^{++} zu wenig empfindlich, sie wird überhaupt erst möglich in Gegenwart von Zn^{++}. Die rasch verlaufende Reaktion des Zn^{++} mit dem Reagens induziert die Reaktion mit Fe(II) (und anderen), es bilden sich Mischkristalle, die häufig andere Farben aufweisen als die direkte Kristallisation der Ionen mit dem $[Hg(SCN)_4]^{--}$.

Ausführung der Reaktion. Zu 1 Tröpfchen Fe(II)-salzlösung setzt man 1 Tröpfchen 0,25%iger Zinksulfatlösung und 1 Tropfen Reagenslösung (5 g $HgCl_2$ und 5 g NH_4SCN in 6 ml Wasser). Bei Anwesenheit von Fe^{++} bilden sich gelbe Kristalle.

Empfindlichkeit und Störungen. 0,14 μg Fe^{++} können in 1 Tropfen von 0,002 ml nachgewiesen werden, **Grenzkonzentration** 1 : 14000. Cu^{++} (violette Kristalle) verdeckt den Nachweis. Außerdem sind Kristallisationen von Zn^{++} mit Co^{++} (blau), Ni^{++} (schmutziggrün), Fe^{+++} (violett, bräunlich, rosa) beschrieben. [Auch diese Methode erscheint nicht besonders geeignet für den Nachweis des Fe(II).]

d) Die Reaktion des Fe(II) mit Kaliumquecksilberselenocyanat ähnelt nach BENEDETTI-PICHLER und SPIKES (a) derjenigen mit $K_2[Hg(SCN)_4]$. Aus ziemlich konzentrierten Eisen(II)-salzlösungen fallen bei Zusatz von festem Reagens hellgelbe Nadeln aus. Das Reagens wird durch Säuren zersetzt. Die Kristallisationen mit anderen Ionen sind charakteristischer, z. B. mit Zn, Cd (farblos), Co (grünblau), Cu (gelblichbraun). In Gegenwart von Fe liefert Co außer den grünblauen Kristallen auch hellgelbe oder rötlich-bräunliche Sphärolithe. Das Grenzverhältnis für den Nachweis von Eisen in Co-Salzen beträgt 1 : 800. Die Kristalle der Kobaltverbindung werden durch Cu auch bräunlichgelb gefärbt. Fe(III) gibt mit Kaliumselenocyanat eine amorphe rote Fällung (wahrscheinlich Selen). Die Kobaltkristallisation wird durch Fe(III) ebenfalls bräunlich gefärbt.

e) Nachweis mit Urotropin und Ammoniumrhodanid. KORENMAN (g) schlägt für den Mikrokristallnachweis in Abänderung des von MARTINI (e) vorgeschlagenen Reagenses folgende Mischung vor: 10 ml 10%ige wäßrige Urotropinlösung, die mit 0,54 g NH_4SCN versetzt ist. Dieses Reagens kristallisiert nicht schon selbst beim Reiben mit einem Glasstab.

Ausführung der Reaktion. Versetzt man 1 Tropfen Reagens mit 1 Körnchen festem Fe(II)-salz, erhält man farblose Quadrate, Rechtecke, Rauten und andere Kristalle, diese erscheinen schneller beim Reiben.

Empfindlichkeit und Störungen. Die Reaktion ist nach KORENMAN (g) recht wenig empfindlich, die Kristalle lösen sich in verdünnter Schwefelsäure und in 1 bis 2 Tropfen Wasser auf. Bei Anwesenheit von Fe(III) erhält man eine rote Färbung, bei größeren Mengen eine amorphe, gelbe Fällung $[Fe(OH)_3]$ (vgl. aber S. 88). Hg(II), Cd, Mn(II), Mg, Co, Ni, Zn geben auch kristalline Niederschläge, andere Ionen amorphe Fällungen. Urotropin allein gibt auch mit einer Reihe von Ionen kristalline Niederschläge.

f) Nachweis mit Nikotin und Ammoniumrhodanid. BURKAT, SKRYNNIK und YAROSLAVSKAYA schlagen folgendes Reagens vor: 60 g NH_4SCN werden in 40 ml Wasser gelöst, zu 95 g dieser Lösung gibt man 5 g Nikotin, man bewahrt im Dunkeln auf. Auf einem Objektträger mischt man 2 Tropfen Reagens mit 1 Tropfen $^1/_{10}$ n Probelösung, bei Anwesenheit von Fe(II) erkennt man im Mikroskop gelbe Aggregate von Sechsecken, die in kochendem Wasser oder Mineralsäuren löslich sind. Fe(III) gibt einen amorphen Niederschlag, Hg(I), Hg(II), Cd, Cu, Co, Zn stören.

g) Reaktion mit Pikrolonsäure (1-[4-Nitrophenyl]-4-nitro-3-methyl-pyrazolon-[5]). Nach KISSER werden durch Pikrolonsäure mehrere Ionen gefällt, u. a. auch Fe(II) und Fe(III). Nach BERISSO (b) bilden sich mit jedem Ion mannigfaltige Kristalle, so daß leicht Verwechslungen vorkommen. Fe(II) (und Zn) geben Kristalle von etwas mehr Individualität. Man versetzt 1 Tropfen Probelösung auf dem Objektträger mit 1 Tropfen Reagenslösung (0,1 g Pikrolonsäure, 8 g Äthylalkohol, 7 g Wasser. Diese Lösung mit 2 Teilen Wasser verdünnen). Die Grenzkonzentration beträgt 1 : 100000 für den Nachweis von Fe(II), es bilden sich Bündel von Kristallen. Co, Ca, Pb, Sr, Mn, Cu, Zn reagieren auch.

h) Reaktion mit Na^+ und Uranylacetat. Nach CHAMOT und BEDIENT erhält man mit Na^+ und Uranylacetat in Gegenwart von Fe(II) Tripelacetate, wie sie bekanntlich mit anderen zweiwertigen Ionen auch erhalten werden, es bilden sich orthorhombische Platten und Prismen. Mn, Mg, Zn, Cd, Ni, Co, Cu reagieren ebenso.

§ 3. Nachweis des Fe^{3+}-ions.

Allgemeines. Fe(III)-ionen sind in besonderem Maße zur Komplexbildung befähigt, so daß in Gegenwart von F^-, SCN^-, $HAsO_4^{--}$, PO_4^{---}, Citrat, Tartrat, Oxalat, CN^- die Reaktionen von Fe(III) oft verhindert werden [WEST (b), vgl. auch S. 9]. CHARLOT (b) gibt auf S. 163 seines Buches Gleichgewichtskonstanten für verschiedene Fe(III)-komplexe und schwerlösliche Verbindungen. Es sei für den Nachweis von Fe^{+++} hier noch auf die auf S. 23 zitierten zusammenfassenden Arbeiten verwiesen, sowie auf den Fortschrittsbericht von TAYLOR.

I. Nachweis auf trocknem Wege.

1. Nachweis mit Hilfe der Phosphorsalz- oder Boraxperle.

Eisensalze geben in der Oxydationsflamme [Fe(III)] bei schwacher Sättigung in der Hitze eine gelbe, in der Kälte eine farblose Perle. Bei starker Sättigung erhält man in der Hitze eine braunrote, in der Kälte eine gelbrote Perle. Die Färbungen sind also nur bei größeren Mengen an Eisensalz charakteristisch. Mangansalze geben in der Oxydationsflamme amethystfarbene (Hitze) oder violett- bis braungefärbte (Kälte) Perlen. Durch Nickel werden die Perlen in der Hitze gelb bis rubinrot, in der Kälte bräunlich gefärbt. Ferner geben Kobalt und Chrom intensiv gefärbte Perlen (blau bzw. grün). (JANDER und WENDT; s. S. 126.)

2. Weitere Nachweise.

ISAKOV (a) empfiehlt, die Substanz, die auf Fe(III) zu prüfen ist, mit Sand und Ammoniumrhodanid zu zerreiben. Ferner sei auf die Methode von FEIGL und BAUMFELD verwiesen, bei der etwas feste Substanz mit 8-Oxychinolin geschmolzen und dann die Farbe der Schmelze beobachtet wird (vgl. S. 80).

II. Nachweis auf nassem Wege.

A. Nachweis durch Fällungsreaktionen.

Das Fe(III)-Ion sieht in perchlorsaurer oder salpetersaurer Lösung farblos oder schwachmalvenfarbig aus, in schwefelsaurer oder salzsaurer Lösung bilden sich gelbe Komplexe [CHARLOT (b)]. Das schwerlösliche $Fe(OH)_3$ fällt vom p_H 2,2 an aufwärts, nur wenige Verbindungen sind schwerer löslich, z. B. das Sulfid. Das schwarze Fe_2S_3 ist nur in alkalischer Lösung stabil, es wird durch Ammoniumsulfid gefällt, H_2S fällt FeS gemischt mit Schwefel. $FePO_4$ ist wenig löslich in Essigsäure [CHARLOT (b)].

Für den Nachweis des Fe(III) durch Fällungsreaktionen gibt es nur wenige geeignete Reagenzien.

1. Fällung mit Kaliumhexacyanoferrat(II).

Versetzt man eine Lösung von Fe(III) mit einer Lösung von Kaliumhexacyanoferrat(II), so bildet sich ein blauer Niederschlag, gegebenenfalls eine Färbung, von Berliner Blau.

Über die Zusammensetzung dieser Verbindung ist bereits auf S. 24 berichtet worden, EMSCHWILLER gibt dem Berliner Blau die Formel $[Fe(III)\{Fe(II)(CN)_6\}]Fe(III)/3$, JUSTIN-MUELLER kommt zu einer ganz ähnlichen Formel. An älteren Arbeiten, die sich mit der Zusammensetzung des Berliner Blaus beschäftigen, seien zitiert: VORLÄNDER (a), (b), E. MÜLLER (b), REITSTÖTTER, WORINGER, DAVIDSON und WELO, REIHLEN und KUMMER, TARUGI (1912 bis 1929), deren Ansichten wohl z. T. veraltet sind; an neueren Arbeiten seien genannt: KEGGIN und MILES, DAVIDSON (b), MILBAUER, BHATTACHARYA und SAXENA (1936 bis 1951).

Durchführung und Empfindlichkeit der Reaktion. Man führt die Probe so aus, daß man zu etwa 5 ml schwach mineralsaurer Probelösung (es genügt auch die Hydrolysesäure der Fe(III)-lösung) einige Tropfen 5%iger Kaliumhexacyanoferrat(II)-lösung gibt, man erhält einen blauen Niederschlag oder eine Färbung. Etwa vorliegendes Fe(II) kann vor Ausführung der Probe mit z. B. Salpetersäure oxydiert werden. Neben Ni, Co, Cr, Mn, Zn, Al, Ti, Be sind nach GROSSET noch 0,05 mg Fe(III)/10 ml nachweisbar; wenn Fe(III) allein vorliegt, findet man noch 0,01 mg Fe(III)/10 ml. Nach WAGNER gibt man auf ein kleines Uhrglas, das auf weißem Papier steht, 1 Körnchen Hexacyanoferrat(II), darauf gießt man 1 ml der Probelösung, die schwach mineralsauer ist, und beobachtet von der Seite etwa in Höhe der Tischplatte. 2 mg Fe(III)/l geben noch eine sichere Reaktion, 1,66 mg Fe(III)/l sind nicht mehr sicher erkennbar, $^1/_{500}$ mg Fe ist noch nachweisbar.

Die Empfindlichkeit der Berliner-Blau-Reaktion ist häufig bestimmt worden. KARAOGLANOV (b) findet nach Zusatz von 1 ml 1%iger Reagenslösung in insgesamt 10 ml Lösung 8,4 μg Fe^{+++} Grenzkonzentration 1 : 1188000. Nach NAKASEKO (a) kann man mit 1 ml 0,1 n $K_4[Fe(CN)_6]$-Lösung noch deutlich 0,005 mgFe/5 ml nachweisen, Grenzkonzentration 1 : 1000000. In $FeCl_3$-Lösungen, die 0,1 n an HCl sind, beträgt die Grenzkonzentration sogar 1 : 3000000. BENEDETTI-PICHLER und RACHELE haben eine Methode ausgearbeitet, in winzigsten Tröpfchen die Berliner-Blau-Reaktion ausführen zu können, sie konnten 38×10^{-14} g Fe in $3{,}8 \times 10^{-14}$ l Probelösung nachweisen, diese Methode ist aber für praktische Zwecke ohne Bedeutung, die Konzentration der Lösung beträgt auch nur 1 : 100. Nach PELUFFO hängt die Empfindlichkeit der Reaktion von der Konzentration des Reagenses ab. Nach CHARLOT (b) bzw. WENGER hängt die Empfindlichkeit von der Anwesenheit anderer Ionen, die gefärbte Hexacyanoferrate bilden können, ab. Die Empfindlichkeit wird z. B. durch UO_2^{++} verringert [CHARLOT (b)].

Da ein Überschuß an Hexacyanoferrat(II) nach GUÉRON auf schon gebildetes Berliner Blau einwirkt und schließlich Berliner Weiß bildet, führt man die Reaktion in Gegenwart von Zn^{++} aus. Berliner Blau ist schwerer löslich als $K_2Zn_3[Fe(CN)_6]_2$, es wird deshalb gleich am Anfang gebildet und vom Zinkniederschlag adsorbiert. Die Konzentration an Hexacyanoferrat(II)-ionen wird durch das Zn^{++} nur sehr klein gehalten. Nach GUÉRON gibt man zur neutralen oder sehr schwach schwefelsauren Probelösung einige Tropfen etwa 0,1 n Hexacyanoferrat(II)-lösung und einen schwachen Überschuß an Zinksulfatlösung entsprechender Konzentration. Eine Blaufärbung, die leicht violettstichig ist, zeigt sofort die Anwesenheit von Fe^{+++} an. 1 mg Fe(III)/l können nachgewiesen werden, die Färbung verschwindet aber in wenigen Minuten, wenn weniger als 2 mg Fe/l vorliegen. Unter den gleichen Bedingungen (1 mg Fe/l) gibt Hexacyanoferrat(II) allein in 10 bis 15 Min. eine schwache blaugrüne, bestehenbleibende Färbung. Da auch andere Ionen die weiße, schwerlösliche Hexacyanoferrate bilden, ähnlich wie Zn^{++} wirken, z. B. Cd, Mn, Ag, erhöhen sie die Empfindlichkeit der Berliner-Blau-Reaktion, jedoch nicht so stark wie Zn^{++}.

Störungen. In der Literatur findet man folgende Angaben über Störungen der Berliner-Blau-Reaktion: Das Reagens Kaliumhexacyanoferrat(II) zersetzt sich in saurer Lösung, beschleunigt im Licht, unter Bildung von Berliner Blau, in neutraler Lösung ist es haltbarer [NAKASEKO (a), HABER]. Da man andererseits aber den Nachweis von Fe(III) in saurer Lösung führt, schlägt KARAOGLANOV (b) vor, die Farbbildung bald nach dem Zusatz des Reagenses zu beobachten, nicht zu stark anzusäuern, die Reagenslösung nicht zu konzentriert zu halten und mit einer Blindprobe, die ebensoviel Säure enthält, zu vergleichen. Folgende Komplexbildner wirken auf Berliner Blau ein und lösen es, bzw. verhindern seine Bildung, dabei können je nach den Mengenverhältnissen noch blaue Lösungen erhalten werden oder es tritt Umfärbung (z. B. nach Gelb) ein: Oxalat [KOHN (c), (d), ROSSI und TRONCOSO (b), DELABY und GAUTIER], Tartrat [DELABY und GAUTIER, KOHN (e)], Citrat (SPILLER), Pyrophosphat [KOHN (b)], Fluorid (SZEBELLÉDY). Bei Anwendung von 5 ml 0,02 n $FeCl_3$-Lösung, die mit 1 Tropfen 1 n Reagenslösung versetzt war, entfärben 0,3 g Ammoniumfluorid den Niederschlag. Durch Säurezusatz wird die störende Wirkung der Komplexbildner abgeschwächt.

Nach DELABY und GAUTIER ist Berliner Blau in heißer, konzentrierter Salzsäure löslich, es fällt beim Zusatz von Wasser wieder aus. Nach COFFIGNIER bzw. W. SMITH wirkt Salzsäure zusammen mit organischen Substanzen, wie Fettalkohole, Säuren, Ester, auch lösend auf Berliner Blau ein.

Auf die Störung des Nachweises durch andere Ionen, die gefärbte Hexacyanoferrate bilden, wurde schon hingewiesen. WENGER gibt an, daß ernstere Störungen auftreten, wenn Fe(III), UO_2^{++}, Mo und Ti(IV) gleichzeitig vorhanden sind, daß aber im allgemeinen die Berliner-Blau-Reaktion auch in Gegenwart solcher mit Hexacyanoferrat(II) Niederschlag bildender Ionen anwendbar ist. Nach ROLDAN verhindert Hydroxylamin die Fällung von UO_2^{++} durch Hexacyanoferrat(II), wirkt jedoch auch auf Berliner Blau ein. WAGNER hat die Reaktion von Fe(III) neben Cu(II) untersucht. Wie auf S. 50 beschrieben ist, wurde 1 ml einer Mischung, die Fe(III) und Cu(II) enthielt, untersucht. Waren in der Mischung 3 Vol. Cu(II)-lösung auf 1 Vol. Fe(III)-lösung vorhanden (beide Lösungen 1 : 100000), so erhielt man noch eine deutliche blaue Färbung, enthielt die Mischung 1 Vol. Cu(II) 1 : 100000 und 2 Vol. Fe(III) 1 : 500000, so war die Bläuung nicht mehr sicher erkennbar. KOZAKOV schlägt vor, Fe(III), wenn es neben großen Mengen an Cu(II) vorliegt, erst mit Ammoniak zu fällen, den Niederschlag in Salzsäure zu lösen und dann den Nachweis zu führen. GEILMANN, WRIGGE und BILTZ geben an, daß $ReCl_3$-Lösung mit Kaliumhexacyanoferrat(II)-lösung eine intensiv blaue Färbung gibt, die sich mit wenig Säure violettrot färbt. Die Blaufärbung tritt erst allmählich ein, da Rheniumchlorid kein Elektrolyt ist. Es sei hier noch darauf hingewiesen, daß die Berliner-Blau-Reaktion nicht geeignet ist, Fe(III) neben Fe(II) nachzuweisen, da Fe(II) mit Hexacyanoferrat(II) zwar erst einen weißen Niederschlag bildet, der aber bald blau wird, vgl. S. 25. Weitere Angaben über Störungen usw. findet man auf S. 77.

2. Nachweis durch Fällung mit 8-Oxychinolin oder dessen Derivaten.

Auf S. 26 wurde bereits einiges über die Spezifität dieser Reaktion gesagt.

a) Reaktion mit 8-Oxychinolin. Fe(III) gibt mit Oxin einen grünschwarzen bis schwarzen Niederschlag, der auch neben den anderen, meist schwachgelblichen Metalloxinaten erkannt werden kann.

Durchführung und Empfindlichkeit der Reaktion. Nach BERG (a) versetzt man in einem verschließbaren Röhrchen von etwa 20 cm Länge und 1 cm Durchmesser 5 ml Probelösung mit 3 Tropfen Eisessig, 10 Tropfen Reagenslösung (2 g Oxin in möglichst wenig Eisessig lösen, mit Wasser auf 100 ml auffüllen, mit Ammoniak bis zur beginnenden Trübung versetzen und mit verdünnter Essigsäure wieder klären) und dann mit 2 ml 10%iger Natriumacetatlösung. Man schüttelt 5 bis 10 Sek. Bei Anwesenheit von 0,005 mg Fe entsteht eine grünlich dunkle Färbung, die gegen einen Blindversuch gut unterscheidbar ist. Bei geringeren Mengen an Eisen fügt man in beide Gläser je 1 bis 2 ml Amylalkohol hinzu, schüttelt wieder 5 bis 10 Sek. und vergleicht nun die Färbungen der Alkoholschichten. Es können so noch 0,001 mg Fe in 5 ml Probelösung nachgewiesen werden. Die Grenzkonzentration beträgt demnach 1 : 5000000.

Bemerkungen. Nach BERG (a) ist diese Methode auch geeignet, Eisen in Phosphorsäure, Alkaliphosphaten, Tartraten, Oxalaten und Malonaten nachzuweisen. Die Fällung von Fe(III) tritt auch im ammoniakalischen Gebiet in Gegenwart von Tartrat ein, jedoch nicht in Gegenwart von Natronlauge, jedoch ist die Fällung im sauren Gebiet viel charakteristischer, da weniger andere Ionen auch gefällt werden. Nach Angaben von BERG (b) fällt Eisen(III)-oxinat noch aus 25%iger, natriumacetathaltiger Essigsäure beim Sieden aus. Nach Angaben von MOELLER fällt Fe(III)-oxinat bei p_H 2,8. Cu(II) und In(III) werden ebenfalls bei p_H 2,7 bzw. 3,0 gefällt; Bi, Al, Ni, Co bei p_H-Werten zwischen 4,2 und 4,8. FEIGL und HEISIG haben gefunden, daß Eisen(III)-oxinat, wenn erst einmal gefällt, in 3 n HCl einige Zeit stabil ist, sich dann aber langsam löst.

Wie bereits oben erwähnt, kann Eisenoxinat durch organische Lösungsmittel extrahiert werden. SUDO gibt an, daß man Eisenoxinat bei p_H 2,8 bis 12 mit Benzol, Toluol, Xylol oder Amylacetat extrahieren kann. LAVOLLAY löst schon gefälltes Eisenoxinat mit 96%igem Alkohol; mit Chloroform kann Eisenoxinat bei p_H 1,9 bis 3 extrahiert und so von Al, Bi, Co, Ni getrennt werden (MOELLER). FEIGL und SCHAEFFER verwenden die Reaktion mit Oxin, nachdem sie Fe(III) aus dem FeF_6^{---}-Komplex durch Zusatz von Berylliumsalz demaskiert haben (vgl. S. 80).

b) Reaktion mit Derivaten des Oxychinolins. Folgende Derivate des Oxins geben mit Fe(III) Fällungen: *5,7-Dibromoxin* in schwach mineralsaurer Lösung [BERG und KÜSTENMACHER (a), (b)], in mineralsaurem Medium fallen außerdem noch Cu, Ti, Mo, W, V. Nach GUTZEIT und MONNIER fallen in Lösungen, die 20% HNO_3 enthalten, nur Fe(III) und V. Für den Nachweis stellt man das Reagens folgendermaßen her: 1 g Dibromoxin wird in 20 ml 5 n HCl gelöst, dann mit 25 ml Benzol und 100 ml Aceton versetzt. Man erhält mit Fe^{+++} einen grünschwarzen Niederschlag (STREBINGER). Nach den Internationalen Tabellen der Reagenzien arbeitet man bei 100 °C, die Grenzkonzentration beträgt 1 : 500000. BERG (d) stellte ferner fest, daß *8-Oxychinolin-5-carbonsäure, 2-Phenyl-8-oxychinolin-4-carbonsäure, 8-Oxychinolin-5-sulfonsäure, 7-Chlor-(Brom, Jod)-8-oxychinolin-5-sulfonsäure* (vgl. S. 66), *5,7-Dichlor-8-oxychinolin, 5-Chlor-7-jod-8-oxychinolin,* sowie *Naphthochinolin* (in Gegenwart von Rhodanid) (BERG und WURM) Fällungen von unterschiedlicher Schwerlöslichkeit geben, viele andere Ionen fallen auch. GUTZEIT und MONNIER fanden, daß einige *diazotierte Derivate des Oxychinolins* Reaktionen mit Fe(III) geben, die nicht spezifisch sind. Mit *Chinolinchinon-(5,8)-[8-oxychinolyl-5-imid]-5* (nähere Angaben auf S. 26, 37, 74) gibt Fe(III) eine Fällung mit annähernd der gleichen Empfindlichkeit wie Fe(II) (BERG und BECKER). *5-Methyl-8-oxychinolin* ist nach GIETZ und SÁ in saurer Lösung ein gutes Reagens auf Fe(III) und Pd(II). 3 ml Probelösung, die 5%ig an Natriumacetat und 10%ig an Essigsäure ist, werden auf 80 bis 90° erhitzt, mit 1 Tropfen Reagenslösung (Herstellung der Lösung ist auf S. 26 beschrieben) versetzt, und man vergleicht mit einer Blindprobe. Fe(III) gibt einen dunkelgrünen Niederschlag. 2 μg Fe(III) können bei einer Grenzkonzentration von 1 : 1000000 noch erkannt werden. Eine Reihe von anderen Ionen gibt auch schwerlösliche Fällungen, unter ihnen fällt VO_3^- auch schwärzlichgrün. Viele andere Ionen fallen mit geringer Empfindlichkeit, unter ihnen Fe(II). Im alkalischen Medium liegen die Verhältnisse umgekehrt (vgl. S. 26).

3. Reaktion von Fe(III) mit Phenylphosphor- bzw. Phenylarsonsäuren.

a) Mit Phenylphosphorsäuren. ZETZSCHE und NACHMANN haben gefunden, daß einige organisch substituierte Phosphorsäuren in verdünnt mineralsaurer Lösung Fe(III) fällen. Am besten eignet sich *Bis-p-chlorphenylphosphorsäure*. Als Reagens dient eine 0,1 n Lösung des Natriumsalzes, die Probelösung kann 1 bis 2 n an HCl sein und soll 1 bis 2% NH_4Cl enthalten. Es entsteht eine hellgelbe amorphe Fällung, die bei kleinen Mengen an Fe^{+++} erst nach längerem Erhitzen zusammengeballt wird. Beim Waschen mit viel Wasser oder beim Behandeln mit Alkalien, Ammoniak oder Ammoniumcarbonat entsteht $Fe(OH)_3$. Ionen aus der Erdalkali-, Ammoniumsulfid- oder Kupfergruppe fallen auch aus, die Fällungen werden aber durch 0,5 n bzw. etwas höher konzentrierte Säure zersetzt, Sn(IV), Pb, Hg(II) scheinen zu stören. Fe(II) fällt nicht im schwach sauren Medium. KNOTZ berichtet über die Fällung von Fe(III) mit „*Diphenylphosphat*", man erhält aus Lösungen, die 0,5 bis 2%ig an Mineralsäure sind, eine weiße flockige Fällung, 1 μg Fe^{+++}/ml ist noch nachweisbar. Bi, Al, Ti fallen auch, ferner Zr, U(VI), Au(III), Nd, Pr. Die Reaktionen erscheinen nicht besonders charakteristisch.

b) Mit p-n-Butylphenylarsonsäure (0,75%ige Lösung) erhält man aus Lösungen, die höchstens 0,4 n an Mineralsäure sein dürfen, mit Fe(III)-ionen eine weiße flockige Fällung, die nur beim Erwärmen vollständig fällt. Fluorid, Phosphat, Tartrat und Citrat verhindern die Fällung. Zr, Sn, Ti, Th, U, Ce stören (CRAIG und CHANDLEE).

4. Fällung mit Cupferron (bzw. Neocupferron).

Cupferron (Nitrosophenylhydroxylaminammonium) gibt mit Fe(III) in verdünnt mineralsaurer Lösung eine Fällung von rotbraunen Flocken, die in Äther löslich ist [BAUDISCH (b)]. Man fällt mit 6%iger wäßriger Cupferronlösung und stets in der Kälte. Der Niederschlag wird bei Zimmertemperatur durch 2 n HCl bei $^1/_4$stündigem Stehen nicht zersetzt. Nach BAUDISCH (b) gibt Kupfer einen weißgrauen, flockigen Niederschlag, der aber durch 2 n HCl zersetzt wird, in saurer Lösung fallen auch Pb und Ag. Nach CHARLOT (b) bzw. B. FRESENIUS (a) fallen in Lösungen die 1,5 n an HCl sind, Sn(IV), Zr, V^V, Mo(VI), Ga, Ti, Bi, W(VI). Fe(III) fällt, wenn seine Konzentration größer als 2×10^{-4} Grammion/l ist (vgl. S. 84). Nach den Internationalen Tabellen der Reagenzien können 50 μg Fe^{+++} in 5 ml Lösung nachgewiesen werden. Fe^{++} wird nach PINKUS und MARTIN auch gefällt (vgl. S. 27).

Fe(III) (und Cu) werden nach BAUDISCH und HOLMES in saurer Lösung durch *Neocupferron* (α-Nitrosonaphthylhydroxylaminammonium) gefällt.

5. Fällung mit substituierten Dithiocarbamaten.

Substituierte Dithiocarbamate geben mit Fe(III) aber auch mit den meisten anderen Ionen Niederschläge. GLEU und SCHWAB untersuchten *Dithiocarbamate, die aus Dimethylamin, Diäthylamin, Piperidin, Pyrrolidin, Piperazin, Morpholin, Thiazan* hergestellt wurden. Fe(III) fällt zwar als einziges schwarz, jedoch geben auch andere Ionen tiefgefärbte Niederschläge: Ru, Os, Au (braun), Cu (rotbraun),

Mn(III) (violettbraunschwarz), Mo (tiefviolett), die übrigen Ionen fallen weiß, gelb, orange, grün, blau, ockergelb. Fe(III) fällt aus tartrathaltiger Lösung, die Ammoniak und Ammoniumchlorid enthält. Die Fällung kann stark verzögert sein. MALISSA und MILLER haben weitere Untersuchungen mit anderen Dithiocarbamaten durchgeführt (vgl. S. 84).

Die Dithiocarbamatfällungen lassen sich bekanntlich mit organischen Lösungsmitteln ausschütteln. Nach LACOSTE, EARING und WIBERLEY geben Fe(III)-ionen bei p_H 3,7, 7,2 oder 9,5 nach Zusatz des Reagenses (2%ige Natriumdiäthyldithiocarbamatlösung) und Chloroform eine braune Färbung, jedoch geben auch andere Ionen braune oder bräunliche Färbungen.

Mit dem *Dithiocarbamat des Cyclohexyläthylamins* (Vulcacit 774) gibt Fe(III) in verdünnt mineralsaurer Lösung einen braunen Niederschlag. In 3 ml Probelösung können bei einer Konzentration von 2×10^{-5} Grammatom Fe/l die Eisenionen noch nachgewiesen werden. In verdünnteren Lösungen erhält man eine Gelbfärbung. Viele andere Ionen geben auch gefärbte Niederschläge bzw. Färbungen (vgl. S. 27). Die Dithiocarbamate sind keine spezifischen oder besonders geeigneten Reagenzien für den Nachweis von Fe(III).

6. Fällung mit weiteren Reagenzien.

a) Mit Derivaten des Pyrazolons. α) *Mit Antipyrin.* Wäßrige Antipyrinlösung eignet sich nach SENSI und TESTORI besonders zum Nachweis von Fe(III), man erhält eine blutrote Färbung. Setzt man die Antipyrinlösung zu einer Probelösung, die schon Kaliumrhodanid enthält, so erhält man eine rote Fällung von $Fe(SCN)_3(C_{11}H_{12}NO)_3$, die in Aceton löslich ist. Andere Ionen werden auch gefällt: Zn (weiß), Cu (braun), Co (blau) (TOUGARINOFF).

β) *Mit Pyramidon.* Verwendet man als Reagenslösung eine 1%ige wäßrige Lösung von Pyramidon und versetzt mit gesättigter Ammoniumrhodanidlösung, dann erhält man in schwach saurer Lösung eine rote bis violette Fällung, in sehr verdünnten Lösungen Färbung. Fe(III) kann noch in Verdünnungen von 1:10000000 nachgewiesen werden. Cd, Co, Cu, Zn stören die Reaktion, sie ergeben weiße oder auch gefärbte Niederschläge. Weitere Kationen ergeben ebenfalls Niederschläge. Außerdem reagieren einige Ionen der Platingruppe mit Pyramidon; Oxydationsmittel geben mit Pyramidon Färbungen (FUNGAIRIÑO).

γ) *Mit weiteren Pyrazolonderivaten.* Mit *1-Phenyl-3-methyl-5-pyrazolon* gibt Fe(III) zuerst eine rote Färbung, später einen bläulichen Niederschlag (DUBSKY und WINTROVA). Mit *Isonitrosoderivaten des Pyrazolons* gibt Eisen(III) braune Fällungen [HOVORKA und SÝKORA (a), (b), (d)]. Diese Reaktionen sind alle nicht charakteristisch für das Eisen und nicht für den analytischen Nachweis geeignet (vgl. S. 28).

b) Mit Acetylaceton. Eine sehr schwach saure Lösung von Fe(III) gibt mit einer Lösung von Acetylaceton in Ammoniak einen Niederschlag, der in Benzol löslich ist. Andere Ionen werden auch gefällt, die Acetylacetonate von Al, Sc, Yttererden, La, Th, U(VI) sind auch in Benzol löslich (FISCHER und BOCK; vgl. S. 69).

c) Mit Tannin bzw. Tanninsäure (Gerbsäure, Gallussäure). Fe(III) gibt mit *Tannin* einen braunen Niederschlag (SENSI und TESTORI), andere Ionen fallen auch, z. B. Zr, Th, U, Al (SCHOELLER und WEBB).

Nach WAGNER tupft man in ein Porzellanschälchen 1 Tropfen *Gerbsäure*lösung und gibt dazu 1 ml schwach saure Probelösung. Man erhält eine blauschwarze Färbung. 3,3 mg Fe/l sind noch erkennbar. Die Nachweisgrenze beträgt $^1/_{300}$ mg Fe.

Mit 0,3%iger wäßriger *Gallussäure*lösung können 25 μg Fe(III) in 5 ml nachgewiesen werden (Kommission der Herausgeber der Internationalen Tabellen der Reagenzien). Hg gibt eine rote Färbung.

Nach MILLER ist *Tanninsäure* ein brauchbares Reagens für eine Reihe von Ionen. Man setzt eine frisch bereitete 10%ige Lösung von Tanninsäure zu einer warmen, mit HNO_3 oder Essigsäure gerade angesäuerten Probelösung und erhält eine blauschwarze Färbung bzw. einen schwarzen feinverteilten Niederschlag, wenn Fe(III) vorhanden ist; 0,1 mg Fe/100 ml sind noch erkennbar. Viele andere Ionen geben auch gefärbte Niederschläge oder Färbungen, hiervon liefert das Metavanadat auch eine blauschwarze Färbung oder einen schwarzen Niederschlag. Die Reaktion ist also keineswegs spezifisch. HOLNESS läßt die Probelösung, welche 1 n an Säure ist, mit 1 bis 2 g Ammoniumchlorid und 10 ml 1%iger Tanninsäurelösung langsam kochen und versetzt währenddessen tropfenweise mit 1 n Ammoniaklösung, bis die Lösung etwa neutral gegen Methylorange ist. Bis zu diesem Punkt sind bereits gefällt Ta (gelb), Zr (weiß), Sn (weiß), Ge (weiß), Nb (rot), Ti (orange), Bi (gelb), Th (weiß), Sb (weiß), Mo(VI) (rot), Ce(IV) (dunkelbraun). Bei weiterem Zusatz von Ammoniak fallen weitere Ionen aus. Von diesen ist der Niederschlag, den Fe(III) gibt, leicht identifizierbar, er ist purpurfarben, fällt auch in Gegenwart von Oxalat, gilt als empfindlicher Nachweis nach HOLNESS und verfärbt auch andere Niederschläge. Auch V, U(VI), Cu und Ce(III) liefern intensiv gefärbte Niederschläge.

d) Fällung des Fe(III) durch OH-Ionen. Nach CURTMAN und JOHN kann man die Fällung von $Fe(OH)_3$ noch erkennen, wenn 0,25 bzw. 0,13 mg Fe in 5 ml Probelösung vorhanden sind. BORDONI versucht, die Ionen der Ammonsulfidgruppe nebeneinander nachzuweisen, indem gleiche Teile der sauren Lösung mit verschiedenen Indikatoren versetzt werden und dann mit 0,1 n Natronlauge titriert werden. Ergeben sich bei den Titrationen unterschiedliche Verbrauche an Natronlauge, so ist das betreffende Ion vorhanden. Für den Nachweis des Fe(III) versetzt man die erste Probe mit 10 Tropfen 0,2%iger alkoholischer Thymolblaulösung (auf den 1. Umschlag titrieren), die zweite Probe mit einem Tropfen 0,5%iger wäßriger Lösung von Methylorange. Wenn die verbrauchten Mengen an Natronlauge bei beiden Titrationen sich unterscheiden, so ist Fe vorhanden. Nach dieser Methode sollen noch 1,5 mg Fe nachweisbar sein.

Der Nachweis des Eisens durch Fällung des Hydroxyds ist natürlich nicht spezifisch, und die von BORDONI geschilderte Methode erscheint zu umständlich, da andere viel einfachere Reaktionen zu Verfügung stehen.

e) Mit Äthylxanthogenat. Fe(III) gibt mit Äthylxanthogenat in neutraler oder schwach mineralsaurer Lösung einen braunschwarzen Niederschlag, der in konzentrierten Säuren löslich ist. Viele andere Ionen werden mit unterschiedlichen Färbungen auch gefällt (WENGER, BESSO und DUCKERT).

f) Mit Phenanthrenchinonmonoxim oder -dioxim gibt Fe^{+++} eine rote Fällung, in sehr verdünnten Lösungen eine Färbung. In insgesamt 10 ml Lösung, die 1 ml 0,1%ige alkoholische Reagenslösung enthalten, sind mit dem Monoxim 0,54 μg Fe(III)/ml durch Färbung, mit dem Dioxim 25 μg Fe(III)/ml durch Färbung und 52 μg Fe(III)/ml durch Fällung nachweisbar (CIUSA). Andere Ionen geben auch Fällungen, welche z. T. auch rot sind (vgl. S. 27).

g) Mit Resorufin. Mit alkalischen Lösungen von Resorufin geben manche Ionen Niederschläge, diese Niederschläge sehen in der intensiv gelbrot fluorescierenden Lösung im auffallenden Licht dunkel aus und sind so in kleinen Mengen sehr leicht zu erkennen. Nach EICHLER (a) versetzt man die zu prüfende neutrale oder schwach saure Lösung mit einigen Tropfen Reagenslösung (0,2 g Resorufin in 5 ml Ammoniak und 100 ml Wasser). Außer dem Fe(III) geben folgende Ionen einen Niederschlag: Cu, Cd, Al, Cr(III), Ni, Zn, Ba, Sr, Mg, Ag, Pb (vgl. S. 41). Fe(II)-salze und $S_2O_4^{--}$ stören, da sie das Resorufin reduzieren.

h) Mit α-Nitroso-β-naphthol. Nach ILINSKY und VON KNORRE geben neutrale oder schwach essigsaure Fe(III)-salzlösungen mit einer Lösung von α-Nitroso-β-Naphthol in 50%iger Essigsäure einen voluminösen braunschwarzen Niederschlag, der in verdünnten Säuren beim Erwärmen löslich ist und sich nach dem Erkalten wieder abscheidet. Die Fällung des Fe(III) wird durch Oxalat verhindert. Diese Reaktion ist für Fe(III) keineswegs charakteristisch (vgl. S. 34).

i) Mit Dinitrosoresorcin. ORNDORFF und NICHOLS geben an, daß Fe(III) mit einer wäßrigen Lösung von Dinitrosoresorcin einen grünen Niederschlag gibt. Nach NICHOLS und COOPER darf die Lösung höchstens 0,03 bis 0,06 n an Mineralsäure sein, dann können 0,002 bis 0,004 mg Fe/ml nachgewiesen werden. (Die Angaben sind nicht ganz klar, ob Fe(II) oder Fe(III) gemeint ist.) Andere Ionen reagieren auch mit dem Reagens (vgl. S. 25).

k) Mit $[Hg(SCN)_4]^{2-}$ und Zn^{++}. Man erhält einen braunvioletten oder rosavioletten bis rosa Niederschlag, 2 μg Fe(III) sind in 1 ml nachweisbar. Die Reagensherstellung und Störungen sind auf S. 48 beschrieben, die Reaktion wird meistens im Mikromaßstab ausgeführt [KORENMAN (a)].

l) Reaktionen des Fe(III) mit weiteren Reagenzien. Fe(III)-ionen geben mit den im folgenden aufgezählten Reagenzien ebenfalls Fällungen, die aber entweder nicht charakteristisch sind oder sich nicht für den Nachweis eignen: *Dibrom-2-anilino-benzanthron-natrium-sulfonat* (UPDIKE, ASHWORTH und KEYS). *Dioxyweinsäureosazon* gibt mit Fe(III) ein rotbraunes Produkt [DUBSKY (d)]. *Natriumalizarinsulfonat* gibt mit $FeCl_3$ einen schwarzen amorphen Niederschlag (GERMUTH und MITCHELL, vgl. S. 28). Mit *Hämatein* gibt Fe(III) einen roten, mit *Brazilein* einen violetten, mit *Hämatoxylin* (vgl. S. 28, 39, 73) einen blauroten Farblack [DUBSKY (b)]. Fe(III) wird durch *aliphatische* und *cyclische Amine* gefällt, man erhält rotbraune oder braune Niederschläge (E. J. FISCHER, vgl. S. 28). KURAŠ gibt an, daß *5-Mecapto-3-p-tolyl-1,2,4-thiodiazol* und *5-Mercapto-3-phenyl-1,2,4-thiodiazol* mit Fe(III) rotbraune Niederschläge geben. *Phenylglycin* oder *Phenylglycin-o-carbonsäure* geben mit Fe(III) einen rötlichen Niederschlag [DUBSKY (a)]. *Tetraphenylphosphoniumchlorid* fällt viele Ionen, unter ihnen auch Fe(III), Phosphate verhindern die Fällung (WILLARD und PERKINS). MALISSA (d) bzw. MALISSA und WEIGERT haben gefunden, daß *Kalium- oder- Natrium-Penicillin G* mit Fe(III) einen gelben voluminösen Niederschlag geben. Andere Ionen werden auch gefällt. GASPAR y ARNAL (b) gibt an, daß *Molybdate, Nitrophosphormolybdate, Wolframate* und *Phosphorwolframate* mit Fe(III) Niederschläge ergeben. Die von KUSNETZOW (c) empfohlenen Reagenzien, das *Pyridin- oder Triäthanolaminsalz* der *2-Oxynaphthalin-1,2'-azonaphthalin-1'-sulfonsäure* oder der *Stilben-4,4'-bis[1''-azo-2''-oxynaphthalin]-2,2'-disulfonsäure* geben auch mit Fe(III) rötliche Trübungen (vgl. S. 28). Die *Salicylimine* geben mit Fe(III) rote Fällungen, vgl. S. 28, 40 (DUKE).

7. Identifizierung des Fe(III) durch Brechungsindexbestimmung der mit organischen Reagenzien erhaltenen Fällung.

FISCHER und LANGHAMMER stellen Fällungen von Metallsalzen her, welche getrocknet und dann in eine Flüssigkeit eingebettet werden, welche einen höheren Brechungsindex besitzt. Man erhitzt dann in einem Mikroschmelzpunktapparat nach KOFLER. Die Temperatur, bei der die Kristalle und die Flüssigkeit den gleichen Brechungsindex besitzen, dient zur Identifizierung. Als Beleuchtungsquelle verwendet man Natriumlicht. Für den Nachweis des Eisens dient eine 0,1 n Lösung von Dilitursäure in 50%igem Alkohol. Nach Einbetten in Methylenjodid tritt Gleichheit des Brechungsindexes bei 103° C ein. Bei der gleichen Temperatur zeigt auch Barium Gleichheit des Brechungsindexes, der Niederschlag sieht aber pulverförmig aus, während der Eisenniederschlag in Form von kristallinen Blättchen vorliegt. Diese ganz interessante Methode befindet sich erst in den Anfängen.

B. Nachweis durch Farbreaktionen.

Das Fe(III)-ion gibt viele, zum Teil sehr charakteristische Farbreaktionen. Die unter 1. bis 7. beschriebenen Reaktionen eignen sich gut für den Nachweis des Fe(III)-ions.

1. Nachweis mit Rhodanid.

Fe^{+++} gibt mit Rhodanid in saurer Lösung eine blutrote Färbung, diese schon lange bekannte Reaktion ist eine der häufigst gebrauchten für den Nachweis des Eisens. Die Konstitution der roten Verbindung ist nach Woods und Mellon noch umstritten. In wäßriger Lösung, bzw. sehr verdünnten wäßrigen Lösungen, soll als farbgebender Komplex $[Fe(SCN)]^{++}$ oder $[Fe(SCN)_2]^{+}$ vorliegen (Bent und French, Møller, Ovenston und Parker), von anderen Autoren wird das Vorliegen von undissoziiertem $Fe(SCN)_3$ angenommen (v. Halban und Zimpelmann, Rosenheim und Cohn u. a.), bei Gegenwart von überschüssigem Rhodanid nehmen Halban und Zimpelmann außerdem die Bildung von $K_3[Fe(SCN)_6]$ an, nach Walker bildet sich $Fe(SCN)_3 \cdot 9\,KSCN \cdot 4\,H_2O$. Schlesinger und van Valkenburgh weisen nach, daß sich in wäßriger Lösung als farbgebender Komplex $[Fe(SCN)_6]^{3-}$ befindet, durch Äther und Benzol wird $Fe[Fe(SCN)_6]$ extrahiert. Durand und Bailey versuchten nachzuweisen, daß beim Zusammengeben von $FeCl_3$ und KSCN in verschiedenen Mischungsverhältnissen zwei verschiedene Verbindungen entstehen, von denen eine rotorange aussieht und nicht durch Äther extrahierbar ist, während bei Anwesenheit von überschüssigem KSCN eine rotviolette, in Äther aufnehmbare Verbindung entsteht.

Zur *Durchführung des Nachweises* versetzt man die mineralsaure Probelösung mit einigen Tropfen gesättigter Kalium- (oder Ammonium-) Rhodanidlösung in Wasser, man erhält bei Anwesenheit von Fe^{+++} eine blutrote, bei geringen Mengen an Eisen eine schwachgelbrote Färbung, die allmählich an Intensität verliert. Die Färbung wird durch die Anwesenheit von mit Wasser mischbaren organischen Lösungsmitteln (z. B. Aceton) oder mit Wasser nichtmischbaren Lösungsmitteln (z. B. Äther, Amylalkohol, Äthylacetat) günstig beeinflußt. Die Färbung wird von den letztgenannten Lösungsmitteln aufgenommen, wobei sich der Farbton etwas ändern kann, in Äthylacetat z. B. sieht die Verbindung mehr violettrot aus.

Empfindlichkeit. Nach Wenger und Duckert kann man bei Verwendung von 5 ml Probelösung noch 5 μg Fe^{+++} nachweisen, Grenzkonzentration $1:10^6$. Man kann die Reaktion auch so ausführen, daß man ein Uhrglas mit gesättigter KSCN-Lösung betupft und darauf 1 ml der Probelösung gibt, man beobachtet von der Seite. Bei einer Konzentration von 0,62 mg Fe/l ist die Reaktion noch deutlich erkennbar, die Nachweisgrenze beträgt $^1/_{1600}$ mg Fe (Wagner). Nach Karaoglanov können in insgesamt 10 ml Lösung, die 1 ml 1 n Ammoniumrhodanidlösung enthalten, noch 0,42 μg Fe nachgewiesen werden, die Grenzkonzentration beträgt dann 1 : 23880000. Bei Verwendung von Äther zum Ausschütteln beträgt nach v. Kéler und Lunge die Nachweisgrenze 1 μg Fe. Der Nachweis wird noch empfindlicher, wenn man die ätherische Lösung mit einem Streifen Filterpapier aufsaugt [Capillarmethode nach Korinfskii (b), Grenzkonzentration $1:3\times10^7$].

Bemerkungen. Da nach WINSOR die Anwesenheit eines mit Wasser mischbaren, organischen Lösungsmittels die Dissoziation des Eisenkomplexes vermindert und daher farbvertiefend wirkt, wird als Reagens eine Lösung von 10 g NH_4SCN in 250 ml 2-Methoxyäthanol vorgeschlagen. Die Lösung wird im Dunkeln aufbewahrt und erst nach 24 Std. benutzt, da sie anfangs selbst eine rosa Farbe durch die im Ammoniumrhodanid vorhandenen Eisenspuren zeigt, die dann verblaßt ist. Die Reagenslösung darf nicht mit Filterpapier, Kork, Gummi in Berührung gebracht werden. Man mischt 1 Teil der Probelösung mit 4 Teilen des Reagenses, die Gesamtsäurekonzentration kann so eingestellt werden, daß die Lösung 2,5 n an HCl ist. Die Farbstärke ist um 85% höher als in Wasser. Die Durchführung der Probe, wenn alle möglichen Störungen vorhanden sind, wird weiter unten beschrieben.

Über die günstigsten Bedingungen, unter denen man die Reaktion ausführt, und über die Störungen findet man in der Literatur sehr zahlreiche und z. T. widersprechende Angaben.

Die Farbtiefe des Eisenrhodanidkomplexes ist abhängig von der Rhodanidkonzentration (v. HALBAN und ZIMPELMANN, HOULIHAN und FARINA, PETERS und FRENCH, OVENSTON und PARKER, WILLSTÄTTER), es wird deshalb immer ein stärkerer Überschuß an Reagens verwendet bzw. konzentrierte Reagenslösung. Die einmal gebildete Färbung verblaßt mit der Zeit, nach v. HALBAN und ZIMPELMANN sinkt die Extinktion einer solchen Lösung nach 1 Std. um 10% und mehr, starke Belichtung begünstigt diesen Vorgang. HOULIHAN und FARINA machen ähnliche Angaben. In Gegenwart von Kupferionen oder Arsensalzen verblaßt die Farbe rascher als sonst [WEST (b)]. LIBERALLI gibt an, daß bei 60° C oder darüber die Färbung nicht mehr wahrnehmbar ist. Die Stabilisierung der Farbe ist für qualitative Zwecke nicht so wichtig, man kann das Verblassen durch Zusatz von Alkohol, Äther, Peroxydisulfat (v. HALBAN und ZIMPELMANN) oder nach HOULIHAN und FARINA durch Zusatz von H_2O_2 (3 Tropfen etwa 30%iges H_2O_2 auf 100 ml Lösung) zurückdrängen. Die Angaben über die zum Ansäuern zu verwendende Säure und ihre günstigste Konzentration sind in der Literatur recht unterschiedlich. Auf jeden Fall muß die Probelösung sauer reagieren, ihr p_H darf nicht über 2 bis 3 liegen [CHARLOT (b)], andererseits darf die Säuremenge nicht zu groß sein, da sonst eine farbschwächende Wirkung auftritt [VANOSSI (a), LIBERALLI]. Nach PETERS und FRENCH ist es am günstigsten, wenn die Gesamtlösung 0,01 n an Säure ist, nach VAN URK (b) versetzt man 5 ml Probelösung mit 0,1 ml 4 n HCl, verwendet in Gegenwart anderer Salze aber mehr Säure, nach LACHS und FRIEDENTHAL ist die Farbintensität am größten, wenn der Säuregehalt der Gesamtlösung 2 n an HCl ist, nach VANOSSI (a) darf die Lösung 0,5 m an HCl oder HNO_3 und 1 m an H_2SO_4 oder $HClO_4$ sein. Die Art der zum Ansäuern benutzten Säure spielt beim qualitativen Nachweis wohl eine geringere Rolle. Im allgemeinen verwendet man HCl, dies darf jedoch nicht geschehen, wenn Nitrate anwesend sind, da die entstehenden nitrosen Produkte stören [VANOSSI (a)]. Von manchen Autoren wird HNO_3 bevorzugt, da sie von vornherein Fe(II) zu Fe(III) oxydiert (WALKER), konzentrierte HNO_3 enthält aber immer nitrose Produkte, die mit Rhodanid eine rote Färbung geben, sie darf daher nicht verwendet werden [CHARLOT (b), WALKER, LOHRER), nach VANOSSI (a) darf HNO_3 nicht in Gegenwart von Chloriden zugesetzt werden, im Zweifelsfall ist daher $HClO_4$ am besten geeignet. Die Farbtiefe des Komplexes wird, wie schon erwähnt, durch organische Lösungsmittel günstig beeinflußt. Von mit Wasser mischbaren Lösungsmitteln wird verwendet: 2-Methoxyäthanol (WINSOR, vgl. oben), wenn die Lösung 60% an Aceton enthält, wird nach WOODS und MELLON die Empfindlichkeit um 100% heraufgesetzt. An mit Wasser nichtmischbaren Lösungsmitteln wird am häufigsten Äther, manchmal auch Amylalkohol benutzt. Als besonders günstig werden Äthylacetat [VANOSSI (a)] oder Benzylalkohol [CHARLOT (b)] empfohlen, in beiden Lösungsmitteln sieht der Eisenkomplex mehr violettrot aus. Durch Ausschütteln wird die Reaktion auch in trüben oder dunkelgefärbten Medien möglich, ferner wird das Verblassen der Farbe mehr zurückgedrängt. Auch nach dem Waschen der Äthylacetatschicht mit Wasser bleibt der Eisenkomplex weitgehend in der organischen Phase [VANOSSI (a)]. Die Extraktion der roten Färbung mit Äther ist nur möglich, wenn das Verhältnis SCN/Fe hoch ist (PETERS und FRENCH).

Störungen. Die Rhodanidreaktion wird durch die Anwesenheit der verschiedenartigsten Stoffe beeinflußt oder gestört. Große Mengen an Chloriden und Sulfaten vermindern die Empfindlichkeit der Reaktion [CHARLOT (b)]. Die Alkali- und Erdalkalisalze der starken Säuren üben einen nur geringen, farbvermindernden Einfluß auf die Reaktion aus, der wahrscheinlich nur in konzentrierterer Lösung bemerkbar wird [BÜHRIG, v. HEDENSTRÖM und KUNAU, VAN URK (b)], in Gegenwart von Säure wird die Wirkung herabgesetzt, nähere Angaben machen WERNER, LIBERALLI, PETERS und FRENCH, VAN URK (b). Von den übrigen Anionen stören bzw. beeinflussen stärker diejenigen, die mit Fe(III) selbst Komplexe bilden. v. HEDENSTRÖM und KUNAU haben die Wirkung von Essigsäure, Milch-, Citronen-, Wein-, Oxal-, Orthobor-, Orthoarsen-, Orthophosphor- und Flußsäure und ihrer Alkalisalze studiert. Die Alkalisalze wirken alle stärker störend als die freien Säuren, deshalb sind auch alle Störungen in salzsaurer Lösung weniger stark bemerkbar. Die Störung nimmt in der gegebenen Reihenfolge bei den organischen Säuren von der Essigsäure (wenig) bis zur Oxalsäure (stärker), bei den anorganischen Säuren von der Borsäure (fast keine Störung) bis zur Flußsäure (stärker) zu. Auch andere Autoren bestätigen, daß Oxalat, Fluorid und Phosphate stark stören [BARLOT, WALKER, VAN URK (b)]. Bei den Phosphaten nimmt die Störung zu in der Richtung von den Orthophosphaten über die Pyro- zu den Metaphosphaten, die letzteren beiden wirken wesentlich stärker (LEEPER, DUPRÉ, PETERS und FRENCH). Eine etwas unterschiedliche Wirkung bei den primären, sekundären und tertiären Phosphaten wurde von LIBERALLI sowie PETERS und FRENCH festgestellt. In Gegenwart von Aceton wird die störende Wirkung von Phosphat verringert (LEEPER). Weiter oben wurde schon erwähnt, daß nitrose Produkte mit Rhodanid eine Rotfärbung geben. Von den Kationen stören nach WENGER und DUCKERT folgende: Hg(I), Cu, Bi, As(V), Sb, Au, Rh, Pd, Ir, Pt, Mo, W, Nb, Ta, Co. Nach CHARLOT (b) gibt Ti(IV) eine orange Färbung, es stört, wenn es in großen Mengen vorhanden ist, Cu(II) gibt eine braune Verbindung, um sie zu entfärben, setzt man einige Tropfen Bisulfitlösung hinzu, dann verschwindet allerdings die Eisenfärbung auch langsam durch Reduktion, jedoch ist die Färbung so stark, daß Fe meistens neben Cu nachgewiesen werden kann, vor allem, wenn man nach Zusatz des Bisulfits gleich mit Benzylalkohol ausschüttelt. VO^{++} gibt einen blauen Komplex, der in Benzylalkohol unlöslich ist, große Mengen an Ni geben eine blaßgrüne Färbung, die folgenden Ionen auch Färbungen: Bi goldgelb, U(VI) gelb, Co blau, Mo(IV) orangerot (in größerer Konzentration dunkelrot), Re(VII) orangerot, außerdem geben die Edelmetalle Färbungen. Diese Komplexe sind fast alle in Alkoholen löslich, einige auch in Äther. Nach VANOSSI (a) gibt Cr(III) in der Äthylacetatschicht eine schwachblaue Färbung, Mo(VI) eine orange Färbung, Tl(III) eine orange Färbung und Fällung, $ReCl_3$ wird nach GEILMANN, WRIGGE und BILTZ durch NH_4SCN gelbrot gefärbt, die Verbindung ist in Äther mit braunroter Farbe löslich. Ferner stören Hg(II) und Ag, da sie selbst Rhodanid verbrauchen (v. HEDENSTRÖM und KUNAU). Die Bewertung dieser Störungen ist bei den einzelnen Autoren recht unterschiedlich. Um Störungen durch Hg und Ag auszuschalten, wird meist im Filtrat der H_2S-Gruppe auf Fe geprüft, nach WENGER und DUCKERT reagieren Hg(II) und Ag zwar, stören aber nicht (falls ein Überschuß an Reagens da ist). Von vielen Autoren wird Cu als sehr störend betrachtet, CHARLOT (b) gibt jedoch eine Umgehung der Störung an. Die dunkelrote, Eisen vortäuschende Farbe des Mo(IV)-komplexes tritt in Gegenwart eines Reduktionsmittels auf, wo die Bildung von Eisenrhodanid sowieso unmöglich ist. Nach FISCHER, DIETZ, BRÜNGER und GRIENEISEN bzw. LOHRER tritt eine Störung der Rhodanidreaktion, wenn man sie im Filtrat der H_2S-Gruppe durchführt, eigentlich nur ein, wenn wenig Eisen neben sehr viel Co vorliegt (eine Umgehung dieser Störung wird weiter unten beschrieben). Arbeitet man in Gegenwart von Äthylacetat, so lassen sich die störenden Färbungen, die andere Ionen hervorrufen, durch mehrmaliges Waschen der organischen Schicht mit Wasser beseitigen, besonders die blaue Farbe des Cobaltkomplexes läßt sich so leicht entfernen [VANOSSI (a), s. a. weiter unten]. Nach CHARLOT (b) vermindern die Ionen, die nur schwach gefärbte Komplexe geben, die Empfindlichkeit des Eisennachweises nur, wenn sie in großer Menge vorhanden sind.

Weitere Arbeitsvorschriften. Einige Vorschriften für den Nachweis des Fe(III) mit Rhodanid, die so gehalten sind, daß Störungen vermieden werden sollen, werden anschließend noch gegeben.

Falls die Rhodanidreaktion im Filtrat der H_2S-Gruppe nicht eindeutig war, sorgt man nach FISCHER, DIETZ, BRÜNGER und GRIENEISEN bzw. LOHRER dafür, daß das Volumen der Lösung nach Oxydation mit HNO_3 etwa 5 ml beträgt. Man gibt konz. HCl zu, bis die Lösung 20%ig an HCl ist, kühlt, schüttelt mit 1 bis 2 ml peroxydfreiem Äther, der vorher mit halbkonzentrierter HCl gesättigt wurde, und trennt die ätherische Schicht ab. Man läßt die ätherische Lösung etwas eindunsten und prüft durch Zusatz von festem Alkalirhodanid. Es können so noch einige μg Fe erkannt werden, in einer Vollanalyse noch 0,05 mg Fe. Mo und große Mengen an V können auch bei dieser Ausführungsform stören, sie müssen abgetrennt werden, z. B. mit NaOH.

VANOSSI (a) gibt eine sehr ausführliche Vorschrift für den Nachweis von Fe mit Rhodanid mit eingehender Begründung der einzelnen Maßnahmen. Aus ihr sei das Wichtigste kurz wiedergegeben. Organische Substanzen, die komplexbildend wirken können, und komplexe Eisencyanide werden vorher mit H_2SO_4—HNO_3 oder $HClO_4$—HNO_3 zerstört. Störende Schwermetallionen werden mit H_2S in saurer Lösung gefällt, dadurch tritt auch Reduktion von Oxydationsmitteln (CrO_4^{--}, JO_4^-, JO_3^- usw.) ein. Falls keine durch H_2S fällbaren Ionen da sind, reduziert man tropfenweise mit Sulfitlösung in saurem Medium, anschließend gibt man tropfenweise gesättigte $NaNO_2$-Lösung zu, hält sauer und kocht auf (verkochen von Jod, nitrosen Gasen), dann entfernt man das Reduktionsmittel mit gesättigter wäßriger Bromlösung, eventuell auftretender Schwefel muß zu Sulfat oxydiert werden, ein Überschuß an Brom ist verkochbar, gegebenenfalls engt man die Lösung ein. In einem kleinen Reagensglas (bei Anwesenheit von F^- Platin- oder durchsichtiges Quarzgefäß) versetzt man 0,3 bis 1 ml saure Probelösung, die einen kleinen Überschuß an Brom enthalten kann, mit $^1/_3$ bis $^1/_2$ ihres Volumens Äthylacetat und 1 bis 3 Tropfen 8 m (= 60%iger) NH_4SCN-Lösung. Eine Rotfärbung der organischen Schicht, die auf Fe schließen läßt, muß durch 10 m Fluoridlösung entfärbt werden. Falls die Färbung der Äthylacetatschicht nicht eindeutig ist, wird sie mit Hilfe einer Pipette abgezogen, tropfenweise mit Wasser versetzt und geschüttelt, gegebenenfalls unter Zusatz von 1 bis 2 Tropfen 2 m NH_4SCN-Lösung. Man setzt 1 bis 2 Volumen Wasser, bezogen auf das Volumen der organischen Schicht, zu, Co, Ti, Mo sind leicht auswaschbar, UO_2^{++} etwas weniger leicht, Tl(III) wird am schwersten entfernt, für VO^{++} braucht man etwas mehr Wasser. Fluorid entfärbt außer der Färbung durch Fe auch die von Ti, UO_2^{++} und Mo. Falls in der Äthylacetatschicht keine Rotfärbung auftrat, kann Fe durch Fluorid oder Phosphat gebunden in der wäßrigen Schicht vorliegen. Man zerstört dann den Komplex, indem man in Gegenwart von Säure, NH_4SCN und Äthylacetat mit 1 bis 1,5 Volumen (bezogen auf die Lösung) 25%iger Lösung von $AlCl_3 \cdot 6H_2O$ oder 33%iger Lösung von $ZrOCl_2 \cdot 8H_2O$ schüttelt. Falls Fe vorhanden ist, erscheint die Färbung nach etwa 1 Min., man behandelt die organische Schicht wie oben beschrieben weiter. Die Al-Salz- bzw. $ZrOCl_2$-Lösung müssen vor Gebrauch durch Schütteln mit Säure, Äthylacetat und NH_4SCN von Fe befreit werden. $\sim 0{,}02\ \mu g$ Fe/ml können so nachgewiesen werden, Grenzkonzentration $1 : 5 \times 10^7$. In Gegenwart von 0,001 Mol Fremdion/ml findet man noch 0,1 μg Fe/ml. Das molare Verhältnis der Ionen beträgt dann $1 : 6 \times 10^5$ (vgl. ferner S. 77). Im Anschluß an den Nachweis des Eisens nach VANOSSI kann die Bestätigung noch durch die Umwandlung des Eisenrhodanids in den Komplex mit α-Nitroso-β-naphthol (S. 34, 35) erbracht werden.

VANOSSI (b) gibt auch eine etwas geänderte Vorschrift, nach der Eisen ohne vorherige Abtrennung anderer Ionen mit H_2S mit Rhodanid nachgewiesen wird. Die Probelösung wird wie oben beschrieben vorbereitet, auch sonst arbeitet man ähnlich, nur wird Äther an Stelle von Äthylacetat verwendet, weil hierin einige Rhodanidkomplexe weniger gut löslich sind, so daß einige Störungen eher vermieden werden, jedoch können größere Mengen an Mo oder Au stören, da sie eine ähnliche Färbung wie Fe hervorrufen. Man reduziert dann, indem man zu der gewaschenen Ätherschicht einige Tropfen Säure und einige Tropfen 2 m $Na_2S_2O_3$-Lösung sowie etwas Rhodanid gibt. Mo bleibt in der organischen Schicht, während Fe in die wäßrige Schicht geht, diese wird mehrmals mit Rhodanid und Äthylacetat ausgeschüttelt, und schließlich wird in der wäßrigen Phase Fe mit α-Nitroso-β-naphthol nachgewiesen (S. 35).

Falls die Konzentration des nachzuweisenden Eisens unter der Grenzkonzentration liegt, kann es durch Mitfällung mit anderen Ionen angereichert werden. VANOSSI (a), (c), (e) setzt zu 100 ml Probelösung etwas Al-Salzlösung und fällt mit Ammoniak und Ammoniumchlorid, oder $CdSO_4$ bzw. $MnSO_4$ und fällt mit Ammoniumsulfid bzw. Natriumsulfid. Es wird zentrifugiert, der Rückstand mit sehr wenig konz. Säure gelöst und, wie auf S. 60 beschrieben, weiterbehandelt. GOLOWATY und SSOLOGUB verwenden auch Mg-Salzlösung und fällen mit Natronlauge zum Sammeln von Eisenspuren.

Die Eisenrhodanidreaktion wird sehr oft als Tüpfelreaktion ausgeführt, weitere Angaben findet man auf S. 76.

2. Nachweis mit Salicylsäure.

Salicylsäure gibt mit wäßriger oder mit Essigsäure angesäuerter Fe(III)-salzlösung eine violette Färbung. Die Zusammensetzung dieser Verbindung ist nach ROSSI und TRONCOSO (b) $Fe[Fe(OC_6H_4COO)_2]_3$. WEINLAND und HERZ weisen darauf hin, daß es komplexe Salicylatoeisen(III)-säuren und -basen gibt, daß bei der Salicylsäure-Eisen-Reaktion wahrscheinlich ein Salz von Salicylatoeisen(III)-base mit Salicylatoeisen(III)-säuren entsteht.

Durchführung und Empfindlichkeit der Reaktion. Einige ml der neutralen oder verdünnt essigsauren Probelösung werden mit der Reagenslösung, einer gesättigten Lösung von Salicylsäure in Wasser (SENSI und TESTORI) bzw. einer Lösung, die 2 g Salicylsäure/l enthält (BRADLEY), versetzt. Man erhält eine violette Färbung, die durch Mineralsäuren zerstört wird.

Die **Empfindlichkeit** der Reaktion wurde von der Kommission der Herausgeber der Internationalen Tabellen der Reagenzien neu bestimmt, man kann danach noch 50 μg Fe(III) in 5 ml nachweisen, die Grenzkonzentration beträgt also 1 : 100000, die Reaktion wird von der Kommission empfohlen.

Bemerkungen. BÖTTGER sowie SENSI und TESTORI geben an, daß bei Verwendung von Kalium- oder Natriumsalicylat als Reagens eine viel empfindlichere

Reaktion einsetzt, AGNEW bezeichnet diese Färbung, die man im essigsauren Medium erhält, mit purpur, diese Färbung ist auch p_H-abhängig, nach MEHLIG darf der p_H-Wert nicht unter 2 liegen, als günstig wird z. B. ein p_H von 2,7 angesehen. Als Reagens dient bei MEHLIG oder AGNEW eine 10%ige Natriumsalicylatlösung in Wasser, das Reagens ist also viel konzentrierter als bei Verwendung von Salicylsäure. MEHLIG gibt an, daß die Farbe bei Verwendung von Natriumsalicylat abhängig von der Reagensmenge ist, bei einem Reagensüberschuß geht die Färbung nach Braun. Ähnliche Färbungen, die rot, purpur, braun sein können, treten auf, wenn man eine violettgefärbte Lösung, welche Fe^{+++} und Salicylsäure enthält, alkalisch macht und dann wieder mit Essigsäure oder vorsichtig mit Mineralsäure ansäuert. Die roten Färbungen werden auch durch überschüssige Mineralsäure zerstört. Mit 10%iger Natriumsalicylatlösung kann man nach AGNEW noch $^1/_{50}$ mg Fe in 50 ml nachweisen.

Als **Störung** für die Salicylsäurereaktion wird meistens nur Cu^{++} angeführt (Eigenfarbe). MEHLIG hat bei der quantitativen colorimetrischen Bestimmung des Fe(III) mit Natriumsalicylat festgestellt, daß komplexbildende Ionen, wie Tartrat, Oxalat, Citrat, Phosphat, Pyrophosphat, Arsenat, Cyanid, Wolframat, Fluorid und verschiedene Kationen, wegen ihrer Eigenfarbe stören, wieweit diese Ionen aber bei qualitativen Analysen stören, ist nicht bekannt. Wegen der verschiedenen Faktoren, die die Reaktion bei Verwendung von Alkalisalicylat beeinflussen, erscheint es besser, freie Salicylsäure als Reagens zu verwenden.

3. Nachweis mit 1,2,5-Sulfosalicylsäure.

Sulfosalicylsäure gibt mit Fe(III) in saurer Lösung eine rote Färbung, die im Ton der Färbung des Eisenrhodanidkomplexes ähnelt. Beim Zusatz von Ammoniak schlägt die Farbe in intensiv Gelb um. Bei p_H-Werten unter 2,7 ist die Farbe rot, zwischen 2,7 und 7,5 treten Übergänge von rosarot bis rötlichgelb ein, bei p_H 7,9 und höher tritt dann die gelbe Farbe auf (LAPIN und KILL). In Lösungen, deren p_H bis maximal 2,4 beträgt, liegt ein Komplex vor, in dem auf ein Fe(III) eine Sulfosalicylsäure entfällt (FOLEY und ANDERSON).

Zur Ausführung des Nachweises versetzt man die schwach saure Probe mit einer 5%igen Lösung von Sulfosalicylsäure in Wasser, es tritt eine violettrote Färbung ein.

Empfindlichkeit. Man kann noch 1 μg Fe in 1 ml nachweisen, die Grenzkonzentration beträgt 1 : 10^6 (WENGER und DUCKERT). Die Gelbfärbung, die im alkalischen Gebiet auftritt, soll zwar etwas empfindlicher sein (LAPIN und KILL), die Reaktion wird aber doch besser im sauren Gebiet durchgeführt, da hierbei weniger leicht **Störungen** auftreten, z. B. fallen bei Anwesenheit von Mn(II) im alkalischen Gebiet braune Flocken aus. Im sauren Gebiet wirkt nur Ti störend (WENGER und DUCKERT), in sehr stark saurem Milieu bleicht die rote Farbe etwas aus. Über die Reaktion von Fe(II) mit Sulfosalicylsäure findet man unterschiedliche Angaben in der Literatur, die meisten Autoren geben an, daß Fe(II) in saurer Lösung nicht reagiert, in alkalischem Medium aber die gleiche intensiv gelbe Farbe wie Fe(III) gibt (vgl. S. 38), ALTEN, WEILAND und HILLE stellten jedoch fest, daß Fe(II) in saurer Lösung eine sehr viel schwächere Rotfärbung gibt. Wieweit Fluorid, Phosphat und organische Oxysäuren stören, geht aus der Literatur nicht klar hervor, nach den Internationalen Tabellen der Reagenzien, II. Ausgabe, maskieren sie Fe(III) und stören daher (im schwach sauren Medium), nach LAPIN und KILL behindern sie die gelbe Färbung nicht, nach Angaben anderer Autoren schwächen sie die Färbungen, die störende Wirkung kann also nicht besonders stark sein. Die Reaktion wird von den Internationalen Tabellen empfohlen. Weitere Angaben vgl. S. 79.

4. Nachweis mit Thioglykolsäure.

Versetzt man eine Fe(III)-salzlösung, die maximal 1 bis 2 n an Säure sein darf, mit Thioglykolsäure, so bildet sich eine labile kornblumenblaue Färbung, die bald wieder verschwindet. Macht man rasch mit Ammoniak alkalisch, oder benutzt man als Reagens ein Salz der Thioglykolsäure und etwas Ammoniak, so erhält man eine rote bis purpurrote Färbung, die auch nach einigem Stehen verblaßt, jedoch durch Schütteln mit Luft wieder regeneriert wird. Bei sehr langem Schütteln mit Luft fällt schließlich $Fe(OH)_3$ aus (ANDREASCH). Die chemischen Reaktionen, die sich hierbei abspielen, werden in der Literatur so verschiedenartig und zum Teil widersprechend gedeutet, daß an dieser Stelle nicht darauf eingegangen werden kann (offensichtlich stellt die Kombination Fe(III)/Thioglykolsäure ein kompliziertes Redoxsystem dar). Man ist heute weitgehend der Meinung, daß Fe(III) den roten Farbkomplex bildet [DUBSKÝ (e), (f), DUBSKÝ und ŠINDELÁŘ, CANNAN und RICHARDSON, MAYR und GEBAUER], während LYONS die rote Farbe dem durch Reduktion entstehenden Fe(II)-komplex zuschreibt.

Ausführung der Reaktion. Zur Durchführung der Probe versetzt man nach LYONS bzw. HERSTEIN 5 ml der neutralen oder schwach sauren Probelösung mit 1 Tropfen reiner Thioglykolsäure und etwa 0,5 ml konzentrierter Ammoniaklösung. Wenn in 5 Min. eine Färbung auftritt, liegt Fe in einer Konzentration von mehr als 1 : 10000000 vor; wenn es in einer Konzentration von 1 : 4000000 oder größer vorliegt, erscheint die Färbung plötzlich. Die **Erfassungsgrenze** beträgt nach HERSTEIN 0,002 mg. Nach ANDREASCH können 0,005 mg Fe/ml, nach DUBSKÝ und ŠINDELÁŘ 0,13 μg Fe bei einer **Grenzkonzentration** von 1 : 300000 nachgewiesen werden. Als Reagens können auch wäßrige Lösungen von Thioglykolsäure, die mit Ammoniak neutralisiert wurden, dienen.

Störungen. Säure und ein Überschuß an Alkalilauge stören die Reaktion, ein Überschuß an Ammoniak wirkt nicht störend [LYONS, SWANK und MELLON (b)]. Die meisten Anionen, auch komplexbildende und Rhodanid, stören die Reaktion nicht, nur Cyanid wirkt entfärbend und stört stark. Die Reaktion kann also in Gegenwart von F^-, PO_4^{---} usw. durchgeführt werden. SWANK und MELLON (b) haben die Einwirkung anderer Ionen bei quantitativen colorimetrischen Bestimmungen untersucht, man kann aus ihrer Zusammenstellung entnehmen, daß Co und Ni stärker stören, da sie ähnliche Färbungen wie Fe geben, ferner geben Färbungen mit gelber Tönung Pb, Mn, Bi, UO_2, Au. LYONS gibt an, daß kleine Mengen von Hg, Cu, Cd, Zn, Sn, Mn, Ag, Bi nicht stören. Die von BERG und REIMERS vorgeschlagene Methode zum Nachweis kleiner Mengen Eisen neben Zink ist nicht ganz verständlich und wurde deshalb hier nicht berücksichtigt.

5. Nachweis mit Isonitrosothioglykolsäure (Ba-Salz).

Das Bariumsalz der Isonitrosothioglykolsäure gibt mit Fe(III) eine dunkelviolette Färbung, setzt man 1 Tropfen HCl zu, schlägt die Farbe nach blau um, sie verblaßt beim Stehen, beim Kochen wird sie sofort zerstört (MALY und ANDREASCH). DUBSKÝ (c), (e), (f), (g) hat sich um die Aufklärung der Konstitution der entstehenden Verbindungen bemüht.

Das Bariumsalz der Isonitrosothioglykolsäure stellt man nach MALY und ANDREASCH aus 5 g Nitrososulfhydantoin her, die man mit 30 g krist. $Ba(OH)_2$ verreibt, mit 200 ml Wasser versetzt und 10 bis 15 Min. kocht, eine Probe darf mit Essigsäure nicht mehr rotbraun werden. Dann läßt man erkalten und filtriert das Ba-Salz ab, das durch Lösen in verdünnter eiskalter HCl und Eingießen in überschüssiges $Ba(OH)_2$ gereinigt wird. Das Salz ist in kaltem Wasser schwerlöslich, eine verdünnte Lösung dient nach MALY und ANDREASCH zum Nachweis des Fe(III).

Empfindlichkeit, Ausführung und Störungen der Reaktion. Mit Hilfe der violetten Färbung kann man noch 3 μg Fe bei einer Grenzkonzentration von 1 : 7333000 nachweisen [DUBSKÝ (c), (e)]. Starke Mineralsäuren und $SnCl_2$ zerstören die Färbung, NH_3 fällt $Fe(OH)_3$ (MALY und ANDREASCH). Pb und Ag werden durch das Ba-Salz gefällt.

Nach WENGER und DUCKERT wird die Reaktion so ausgeführt, daß man die (schwach) saure Probelösung mit einer 10%igen Lösung des Ba-Salzes in 1 n HCl versetzt (die Reagenslösung ist nicht lange haltbar), man erhält dann eine blauschwarze Färbung. 5 μg Fe können noch in 5 ml Lösung nachgewiesen werden, Grenzkonzentration $1:10^6$. Störend wirken Hg(I), Cu, As, Sb, Pd, Se, V^V, Tl(III), vgl. auch S. 81.

6. Nachweis mit Phenolen und Phenolderivaten.

a) Brauchbare Nachweisreaktionen. α) *Mit Dinatrium-1,2-dioxybenzol-3,5-disulfonat.* Das Reagens gibt mit Fe(III) in Lösungen, deren p_H unter 5 liegt, eine tiefblaue Färbung, macht man alkalisch, so tritt bei p_H 5,7 bis 6,5 ein scharfer Umschlag nach violett ein, in Lösungen mit p_H-Werten über 7 ist die Farbe rot (YOE und JONES). Angaben über die Konstitution der entstehenden Verbindungen machen SCHWARZENBACH und WILLI.

Als Reagenslösung benutzt man eine Lösung, die 0,113 g des Natriumsalzes in 100 ml Wasser enthält. Zur Einstellung des gewünschten p_H-Wertes benutzt man eine Pufferlösung, die 136 g $NaCH_3COO \cdot 3H_2O$ und 66,6 ml 12 n HCl in 2 l enthält ($p_H = 4{,}0$), oder 71,6 g $Na_2HPO_4 \cdot 12H_2O$ und 4 ml 1 n NaOH in 1 l ($p_H = 9{,}5$). Es kann für das alkalische Gebiet auch ein Natriumcarbonat/Bicarbonatpuffer benutzt werden.

Ausführung und Störungen der Reaktion. Man mischt für den Nachweis gleiche Teile Probelösung, Reagens und Puffer. Die Reaktion wird meistens als Tüpfelreaktion ausgeführt (vgl. S. 79, dort findet man auch Angaben über die Empfindlichkeit). Außer Fe(III) geben folgende Ionen noch Färbungen: Mo(VI) (gelb), Os(VIII) (gelb), Cu(II) (grünlichgelb in alkalischer Lösung), UO_2^{++} (gelb), VO^{++} (purpur), Ti(IV) (intensiv gelb), Ag^+ und Au^{+++} werden zum Metall reduziert, die Reaktion mit Ti(IV) ist am intensivsten. Die übrigen Ionen stören nicht. Im alkalischen Gebiet tritt die rote Färbung auch in Gegenwart von Fluorid, Tartrat, Oxalat, Citrat und Phosphat ein. Die Reaktion wird von den Internationalen Tabellen der Reagenzien, III. und IV. Ausgabe, empfohlen.

β) *Mit 4-Oxydiphenyl-3-carbonsäure.* Das Reagens gibt mit Fe(III) in saurer Lösung eine blaue Fällung und violette Färbung. Enthält die Lösung 40% Alkohol, so ist der Eisenkomplex löslich. Diese Reaktion ist nach YOE und HARVEY sehr empfindlich und praktisch spezifisch.

Als Reagens benutzt man eine 1%ige Lösung in 95%igem Alkohol, die Probelösung soll schwach sauer, ihr p_H etwa 3 sein. In großen NESSLER-Zylindern kann man noch 1 Teil Fe in 40000000 Teilen Lösung finden. Man sorgt zweckmäßigerweise dafür, daß die Lösung mindestens 40% Alkohol enthält. In saurer Lösung gibt außerdem nur UO_2^{++} eine orange Farbe. Komplexbildende Anionen, wie Phosphat, Fluorid, Oxalat, Phthalat, Tartrat, mindern oder verhindern die Reaktion.

γ) *Mit Pyrogallol.* Die Reaktion von Fe(III) mit Pyrogallol ist schon lange bekannt (JACQUEMIN). $FeCl_3$-Lösung gibt mit Pyrogallol eine rotbraune Färbung, die durch Einwirkung von Laugen in blau umschlägt. Nach SENSI und TESTORI erhält man aus verdünnten Lösungen von Fe(III) mit Pyrogallol eine rotviolette Färbung, bei konzentrierteren Fe(III)-lösungen geht die blaue Anfangsfärbung in rotviolett, dann rotbraun über.

Nach Agostini (a) bzw. Scheiber führt man den Nachweis von Fe(III) mit Pyrogallol so, daß man Fe aus der Probelösung, die noch andere Ionen enthält, mit NaOH fällt, das gebildete $Fe(OH)_3$ filtriert, wäscht, in HCl löst, mit etwas HNO_3 kocht und die Lösung dann mit einer wäßrigen Pyrogallollösung prüft. Eine intensiv rote Färbung zeigt Fe(III) an. (Nähere Angaben fehlen.)

δ) *Mit Dioxyacetophenon* gibt Fe(III) eine weinrote Färbung (Nencki und Sieber).

Durchführung. Nach Cooper führt man den Nachweis folgendermaßen aus: 1 ml der zu prüfenden, schwach sauren Lösung wird auf einem Uhrglas mit 2 Tropfen Reagenslösung versetzt (10 g Dioxyacetophenon in 100 ml 95%igem Äthanol). Wenn sehr wenig Fe vorliegt, vergleicht man mit 1 ml der Lösung, der man an Stelle des Reagenses 2 Tropfen Alkohol zugesetzt hat.

Empfindlichkeit und Bemerkungen. 0,002 mg Fe/ml können bei reinen Eisensalzlösungen noch nachgewiesen werden, die Grenzkonzentration beträgt 1 : 500000. Von den üblichen Ionen geben nur Hg(I), Hg(II), Al und Mn(II) hellgelbe bzw. weiße Niederschläge. Die rote Farbe des Eisenkomplexes tritt aber vor der Fällung dieser Ionen auf. Cr, Co, Ni und Cu stören durch ihre Eigenfarbe. Fe(III) kann aber noch neben 300mal soviel Cu (0,3), 1800mal Co (0,06), 400mal Ni (0,2), 25000mal Mn (0,004), 30500mal Hg(I) (0,003), 11440mal Hg(II) (0,01), 32500mal Al (0,003), 225mal Cr(III) (0,5) nachgewiesen werden. Die geklammerten Zahlen geben die Menge Fe(III) in mg/ml, die dann noch gerade nachgewiesen werden kann. Die Probelösungen dürfen bis zu 0,06 n an HCl oder HNO_3, 0,03 n an H_2SO_4 sein. Oxalat, Tartrat, Citrat, Phosphat stören, Zucker und Glycerin haben keinen störenden Einfluß. Cooper hält diesen Nachweis für ebenso günstig wie den mit Rhodanid oder Hexacyanoferrat(II).

b) Weitere Nachweisreaktionen mit Phenolen oder deren Derivaten α) *Mit Brenzcatechin.* Eine Lösung von Fe(III) wird beim Zusatz einer wäßrigen Lösung von Brenzkatechin grün gefärbt, die Färbung geht nach violett beim Zusatz von Alkaliacetat, dagegen schlägt die Farbe beim Zusatz von Lauge, Ammoniak, Natriumcarbonat oder -bicarbonat nach tiefrot um. Die rote Lösung wird beim Verdünnen ebenfalls violett Die komplexe Eisen(III)-brenzkatechinsäure wird durch Bleiacetat, Piperidin oder Guanidin gefällt. Fe(II) wird in alkalischer Lösung in Gegenwart von Brenzcatechin schnell oxydiert und liefert daher auch eine rote Färbung, Al, Cu(II), Ni, Co, Mn(II) geben mit Brenzcatechin auch Komplexe. Die Reaktion erscheint nicht geeignet für den Nachweis von Fe (Sellés, Weinland und Binder)

β) *Mit Pyrogalloldimethyläther.* Nach Meyerfeld gibt eine Lösung von 2 g Pyrogalloldimethyläther in 100 ml Wasser mit $FeCl_3$ eine gelbrote Färbung, die Empfindlichkeit der Reaktion ist etwa mit der der Rhodanidreaktion vergleichbar. Dichromat, Nitrit und andere Oxydationsmittel reagieren ebenso.

γ) *Mit Aminophenolen.* Fe(III) gibt mit 1%iger alkoholischer o-Aminophenollösung eine blutrote Färbung, die noch in Lösungen, die 2×10^{-5} m an Fe(III) sind, erkannt werden kann. Cu(II) gibt eine grüne, Hg(II) eine bernsteingelbe Farbe, in alkalischem Medium treten Fällungen ein (Charles und Freiser). Kuhlberg (d) sowie Nasarenko berichten über die Reaktion von Fe(III) mit p-Aminophenol (vgl. auch S. 84).

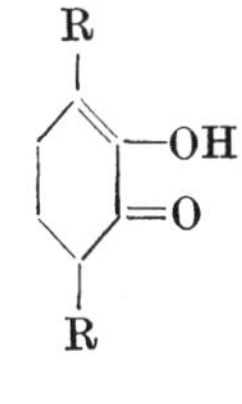

δ) *Mit Diosphenol* gibt $FeCl_3$ eine tiefdunkle Färbung (Wallach und Weissenborn).

ε) *Mit 2,3-Dioxynaphthalin-6-sulfonsäure* reagiert Fe(III) ganz ähnlich wie mit der 1,2-Dioxybenzol-3,5-disulfonsäure (S. 64). Im sauren Gebiet bildet sich eine violettblaue Farbe, die bei zunehmendem p_H nach Weinrot, dann nach Orangegelb umschlägt [Heller und Schwarzenbach (b)].

ζ) *Mit 1,8-Dioxynaphthalin-3,6-disulfonsäure (Chromotropsäure).* Man verwendet meistens eine wäßrige Lösung des Dinatriumsalzes, die z. B. 0,1 n oder 1%ig ist. Mit dieser Lösung gibt Fe(III) eine grüne Färbung (König, Garrat, Koch und Ploum). Diese Färbung kann wohl in saurer Lösung erzeugt werden, ist dann jedoch sehr unbeständig und bleicht rasch irreversibel aus [Heller und Schwarzenbach (a)], in Gegenwart von Acetat bleibt die Färbung bestehen, der Komplex ist bis p_H 7 beständig, bei höheren p_H-Werten bleicht das Grün langsam aus. Phosphorsäure und $SnCl_2$ (wahrscheinlich allgemein Reduktionsmittel) zerstören den Komplex. Diese Farbreaktion wird höchstens einmal als Tüpfelreaktion ausgeführt (S. 81), Chromotropsäure gibt mit anderen Ionen viel charakteristischere gefärbte Komplexe: z. B. Ti(IV) (rot), Cr(VI) (kirschrot), V^V (hellgelb bis braungelb), U(VI) (rot), W(VI) (rot), Cu (rot), die Farbnuancen sind auch hier abhängig vom p_H. Weitere Ionen können im Tüpfelnachweis gefunden werden. Die Lösungen der Chromotropsäure sind lichtempfindlich, durch photochemische Oxydation werden saure und stark alkalische Lösungen gelb, neutrale rosa [Heller und Schwarzenbach (a), König, Garrat, Schnaiderman]. Nach Angaben der Internationalen Tabellen der Reagenzien können 50 μg Fe^{+++} in 5 ml nachgewiesen werden.

η) *2-Oxy-3-nitro-5-sulfobenzoesäure* gibt mit Fe(III) eine Farbreaktion (Fish, Noell und Kemp).

ϑ) *2-Oxy-5-mercaptobenzoesäure* wird von Frierson als Reagens für Fe(III) vorgeschlagen. Die Empfindlichkeit beträgt $1:10^6$. Pd reagiert auch. (Keine weiteren Angaben.)

ι) *2,4-Dioxybenzoesäure* gibt mit Fe(III) eine rote Färbung, der günstigste p_H-Wert ist 2,5 bis 3,0. Andere Ionen reagieren auch (Larner und Trout).

κ) *Mit weiteren Phenolabkömmlingen.* Fe(III) gibt in sehr verdünnt salzsaurer Lösung mit einigen weiteren Phenolderivaten Färbungen, von denen höchstens die olivschwarze Farbe, die mit 4-Nitrobrenzcatechin entsteht, von Interesse ist [Kusnetzow (a)].

7. Nachweis mit 7-Jod-8-oxychinolin-5-sulfonsäure (Ferron).

Eine Lösung von Ferron in Wasser sieht gelb bis orange aus, in Gegenwart von Fe(III) erhält man eine grüne Farbe, deren Farbnuance vom p_H abhängt, (Yoe). Nach Clark und Sieling ist die Färbung bei p_H 2,7 bis 3,2 stabil grün, in mehr alkalischen Lösungen wird sie gelb, in saureren blaugrün. Nur im Bereich von p_H 1,2 bis 8,3 erhält man Färbungen, darunter und darüber wird der Komplex zerstört (Yoe und Hall).

Zur **Durchführung des Nachweises** macht man nach Yoe 5 ml Probelösung mit verdünnter H_2SO_4 gegen Methylorangepapier schwach sauer und fügt 5 Tropfen Reagenslösung (0,1 g in 50 ml Wasser) hinzu.

Empfindlichkeit. Wenn 1 Teil Fe(III) in 15000000 Teilen Lösung vorliegt, erhält man eine schwach grünlichgelbe Farbe, die von der blaßgelben Farbe eines Leerversuches noch gerade unterschieden werden kann. Hat man 1 Teil Fe(III) in 10000000 Teilen Lösung, kann die grünlichgelbe Farbe gut von der des Leerversuchs unterschieden werden, bei einer Konzentration von 1 : 1500000 tritt eine hellbläulichgrüne Farbe auf, bei höheren Fe(III)-Konzentrationen eine grüne Färbung. Der gefärbte Komplex bleicht beim Stehen nicht aus.

Bemerkungen. Außer Fe(III) gibt kein anderes Ion mit dem Reagens eine Farbreaktion, Cu gibt einen weißen Niederschlag, der aber bei der Prüfung auf Fe(III) kaum stört. Ionen, deren Salze leicht hydrolysieren, dürfen höchstens in sehr geringer Menge vorhanden sein (z. B. Sn, Ti), Ionen, die selbst gefärbt sind, können stören, z. B. Cr(III). Al, Co, Ni, Cu verbrauchen auch Reagens, bilden aber keine stark gefärbten Komplexe [Swank und Mellon (a)], von Anionen stören stärker, wenn sie in größeren Mengen vorliegen, Citrat, Cyanid, Fluorid, Oxalat, Pyrophosphat und Jodid, Phosphat hindert das sofortige Eintreten der maximalen Farbstärke, diese ist aber nach 5 Min. bis 2 Std. doch erreicht. Die Reaktion wird als spezifisch und empfindlich von den Internationalen Tabellen der Reagenzien empfohlen.

8. Nachweis mit Alloxanthin.

Nach Denigès (a), (c) reagiert Alloxanthin mit Fe(III) in alkalischer Lösung unter Bildung einer blauen Färbung.

```
      H    //O            O\\   H
       /N—C                  C—N\
      /    |  /OH    HO\  |      \
O=C        C————————————C        C=O
      \    |                 |      /
       \N—C                  C—N/
        |    \\O          O//   H
        H
```

Als Reagens verwendet man eine frisch bereitete Lösung von 0,1 g Alloxanthin in 10 ml 1 n NaOH, falls diese Lösung rosa aussieht, kocht man bis zum Verschwinden dieser Färbung und kühlt rasch ab. Zur Herstellung des Alloxanthins erwärmt man 15 g Harnsäure mit 30 g HCl ($d = 1{,}19$) und 40 ml Wasser auf 30° C, trägt dann während 45 Min. 4 g $KClO_3$ in kleinen Portionen ein, filtriert, verdünnt mit 30 ml Wasser und leitet einen starken Strom von H_2S ein, es scheidet sich erst Schwefel, dann Alloxanthin aus, das man aus Wasser umkristallisiert.

Ausführung und Empfindlichkeit der Reaktion. Zu der zu prüfenden Lösung setzt man die Hälfte ihres Volumens Reagenslösung und mischt. Nach Denigès (c) ist die Farbe sehr deutlich, wenn 10 mg Fe(III) im Liter vorhanden sind, sie ist erkennbar, wenn man mit 2 ml Probelösung und 1 ml Reagens arbeitet und die Konzentration des Eisens 1 mg/l beträgt, bei Verwendung von 10 ml Probelösung und 5 ml Reagens unter Vergleich mit der reinen eisenhaltigen Lösung, die man mit der Hälfte ihres Volumens an Wasser verdünnt hat, soll man noch das Eisen finden, wenn nur einige Zehntel mg/l vorliegen. Die Kommission der Herausgeber der Internationalen Tabellen der Reagenzien fand, daß man 5 μg Fe(III)/5 ml finden kann, die Grenzkonzentration beträgt also 1 : 1000000. Die Reaktion kann auch in Gegenwart von Citrat oder Tartrat angewendet werden, die Gegenwart dieser Ionen wirkt sogar stabilisierend auf die Alloxanthinreaktion. Man vergleiche jedoch die Bemerkung von Dubský, Keuning und Šindelář über diese Reaktion auf S. 37.

9. Nachweis mit Oximen.

a) Mit Formaldoxim. Nach Denigès (d) gibt Formaldoxim in alkalischer Lösung mit Fe(III) eine violettrote Färbung. Das Reagens wird hergestellt, indem man 3 g Trioxymethylen mit 7 g Hydroxylammoniumchlorid und 15 ml Wasser erhitzt, man kocht bis alles gelöst ist.

Ausführung und Empfindlichkeit der Reaktion. Man versetzt 10 ml Probelösung mit 1 Tropfen der Reagenslösung und gibt sofort danach 2 Tropfen 1 n oder 4 n NaOH hinzu, ein Überschuß an Lauge ist ohne Wirkung auf die Reaktion (G. H. Wagenaar). Die violettrote Färbung des Fe(III)-Komplexes erscheint nach 2 bis 3 Min. und wird im Verlauf von 12 Std. immer intensiver. Nach 2 Min. dauerndem Erhitzen im Wasserbad verschwindet die Färbung, es fällt $Fe(OH)_3$. 0,1 mg Fe(III)/l kann nachgewiesen werden. G. H. Wagenaar gibt an, daß nur 0,5 mg Fe/l nachgewiesen werden, in Gegenwart von etwas festem $(NH_4)_2SO_4$ tritt die Violettfärbung schneller ein.

Bemerkungen. Denigès (b) gibt an, daß die Violettfärbung durch Eisen bei Verwendung von NH_3 an Stelle von NaOH zwar schneller eintritt, aber auch weniger stabil ist. Andere Ionen geben auch Färbungen: Cu(II) (violett), Mn(II) (rotorange), Co (schwach gelb), Ni (grün, dann gelblich). Von diesen ist besonders die Färbung durch Mn(II) sehr beständig und intensiv. Über die Reaktion des Fe(II) vgl. S. 33. Die Reaktion wird von den Internationalen Tabellen der Reagenzien empfohlen.

b) Mit Salicylaldoxim. Salicylaldoxim gibt mit Fe(III) Färbungen, deren Nuance vom p_H abhängig ist. Bei p_H 3 ist die Farbe purpur, bei p_H 10 gelb, dazwischen treten Mischfarben auf, in neutraler Lösung ist sie rotorange (Howe und Mellon). Die Farbe ist in neutraler Lösung 24 Std. stabil, sie hat nach 30 Sek. ihr Farbmaximum erreicht, in saurer Lösung verblaßt sie schnell. Die Reagenslösung kann 0,1 %ig oder stärker sein, man löst die abgewogene Menge Oxim in 5 ml Äthanol und verdünnt dann mit Wasser, die Lösung wird nach 1 Woche braun. Falls die Einstellung des p_H-Wertes auf 7 gewünscht wird, verwendet man eine 1 m Lösung von Ammoniumacetat.

Ausführung und Empfindlichkeit der Reaktion. Die Probelösung, die gegen Lackmus gerade sauer reagieren soll, wird mit 10 ml Reagenslösung und Ammoniumacetat versetzt, letzteres kann auch in fester Form zugesetzt werden (1 g). Die kleinste nachweisbare Menge in einem Nessler-Zylinder von 30 cm Länge ist 1 Teil Fe(III) in 20000000 Teilen Lösung.

Störungen. Zahlreiche andere Ionen werden durch das Reagens gefällt (vgl. S. 27), davon Cu, Pd, V^V im stärker saurem Gebiet (Flagg und Furman). Störend wirken, da sie auch gefärbte Komplexe ergeben, Co, UO_2^{++}, MoO_4^{--}, letzteres gibt eine gelbe Färbung, während Co und UO_2^{++} ihre Eigenfarbe behalten, die durch das Reagens vertieft wird. Sehr kleine Mengen dieser Ionen sollen nicht stören. Nicht vorhanden sein dürfen Tartrat, Citrat, Oxalat, Phosphat. Fluorid in kleinen Mengen stört nicht.

Das 5-Chloro-derivat gibt mit Fe(III) eine blaue, das 5-Nitroderivat eine violette Farbe (Flagg und Furman).

c) Mit Resorcylaldoxim. Dieses Reagens gibt mit Fe(III) eine purpurne Färbung in Lösungen, die gerade sauer gegen Methylorange reagieren (Chien und Shih). Die Farbe ist 6 Std. beständig. Man stellt Resorcylaldoxim aus 10 g Resorcylaldehyd, der mit 155 ml Alkohol und 6 g Na_2CO_3 in 40 ml Wasser sowie 8 g Hydroxylammoniumchlorid in 12 ml Wasser $^1/_2$ Std. auf dem Wasserbad gekocht wird, dar, dann destilliert man den Alkohol ab, kühlt den Rückstand und kristallisiert die ausfallenden Kristalle aus Wasser um. Man löst 1 g des Oxims in 25 ml Alkohol und verdünnt auf 500 ml mit Wasser. In dunkler Flasche aufbewahrt, ist die Lösung monatelang haltbar.

Ausführung der Reaktion. In einem 50 ml Nessler-Zylinder mischt man die zu untersuchende Lösung, die gerade sauer gegen Methylorange reagieren soll, mit 1 ml Reagens und verdünnt auf 50 ml mit Wasser, man vergleicht mit einer Lösung von 49 ml Wasser und 1 ml Reagens. Selbstverständlich kann in sehr verdünnten Eisensalzlösungen das Verdünnen mit Wasser unterbleiben.

Empfindlichkeit und Störungen. Wenn die Lösung 0,3 μg Fe(III)/ml enthält, ist die Farbe schwach purpur, unterscheidbar vom Blindwert, bei 5 μg Fe/ml ist sie dunkelpurpur. Starke Säuren und Basen zerstören den Komplex. Die meisten Ionen stören nicht, Cu(II) wird gefällt. Pd(II), Mo, Ti(IV), UO_2^{++} geben eine schwach gelbe bzw. orange Färbung, von diesen gibt aber nur das Titan eine ebenso empfindliche Reaktion wie Fe(III).

d) Mit weiteren Oximen. Dubský und Kuraš (b) sowie Musante beschreiben weitere Reaktionen von Oximen (Hydroxamsäuren) mit Fe(III), wobei fast immer rote Färbungen erhalten werden.

10. Nachweis mit Diphenylcarbazid.

Das Reagens gibt nach CAZENEUVE ein pfirsichblütenfarbiges Reaktionsprodukt mit Fe(III). Für den Nachweis von Fe(III) benutzt man eine kalt gesättigte Lösung von Diphenylcarbazid in Benzol.

Ausführung und Empfindlichkeit der Reaktion. Die möglichst weit neutralisierte Probelösung wird mit der Hälfte ihres Volumens an Reagenslösung versetzt, es bildet sich die Pfirsichblütenfarbe. Durch Zusatz von 1 Tropfen Eisessig wird die Farbe in der Benzolschicht zerstört, es tritt dann eine gelbliche Färbung ein. In einer Lösung, in der die Eisenkonzentration 1 : 100000 beträgt, tritt noch eine leichte Färbung auf (CAZENEUVE). Die Kommission der Herausgeber der Internationalen Tabellen der Reagenzien gibt an, daß noch 100 μg Fe(III) in 5 ml Lösung nachgewiesen werden können.

Störungen. Diphenylcarbazid gibt an sich mit anderen Ionen viel charakteristischere Reaktionsprodukte: Cu(II) gibt eine intensiv violette Färbung, die durch 1 Tropfen Eisessig nicht zerstört wird. Hg(II) gibt mit dem Reagens eine blauviolettbraune Farbe, die sogar nicht durch 1 Tropfen konz. HNO_3 zerstört wird. Dichromate geben in stark saurer Lösung eine prächtig violette Färbung. Relativ konzentrierte Lösungen anderer Metallionen (Zn, Pb usw.) geben nach längerer Einwirkungszeit eine leichte Rosafärbung, Ag- und Au-salze färben die Benzolschicht des Reagenses auch, gleichzeitig tritt Abscheidung von metallischem Gold oder Silber ein.

11. Nachweis mit Acetylaceton.

Acetylaceton gibt mit Fe(III) eine rote Färbung in schwach saurem Medium (COMBES), diese Färbung wird von Äther oder Benzol extrahiert (vgl. a. S. 54). Nach Angaben von PULSIFER ist die Färbung im durchfallenden Licht bei viel Eisen tiefrot, bei wenig Eisen orangerot, im reflektierten Licht bei viel Eisen orangerot, bei wenig Eisen gelb. Ebenso ist die Färbung vom p_H abhängig, sie ist in verdünnt mineralsaurem Medium rosa, im neutralen Gebiet orange, im ammoniakalischen gelb. NaOH fällt $Fe(OH)_3$.

Ausführung und Empfindlichkeit der Reaktion. Man verwendet eine 0,5%ige Lösung von Acetylaceton in Wasser oder Alkohol und versetzt die schwach saure Probelösung mit 2 ml Reagens (PULSIFER). Man kann 3 μg Fe(III) noch in 50 ml erkennen. Nach WENGER und DUCKERT, die diese Reaktion empfehlen, verwendet man als Reagens das reine Acetylaceton und kann noch 1 μg Fe(III) in 1 ml erkennen, die Grenzkonzentration beträgt also 1 : 10^6.

Störungen. Nach WENGER und DUCKERT stören bei der Reaktion Hg(I), UO_2^{++}, Ti, die übrigen Ionen stören nicht. Nach PULSIFER stören auch geringe Mengen Phosphorsäure nicht. Die Reaktion kann auch als Tüpfelreaktion ausgeführt werden.

12. Nachweis mit Hilfe von Farbstoffen.

a) Mit Chromgelb O. Chromgelb O ist in Wasser löslich und wird von OTT als fast völlig spezifisches Reagens für Fe(III) bezeichnet, es gibt mit Eisen(III)-ionen je nach deren Konzentration eine gelbe bis braune Färbung. Die Reaktion tritt bei p_H-Werten von 1 bis 4 ein, eine Fällung von $Fe(OH)_3$ darf noch nicht einsetzen. Die Farbintensität ist am größten bei p_H 3 bis 4.

$HO_3S—C_6H_4—N{=}N—C_6H_2(CH_3)(OH)(COOH)$

Ausführung und Empfindlichkeit der Reaktion. Man vermischt 1 ml Probelösung mit 1 ml Reagenslösung (keine Konzentrationsangabe), 1 μg Fe(III) in 1 ml ist noch erkennbar. Die Reaktion kann auch als Tüpfelreaktion ausgeführt werden.

Störungen. Die meisten Ionen geben mit Chromgelb keine Färbung, nur Pd gibt eine orange bis rote Färbung, die aber langsamer als die mit Fe(III) auftritt. UO_2^{++} verstärkt bei p_H 3,3 die Eigenfarbe des Reagenses, was störend wirkt. MnO_4^-, CrO_4^{--}, $Cr_2O_7^{--}$ stören durch ihre Eigenfarbe. In der Nähe der Nachweisgrenze des Eisens stören die gefärbten Ionen von Cr, Cu, Ni, Mn(II), wenn ihre Konzentration 100mal größer als die des Eisens ist, den Nachweis nicht, Co stört etwas. In der Arbeit findet man keine Angabe, ob die Eigenfarbe des Reagenses stört. Säuren färben das Reagens goldgelb, Basen orangegelb. Komplexbildende Anionen, wie Fluorid, Phosphat oder Sulfosalicylsäure, verhindern die Reaktion.

b) Mit Eriochromschwarz A, Cypergrün, Diamantschwarz F geben Eisenionen in ammoniakalischer Lösung rote Farblacke, aber andere Ionen geben die gleiche Reaktion (BRENNER).

13. Nachweis mit Sulfid.

In sehr verdünnten Fe(III)-Salzlösungen rufen Sulfidionen eine grüne Färbung hervor (vgl. S. 49), Fe(II) reagiert ebenso, viele andere Schwermetallionen ähnlich (S. 39). Nach KARAOGLANOV (b) können in insgesamt 10 ml Lösung, die 1 ml 1 n Ammoniumsulfid enthalten, noch 2 μg Fe(III) nachgewiesen werden, die Grenzkonzentration beträgt 1 : 5000000.

14. Nachweis des Fe(III)-ions durch seine katalytische Wirksamkeit.

Man vergleiche hierzu S. 46 und 124.

a) Katalytische Beeinflussung der Anilinoxydation. Die Oxydation des Anilins mit $KClO_3$ und HNO_3 wird durch Fe(III) katalytisch beschleunigt [ROSENTHALER (b)].

Zur **Ausführung der Reaktion** erwärmt man 1 ml einer Lösung von 1 Tropfen Anilin in 5 ml verdünnter HNO_3, 1 ml 1%ige $KClO_3$-Lösung und 1 ml der Probelösung mindestens 5 Min. im Wasserbad, die Flüssigkeit färbt sich lila, während ein parallel ausgeführter Blindversuch ohne Fe(III) die Färbung nicht zeigt. Die Reaktion tritt noch mit 1 ml einer Eisen(III)-sulfatlösung 1 : 100000 ein, die **Erfassungsgrenze** beträgt also 3 bis 4 μg Fe(III). An Stelle des Anilins kann auch Sulfanilsäure oder p-Toluidin verwendet werden. Vanadin wirkt auch katalytisch, man soll dabei aber ein anderes Reaktionsprodukt erhalten.

b) Katalytische Beeinflussung der Reaktion zwischen Kaliumhydrogenphthalat und H_2O_2. Kaliumhydrogenphthalat und H_2O_2 reagieren in Gegenwart von Fe(III) unter Abspaltung von CO_2 und Bildung einer braunen kolloiden Lösung (BOTTOMLEY).

Durchführung der Reaktion und Bemerkungen. Man führt die Probe so aus, daß man 100 ml der zu prüfenden Lösung mit je 10 ml 0,2 m Kaliumhydrogenphthalatlösung und 6%igem H_2O_2 versetzt, kocht und dann auf 97° bis 99° C hält. In Gegenwart von Fe(III) entwickelt sich eine braune Farbe, die mit der Zeit an Stärke zunimmt. Der Beginn der Färbung tritt bei 98° C mit 10^{-5} m Lösungen an Fe(III) nach 2 Min., mit 10^{-6} m Lösungen nach 10 Min., mit 10^{-7} m Lösungen nach 1 Std. ein. Bei noch kleineren Konzentrationen stört eine zusätzliche Reaktion zwischen der braunen Farbe und dem überschüssigen H_2O_2 die Weiterbildung der Farbe. Man muß parallele Leerversuche, bei denen Phthalat und H_2O_2, 6 Std. erwärmt, farblos bleiben müssen, durchführen. Die Reaktion wird durch Fluorid und Phosphat verhindert, von allen anderen Kationen reagiert nur Cu(II) ebenso, die Reaktion des Cu(II) wird nicht durch Fluorid oder Phosphat verhindert. Das verwendete Phthalat muß vor Gebrauch 2mal umkristallisiert werden, man verwendet bidestilliertes (aus Pyrexglas) Wasser.

c) Katalytische Beeinflussung der Zersetzung von H_2O_2. Spuren von $Fe(OH)_3$, in Konzentrationen von 10^{-10} g, die auf $Cu(OH)_2$ oder $Co(OH)_3$ als Träger adsorbiert sind, katalysieren die Zersetzung des H_2O_2 bei 37° C stark, diese Tatsache soll nach Vorschlag von KRAUSE zum Nachweis von Fe dienen.

15. Nachweis mit Thiosulfat.

Setzt man zu einer Fe(III)-Salzlösung eine Thiosulfatlösung, so bildet sich ein instabiler violettbrauner Komplex von der Formel $[FeS_2O_3]^+$ (HALDAR und Mitarbeiter, SCHMID), nach kurzer Zeit setzt Reduktion des Fe(III) und Oxydation des Thiosulfats unter gleichzeitiger Entfärbung ein. Durch Zusatz von Aceton und Einhaltung tiefer Temperaturen kann der Komplex stabilisiert werden (BRUSTIER und BLANC).

Durchführung der Reaktion. Zum Nachweis des Fe(III) versetzt man 3 ml der Probelösung mit 1 ml Aceton und 2 Tropfen 1 n Natriumthiosulfatlösung bei 12° C. Das Aceton wird nicht mit der Lösung vermischt, sondern bei vorsichtigem Bewegen entsteht die violette Schicht an der Grenze der beiden Phasen. Es entsteht eine vergängliche, aber deutliche Färbung bis zur Verdünnung von 1 ml $FeCl_3$-lösung „officinale" in 5000 ml Wasser.

16. Nachweis mit Pyramidon oder Codein, Antipyrin, Morphin.

Versetzt man eine Lösung, die Fe(III) enthält (etwa 1 ml), mit 5 ml 1%iger *Pyramidon*lösung, so erhält man in verdünnten Fe(III)-Lösungen eine gelbe Färbung, die man noch schwach erkennen kann, wenn 0,025 mg Fe vorhanden sind: Mit konzentrierteren Fe(III)-salzlösungen erscheint anscheinend eine violette Farbe, die in rot übergeht. Säuert man eine Lösung, die das gelbe Reaktionsprodukt enthält, mit verdünnter H_2SO_4 an, tritt eine Blauviolettfärbung auf, mit ihrer Hilfe kann man unter Vergleich mit einer Blindprobe noch 0,01 mg Fe in 100 ml erkennen, man setzt 5 Tropfen Säure zu. Nach Angaben der Kommission der Herausgeber der Internationalen Tabellen der Reagenzien ist die Empfindlichkeit geringer: 125 μg Fe^{+++} können in 5 ml nachgewiesen werden. In konzentrierteren Lösungen, die bereits ohne Säure violett waren, tritt nach dem Ansäuern eine kirschrote Farbe auf [VAN URK (c)]. Diese Reaktion wird auch als Mikroreaktion ausgeführt, vgl. S. 82.

Versetzt man 1 ml Probelösung mit 5 ml 1%iger *Antipyrin*lösung, so tritt Rotfärbung ein, wenn nur noch 0,1 mg Fe(III) vorliegt, ist die Farbe gelb [VAN URK (c), SENSI und TESTORI]. In Gegenwart von konzentrierter Schwefelsäure gibt Fe(III) mit festem *Codein* ebenfalls eine Färbung [VAN URK (c)]. Mit *Morphin* erhält man eine blauviolette Farbe (SENSI und TESTORI), man vgl. S. 93.

17. Nachweis mit Chinosol (o-Oxychinolinsulfonsaures Kalium).

Nach KUNERT bzw. PFAU und SCHEFFEL gibt Chinosol mit Fe(III) eine smaragdgrüne Färbung. Man verwendet als Reagens eine Tablette (0,04 g) Chinosol, 0,5 mg Fe(III) in etwa 100 ml Wasser geben noch eine blaßgrüne Färbung. Säuren und Alkalien stören die Grünfärbung, nach KUNERT stört der Zusatz von 0,1 g Natriumcarbonat oder -bicarbonat zu 200 ml Fe(III)-haltigem Wasser nicht, wohl aber der Zusatz von 0,1 g Borax. (Man vgl. hierzu die ganz andersartigen Angaben auf S. 26.)

18. Nachweis mit Citrinin.

Citrinin gibt mit Fe(III) eine Farbreaktion. Nach WANG und TING erhält man mit Citrininlösung und $FeCl_3$-Lösung eine jodbraune Färbung, die beim Verdünnen mit Wasser allmählich in hellblau übergeht. In anderen Lösungsmitteln als Wasser scheint die Farbe braun, beim Verdünnen mit dem Lösungsmittel gelb zu sein, Zusatz von Wasser erzeugt die blaue Färbung. 2,5 μg Fe(III) können noch nachgewiesen werden (LIANG), als Reagens dient eine Lösung von Citrinin in 95%igem Alkohol.

19. Reaktionen des Fe(III) mit einigen Aminen oder ihren Derivaten.

a) Mit Acetylaminoguanidinnitrat (wahrscheinlich in Wasser gelöst) gibt Fe(III) eine tiefviolette Lösung, die auch in Gegenwart von Natriumcarbonat entsteht (FANTL und SILBERMANN). 10 μg Fe(III) in 3 bis 4 ml Wasser ergeben eine tiefviolette Farbe, 1 μg Fe(III) in 1 ml wird nach 10 bis 15 Min. gerade noch violett gefärbt. Weinsäure und Glycerin stören, Phosphate und Acetate sind ohne merklichen Einfluß. Das Reagens kann nach THIELE hergestellt werden.

b) Mit Phenylendiamin. Nach QUARTAROLI gibt Fe(III) mit 1%iger *p-Phenylendiaminlösung* eine intensiv braune Farbe, die nach Zusatz von 2 Tropfen HCl zerstört wird. Bei 25° C kann bei Vergleich mit einer Blindprobe nach 20 bis 30 Min. noch 1 Teil Fe in 60000000 Teilen Wasser erkannt werden. Cu(II) in Gegenwart von H_2O_2 gibt auch eine braune Farbe mit p-Phenylendiamin.

m-Phenylendiamin gibt mit Fe-salzen eine rote Färbung, ähnlich reagieren Cu(II), CrO_4^{--}, $Cr_2O_7^{--}$ (KATAKOUSINOS).

c) Mit anderen Diaminen. Nach BELCHER und NUTTEN oxydiert Fe(III) in neutraler Lösung *Benzidin, 3-Methylbenzidin, 3,3'-Diäthylbenzidin, 2,7-Diaminofluoren, N-Methylbenzidin, 4-Aminodiphenylamin* zu den blaugrünen (bei Aminodiphenylamin violetten) Oxydationsprodukten. Viele andere Oxydationsmittel verhalten sich ebenso.

Tetramethyl-p-phenylendiamin wird durch oxydierend wirkende Ionen zu einer violetten Verbindung oxydiert. Noch 1,2 μg Fe(III) bei einer Verdünnung von 1 : 80000 bewirken die Violettfärbung. Andere Ionen reagieren auch, z. B. Cu(II), Ag, Hg(II), Hg(I), der Nachweis ist besonders für die Auffindung von Cu(II) und Ag(I) geeignet [KUHLBERG (c)].

20. Nachweis mit Co(II)-Salz.

Fügt man zu der blauen Flüssigkeit, welche man erhält, wenn man rauchende HCl mit etwas $CoCl_2$ oder $Co(NO_3)_2$ versetzt, eine geringe Menge einer Fe(III) enthaltenden Lösung, so geht die blaue Farbe in grün über. Fe(II) gibt keine Reaktion, dieser Nachweis wird zur Auffindung von Eisen in Säuren von VENABLE bzw. C. R. FRESENIUS empfohlen, bei Zusatz von 0,03 mg Fe ist die grüne Färbung schon deutlich erkennbar. Verwendet man zuviel Fe(III)-Salzlösung, wird die Lösung rosa wegen der eintretenden Verdünnung. (Nähere Angaben liegen nicht vor.)

21. Weitere Farbreaktionen des Fe(III).

a) Redoxreaktionen. Der Nachweis von 2- oder 3-wertigen Eisenionen mit *Kakothelin* ist schon auf S. 39 beschrieben (LANG).

Eine Lösung von *2,5-bis-[2,4-Dimethyl-N-pyrryl]-3,6-dibrom-hydrochinon* in Dioxan oder Alkohol wird durch organische und anorganische Oxydationsmittel zu dem blauen Chinon oxydiert. Die Reaktion erfolgt auch in Gegenwart von HCl oder H_2SO_4. An der Luft wird die Reagenslösung ebenfalls allmählich blau, deshalb arbeitet man unter Vergleich mit einer Blindprobe. 2 μg Fe(III) können noch nachgewiesen werden, andere Oxydationsmittel reagieren ebenso (PRATESI und CELEGHINI).

Eine verdünnte Lösung von *Apomorphin* wird in saurem Medium durch $FeCl_3$ oxydiert, es entsteht eine blaue Färbung. Viele andere Oxydationsmittel reagieren ebenso (PAVELKA).

Wenn eine Lösung von *Fluorescein* mit Natriumamalgam entfärbt wird, so beginnt sie nach Zusatz einer oxydierenden Substanz neu zu fluoreszieren. 100 μg Fe(III) können bei einer Verdünnung von 1 : 5 · 10^4 in saurem Medium noch nachgewiesen werden (KUHLBERG und MATVEEV).

b) Nachweis mit Pflanzenextrakten. Mit *Hämatoxylin*lösung gibt Fe^{+++} eine rötlichviolette Färbung, Cu(II), Pb(II), Sn(II), Sb(III) u.a. reagieren auch, ferner wirkt Hämatoxylin selbst als Säure-Basen-Indikator (RIVAS GODAY, WILDENSTEIN, vgl. S. 28, 39, 56).

Sehr verdünnte Fe(III)-Lösungen werden durch alkoholische *Guajakol*lösung blau gefärbt, bei mehr Fe(III) ist die Farbe grün, dann mahagonibraun (SENSI und TESTORI, vgl. S. 40).

Die Reaktion von Fe(III) mit *Boletustinktur* ist auf S. 40 beschrieben (GUYOT).

Alkannatinktur (Herstellung S. 40) wird bei Zusatz von $FeCl_3$-Lösung graublau gefärbt, dann schmutziggrün (verwaschener Absorptionsstreifen bei 495,5 und einseitige Absorption im Blauen), bei Zugabe von sehr wenig Ammoniak tritt eine grasgrüne Färbung auf, je nach Menge des zugesetzten Ammoniaks ist die Lage der Absorptionsstreifen verschieden, bei Anwesenheit von etwas mehr Ammoniak tritt eine Trübung ein, die Absorption verschwindet. Über die Ausführung und Störungen durch andere Ionen vgl. S. 40 (FORMANEK). Die Kommission der Herausgeber der Internationalen Tabellen der Reagenzien fand, daß man in 5 ml noch 0,5 mg nachweisen kann, die Grenzkonzentration ist also 1 : 10000.

c) Weitere Reaktionen. Mit *Kryogenin* = 3-Semicarbazino-benzamid $H_2N—CO—C_6H_4—NH—NH—CO—NH_2$ erhält man ähnliche Färbungen wie mit Diphenylcarbazid. Eine frischbereitete wäßrige gesättigte Lösung des Reagenses gibt mit Fe(III) eine rotbraune Färbung, die Probelösung muß neutral sein, sie darf höchstens sehr geringe Mengen an Essigsäure enthalten. Fe(II) reagiert in Gegenwart von H_2O_2 ebenso. Cu(II) gibt eine weinrote Färbung, Hg eine Pfirsichblütenfarbe, CrO_4^{--} oder $Cr_2O_7^{--}$ in saurer Lösung eine weinrote Färbung (BORNET).

Mit *Phenothiazin* geben viele Ionen Farbreaktionen. Man benutzt eine Lösung von 10 mg des Reagenses in etwa 4 ml Aceton oder Alkohol, die Reagenslösung sieht ganz schwach grün aus. Fe(III) gibt mit dem Reagens eine braune Färbung, die schnell dunkelgrün wird, wenn das Chlorid oder Nitrat vorliegt. Bei Zusatz von Amylalkohol wird die obere Schicht intensiv grün, die untere Schicht entfärbt sich. In Gegenwart von U(VI) erhält man mit Fe(III) dieselbe Reaktion in verstärkter Empfindlichkeit, U(VI) allein gibt einen weißlichen Niederschlag (DUVAL). Die Reaktion wird auch als Tüpfelprobe ausgeführt.

0,1%ige wäßrige *Kojisäure*lösung gibt bei p_H 5,5 bis 7 mit Fe(III) eine orange Färbung, die durch starke Säuren und Basen zerstört wird. Bei sehr geringen Fe-Mengen nimmt man ein konzentrierteres Reagens. Eine Lösung, die 0,05 μg Fe(III)/ml enthält, kann nach Zusatz von Reagens noch in einem 30 cm NESSLER-Zylinder von einem Blindwert unterschieden werden. Als Pufferlösung zur richtigen Einstellung des p_H benutzt man eine Lösung, die 1 m an Ammoniumacetat und 0,35 m an Essigsäure ist. Fluorid, Phosphat, einige organische Säuren, Citrat, Oxalat, Pyrophosphat müssen abwesend sein, eine Reihe von Kationen stört auch (MOSS und MELLON).

Oxalylhydrazid $NH_2—NH—CO—CO—NH—NH_2$ erzeugt in stark alkalischer Lösung mit Fe(III) eine bräunliche Farbe, die schnell grün wird, Fe(II) erzeugt zunächst eine bräunlichgelbe Farbe, die durch Luftoxydation schnell dunkelgrün wird. Als Reagens dient eine Lösung von 150 mg Oxalylhydrazid in 10 ml 2,5 n NaOH. Im Mikroreagensglas gibt 1 Tropfen Probelösung, in dem 1 μg Fe enthalten ist, mit 5 bis 6 Tropfen Reagens noch deutlich eine grüne Färbung. Cu(II) gibt auch eine grüne Farbe, die weniger empfindlich ist [NILSSON (b)].

Versetzt man eine Fe(III)-lösung, die mit 2 ml 2 n HCl angesäuert wurde, mit 5 ml 0,01 m *Mekonsäure*lösung, so erhält man eine rote Färbung. In 50 cm NESSLER-Zylindern kann die Anwesenheit von 1 Teil Fe in 5000000 Teilen Lösung erkannt werden (MANNELLI und BIFFOLI). Die Phosphorsäuren und Oxalsäure verhindern die Reaktion (DUPRÉ).

Folgende Farbreaktionen für Fe^{+++} werden in der Literatur noch erwähnt: *2-Methyl-3,4-dioxy-5-phosphonoxymethylpyridin* (gibt mit Fe(III) rote intensive Färbungen, Merck und Co., Inc.), *α-Naphthylamin und Sulfanilsäure* [KUSNETZOW (b)], *Glykokoll* [DUBSKÝ und LANGER (b)], *1,2,7-Trioxyanthrachinon* (gibt mit Fe(III) eine braune Färbung, mit einigen anderen Ionen charakteristischere Färbungen, EEGRIWE), *Gossypol* (gibt eine grüne Farbe mit Fe(III), die durch Phosphorsäure maskiert wird, ist eigentlich Reagens auf Sb(III), WEST und CONRAD), *Allylthiosemicarbazone von Oxybenzaldehyden* (SCOTT und MCCALL), gesättigte wäßrige Lösung von *Vanillin* (gibt mit Fe(III) eine blaue, beim Erhitzen braune Färbung, SENSI und TESTORI), gesättigte wäßrige *Anthranilsäure*lösung (gibt mit verdünnten Fe(III)-Lösungen eine braunviolette Färbung, beim Kochen der Lösung einen Niederschlag, SENSI und TESTORI), das *Amidoxim der Homoveratrumsäure* (gibt mit Fe(III) eine rotbraune Farbe, KURAŠ und RUŽIČKA), einige *Derivate des Oxins* sowie *2-Phenylcinchoninsäure* (Athophan), *Phenyldihydrochinazolintannat* und *Thioessigsäure* (CASTAGNOU und Mitarbeiter).

Komplexes *Kaliumcyanomolybdat* (von CHILESOTTI als $K_4[Mo(CN)_8]$ bezeichnet) gibt mit $FeCl_3$ auch in sehr verdünnter Lösung eine blaue Färbung. Das Reagens wird hergestellt, indem 1 Teil $K_3[MoCl_6]$ mit 2 Teilen KCN und 6 Teilen Wasser, tropfenweise zugesetzt, zum Kochen erhitzt wird. Ag(I) und Hg(I) geben mit dem Reagens eine gelbe Fällung (CHILESOTTI).

Folgende Reaktionen sind schon in § 2 zitiert. Mit *Indooxin* und Fe(III) erhält man eine blaue Färbung von etwa derselben Empfindlichkeit wie mit Fe(II) (vgl. S. 26, 37, 52, BERG und BECKER). Die Reaktion mit *Oxyaldiminen und Ketiminen* ist S. 28, 40 beschrieben (MUKHERJEE). DUBSKÝ, BRYCHTA und KURAŠ haben die Reaktionen verschiedener *Oxime* und *Nitrosoderivate* mit Fe(II) und Fe(III) untersucht (vgl. S. 27). Für die Reaktion mit *o-Oxyphenylfluoron* vgl. S. 40, GILLIS, CLAEYS und HOSTE. Die Färbung, die Fe(III) mit *Protocatechusäure* erleidet, ist auf S. 38 beschrieben (LUTZ). Mit *Natriumrhodizonat* gibt Fe(III) eine blaugrüne Farbe, sehr viele Ionen werden gefällt (vgl. S. 27, FEIGL und SUTER).

Die Reaktion mit *Oxalhydrazidin* ist auf S. 38 beschrieben (DEDICHEN).

C. Nachweis durch Mikro- und Tüpfelreaktionen.

1. Einige Angaben über die Vorbereitung von Analysenproben für den mikrochemischen Nachweis von Fe [als Fe(III)].

Nach GUTZEIT (c), (d) bzw. WENGER und GUTZEIT behandelt man die Probesubstanz in einem Pyrexglas mit Königswasser, dampft zur Trockne ein und nimmt den Rückstand mit 2 bis 3 ml 3 n HCl wieder auf und filtriert. Der Nachweis von Eisen erfolgt im Filtrat. Der Rückstand wird mit einem Gemisch von Na_2CO_3 und Na_2O_2 im Verhältnis 3 : 1 geschmolzen, nach dem Ansäuern kann auch in dieser Lösung auf Fe geprüft werden. WENGER und GUTZEIT schlagen vor, daß man in der Lösung der Kationen eine Gruppentrennung durchführt und innerhalb der Gruppe die Nachweise durch Tüpfeln ohne weitere Trennung führt.

CHARLOT (b) schlägt zur Entfernung störender Anionen folgende Möglichkeiten zur Vorbereitung der Probe vor: Die Lösung wird mit HCl angesäuert, auf dem Wasserbad zur Trockne verdampft, man nimmt mit wenig konzentrierter HCl auf und trocknet erneut ein. Hierdurch werden viele instabile oder flüchtige Säuren zerstört und MnO_4^-, $Cr_2O_7^{--}$ usw. reduziert. In Gegenwart von Oxalat oder organischen Ionen dampft man mit konzentrierter HNO_3 wiederholt auf dem Wasserbad ein, bis die HNO_3 raucht, erst dann erhitzt man mit $HClO_4$ zum Sieden und verdampft bis zur Trockne (Vermeidung von Explosionen). In Gegenwart von F^- raucht man im Platingefäß mit konz. H_2SO_4 ab oder verwendet auch hier $HClO_4$, letztere aber nur, wenn man zuvor mit konz. HNO_3 abgeraucht hat. Den jeweils entstandenen Rückstand nimmt man mit 2 n HCl auf, filtriert und führt im Filtrat die Nachweise.

Feigl (e) empfiehlt ein Analysenschema von Krumholz, nach dem man 20 bis 50 mg der festen Probe mit 0,5 ml konz. HCl und 2 ml Bromwasser erhitzt, man dampft auf etwa 0,5 ml ein und verdünnt mit 2 ml Wasser, nach dem Filtrieren erfolgt der Nachweis im Filtrat. Für Legierungen empfiehlt Feigl (e) die Methode von Heller (a): Etwa 10 mg der Probe mit einigen Tropfen konz. HNO_3 auf dem Wasserbad abrauchen, oder falls die Probe in HNO_3 nicht löslich ist, mit Brom-Salzsäure lösen und mit HNO_3 abrauchen. Man nimmt mit wenig 2 n HNO_3 auf und filtriert. Das Filtrat wird mit etwas H_2SO_4 bis zum Auftreten weißer Dämpfe erhitzt, man verdünnt mit 2 ml Wasser und filtriert erneut. In die Lösung leitet man H_2S ein, filtriert, oxydiert im Filtrat mit Brom, dampft bis auf 2 ml ein und weist in dieser Lösung Fe nach.

Odekerken (b) löst 0,5 bis 1 g Substanz, oxydiert gegebenenfalls mit Bromwasser, verkocht dieses, filtriert die schwach salzsaure Lösung heiß und prüft im Filtrat auf Vanadin und Molybdän. Falls diese vorhanden sind, entfernt man sie vor dem Nachweis des Fe (mit Rhodanid), indem man die kalte salzsaure Lösung mit 2%iger alkoholischer Benzoinoximlösung behandelt. Im Filtrat, das gegebenenfalls eingedampft und von ausgefallenem Benzoinoxim befreit wird, prüft man auf Fe.

Für die Vorbereitung der Analysenprobe für den Nachweis mit Oxin vgl. S. 80, für den Nachweis mit Rhodanid S. 77.

Weisz (a) beschreibt eine Methode, um Trennungen in einem Tropfen durchzuführen. Es wird dazu ein Ringofen benutzt, dieser besteht aus einem galvanisch vergoldeten Aluminiumblock mit Heizwicklung, in dessen Mitte ein Loch von 22 mm lichter Weite ausgestanzt ist. Auf der Oberfläche des Blockes herrscht eine Temperatur von 105° C. 1 Tropfen der Probelösung wird auf ein Rundfilter gesetzt und dieses genau auf die Mitte des Loches gelegt. Über dem Tropfen befindet sich senkrecht angebracht ein Glasrohr als Haltevorrichtung für eine Kapillarpipette mit plangeschliffener Spitze. Die Pipette wird mit der Waschflüssigkeit gefüllt auf den Tropfen gesetzt. Die Flüssigkeit läuft nur so schnell aus, wie das Papier nachsaugt. Die löslichen Ionen werden nach außen gewaschen, während ein Niederschlag, der vorher durch Behandeln mit einem Reagens, z. B. gasförmigem H_2S, erzeugt wurde, in der Mitte zurückbleibt. Die nach außen gewaschenen Ionen werden in einer scharfen Ringzone gesammelt, die 0,1 bis 0,3 mm breit ist, da ja die Flüssigkeit bei Berührung mit der Ofenoberfläche verdampft. Die Oberfläche der Ringzone ist nicht größer als die Oberfläche des ursprünglichen Tropfens. Auch die Ionen, die den Niederschlag gebildet haben, können in eine Ringzone ausgewaschen werden. Man legt das ausgestanzte Stück Filterpapier auf ein neues Rundfilter und wäscht mit einem geeigneten Lösungsmittel nach außen.

2. Nachweis durch Tüpfelreaktionen.

Die meisten der beschriebenen Farbreaktionen und einige der Fällungsreaktionen für Fe(III) können als Tüpfelreaktionen auf der Tüpfelplatte oder auf Papier bzw. im Mikroreagensglas ausgeführt werden. Im folgenden werden Störungen und Bemerkungen nur soweit berücksichtigt, als dies nicht schon bei den Nachweisen im Makromaßstab geschehen ist. Eine Übersicht über Nachweise durch Tüpfelreaktionen geben Rossi und Sozzi.

a) Nachweis mit Rhodanid. Der Mikronachweis von Fe(III) mit Rhodanid wird meistens auf der Tüpfelplatte durchgeführt.

Durchführung der Reaktion. Man mischt 1 Tropfen (saure) Probelösung mit 1 Tropfen 1%iger KSCN-Lösung auf der Tüpfelplatte [FEIGL (e)]. Als Reagens wird auch 1 Tropfen 10%ige NH_4SCN-Lösung, 1 ml 20%ige NH_4SCN-Lösung, 1 Tropfen gesättigte NH_4SCN- oder KSCN-Lösung verwendet bzw. es wird vorgeschlagen, mit festem Alkalirhodanid bis zur Sättigung zu versetzen. [FISCHER, DIETZ, BRÜNGER und GRIENEISEN, LOHRER, B. FRESENIUS (a), CHARLOT (b), ODEKERKEN (b), WENGER und GUTZEIT, WENGER und DUCKERT, GUTZEIT (b), ROSSI und TRONCOSO (a), WINKLEY, YANOWSKI und HYNES.]

Empfindlichkeit. Noch 0,25 μg Fe(III) können bei einer Verdünnung von 1 : 200000 nachgewiesen werden. In Gegenwart der 320fachen Menge an Co oder Cr können noch 1,25 μg Fe nachgewiesen werden; auch neben der 640fachen Menge an Ni oder Cu kann Fe noch aufgefunden werden (die Zahlenangabe für diese Erfassungsgrenze des Fe enthält jedoch offensichtlich einen Druckfehler) [FEIGL (e), HELLER und KRUMHOLZ, DELABY und GAUTIER]. Folgende Empfindlichkeitsangaben findet man noch: Erfassungsgrenze 0,06 μg Fe, Grenzkonzentration $1:5\cdot10^5$ (WENGER und DUCKERT), $5\cdot10^{-5}$ bis $5\cdot10^{-6}$ Grammion Fe/l [CHARLOT (b)], ODEKERKEN (b) fand, daß noch 0,1 mg Fe/ml neben 10 mg eines Gemisches anderer Ionen gut nachgewiesen werden können.

Führt man die Reaktion auf Filterpapier aus und verwendet gesättigte KSCN-Lösung als Reagens, so kann man noch 0,3 μg Fe(III) in 0,03 ml nachweisen, Grenzkonzentration $1:10^5$ (WENGER und DUCKERT). FRITZ konnte mit Hilfe der Elektrotüpfelmethode noch 0,0002 μg Fe nachweisen. Nach LANGER wird die Farbe des Fleckes nach Zugabe von Acridinlösung (0,5% in 0,5 n H_2SO_4) vertieft und die Empfindlichkeit des Nachweises so erhöht.

Einige **besondere Ausführungsformen des Rhodanidnachweises** bzw. seine Anwendung in besonderen Fällen sollen im folgenden kurz behandelt werden. Die von VANOSSI (a), (e) vorgeschlagene Ausführung des Nachweises kann auf Mikromaßstäbe verkleinert werden (vgl. S. 60, 61), in 0,03 ml können noch 0,003 μg Fe nachgewiesen werden. Nach Anreicherung an Aluminiumhydroxyd findet man 0,02 μg Fe (vgl. S. 61).

SMITH und WEST unterbinden einige Störungen bei der Rhodanidreaktion durch die vorhergehende Trennung der Analysensubstanz mit Na_2CO_3 und Na_2O_2 (vgl. S. 11). Es entfallen die Störungen durch Phosphat, Fluorid, Hg, Ag, Cr, Mo. As, Oxalat, Citrat können durch Eindampfen mit 1 Tropfen konz. HCl und Abrösten entfernt werden.

Zur besseren Beobachtung einer eventuell nur sehr schwachen Färbung überführen EMICH und DONAU etwas von der mit Reagenslösung gemischten Probelösung in eine 0,2 mm weite, 3 cm lange Kapillare, die auf einem Objektträger steht und axial beleuchtet wird. Bei Beobachtung mit einer Lupe können noch 2 μg Fe/ml erkannt werden.

Zum Nachweis von Fe(III) mit Rhodanid in schwerlöslichem geglühtem Eisenoxyd oder oxydischen Mineralien braucht man nach FEIGL (c), (e) nicht aufzuschließen. Wenige Stäubchen des zu prüfenden Materials werden in einem Mikrotiegel mit einer schwefelsauren Rhodanidlösung leicht erwärmt. Die farblose Reagenslösung färbt sich rosa bis blutrot. So sind Eisenspuren in Al_2O_3 schnell nachweisbar. KAHANE gibt jedoch an, daß konzentrierte NH_4SCN-Lösungen sich unter dem Einfluß von HNO_3, H_2SO_4, Äther, H_2O_2 und am direkten Sonnenlicht leicht rosa färben, die Reaktion soll daher nur nach folgender Ausführung eindeutig sein: Die Substanz wird verascht bzw. eingedampft in einem weißen glasierten Porzellantiegel und dann geglüht. Nach dem Erkalten befeuchtet man den Rückstand mit 1 Tropfen 50%iger NH_4SCN-Lösung und dann mit 1 Tropfen

10%iger Schwefelsäure. Die Flüssigkeit färbt sich rosa, aber die Anwesenheit von Fe ist nur bewiesen, wenn die Aschepartikeln sich selbst rosa bis blutrot färben, was gut erkennbar ist. Die Spezifität der Reaktion soll so vollkommen sein. 0,01 μg Fe ist die kleinste nachweisbare Menge. Nach dieser Methode kann man Eisen in destilliertem Wasser (200 ml eindampfen), Filterpapier, Ammoniumoxalat nachweisen.

Zum Nachweis von Fe neben Cu schlägt DELÉPINE (a) vor, die Probelösung mit einigen Tropfen sehr verdünnter Alkalidialkyldithiocarbamatlösung zu versetzen. Man extrahiert mit Äther und Benzol, verdampft die organischen Lösungsmittel unter Zusatz von 2 Tropfen HNO_3 in einem Porzellantiegel und calciniert dann. Nach Zusatz von 1 Tropfen HNO_3 löst sich nur Kupferoxyd, man dekantiert mit einigen Tropfen Wasser, schmilzt den Rückstand mit wenig $KHSO_4$ und versetzt nach dem Abkühlen mit 1 bis 2 Tropfen verdünnter Rhodanidlösung und etwas Äther. Bei festen Materialien, die auf Fe geprüft werden sollen, verascht man nur, nimmt, wie beschrieben, mit HNO_3 auf und arbeitet entsprechend weiter.

Um gegebenenfalls komplex gebundenes Eisen nachweisen zu können, arbeitet man nach den Angaben von VANOSSI (a) (vgl. S. 60). Man kann dann noch 0,4 μg Fe(III)/ml neben 28,5 mg NH_4F nachweisen oder 3 μg Fe neben 185 mg Fluorid. In gesättigten Lösungen von KH_2PO_4, $Na_4P_2O_7$ oder $NaPO_3$ (Hexametaphosphat) kann man noch 0,4 μg Fe (wahrscheinlich im ml) nachweisen. FEIGL (e) und FEIGL und SCHAEFFER verwenden Berylliumsalze zum Zerstören von Eisenfluoridkomplexen. 1 Tropfen Analysenlösung wird auf der Tüpfelplatte mit einigen Kristallen von KSCN gemischt, dann setzt man 1 Tropfen HCl hinzu. Wenn nach Zusatz von Berylliumsulfat oder -chlorid eine rote oder rosa Färbung auftritt, ist Fe zugegen. 2,5 μg Fe(III) sind in Gegenwart von 25 mg NH_4F nachweisbar (vgl. auf S. 122 den Nachweis von Fe in Fluoriden mit α,α'-Dipyridyl).

b) Nachweis mit Hexacyanoferrat(II). Dieser Nachweis wird sowohl auf der Tüpfelplatte als auch auf Papier durchgeführt, manchmal führt man ihn auch auf dem Objektträger unter mikroskopischer Beobachtung aus (hierfür vgl. S. 91).

Ausführung und Empfindlichkeit der Reaktion. Störungen. Man vereinigt 1 Tropfen Probelösung, die schwach sauer sein soll, mit 1 Tropfen Reagenslösung auf der Tüpfelplatte oder auf Filterpapier. Die Reagenslösung kann 2 n oder 10%ig an $K_4[Fe(CN)_6]$ sein. Mit Hilfe der blauen Färbung oder Fällung kann man noch 0,1 μg Fe(III), Grenzkonzentration 1 : 500000, auf Papier erkennen, auf der Tüpfelplatte findet man noch 0,05 μg Fe(III) bei einer Grenzkonzentration von 1 : 1000000 [FEIGL (e), GUTZEIT (b), (c), (d), WENGER und GUTZEIT, DELABY und GAUTIER, ACOSTA, ROSSI und TRONCOSO (a), WINKLEY, YANOWSKI und HYNES]. Auf die Störungen, die bei diesem Nachweis eintreten können, wurde bereits auf S. 51 hingewiesen. WHITMORE und SCHNEIDER geben an, daß der Nachweis des Fe(III) in Gegenwart von Cu beim Verhältnis Cu : Fe = 12 : 1 versagt. Bei Verhinderung des Nachweises mit Hexacyanoferrat(II) durch störende Ionen kann der Nachweis mit α,α'-Dipyridyl verwendet werden [FEIGL (e)].

Die Internationalen Tabellen der Reagenzien, II. Ausg., empfehlen folgende Ausführung: Man vermischt auf der Tüpfelplatte 1 Tropfen der sauren Probelösung (Hydrolysesäure) mit 1 Tropfen 10%iger wäßriger Kaliumhexacyanoferrat(II)-lösung. Es bildet sich ein Niederschlag von Berliner Blau. Falls das Eisen nicht in der dreiwertigen Stufe vorlag, besonders wenn Reduktionsmittel in der Lösung sind, muß man vorher mit einigen Kristallen $K_2S_2O_8$ oxydieren. Die Grenzkonzentration beträgt $1 : 3 \cdot 10^4$. Ohne sehr empfindlich oder spezifisch zu sein, ist die Reaktion sehr geeignet für die laufende Analyse. Viele Ionen reagieren auch. Weiße Niederschläge geben Hg, Bi, Cd, Sn, seltene Erden, Zr, Th, Tl, Zn, Mn, Ni. Einen gelben Niederschlag erhält man mit Sb(V), einen gelbbraunen mit Nb, einen grünen mit V, Co, einen braunen mit UO_2^{++}, einen braunroten Niederschlag mit Cu(II), Cu(I), Mo(VI). Außerdem geben Rh^{+++} eine gelbbraune Färbung, W(VI) eine gelbe Färbung, Ti(IV) eine hell rotbraune Färbung. Diese Ionen stören nicht alle gleichmäßig stark. Die Empfindlichkeit wird nicht geändert, wenn die Ionen folgender Elemente im Verhältnis 100 : 1 vorhanden sind: As, Sb(III), Sn, Au, Pd, Te, Nb, Ta, Al, seltene Erden, Y, Be, Erdalkalien, Alkalien. Die Grenzkonzentration beträgt $1 : 10^4$, wenn folgende Ionen im Verhältnis 30 : 1 vorhanden sind, Ag, Pb, Bi, Cd, Rh, Ir, Pt, Se, Cr, Ce, Th, Zn, Mn, Ni. Die Empfindlichkeit wird $1 : 6 \cdot 10^3$ durch die Ionen (im Verhältnis 20 : 1) Hg, Sb(V), W, V, Ti, Zr, Tl, Co. Wenn Sb(V) in bedeutenden Mengen vorhanden ist, erhält man einen lebhaft grünen Niederschlag (Mischfarbe). Mo(VI) im Verhältnis 5 : 1 reduziert die Empfindlichkeit auf $1 : 10^3$ und Cu(II) und UO_2^{++} im Verhältnis 2 : 1 auf $1 : 6 \cdot 10^2$. Eine Zugabe von Zn^{++} nach dem Vorschlag von GUÉRON (vgl. S. 50) verbessert die Empfindlichkeit kaum. Fluorid, Phosphat und organische Oxysäuren verhindern den Nachweis.

Mit Hilfe der Elektrotüpfelmethode konnte FRITZ noch 0,0004 μg Fe nachweisen.

Über einige etwas **geänderte Ausführungsformen des Nachweises** soll im folgenden kurz berichtet werden. FEIGL (e) empfiehlt, daß man die Probelösung auf ein Papier, das mit schwerlöslichem weißem Zinkhexacyanoferrat(II) getränkt ist, tüpfelt, da der Nachweis dann empfindlicher ist, als wenn man ein mit Kaliumhexacyanoferrat getränktes Papier verwendet. CLARKE und HERMANCE verwenden ebenfalls ein mit dem schwerlöslichen Zinksalz imprägniertes Papier, das man herstellt, indem man das Papier zuerst in etwa 10%iger Zinksulfatlösung badet, dann trocknet und dann rasch in eine etwa 5%ige Kaliumhexacyanoferrat(II)-lösung taucht. Man wäscht dann gut und trocknet. Die Lösung wird mit einer besonderen Kapillarbürette auf das Papier gesetzt, dadurch wird die Auslaufgeschwindigkeit reguliert und die Oberfläche des entstehenden Fleckes verkleinert. Es können so noch 0,02 μg Fe nachgewiesen werden.

Bei Verwendung von Photopapier an Stelle von gewöhnlichem Filter- oder Tüpfelpapier kann die Empfindlichkeit des Nachweises auch erhöht werden. Nach KORENMAN (f) behandelt man Glanz- oder Halbmatt-Bromsilberphotopapier mit 10%iger $Na_2S_2O_3$-Lösung und wäscht dann mehrfach mit Wasser. Das feuchte Papier tränkt man mit 10%iger Kaliumhexacyanoferrat(II)-lösung und trocknet es. 1 Tropfen der zu prüfenden Lösung, die schwach sauer sein soll, wird auf das Papier gesetzt. Bei Anwesenheit von Fe bildet sich sofort ein blaues, blaugrünes oder grünliches Fleckchen. 0,0008 μg Fe(III) sind bei einer Grenzkonzentration von 1 : 300000 nachweisbar. 1 Tropfen ist bei KORENMAN (f) gleich 0,25 mm^3. Zu ähnlichen Ergebnissen kommt WLODAWETZ, der gewöhnliches Papier mit einer Schicht aus 10%iger Gelatine überzieht, in der 1 bis 2% Reagens enthalten sind. In sehr kleinen Tröpfchen konnten 10^{-8} bis 10^{-9} g Fe nachgewiesen werden.

Auch die Methode von SEELY kann verwendet werden. Man gießt eine Mischung von 1 Teil gesättigter wäßriger $K_4[Fe(CN)_6]$-Lösung und 9 Teilen warmer Glycerin-Gelatine-Mischung auf einen Objektträger und arbeitet wie auf S. 43 beschrieben. Im Mikroskop bei Hellfeldbeleuchtung bilden die löslichen Teilchen einen blauen Hof. Partikeln von 10^{-13} g können noch nachgewiesen werden. Bei unlöslichen Teilchen wie Hämatit und Pyrit arbeitet man nach der auf S. 42 beschriebenen Methode und setzt den mit einem Plastikfilm bedeckten Objektträger vor dem Behandeln mit Reagens 5 Min. den Dämpfen einer Mischung gleicher Teile konz. HCl und konz. HF aus. Die Erfassungsgrenze beträgt dann 10^{-10} g.

Bei Verwendung von Glastüpfelplatten können in 1 Tropfen Probelösung noch 0,032 μg Fe(III) bei der Grenzkonzentration 1 : 1000000 erkannt werden (SCHÄFER). Man beobachtet auf einer weißen oder silberfarbenen Unterlage.

WEISZ (b) schlägt vor, 1,5 μl Probelösung, die höchstens 2 n an HCl ist, auf ein Rundfilter zu setzen, durch gasförmiges H_2S die in Säure unlöslichen Sulfide zu fällen und die löslichen Ionen mit 0,1 n HCl in die Ringzone auszuwaschen (vgl. S. 75). Der Ring wird in Sektoren zerlegt, für den Nachweis von Fe räuchert man den Sektor kurz über HCl und zur Oxydation über Brom und besprüht mit bzw. badet in 1%iger $K_4[Fe(CN)_6]$-lösung. Bei Anwesenheit von Eisen entsteht sofort ein deutlicher Strich von Berliner Blau. Der Nachweis war möglich, wenn 1,5 μl einer Lösung ,die in 1 ml 1 mg eines Gemisches von Cu-, Fe-, Ni-, Pb-salzen enthielt oder in Neusilber mit 0,2% Fe, von dem 0,035 mg gelöst und verwendet wurden, vgl. ferner S. 42 die Vorschrift von TANANAEFF.

c) Nachweis mit Sulfosalicylsäure. Dieser Nachweis wird sowohl auf der Tüpfelplatte als auch auf Papier ausgeführt.

Ausführung und Empfindlichkeit der Reaktion. Störungen. Die Internationalen Tabellen der Reagenzien, II. Ausgabe, geben folgende Vorschrift: Man gibt auf eine Tüpfelplatte 1 Tropfen der schwach sauren Probelösung (Hydrolysesäure) und fügt zur Oxydation des Fe(II) einige Kristalle $K_2S_2O_8$ hinzu, dann versetzt man mit 1 Tropfen 5%iger wäßriger Sulfosalicylsäurelösung. Bei Anwesenheit von Fe erhält man eine violette Färbung. Bei Anwesenheit von Reduktionsmitteln muß genügend Peroxydisulfat verwendet werden. Die Grenzkonzentration beträgt $1 : 3 \cdot 10^5$. Die Reaktion ist sehr geeignet und beinahe spezifisch, nur Ti verdeckt die Reaktion des Eisens. Ist das Verhältnis Ti : Fe = 30 : 1, so beträgt die Grenzkonzentration noch $1 : 10^4$. Durch folgende Ionen wird die Grenzkonzentration $1 : 3 \cdot 10^4$ beim Verhältnis 100 : 1 Bi, Sb, Rh, Pd, Ir, Mo, Nb, Cr, Ce, Th, Co. Folgende Ionen stören nicht, auch wenn sie im Verhältnis 1000 : 1 vorhanden sind, Ag, Hg, Cu, Pb, Cd, As, Sn, Au, Pt, Se, W, V, Al, U, seltene Erden, Y, Zr, Be, Tl, Zn, Mn, Ni, Erdalkalien, Alkalien. Fluorid, Phosphat und organische Oxysäuren verhindern die Reaktion. Die Erfassungsgrenze beträgt 0,1 μg Fe(III) bei dieser Reaktion (WENGER und DUCKERT).

Man kann auch 1 Tropfen Sulfosalicylsäurelösung auf Filterpapier setzen und mit der Analysenlösung antüpfeln, man erhält dann einen violetten Fleck. Man kann 0,6 μg Fe(III) bei einer Grenzkonzentration von $1 : 5 \cdot 10^4$ [WENGER und DUCKERT, GUTZEIT (b), (c), (d)] nachweisen.

d) Nachweis mit Salicylsäure. Der Nachweis mit Salicylsäure kann auch als Mikroreaktion auf der Tüpfelplatte ausgeführt werden. 0,015 μg Fe(III) können in 0,03 ml Lösung nachgewiesen werden (Internationale Tabellen der Reagenzien, I. Ausgabe).

e) Nachweis mit Dinatrium-1,2-dioxybenzol-3,5-disulfonat. Die auf S. 64 beschriebene Reaktion kann auch auf der Tüpfelplatte ausgeführt werden.

Ausführung und Empfindlichkeit der Reaktion. Man mischt auf der Tüpfelplatte 1 Tropfen der Probelösung, 1 Tropfen der wäßrigen Reagenslösung und 1 Tropfen der Pufferlösung (vgl. S. 64.) Man kann die auf tretende Färbung noch von einer Blindprobe unterscheiden, wenn 0,05 μg Fe(III) vorhanden sind, Grenzkonzentration 1 : 1000000 [YOE und JONES, FEIGL (e)].

Bemerkungen. Die Empfindlichkeit soll gleich sein für die blaue und rote Färbung, FEIGL (e) benutzt die rote Färbung für den Nachweis, die durch Zusatz von 1 Tropfen einer Pufferlösung (1 g $NaHCO_3$ und 0,5 g Na_2CO_3 in 100 ml Wasser) erzeugt wird. Nach den Angaben der Internationalen Tabellen der Reagenzien, IV. Ausgabe, ist der Nachweis mit Hilfe der Rotfärbung um 1 Zehnerpotenz empfindlicher als der durch Blaufärbung, der letztere soll jedoch spezifischer sein. Cu, Cr und Ti im Verhältnis 10 : 1 zu Fe sollen die Empfindlichkeit nicht vermindern.

f) Nachweis mit Oxin bzw. seinen Derivaten. *α) Mit Oxin.* Für den Tüpfelnachweis von Fe^{+++} mit Oxin in Gegenwart anderer Ionen, die auch gefärbte Oxinate geben, hat DE SOUSA eine Vorschrift ausgearbeitet.

Ausführung und Empfindlichkeit der Reaktion. Man löst danach 0,5 bis 2 g Analysensubstanz (je nach dem Fe-Gehalt) in Säure. Das Volumen soll etwa 25 ml betragen. Nach Zugabe von 2 bis 3 Tropfen konzentrierter HNO_3 kocht man, filtriert und kocht das Filtrat weiter. In der Zwischenzeit stellt man eine Paste von Zinkoxyd (p. a., carbonatfrei) in destilliertem Wasser her und gibt diese langsam in das Filtrat, bis sich nichts mehr löst und ein weißer Niederschlag sichtbar ist. Man filtriert durch ein engporiges Filter und wäscht 1 bis 2mal mit heißem Wasser. Der Filterinhalt wird in möglichst wenig konzentrierter HCl direkt vom Filter gelöst. Falls die Lösung zu sauer ist, neutralisiert man den Überschuß an Säure mit NH_3, Fe muß jedoch in Lösung bleiben. Falls die Lösung mehr als 25 ml beträgt, dampft man vorsichtig ein. Von einer frisch bereiteten 5%igen Lösung von Oxin in Alkohol setzt man 1 Tropfen auf Filterpapier (WHATMAN Nr. 542), läßt den Tropfen sich ausbreiten und setzt 1 Tropfen der Probelösung in die Mitte des Flecks. Falls Fe(III) vorhanden ist, erhält man einen grünlichschwarzen Fleck oder Ring nach einigen Sekunden. Falls die Lösung zu sauer war, erscheint der Fleck nicht so schnell und mit unscharfen Konturen, es genügt dann, das Papier über eine Flasche mit konz. Ammoniak zu halten. Es können noch 10 μg Fe^{+++} in 1 Tropfen Lösung nachgewiesen werden.

Bemerkungen. In Mischungen von Salzen von Mo, V, W, Cu, Co, Ni, U, Ti, Mn mit $FeCl_3$, bei denen der Fremdionengehalt 10mal den Fe-Gehalt überstieg, konnten nach obiger Abtrennung der störenden Elemente in 1 kleinem Tropfen noch 10 μg Fe(III) nachgewiesen werden. Bei kleineren Konzentrationen wurden die Ergebnisse unsicher. FEIGL und SCHAEFFER führen den Nachweis in essigsaurer, acetatgepufferter Lösung und verwenden eine essigsaure Lösung von Oxin. Eventuell vorhandenes Fluorid wird mit Berylliumsalz gebunden. Der Nachweis ist empfindlicher als der mit Rhodanid (vgl. S. 26, 51).

Eine **besondere Ausführungsform für den Nachweis mit Oxin** haben FEIGL und BAUMFELD beschrieben. Man verwendet die feste Analysenprobe und schmilzt sie mit etwas Oxin, es tritt eine Farbänderung der Schmelze ein, nach dem Abkühlen trennt sich das überschüssige farblose Oxin von dem gefärbten Metalloxinat, letzteres ist aber noch gut erkennbar. Da die meisten Metalloxinate gelb oder orangegelb sind, ist das schwarzgrüne Eisen(III)-oxinat gut erkennbar. Man mischt eine kleine Menge der zu prüfenden festen Substanz mit überschüssigem Oxin und erhitzt diese Mischung entweder in Reagensgläsern im Wasserbad auf 100° oder in einem kleinen Porzellantiegel auf einer elektrischen Heizplatte auf 250°. Eisensalze, wie Eisen(III)-sulfat, Eisenphosphat und Fe_2O_3, hydratisiert oder bei 500° calciniert, geben beim Erhitzen auf 100° positive Reaktion; bei 900° geglühtes Eisenoxyd gibt nur beim Erhitzen der Oxinschmelze auf 250° eine Reaktion, je stärker und länger das Eisenoxyd vor der Reaktion geglüht war, desto reaktionsträger ist es, aber Fe_2O_3 in Bauxit oder TiO_2 reagiert auch nach dem Glühen recht gut. Liegt die zu untersuchende Probe in gelöster Form vor, so verdampft man 0,05 ml in einem Mikroporzellantiegel zur Trockne und glüht den Rückstand schwach, nach dem Erkalten fügt man 0,3 g Oxin hinzu und erhitzt auf 250° C. Bei größeren Fe(III)- (und Vanadin-!)-Mengen sieht die Schmelze schwarz aus, kleine Mengen Fe(III) färben sie grün, kleine Vanadinmengen färben braun. Zur Kontrolle vergleicht man mit der Farbe einer reinen Oxinschmelze. 0,05 μg Fe_2O_3 können so noch nachgewiesen werden. Die Tüpfelreaktion in Lösung ist zwar empfindlicher, aber die Schmelzreaktion kann neben größeren Mengen anderer Oxinatbildner ausgeführt werden. 2 μg Fe_2O_3 sind neben 16000 μg Al_2O_3 noch einwandfrei zu erkennen. Die Probe wird zum Nachweis von Fe in Bauxit, Magnesit, Dolomit, Kalkstein und in Aschen sowie TiO_2 oder Pigmenten, die Titanweiß enthalten, empfohlen.

β) *Mit 7-Jod-8-oxychinolin-5-sulfonsäure* (Ferron). Diese Reaktion kann auch als Tüpfelreaktion ausgeführt werden (vgl. S. 66).

Durchführung und Empfindlichkeit der Reaktion. 1 Tropfen der Probelösung, die man vorher angesäuert oder gepuffert hat, bis sie Methylorangepapier deutlich sauer färbt (p_H3,5), wird auf der Tüpfelplatte mit 1 Tropfen 0,1%iger wäßriger Ferronlösung versetzt. Man erhält eine grüne Färbung. 0,5 μg Fe(III) können bei einer Verdünnung von 1 : 100000 noch erkannt werden.

Störungen treten nur ein durch große Mengen farbiger Ionen oder starker Oxydationsmittel, die das Reagens z. T. zerstören [FEIGL (e)].

g) Nachweis mit Thioglykolsäure. Nach Feigl (e) geben Fe(II) und Fe(III) mit diesem Reagens auf der Tüpfelplatte eine purpurrote Farbe.

Durchführung und Empfindlichkeit der Reaktion. Man vermischt auf der Tüpfelplatte 1 Tropfen der Probelösung mit 1 Tropfen 6 n Ammoniaklösung und 1 Tropfen Thioglykolsäure. 0,01 μg Fe sind erkennbar. Sulfite stören und Zn^{++} vermindert die Empfindlichkeit. Nach ACOSTA verwendet man als Reagens eine Lösung von 4 ml Thioglykolsäure in 8 ml 50%iger Ammoniaklösung, die Nachweisgrenze soll nur 0,1 μg Fe betragen (vgl. S. 63).

h) Nachweis mit Isonitrosothioglykolsäure (Ba-salz). Diese Reaktion kann man auf der Tüpfelplatte oder auf Papier ausführen (WENGER und DUCKERT). Man verwendet eine (schwach?) saure Probelösung und eine Reagenslösung, wie sie auf S. 63 beschrieben wurde (10%ige Lösung des Ba-Salzes in 1 n HCl). Auf der Tüpfelplatte können durch Blaufärbung noch 0,3 μg Fe(III), Grenzkonzentration $1:10^5$, auf Papier 0,5 μg Fe(III), Grenzkonzentration $1:6\cdot10^4$ nachgewiesen werden.

Störungen s. S. 64.

i) Nachweis mit Acetylaceton. Man führt die Reaktion auf der Tüpfelplatte oder auf Papier aus (WENGER und DUCKERT). Die Probelösung soll sauer sein, als Reagens dient reines Acetylaceton. Man erhält bei Anwesenheit von Fe(III) eine rote Färbung.

Empfindlichkeit. Auf der Tüpfelplatte findet man noch 1 μg Fe(III) bei einer Grenzkonzentration von $1 : 3 \cdot 10^4$, auf Papier 3 μg Fe(III), Grenzkonzentration $1 : 10^4$ (vgl. a. S. 69).

k) Nachweis mit Chromotropsäure. Dieser Nachweis wird von GUTZEIT (b), (c), (d) als Tüpfelreaktion auf Papier empfohlen.

Durchführung der Reaktion. Man setzt 1 Tropfen Chromotropsäurelösung (wahrscheinlich das Natriumsalz) auf Filterpapier und tüpfelt dann mit der Analysenlösung an, bei Anwesenheit von Fe(III) entsteht ein intensiv grüner Fleck, der bei Zusatz von $SnCl_2$-lösung in HCl verschwindet. Ag^+ darf nicht zugegen sein, es gibt einen schwarzen Fleck. Man kann als Reagens die 5%ige wäßrige Lösung des Natriumsalzes der Chromotropsäure verwenden [FEIGL (e)].

Störungen. Viele andere Ionen geben auch Färbungen (vgl. S. 66), bei den Tüpfelreaktionen sind folgende besonders erwähnt: UO_2^{++} (braun), Ti (braunrot), Hg(II) (gelb), Hg(I) (braun), die Färbung mit Ag wird auch als sepiafarben beschrieben, ferner soll es Färbungen mit Au(III), Cu(II) und $[Fe(CN)_6]^{3-}$ geben [FEIGL (e), KOCSIS und GELEI, TANANAEFF und PANTSCHENKO]. Bei Gegenwart von Ti und Fe erscheint ein braunroter Fleck in der Mitte, der von einem grünen Ring umrandet ist. Nach Angaben der Internationalen Tabellen der Reagenzien sind auf der Tüpfelplatte 1,5 μg Fe(III), **Grenzkonzentration** 1 : 20000 nachweisbar.

l) Nachweis mit Pyramidon. Die Probelösung soll schwach salzsauer bis neutral sein, als Reagenslösung dient eine gesättigte wäßrige Lösung von Pyramidon, man erhält bei Ausführung auf der Tüpfelplatte eine blaue Färbung. 1 μg Fe(III) kann noch nachgewiesen werden, Grenzkonzentration 1 : 3 · 10^4 (WENGER und DUCKERT, vgl. die Angaben auf S. 71).

m) Nachweis mit Diphenylcarbazid bzw. Diarylcarbazonen. Die auf S. 69 beschriebene Reaktion kann auch als Tüpfelreaktion ausgeführt werden. Von der Kommission der Herausgeber der Internationalen Tabellen der Reagenzien wurde die Erfassungsgrenze zu 0,3 μg Fe(III), die Grenzkonzentration zu 1 : 100000 auf der Tüpfelplatte bestimmt. Es wurde eine 1%ige Lösung von *Diphenylcarbazid* in Alkohol verwendet, die Probelösung soll möglichst neutral sein, die entstehende Färbung wird als violett bezeichnet.

Die *Diarylcarbazone* sind empfindliche, wenn auch nicht spezifische Reagenzien auf Fe(III). Nach KRUMHOLZ und HÖNEL tränkt man Filterpapier mit einer 0,2%igen Lösung der Carbazone in Methanol, die einige Tropfen verdünnter H_2SO_4 enthält, und trocknet das Papier. Darauf tüpfelt man die neutrale oder an Säure 0,05 n Probelösung. Über die auftretenden Farben und die Erfassungsgrenzen gibt die folgende Tabelle Aufschluß.

Reagens	Erfassungsgrenze μg Fe		Farbe des Reaktionsproduktes
	neutral	sauer	
Diphenylcarbazon	0,05	5	rot
Di-α-Naphthylcarbazon	0,2	—	grauviolett
Di-β-Naphthylcarbazon	0,02	1	violett
Di-(o-Nitrophenyl)carbazon	0,1	50	violett
Di-(m-Nitrophenyl)carbazon	0,025	0,2	rot
Di-(p-Nitrophenyl)carbazon	0,025	2,5	blauviolett

Auf der Tüpfelplatte ausgeführt, sind die Reaktionen um 1 bis 2 Zehnerpotenzen weniger empfindlich. Alkali färbt die Reagenzien selbst rot bis violett, es empfiehlt sich deshalb bei Verwendung neutraler Probelösungen, nachträglich mit 1 Tropfen 0,1 n Essigsäure anzutüpfeln. Cu^{++} gibt die gleichen Färbungen wie Fe, der Nachweis ist noch empfindlicher als der für Fe. Hg(II) und Mo geben ähnliche Farbtönungen, Cd reagiert nur in alkalischer Lösung. Die Herstellung der Reagenzien ist im Original beschrieben.

n) Nachweis mit Dioxyacetophenon. Mit einer 10%igen alkoholischen Lösung von Dioxyacetophenon kann man den Nachweis von Fe(III) auch als Tüpfelreaktion führen, man erhält eine rote Färbung; 0,2 μg Fe sind so nachweisbar (ACOSTA, vgl. a. S. 65).

o) Nachweis mit Hilfe von Farbstoffen. α) *Mit Chromgelb O.* Eine wäßrige Lösung des Reagenses gibt mit Fe(III) je nach dessen Konzentration eine gelbe bis braune Färbung, wie auf S. 69 beschrieben wurde. Als Tüpfelreaktion auf der Platte ausgeführt, kann etwa 0,1 μg Fe(III) in 0,05 ml nachgewiesen werden (OTT, man vgl. S. 69).

β) *Mit Calcodur Gelb 4 G L.* Calcodur Gelb 4 G L ist ein Handelsfarbstoff von unaufgeklärter Zusammensetzung (Hersteller: Calco Chemical Division, American Cyanamid Comp.). Eine wäßrige Lösung gibt mit Fe(III) eine dunkelgrüngelbe Farbe bei p_H 3,8, die Reaktion soll empfindlich sein (MAIER). Man stellt eine gesättigte Lösung des Farbstoffs in deionisiertem Wasser her. Deionisiertes Wasser erhält man, wenn man destilliertes Wasser durch eine Säule mit Amberlite MB-1 laufen läßt.

Durchführung und Störungen der Reaktion. Mit der Reagenslösung imprägniert man Streifen von Filterpapier mit einzelnen Tropfen, setzt auf die Flecke 1 Tropfen Pufferlösung (2,63 ml 0,1 n HCl und 50 ml 0,1 m Kaliumbiphthalat auf 100 ml verdünnt) und trocknet das Papier. Man bringt 1 Tropfen der zu prüfenden Lösung an der Kante des gelben Farbstoffleckes an. Wenn Fe(III) zugegen ist, erscheint eine dunkelgrüngelbe Farbe an der Berührungsstelle. Es sollen kaum Störungen bei dieser Farbreaktion auftreten. Cu(II) und Al geben einen leichten Niederschlag, dessen Farbe nicht angegeben ist, Ni gibt einen olivgrünen Niederschlag. Co, Mn, Zn, MoO_4^{--} geben keine Färbungen.

p) Nachweis mit 2-Thenoyltrifluoraceton (TTA). Diese Substanz kann nach REID und CALVIN hergestellt werden, sie gibt mit Fe^{+++} eine rote Färbung (CEFOLA, ANDRUS, MICCIOLI und YANOWSKI).

```
HC——CH  O         O
‖    ‖  ‖         ‖
HC   C—C—CH₂—C—CF₃
  \S/
```

Durchführung und Empfindlichkeit der Reaktion. Man verwendet eine 0,5 m Lösung des Reagenses in Benzol. Der Nachweis wird als Tüpfelreaktion auf Filterpapier (SCHLEICHER und SCHÜLL Nr. 601) ausgeführt. Die Probelösung soll mineralsauer sein. Je nach der Menge an Fe^{+++} erhält man eine blutrote bis blaßrote Färbung, die aber nicht sofort erscheint, sondern erst nach 1 bis 10 Min. sichtbar wird. Bei niedrigen Konzentrationen scheint die Farbe mit der Zeit intensiver zu werden. Da auch eine Blindprobe mit der Zeit nachdunkelt, muß man einen Blindversuch gleichzeitig anstellen und sorgfältig vergleichen. 0,5 μg Fe^{+++} können bei einer Grenzkonzentration von 1 : 100000 nachgewiesen werden.

Bemerkungen. Ist die Lösung 5 m an HNO_3, so ist die Färbung intensiv und sehr stabil, in Gegenwart von 5 m H_2SO_4 ist die Farbe intensiv, bleicht aber nach 1 Std. aus, in Gegenwart von 5 m HCl ist die Färbung nicht so intensiv, aber stabil, in Gegenwart von 5 m HF ist sie intensiv, sehr stabil, braucht aber eine lange Entwicklungszeit, in Gegenwart von 2 m H_3PO_4 ist die Färbung weniger intensiv und bleicht mit der Zeit aus. Folgende Ionen geben auch eine positive Reaktion unter denselben Bedingungen: Cu(II) (grüner Fleck), Ce(IV) (brauner Fleck), Au(I) (purpurner Ring am Rand), Os(IV) (nach 30 Min. gelb), $PtCl_4^{--}$ (nach 1 Std. gelb). Fe(III) kann noch nachgewiesen werden, wenn die Probelösung etwa 0,1 mg Fe/ml enthält neben der 50 bis in manchen Fällen 1000fachen Menge an: Co, Cu(II), Cr(III), Ni, Pb, Sn(II), Mn(II), Al, UO_2^{++}, $PtCl_4^{--}$, Os(IV), Tartrat, Oxalat, Fluorid, Phosphat, Silicat. (Die Angaben über Phosphat und Fluorid scheinen nicht ganz verständlich, da man ja im sauren Gebiet arbeitet und HF nicht, H_3PO_4 nicht besonders stark störend wirkt!) Benutzt man an Stelle des Papiers eine Tüpfelplatte und eine acetonische oder alkoholische Lösung des Reagenses, so steigt die Empfindlichkeit um das 5fache.

q) Weitere Nachweise. Die im folgenden angeführten Nachweise können auch als Mikroreaktionen ausgeführt werden, z. T. sind sie schon weiter vorn beschrieben.

α) *Mit Alloxanthin.* Eine 1%ige Lösung von Alloxanthin in 1 n NaOH gibt mit Fe^{+++} eine blaue Färbung [ROSSI und TRONCOSO (a), (b), GUTZEIT (b), (d), vgl. S. 67).

β) *Mit Tannin oder Gallussäure.* Beim Tüpfelnachweis von Fe^{+++} mit Tannin erhält man einen schwarzen Niederschlag [GUTZEIT (b), (d)]. Mit Hilfe der Elektro-Tüpfelmethode konnte FRITZ noch 0,0002 μg Fe nachweisen (vgl. S. 54).

Mit 0,3%iger wäßriger Gallussäurelösung können auf der Tüpfelplatte noch 0,75 μg, auf Papier 1,5 μg Fe(III) in 0,03 ml nachgewiesen werden (Kommission der Herausgeber der Internationalen Tabellen der Reagenzien, vgl. S. 55).

γ) *Mit Mekonsäure.* Die auf S. 74 beschriebene Reaktion kann auch auf der Tüpfelplatte ausgeführt werden, 0,5 μg Fe(III) bei einer Grenzkonzentration von 1 : 400 000 sind nachweisbar (MANNELLI und BIFFOLI).

δ) *Mit p-Aminophenolchlorhydrat.* Eine 2%ige alkoholische Lösung von p-Aminophenolchlorhydrat ist nach AUGUSTI ein günstigeres Reagens als eine Lösung des freien Aminophenols (vgl. S. 65).

Durchführung und Empfindlichkeit der Reaktion. 1 Tropfen der (wahrscheinlich neutralen) Probelösung wird auf der Tüpfelplatte oder auf Papier mit 1 bis 2 Tropfen der Reagenslösung versetzt. Fe(III) gibt eine violettblaue bis violette Trübung oder Fällung, die beim Stehen blauer wird, in Alkohol ist sie mit violetter Farbe löslich. Durch Zufügen von 1 Tropfen Essigsäure zur Probelösung soll die Reaktion verschärft werden. 0,07 μg Fe(III) sind nachweisbar, die Grenzkonzentration beträgt 1 : 360000. Nur Cu(II) gibt eine ähnliche Reaktion.

ε) *Mit Kaliumdicyanoguanidin.* Mit diesem Reagens gibt Fe(III) eine rote Färbung (DRANEY, YANOWSKI und CEFOLA). Man verwendet eine gesättigte wäßrige, filtrierte Lösung des aus Wasser umkristallisierten Handelsproduktes.

Durchführung und Empfindlichkeit der Reaktion. Zu 1 Tropfen der zu prüfenden Lösung gibt man 1 Tropfen 2 n HCl und 1 Tropfen Reagenslösung, bei Anwesenheit von Fe(III) entsteht eine rote Färbung. Nachweisgrenze 1 μg Fe(III), Grenzkonzentration 1 : 10000.

Störungen. Fe(II) und viele andere Ionen reagieren nicht, Fällungen werden erhalten mit Cu(II) (blaugrün, amorph) Ag, Hg(II), Hg(I) (weiß, amorph), $PtCl_6^{--}$ (gelb, kristallin), Pd(II), Au(III) (gelb, amorph). Fluoride, Oxalate, Tartrate verringern die Farbintensität des Fe(III)-komplexes. Gefärbte Ionen wie $Cr_2O_7^{--}$ stören auch.

ζ) *Mit 2,7-Diaminodiphenylenoxyd.* Das Reagens wird durch Umkristallisieren aus Wasser gereinigt. Man verwendet eine Lösung von 0,375 g Diaminodiphenylenoxyd in 5 ml Eisessig und 45 ml Wasser. Die Probelösung soll neutral oder essigsauer sein.

Durchführung und Empfindlichkeit der Reaktion. 1 bis 2 Tropfen der zu prüfenden Lösung werden auf der Tüpfelplatte mit 1 Tropfen Reagenslösung versetzt, man erhält bei Anwesenheit von Fe(III) eine blaue Färbung, in konzentrierteren Fe(III)-lösungen eine blaue Fällung. In 1 Tropfen können 0,06 μg Fe(III) nachgewiesen werden. Hexacyanoferrat(III) (und wahrscheinlich andere Oxydationsmittel) reagieren auch (CULLINANE und CHARD).

η) *Mit Diaminobenzidinhydrochlorid.* Mit einer 0,5%igen Lösung des Reagenses in Wasser gibt Fe(III) in neutraler Lösung auf der Tüpfelplatte eine rotbraune Farbe, in 3 n ammoniakalischer Lösung eine schwarze Farbe, in 3 n salzsaurer Lösung eine violette Farbe, in phosphorsaurer Lösung keine Färbung [HOSTE (a)]. Viele andere Ionen geben je nach dem Milieu auch Färbungen (schwarz, grün, braun, blau, gelb, rotbraun, rosa, grau, violett), einige auch Fällungen. In saurer Lösung geben eine violette Farbe V^V, Au(III), Fe(III), stark oxydierende Agenzien wie Ce(IV), MnO_4^-, CrO_4^{--}.

ϑ) *Mit disubstituierten Dithiocarbamaten.* Mit 3%igen Lösungen von Natriumdiäthyldithiocarbamat bzw. von drei anderen Dithiocarbamaten gibt Fe(III) oberhalb eines p_H-Wertes von 2 schwarze Fällungen. MALISSA und MILLER haben auf der Tüpfelplatte, auf Papier oder im Spitzröhrchen die **Empfindlichkeit** der Reaktion geprüft. Die Grenzkonzentrationen liegen auf der Tüpfelplatte und auf Papier bei $1 : 2 \cdot 10^5$, im Spitzröhrchen bei $1 : 2 \cdot 10^6$. Fe(II) und fast alle Schwermetallionen geben auch Fällungen, daher sind diese Reagenzien nicht geeignet für den Nachweis des Fe (vgl. S. 53).

ι) *Mit Cupferron.* Zur Vorprobe auf Fe(III) mischt man in einem Mikroreagensglas 1 Tropfen 4 n HCl, 1 Tropfen Probelösung und 1 Tropfen frisch bereitete 6%ige wäßrige Cupferronlösung, man wartet 30 Sek. Fe(III) gibt einen rotbraunen Niederschlag, andere Ionen fallen auch, vgl. S. 53 [CHARLOT (b)].

$\varkappa$) *Protocatechusäure* (S. 38) gibt mit Fe(III) in schwach saurer Lösung eine blaugrünliche Färbung [Gutzeit (b), (d)].

λ) *2,4-Dinitrosoresorcin* (vgl. S. 25, 56) wird in 20%iger alkoholischer Lösung von Gutzeit (b), (c), (d) benutzt. Man setzt 1 Tropfen Probelösung auf Filterpapier und tüpfelt mit dem Reagens an, eine hellgrüne Farbe zeigt Fe(III) an.

μ) *Mit Dithiooxamid* (*Rubeanwasserstoff*) ist die Tüpfelreaktion für Fe(III) nicht charakteristisch, man erhält eine schwach orange Farbe in neutraler Lösung [West (a), Feigl (e), vgl. S. 28].

ν) *Mit Phenothiazin* (vgl. S. 73). Auf der Tüpfelplatte oder auf Papier geht die gelbbraune Farbe des Reaktionsproduktes ebenfalls schnell in grün über. Auf der Tüpfelplatte können noch 0,26 μg Fe(III) in 0,053 ml erkannt werden, in Gegenwart der etwa 100fachen Menge UO_2^{++} können noch 0,15 μg Fe(III) in 0,053 ml erkannt werden (Duval).

ξ) *Mit Natrium- oder Kalium-Penicillin G* (vgl. S. 56) in 2%iger wäßriger Lösung gibt Fe(III) eine gelbe voluminöse Fällung. Die Grenzkonzentration beträgt auf der Tüpfelplatte $1:4\cdot10^4$, im Spitzröhrchen $1:8\cdot10^4$ (Malissa und Weigert), die Empfindlichkeit wird durch die Anwesenheit eines 1000fachen Überschusses an Ni oder Co nicht geändert.

o) *Nachweis durch Löschung der Fluorescenz.* Fe(III) löscht die Fluorescenz von Salicylsäure oder von α-Naphthoflavon [Gotô (b)]. Je 1 Tropfen der Probelösung, 0,1 n Essigsäure/Acetatpufferlösung (1 : 1) und 0,04%ige *Salicylsäure*lösung werden auf der Tüpfelplatte vermischt, es tritt eine tiefviolette Farbe auf, die violette Fluorescenz der Säure verschwindet bei Betrachtung im UV-Licht. 2,5 μg Fe(III) sind bei der Grenzkonzentration 1 : 20 000 nachweisbar.

Oder man vermischt je 1 Tropfen Probelösung, die gegebenenfalls mit 1 Tropfen 0,1 n HCl angesäuert wird, frischbereitete 0,3 n KJ-Lösung und 0,5%ige *α-Naphthoflavon*lösung auf der Tüpfelplatte, die Lösung wird blauschwarz durch ausgeschiedenes Jod, die Fluorescenz verschwindet. Erfassungsgrenze 0,25 μg Fe(III), Grenzkonzentration 1 : 200000.

Die Fluorescenzlöschung der Salicylsäure tritt auch in Gegenwart von Ti ein, bei α-Naphthoflavon sind ebenfalls einige andere Ionen wirksam.

π) *Die Reaktion mit Quercetin oder Quercitrin* ist schon auf S. 45 beschrieben worden (Kocsis).

ϱ) *Die Reaktionen mit 9-Methyl-2,3,7-trioxy-6-fluoron, durch katalytische Wirksamkeit der Fe-ionen* und nach Siboni sind auf den Seiten 46, 47 erwähnt bzw. beschrieben [Wenger, Duckert und Blancpain, Szebellédy und Ajtai (b), Feigl (a), Siboni].

3. Nachweis mit Hilfe von Mikrokristallreaktionen.

Für den Nachweis von Fe^{+++} unter Beobachtung der entstehenden Kristallformen mit Hilfe des Mikroskops wird eine Reihe von Reaktionen vorgeschlagen. Hiervon sind wohl diejenigen am geeignetsten, die Fe(III) mit Rhodanid und einer organischen Base als kristallinen Niederschlag abscheiden. Einige der hier vorgeschlagenen Basen reagieren auch mit Hexacyanoferrat(II) oder -(III), vgl. S. 93, 101—103, 112.

a) Nachweis mit Pyramidon und NH_4SCN. Pyramidon in Gegenwart von NH_4SCN gibt mit Fe(III), aber auch mit einigen anderen Ionen, einen kristallinen Niederschlag [Martini (g)].

Durchführung und Empfindlichkeit der Reaktion. Störungen. Man setzt 1 Tropfen der zu untersuchenden Lösung auf einen Objektträger und danach 1 Tropfen kalt gesättigte NH_4SCN-Lösung und 1 Tropfen kalt gesättigte Pyramidonlösung. Es entsteht bei Gegenwart von Fe(III) ein roter Niederschlag, der unter dem Mikroskop erst amorph, später kristallin aussieht. Die Empfindlichkeit wird erhöht, wenn man vor Zusatz der Pyramidonlösung 1 kleinen Tropfen konz. HNO_3 zusetzt, es entstehen dann gleich rote Kristalle. Die Kommission der Herausgeber der Internationalen Tabellen der Reagenzien gibt an, daß man in neutraler Lösung 5 μg Fe(III) in 0,01 ml nachweisen kann, in stark saurer Lösung findet man 1 μg Fe(III) in 0,01 ml. Co gibt blaugrüne, Zn und Cd weiße, Cu graubraune Kristalle.

Abänderung der Durchführung. Nach Angaben der Internationalen Tabellen der Reagenzien, II. Ausgabe, begünstigt die Anwesenheit kleiner Mengen an Co^{++} die Abscheidung der Fe(III)-Kristalle. Es wird daher folgende Vorschrift gegeben: Man mischt auf dem Objektträger 1 Tropfen der Probelösung mit 1 Tropfen 0,02%iger wäßriger $CoCl_2$-Lösung, trocknet über einem Mikrobrenner ein und läßt abkühlen. Dann fügt man 1 Tropfen Reagenslösung (eine gesättigte Lösung von Pyramidon in gesättigter wäßriger NH_4SCN-Lösung) und 1 Tropfen 0,3 n HCl hinzu, erwärmt und reibt mit einem Glasstab. Man erhält in Gegenwart von Fe, das unbedingt vorher zur dreiwertigen Stufe oxydiert sein muß, rote Kristalle, die in Rosetten angeordnet sind, vermischt mit blauen Kristallen, die vom Co^{++} stammen.

Die **Empfindlichkeit** beträgt $1:10^5$. Die Ionen folgender Elemente im Verhältnis 1000 : 1 verringern die Empfindlichkeit nicht: Ag, Cu, Pb, Bi, As, Sb, Au, Pd, Pt, W, Ta, Al, Cr, U, Ce, seltene Erden, Zr, Be, Mn, Ni, Erdalkalien, Alkalien. Wenn das Verhältnis Co : Fe größer als 200 : 1 ist, stört Co. Die Empfindlichkeit wird $1:10^4$, wenn folgende Ionen im Verhältnis 100 : 1 vorliegen: Hg, Cd, Sn, Se, Mo, Nb, Zn. Die Ionen TeO_3^{--} und Ti(IV) reduzieren die Empfindlichkeit auf $1:10^3$, wenn sie im Verhältnis 10 : 1 vorliegen. Die Ionen der Elemente Rh, Ir, V stören, da sie einen rotbraunen, roten oder rotvioletten Niederschlag geben. Fluorid, Phosphat und organische Oxysäuren verhindern die Reaktion des Eisens. Nach WENGER und DUCKERT wirken auch Th, Tl, Zn störend.

b) Nachweis mit Chinolin und NH_4SCN. Für diese ursprünglich von MARTINI vorgeschlagene Reaktion gibt KORENMAN (e), (h) folgende **Vorschrift**: Man mischt in einem Reagensglas 1 Teil Chinolin mit 1 Teil gesättigter NH_4SCN-Lösung und setzt dann tropfenweise verdünnte HNO_3 zu, bis sich das Chinolin gelöst hat. Dieses Reagens gibt mit Fe(III)-salzen auf dem Objektträger beim Reiben mit dem Glasstab rote Kristalle von unregelmäßiger und unterschiedlicher Form und Größe.

Die **Erfassungsgrenze** beträgt 0,3 μg Fe(III).

Störungen. Zn gibt mit dem gleichen Reagens farblose, stark lichtbrechende Rhomben, Parallelogramme und Sechsecke, die Reaktion ist allerdings wenig empfindlich. Co gibt blaue Prismen, Würfel oder andere Formen. Mit Cd erhält man langsam stachlige Kugeln, Cu reagiert in neutraler Lösung ebenfalls und nach GAPTSCHENKO und SCHEINZISS auch Ag. Der Hauptnachteil liegt darin, daß das Reagens von KORENMAN selbst nach kurzer Zeit kristallisiert, es gibt große, oft längliche Sechsecke, die die Reaktion mit den Metallsalzen verdecken, das Reagens muß stets frisch bereitet werden.

Weitere Durchführungsformen. Zur Vermeidung dieses Übelstandes schlägt BARÓ GRAF (f) folgende Ausführung vor: Man setzt 1 Tropfen der zu untersuchenden Lösung auf einen Objektträger, läßt ihn über einem Alkoholbrenner eindampfen und kühlt ab, den Rückstand befeuchtet man mit 1 Tropfen Ammonium- oder Kaliumrhodanidlösung (gesättigt), setzt dann $^1/_2$ Tropfen HNO_3 1 : 3 hinzu, läßt vom Rand etwas Chinolin zufließen und bedeckt mit einem Deckglas. Man kann auch auf den eingedampften Probetropfen 1 Tropfen 4%ige Kollodiumlösung in Äther/Alkohol setzen und nach dem Verdampfen des

Lösungsmittels die Reagenzien zufügen. Man erhält mit Fe(III) viele polyedrische, lebhaft rote, monokline, doppelbrechende Kristalle, wie sie Abb. 2 zeigt.

Die **Erfassungsgrenze** beträgt 0,04 μg Fe(III). Die Mengen und die Reihenfolge des Zusatzes der Reagenzien sind wichtig und müssen eingehalten werden. Ti, Mo und Co sollen ähnlich reagieren (MONNIN-CHAMOT und MASON).

Man kann den eingedampften Probetropfen auch mit 1 Tropfen Vaselin bedecken und setzt dann 1 Tropfen gesättigte NH_4SCN-Lösung, und danach 1 Tropfen einer Lösung von 1 ml Chinolin in 50 ml 1%iger HNO_3 zu [BARÓ GRAF (b)]. Das Chinolin kann auch in Alkohol gelöst verwendet werden [BERISSO (a)]. Diese Reaktion kann nach geeigneter Vorbereitung zum Nachweis von Fe in Tinte oder Scheelit verwendet werden.

Abb. 2. Fällung von Fe(III) mit Chinolin und Ammonium- oder Kaliumrhodanid. Nach J. C. BARÓ GRAF: Publ. Inst. investigac. microquím., Univ. nac. Litoral (Rosario, Argentina) **13**, 23 (1949).

c) Nachweis mit Pyridin und NH_4SCN. Nach BARÓ GRAF (f) verwendet man als Reagenzien wieder gesättigte NH_4SCN- oder KSCN-Lösung, HNO_3 1 : 3 und reines Pyridin und arbeitet genauso wie unter b) beschrieben (S. 86). Man erhält viele kleine Kristalle, die größer werden. Sie sind rot, monoklin, rechtwinklig, zweiachsig.

Die **Empfindlichkeit** beträgt auch 0,04 μg Fe(III). Nach BARÓ GRAF (f) soll aber die Reaktion mit Chinolin besser sein.

Nach BERISSO (a) verrührt man 1 Teilchen der zu prüfenden Substanz, z. B. ein gepulvertes Mineral, mit 1 Tropfen HNO_3 auf dem Objektträger und läßt 1 Mikrotropfen Pyridinreagens dazufließen (4 Teile reines Pyridin und 2 Teile kristallisiertes NH_4SCN in gesättigter Lösung).

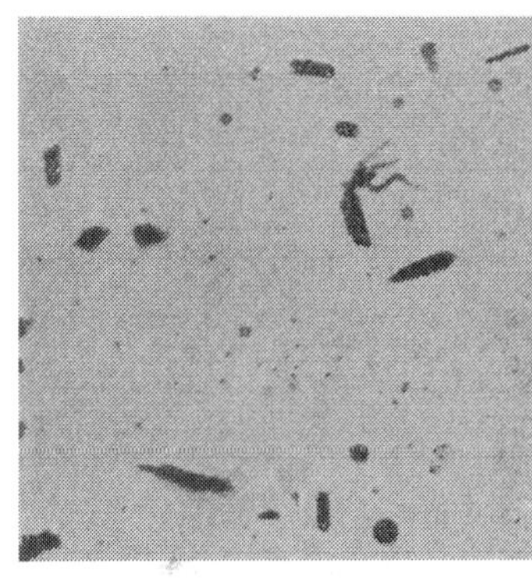

Abb. 3. Fällung von Fe(III) mit Pyridin und Ammonium- oder Kaliumrhodanid. Nach J. C. BARÓ GRAF: Publ. Inst. investigac. microquím., Univ. nac. Litoral (Rosario, Argentina) **13**, 23 (1949).

d) Nachweis mit Acridin und NH_4SCN.

Durchführung, Empfindlichkeit und Störungen der Reaktion. Läßt man 1 Tropfen der Probelösung auf dem Objektträger mit 1 Tropfen 1%iger NH_4SCN-lösung zusammenfließen und versetzt mit entweder 1 Tropfen 1%iger Acridinhydrochloridlösung [MARTINI (f)] oder 1 Tropfen 0,5%iger Lösung von Acridin in 0,5 n H_2SO_4, so erhält man nach einiger Zeit gut geformte dunkelrote, prismatische Kristalle, die dem monoklinen oder triklinen System angehören. Die Kommission der Herausgeber der Internationalen Tabellen der Reagenzien hat festgestellt, daß man 0,5 μg Fe(III) in 0,01 ml finden kann. Ebenfalls Kristalle bilden: Cu (bräunlich), Co (blau), Hexacyanoferrat(II) (grau), die übrigen alle gelblich: Hexacyanofer-

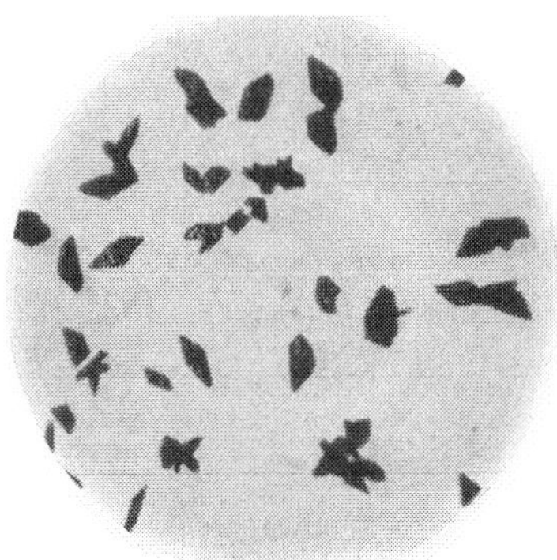

Abb. 4. $FeCl_3$ + NH_4SCN + Acridinhydrochlorid. Nach A. LANGER: Mikrochemie **25**, 75, (1938).

rat(III), CrO_4^{--}, $Cr_2O_7^{--}$, SO_3^{--}, Zn, Cd, Hg, Bi, UO_2^{++} [LANGER, MARTINI (f)].

Die Empfindlichkeit der Reaktion wird erhöht auf 0,1 μg Fe(III), wenn man den Probetropfen zur Trockne verdampft, mit 1 Tropfen Vaselin bedeckt und dann je 1 Mikrotropfen 5%ige KSCN- und 1%ige Acridinhydrochloridlösung zufügt. Bei dieser Technik erhält man außerdem mit Ni blaugrüne Kristalle, die braun werden, mit In gelblichrosa Kristalle, mit Acridin direkt reagieren Au, Pt, Ir, Pd. Rh gibt einen amorphen Niederschlag [MARTINI (h), (l)].

Bei der Arbeitsweise nach BARÓ GRAF (f) trocknet man ebenfalls den Probetropfen ein, versetzt den Rückstand mit 1 Tropfen gesättigter NH_4SCN-lösung und 1 Tropfen 1%iger Acridinhydrochloridlösung, man erhält rote, quadratische, rechtwinklige oder rhombische Platten und soll sogar 0,01 μg Fe(III) nachweisen können, die Reaktion wird von BARÓ GRAF (f) als einfach und sicher empfohlen. LANGER macht darauf aufmerksam, daß bei Erhöhung der Rhodanidkonzentration Acridinrhodanidkristalle ausfallen können, die stören.

e) Nachweis mit Spartein und NH_4SCN. Diese Reaktion ist nach Angaben von MARTINI (b), (i) sehr empfindlich und geeignet, freies Eisen in Zellen und Geweben nachzuweisen. Als Reagens dient eine Lösung von 40 g NH_4SCN und 5 g Sparteinsulfat in 100 ml Wasser.

Abb. 5. Fällung von Fe(III) mit Sparteinsulfat und Ammoniumrhodanid. Nach A. MARTINI: Mikrochimica Acta 1, 165 (1937).

Durchführung, Empfindlichkeit und Störungen der Reaktion. Der Nachweis auf Eisen wird am besten so durchgeführt, daß man 1 Tropfen der Probelösung mit 1 Tropfen Propionsäure (1 : 2) oder 1 Tropfen HCl versetzt, dann gibt man 1 Tropfen Perhydrol und 1 Tropfen Reagenslösung zu. Man erhält bei Anwesenheit von Fe einen kräftig roten Niederschlag, der unter dem Mikroskop aus orangeroten triklinen Kristallen, die in Garben oder Sternform, manchmal auch als Prismen oder Rosetten vorliegen, besteht. Man kann noch 0,01 μg Fe nachweisen. Co gibt blaue Kristalle, Zn weiße Kristalle, Cd einen weißen Niederschlag, Cu einen bräunlichgelben. Die letzten beiden Ionen geben in verdünnten Lösungen keinen Niederschlag. Ferner geben V^{IV}-salze einen weinroten Niederschlag, dessen Kristallformen aber sehr verschieden von denen des Eisenniederschlages sind. Auch UO_2^{++} und In(III) geben charakteristische Kristalle. In Lösungen, in denen 1 Teil Fe neben 100 Teilen Co, Ni, Zn, Cd, Cu vorliegt, ist Fe noch deutlich nachweisbar.

f) Nachweis mit Urotropin und NH_4SCN. Nach MARTINI (e) führt man den Nachweis folgendermaßen:

Durchführung, Empfindlichkeit und Störungen der Reaktion. Zu 1 kleinen, auf die Mitte eines Objektträgers gebrachten Tropfen der Probelösung gibt man 1 gleich großen Tropfen gesättigter Urotropinsulfatlösung und mischt mit Hilfe eines Glasstabes, an den Rand des Tropfens läßt man mit Hilfe einer Goldfeder Spuren einer gesättigten NH_4SCN-lösung fließen. Nach einigen Augenblicken legt man ein Deckgläschen auf. Man erhält eine reichliche Menge an Niederschlag von lebhaft roter Farbe. Auch mit Vanadinsalzen erhält man einen hellroten Niederschlag, dessen Kristallformen aber anders sind. Ferner erhält man Kristallfällungen mit Co (blau), Cu (gelb), Zn (weiß), Mo (rotgelb) und In (weiß). Nach Angaben der Internationalen Tabellen der Reagenzien kann man 10 μg Fe(III) in 0,01 ml nachweisen, vgl. S. 48. Urotropin selbst gibt auch mit einigen Ionen Kristallfällungen.

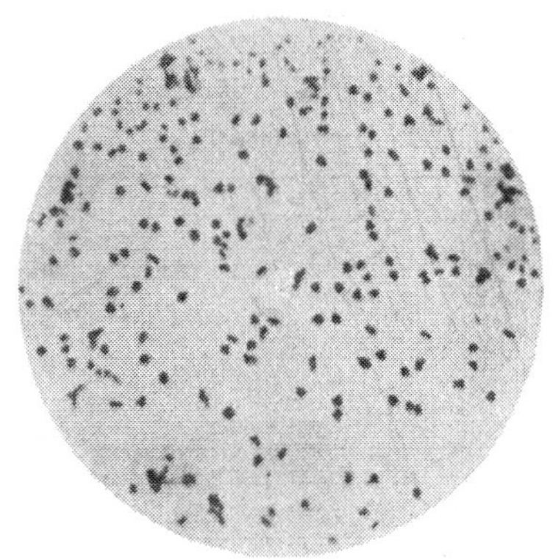

Abb. 6. Fe(III)+Urotropinsulfat+NH_4SCN. Nach A. MARTINI: Mikrochemie 6 (1928), Tafel VIII am Schluß des Bandes.

g) Nachweis mit $[Hg(SCN)_4]^{--}$

Durchführung und Empfindlichkeit der Reaktion. Versetzt man eine Probelösung, die Fe(III) enthält, wie auf S. 47 beschrieben, mit festem $K_2[Hg(SCN)_4]$, so erhält man eine rote Färbung, in konzentrierteren Lösungen (2,5%ig an $FeCl_3$) erhält man gut ausgebildete dunkelrote Sechsecke. Sie fallen aus neutralen Lösungen und Lösungen, die 1 bis 7% HNO_3 enthalten [BENEDETTI-PICHLER und SPIKES (b)]. Nach MARTINI (k) dampft man den Probetropfen auf dem Objektträger zur Trockne ein und berührt den Rückstand mit einer Goldfeder, die mit einer Mischung gleicher Teile des Reagenses ($(NH_4)_2[Hg(SCN)_4]$, keine Angabe ob gelöst und in welcher Konzentration) und HNO_3 1 : 5 befeuchtet war. Dann gibt man 1 Tropfen reinstes Vaselinöl hinzu. Unter dem Mikroskop erscheinen viele intensiv rote Kristalle, die verschieden gruppiert sein können. Man kann 0,1 μg Fe(III) so nachweisen. Man vergleiche aber die Bemerkungen auf S. 47. Die Reaktion scheint für den Nachweis von Fe(III) nicht besonders geeignet zu sein.

Abänderung der Durchführung. KORENMAN (a) empfiehlt für den Nachweis des Fe(III) mit $[Hg(SCN)_4]^{--}$ ebenfalls einen Zusatz von Zn^{++}. Man führt die Reaktion wie auf S. 48 beschrieben aus. Bei Anwesenheit von Fe^{+++} erhält man violette, bräunliche oder rosa Kristalle. 0,02 μg Fe(III) können in 1 Tröpfchen von 0,002 ml nachgewiesen werden, Grenzkonzentration 1 : 100000. Auch hier stört die Anwesenheit von Cu(II).

h) Nachweis mit Chinolin und Jodid.

Durchführung, Empfindlichkeit und Störungen der Reaktion. Nach GAPTSCHENKO und SCHEINZISS erhält man mit Fe(III) und einer Reagenslösung, die in 100 ml wäßriger Chinolinlösung 10 g KJ enthält, lange grüne Nadeln, die noch sichtbar sind, wenn 0,2 bis 0,3 μg Fe(III) vorliegen. Sn(II), Cd und Zn reagieren auch.

Abänderung der Durchführungsform. Nach BERISSO (c) führt man die Reaktion folgendermaßen aus: 1 Tropfen der Probelösung wird auf dem Objektträger eingetrocknet, den abgekühlten Rückstand versetzt man mit 1 Tröpfchen HCl 1 : 2, 1 Tropfen 5%iger NaJ-Lösung, rührt um und führt schließlich 1 Mikrotropfen Chinolin mit Hilfe eines Glasstabes von 1 mm Durchmesser hinzu. Man bedeckt den Tropfen mit einem Deckglas und beobachtet unter dem Mikroskop prismatische Kristalle von gelber Farbe, die auch in Gruppen von Sternchen vereinigt sein können. Unter dem Polarisationsmikroskop zeigen die Kristalle bei gekreuzten Nicols Auslöschung mit Winkeln zwischen 25 bis 70°. Die Reaktion tritt noch bei einer Verdünnung von 1 : 100000 ein. Durch Zuführung von 1 Tröpfchen NH_4SCN kann man die Kristalle in die entsprechende Rhodanidverbindung umwandeln, es entstehen erst rote ölige Tropfen, die dann wieder kristallisieren (vgl. S. 86). 0,5 μg Fe(III) sind bei einer **Grenzkonzentration** von 1 : 100000 nachweisbar.

Bemerkungen. Hg(II), Sn(II), Sb, Cr, U geben nur Kristalle, wenn sie in größerer Konzentration vorliegen, Bi soll bei der hier gegebenen Vorschrift keine Kristalle geben, Pd und Tl(I) reagieren mit der gleichen Empfindlichkeit wie Fe(III), zeigen jedoch andere Formen und Färbungen, während Zn, Cu und Cd die gleiche Reaktion wie Fe(III) geben, aber eine andere Empfindlichkeit besitzen und sich auch unterschiedlich beim Zusatz von NH_4SCN verhalten.

i) Nachweis mit Antipyrin und Perchlorat. Nach MARTINI (d) gibt Fe^{+++} mit Antipyrin und Perchlorat Mikrokristalle von orange oder hellgelber Farbe. Über die Ausführung und Reagenszusammensetzung ist nichts angegeben. 0,1 μg Fe(III) kann nachgewiesen werden. Zr, In, Al geben ebenfalls typische Kristalle.

k) Nachweis mit Brenzkatechin und Anilin. Als Reagenzien verwendet man eine gesättigte Lösung von Brenzkatechin in halbkonzentrierter Essigsäure und reines Anilin.

Durchführung, Empfindlichkeit und Störungen der Reaktion. Nach BARÓ GRAF (a), (b), (f) versetzt man 1 Tropfen der Probelösung auf dem Objektträger mit

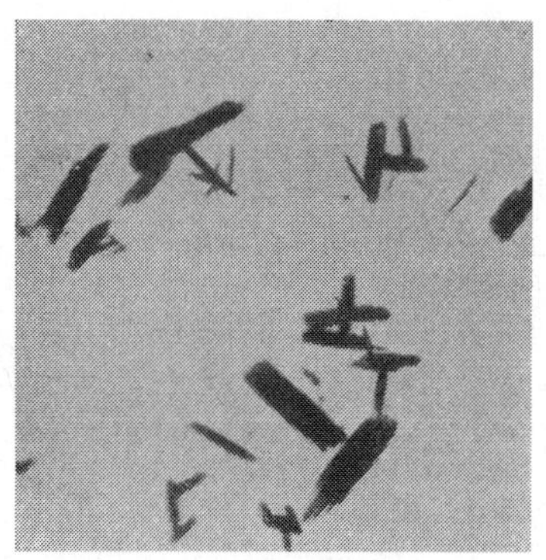

Abb. 7.

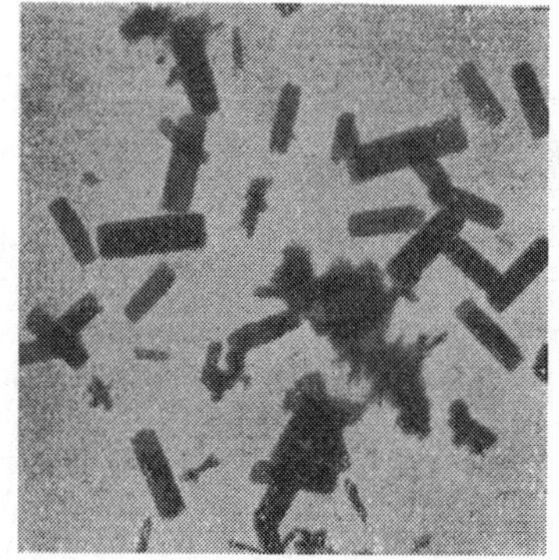

Abb. 8.

Abb. 7 u. 8. Fe(III) + Brenzkatechin + Anilin. Nach J. C. BARÓ GRAF: Publ. Inst. investigac. microquim., Univ. nac. Litoral (Rosario, Argentina) **13**, 23 (1949).

1 Tropfen der Brenzkatechinlösung, man beobachtet eine Trübung durch einen amorphen Niederschlag von violetter Farbe, dann gibt man eine kleine Menge reines Anilin hinzu, nach kurzer Zeit bedeckt man den Tropfen. Man beobachtet im Mikroskop viele dunkle ölige Tröpfchen, die dann in violette Kristallplättchen von unterschiedlichen Formen übergehen, schließlich erhält man Formen, wie sie die Abb. 7 und 8 zeigen. Man kann noch 0,2 μg Fe(III) nachweisen, wenn man den Probetropfen vorher zur Trockne verdampft hat. Man kann so Eisen in verschiedenen Mineralien (Pyrit, Hämatit) nach geeigneter Vorbehandlung nachweisen. Al bildet sternchenförmige, dann linsenförmige Kristalle, W gibt gelbe, Mo orange und V schwärzliche Kristalle. Die Eisenkristalle können nach einiger Zeit neben den von W stammenden Kristallen in Scheelit erkannt werden.

l) Nachweis mit Ammoniumparamolybdat. Als Reagens dient eine gesättigte Lösung von Ammoniumparamolybdat [von BARÓ GRAF (e) als $(NH_4)_9Mo_7O_{21} + 4H_2O$ bezeichnet] in Wasser. Mit Fe(III)-Lösungen erhält man einen weißlichen, amorphen Niederschlag, der beim Erwärmen farblose viereckige Tafeln ergibt. In Lösungen von der Verdünnung 1 : 20000 tritt die Reaktion noch ein. Die folgenden Ionen geben eine ähnliche Reaktion, z. T. allerdings nur in etwas konzentrierteren Lösungen: Al, Cr(III), Ni, Zn, Hg(II), Cu, Co [BARÓ GRAF (e), (f)].

m) Nachweis mit NH_4F. Nach BEHRENS-KLEY erhält man aus Lösungen von $FeCl_3$ beim Zusatz von NH_4F farblose Oktaeder, $(NH_4)_3FeF_6$, man wäscht die Kristalle einmal mit Wasser, spült sie auf einen Objektträger, saugt das Wasser mit Filterpapier ab und fügt 1 Tropfen Ammoniak hinzu: die Oktaeder färben sich braun, ohne zu zerfallen. Die **Erfassungsgrenze** beträgt 0,2 μg Fe(III). Al fällt auch als Doppelfluorid. Die Reaktion ist für den Nachweis des Eisens nicht besonders nützlich (GARNER).

n) Nachweis mit CsCl oder RbCl. Beim Eindampfen einer salzsauren $FeCl_3$-Lösung entsteht nach Zusatz von CsCl eine Reihe von Doppelsalzen wie $FeCl_3 \cdot 2CsCl \cdot H_2O$, $2FeCl_3 \cdot 2CsCl \cdot H_2O$ u. a. Diese Reaktion ist für den Eisennachweis ohne Bedeutung (GEILMANN). Man erhält prismatische Kristalle neben feinen Nadeln oder taflige Kristalle, Rauten mit spitzem Winkel, die Farbe ist citronen- bis orangegelb. Ähnliche Kristalle beschreiben auch DUCLOUX, VERMANDE, WALDEN. Zahlreiche andere Ionen geben mit CsCl auch Doppelchloride.

Auch RbCl soll mit Fe^{+++} Doppelchloride bilden (VERMANDE, WALDEN).

VAN ZIJP untersuchte die Reaktion zwischen $FeCl_3$ und Natriumsalicylat in Gegenwart von CsCl. Sie eignet sich nicht zum Mikrokristallnachweis von Fe(III).

o) Weitere Nachweise. Folgende Reagenzien, die aber ohne Bedeutung sind, wurden noch zum Nachweis des Fe(III) mit Hilfe von Kristallfällungen vorgeschlagen:

Cupferron. 1 Tropfen 5%ige Cupferronlösung gibt mit 1 Tropfen $FeCl_3$-lösung einen roten Niederschlag, der unter dem Mikroskop aus vielen sphärischen Kristallen von orangeroter Farbe besteht [MARTINI (a), ISAKOV (b)]. Viele andere Ionen geben auch Kristallfällungen.

Pikrinsäure gibt mit Fe(III), aber auch vielen anderen Ionen, Kristalle. Man bringt auf den Objektträger 1 Tropfen 1%ige Pikrinsäurelösung und fügt einige feste Teilchen der zu untersuchenden Substanz hinzu (FRANGOPOL).

Pikrolonsäure gibt mit Fe(II) und Fe(III) Kristallfällungen, es entstehen kleine, dichte Stachelkugeln oder Nadelbüschel, andere Ionen reagieren auch (vgl. S. 48, KISSER).

Kokainhydrochlorid gibt mit $FeCl_3$ in saurer Lösung, aber auch mit anderen Ionen, kristalline Fällungen. Zum Beispiel reagieren Hexacyanoferrat(II) und -(III) auch [M. WAGENAAR (d)].

Hexamethyl-diamino-isopropanoldijodid (*Jodisan*) gibt mit $FeCl_3$ gelbe, z. T. verzweigte Kristallspieße. Nach Angaben der Internationalen Tabellen der Reagenzien kann man 0,2 μg Fe(III) in 0,01 ml nachweisen. Cd gibt eine ähnliche Reaktion [ROSENTHALER (a)].

$K_3[Co(C_2O_4)_3] \cdot 3H_2O$ gibt mit Fe(III) einen kristallinen Niederschlag. Die Reaktion ist nicht empfindlich, Be und Co(II) geben auch Kristalle und viele andere Ionen Trübungen (RYAN, YANOWSKI und CEFOLA).

Durch Elektrolyse und mikroskopische Betrachtung der Elektroden weist JUNG Fe in Lösungen von Phosphaten nach.

p) Nachweis mit Hilfe der Berliner-Blau-Reaktion unter mikroskopischer Beobachtung. Nach Meinung von SCHOORL (a) sind Mikrokristallreaktionen zum Nachweis von Fe(III) entbehrlich, da sie sowohl in der Empfindlichkeit als auch in der Sicherheit der Ausführung von der Berliner-Blau-Reaktion übertroffen werden.

Empfindlichkeit. In einer verdünnt sauren Probelösung beobachtet man unter dem Mikroskop nach Zusatz des Reagenses bei schwacher Vergrößerung die blauen Flocken sehr deutlich, noch 0,002 μg Fe(III) sind sichtbar. Nach BEHRENS-

KLEY beträgt die Erfassungsgrenze 0,07 μg Fe(III), Grenzkonzentration 1 : 5000. Es wird aber besonders auf die Gefahr hingewiesen, daß das Reagens sich in zu saurer Lösung zersetzen kann. Nach GARNER soll die Probelösung schwach essigsauer sein und darf etwas Ammoniumsalz enthalten. Cu gibt einen amorphen braunen Niederschlag, Ca kleine Platten, Ba gelbliche Kristalle.

§ 4. Nachweis der komplexen Ionen Hexacyanoferrat(II) und Hexacyanoferrat(III).

Allgemeines. Die Hexacyanoferrate sind recht stabile Komplexe, jedoch tritt in wäßriger Lösung, besonders, wenn diese angesäuert ist und im Licht, bei beiden Komplexen langsam Zersetzung ein (vgl. S. 51). Durch heiße konzentrierte HCl und H_2SO_4 werden die Komplexe zerstört [CHARLOT (b)], man kann in Gegenwart von verdünnter H_2SO_4 HCN abdestillieren. Über die Reaktion zwischen $K_4[Fe(CN)_6]$ und H_2SO_4 von unterschiedlicher Konzentration machen ADIE und BROWNING Angaben.

Das Hexacyanoferrat(III)-ion kann als Oxydationsmittel wirken, seine Oxydationskraft ist abhängig vom p_H der Lösung und vor allem von der Anwesenheit solcher Metallionen, die mit dem als Reduktionsprodukt entstehenden Hexacyanoferrat(II) besonders schwer lösliche Verbindungen bilden können, z. B. Zn^{++}. Bei Gegenwart von Luftsauerstoff wird an Tierkohle in neutraler und schwach saurer Lösung Hexacyanoferrat(II) zum Hexacyanoferrat(III) oxydiert, in stark alkalischer Lösung wird dieses wieder durch Tierkohle reduziert (JOHNE und WEDEN). Durch einige Metalle wird Hexacyanoferrat(III) in wäßriger Lösung z. T. reduziert, es treten auch Nebenreaktionen auf (G. McPH. SMITH). Erhitzt man trocknes Alkalihexacyanoferrat(II) nach Durchtränken mit Mangannitratlösung bis zur beginnenden Rotglut, so tritt Oxydation zum Hexacyanoferrat(III) ein (PREISING, SLONEK und REEDY, vgl. a. S. 93).

Hexacyanoferrat(II) und -(III) geben mit einer riesigen Zahl von Metallionen unterschiedlich gefärbte Fällungen, von denen aber nur wenige zum Nachweis, einige zur Trennung benutzt werden. Hexacyanoferrat(II) gibt fast mit allen Ionen Niederschläge, auch mit Ca und Mg neben K. Mit Ce(IV), Th, Zr gibt es auch in Säure unlösliche Verbindungen und unterscheidet sich dadurch von den Hexacyanoferrat(III)-ionen, das weiße Silbersalz ist in HNO_3 und Ammoniak unlöslich. Die Hexacyanoferrate(III) der Alkalien, Erdalkalien, seltenen Erden, Th, Fe(III) sind löslich, alle anderen von niederer Löslichkeit auch in Säuren, das orange Silbersalz löst sich in Ammoniak und unterscheidet sich damit von Hexacyanoferrat(II) [CHARLOT (b)]. Nach STREBINGER gibt Ammoniummolybdat nur mit Hexacyanoferrat(II) in saurer Lösung einen rotbraunen Niederschlag. Bedeutung für den Nachweis des Hexacyanoferrat(II)-ions haben praktisch nur die Niederschläge mit Fe(III), Ti(IV) und UO_2^{++}. Für den Nachweis des Hexacyanoferrat(III)-ions benutzt man zur Fällung praktisch nur das Fe(II)-ion. Beim mikrochemischen Nachweis werden für beide Ionen zur Fällung einige komplexe Metallionen verwendet.

Auch mit einigen Gruppen organischer Verbindungen geben Hexacyanoferrat(II) und -(III) mehr oder weniger lösliche, häufig kristalline Niederschläge. Hierunter sind auch Substanzen, z. B. einige Alkaloide oder organische Basen, die zum Farb- oder Mikrokristallnachweis des Fe^{+++} dienen. In der Literatur sind u. a. Verbindungen zwischen Hexacyanoferrat(II) oder -(III) und Terpenen,

Epoxylinaloöl, Sulfinen, 2-Cyclopentenyläther, Aldehyden und Ketonen beschrieben (WAGENER und TOLLENS, BAEYER und VILLINGER, STEPHAN und HAMMERICH, NAVES und BACHMANN, HOFMANN und OTT, DAVID und Mitarbeiter, DUPRAT). Die beiden komplexen Anionen geben mit zahlreichen Alkaloiden oder alkaloidähnlichen Stoffen Verbindungen, unter ihnen seien nur diejenigen genannt, die auch mit Fe^{+++} reagieren (vgl. S. 71, 85ff.): Spartein, Codein, Morphin, Pyramidon, Antipyrin, Kokain [CUMMING, CUMMING und BROWN (a), CUMMING und STEWART, GADREAU, COLE, GUSSEW]. Auch mit anderen organischen Stickstoffverbindungen geben Hexacyanoferrat(II) und -(III) Verbindungen, z. B. mit Urotropin (vgl. a. S. 88), Phenylhydrazin, Pyrrolen, Methylenblau, Tricrotonylidentetramin, γ,γ'-Dipyridyl, Benzidin [KRÖHNKE (b), BARBIERI, GUTBIER, PRATESI, PASSERINI und MICHELOTTI, DELÉPINE (b), WIBAUT und DINGEMANSE, HOVORKA].

Verhalten der Hexacyanoferrat(II)- und (III)-ionen im Gang der Anionenanalyse. Für den Nachweis der Anionen werden ebenso wie für die Kationen die verschiedenartigsten Analysenschemen vorgeschlagen, wobei die Anionen in Untergruppen eingeteilt werden. Die komplexen Eisencyanidionen lassen sich in solche Schemen wohl einordnen, es ist aber meistens gar nicht nötig, sie von anderen Anionen zu trennen, da ihr Nachweis durch die Berliner-Blau- bzw. Turnbulls-Blau-Reaktion auch in Gegenwart vieler anderer Anionen gelingt. Viele Autoren verzichten daher auf eine Unterteilung der Anionen vor der Analyse auf Hexacyanoferrat(II) oder -(III) [ODEKERKEN (a), AGOSTINI (b), TANANAEFF und SCHAPOWALENKO, UMBLIA, T. P. CHAO]. Man prüft auf die Hexacyanoferrate meistens in der wäßrigen Lösung der Alkalisalze oder im Sodaauszug; um unerwünschte Redoxreaktionen auszuschalten, darf das Ansäuern nicht vorzeitig und nur sehr vorsichtig unternommen werden [AGOSTINI (b), ODEKERKEN (a)]. In der Arbeit von ODEKERKEN (a) sind die Störungen durch Oxydation oder Reduktion und ihre Vermeidung eingehend behandelt (vgl. S. 95). Manche Reduktionsmittel, wie Cyanid, Jodid, Thiosulfat, reagieren in schwach saurer Lösung mit Hexacyanoferrat(III), jedoch tritt die Reaktion in Natriumacetatlösung nicht so schnell ein (PIERCE und HAZARD), nach FOSCHINI reduziert Thiosulfat in alkalischer Lösung, so daß nur Hexacyanoferrat(II) gefunden wird. Sulfid reagiert mit Hexacyanoferrat(III) in saurer, neutraler und alkalischer Lösung, die beiden Ionen können also nicht nebeneinander nachgewiesen werden (PIERCE und HAZARD), auch Sulfit kann reduzieren (SCONZO).

Von den vielen vorgeschlagenen **Trennungsgängen** für Anionen können für die Analyse von Hexacyanoferrat(II) und -(III) nur einige angedeutet werden.

Man fällt mit Cadmiumsalzlösung, gegebenenfalls unter nachträglichem Zusatz von Essigsäure, außer den komplexen Eisencyaniden fällt auch Sulfid (vgl. weiter oben). Der Niederschlag wird entweder mit Lauge (SCONZO) zersetzt, man prüft im Filtrat mit Fe(III) bzw. Fe(II), oder man versetzt ihn mit HCl und $FeCl_3$ und prüft im Filtrat nach dem Zentrifugieren mit $FeSO_4$. Diese Methode soll auch in Gegenwart von Chromat oder Nitrit funktionieren (PIERCE und HAZARD).

Nach Abscheidung anderer Anionen mit Ca- und Ba-Nitrat fällt man die komplexen Eisencyanide und einige andere Ionen (u. a. S^{--}) mit Zinknitrat in Gegenwart von Natriumcarbonat. Der Niederschlag wird zur Entfernung anderer Ionen auf dem Filter mit 12,5%iger Essigsäure behandelt, der Rückstand mit 6 n Ammoniak übergossen, das Filtrat läuft in verdünnte HCl, die $FeSO_4$ enthält. Der Rückstand enthält noch Hexacyanoferrat(II), er wird mit Na_2CO_3 zersetzt, das Filtrat abgekühlt, mit HCl angesäuert und mit 1 n $CuSO_4$-Lösung auf Hexacyanoferrat(II) geprüft (DOBBINS und LJUNG, vgl. S. 95).

Zur Trennung der beiden komplexen Eisencyanide voneinander benutzt GASPAR Y ARNAL (a) eine 1%ige $TlNO_3$-Lösung. In Gegenwart von Calciumacetat fällt Hexacyanoferrat(II) quantitativ, während Hexacyanoferrat(III) nicht gefällt wird.

Für den Fall, daß Hexacyanoferrat(II), Hexacyanoferrat(III) und SCN^- nebeneinander vorliegen und alle drei aufgesucht werden sollen, werden verschiedene Trennungsmethoden angegeben. BROWNING und PALMER scheiden aus schwach essig- oder salzsaurem Medium Hexacyanoferrat(II) mit 10%iger Thoriumnitratlösung ab, im Filtrat wird das Hexacyanoferrat(III) mit einer Cadmiumsalzlösung gefällt. Beide Niederschläge sind schwer filtrierbar und müssen daher mit feinverteiltem Asbest geschüttelt werden. Sie werden mit Lauge zersetzt, im Filtrat prüft man nach Ansäuern mit Fe(II) bzw. Fe(III). In Abänderung dieser Methode fällt BANERJEE in neutralem Medium Hexacyanoferrat(II) mit Ce(III)-Nitratlösung, danach Hexacyanoferrat(III) mit Nickelnitratlösung, beide Niederschläge sind besser filtrierbar und werden wie bei BROWNING und PALMER weiterbehandelt. Es können so etwa 1 bis 0,1 mg $K_3[Fe(CN)_6]$ bzw. $K_4[Fe(CN)_6]$ neben je 0,1 g der anderen Ionen nachgewiesen werden. Nach LA ROSA fällt man beide komplexen Eisencyanide gemeinsam mit Cobaltnitrat, nach Zersetzung des Niederschlages mit Lauge prüft man im angesäuerten Filtrat nebeneinander in zwei Proben mit Fe(II) bzw. Fe(III).

Weitere Analysenschemen für den Nachweis von Hexacyanoferrat(II) und -(III) neben anderen Anionen geben z. B. FERNANDES und GATTI, PAVOLINI (a), POZNA und MIGRAY, BIRULJA, DJATSCHKOWSKI und ISSAJENKO, KOBLJANSKI, KARAOGLANOV (a), WELCHER und BRISCOE, WEBER und WINKELMANN. Einige weitere Angaben über den Nachweis der beiden komplexen Eisencyanide im Gang der Analyse findet man weiter unten und auf S. 97, 104.

Von den schon auf S. 23 zitierten zusammenfassenden Arbeiten seien für den Nachweis der Hexacyanoferrate noch einmal diejenigen von FALCIOLA bzw. QUINTELA und Mitarbeitern zitiert.

I. Nachweis des Hexacyanoferrat(II)-ions.

A. Nachweis durch Fällungsreaktionen.

Für den Nachweis des Hexacyanoferrat(II)-ions dient in den allermeisten Fällen die Reaktion mit Fe^{+++}.

1. Fällung mit Fe(III)-ionen.

Die Bildung und Zusammensetzung von Berliner Blau ist schon auf den Seiten 50, 77 beschrieben, viele der dort angegebenen Störungen gelten sicher auch für den Nachweis des Hexacyanoferrat(II)-ions.

Durchführung, Empfindlichkeit und Störungen der Reaktion. Nach Angaben der Internationalen Tabellen der Reagenzien, II. Ausgabe, führt man den Nachweis folgendermaßen aus: man säuert die Analysenlösung im Mikroreagensglas mit 2 n HCl an und gibt einige Tropfen 1%ige $FeCl_3$-Lösung hinzu, in Gegenwart von $[Fe(CN)_6]^{4-}$ erscheint eine blaue Färbung oder Fällung. Die Grenzkonzentration beträgt dann $1:5\cdot10^4$.

$[Fe(CN)_6]^{3-}$ gibt eine braune Färbung, die nur wenig stört, im Verhältnis 100:1 senkt sie die Empfindlichkeit auf $1:10^4$. SCN^-, das eine Rotfärbung gibt, stört nur, wenn die Konzentration an Hexacyanoferrat(II) kleiner als $1:5\cdot10^3$ ist. CN^- im Verhältnis 100:1 senkt die Empfindlichkeit auf $1:2\cdot10^4$. ClO^-, J^-, S^{--} stören mehr oder weniger. J^- gibt einen Niederschlag, der die Reaktion ungenauer macht, die anderen Ionen stören nicht (vgl. aber weiter unten).

Folgende Empfindlichkeitsangaben findet man noch in der Literatur: in 3 ml Lösung läßt sich $[Fe(CN)_6]^{4-}$ noch nachweisen, wenn die Grenzkonzentration 1:400000 beträgt [FEIGL (e)]. Nach KARAOGLANOV (c) können in insgesamt 10 ml Lösung, in denen 0,1 ml 1 n $FeCl_3$-Lösung enthalten sind, noch 5 μg $[Fe(CN)_6]^{4-}$ nachgewiesen werden, Grenzkonzentration 1:2000000.

Weitere Vorschriften und Bemerkungen. Die im folgenden gegebenen Vorschriften beziehen sich auf den Fall, daß Hexacyanoferrat(II) neben anderen Anionen vorliegt. Zur Vermeidung von Redoxreaktionen wird nach ODEKERKEN (a) der Sodaauszug sehr vorsichtig mit 2 n HNO_3 versetzt, bis Lackmus genau neutral reagiert. Einige Tropfen der Probelösung werden mit einigen Tropfen 2 n HCl und einigen Tropfen 1%iger $FeCl_3$-Lösung versetzt, eine tiefblaue Färbung oder ein blauer Niederschlag zeigt $[Fe(CN)_6]^{4-}$ an, Grenzkonzentration 1 : 500000. Im 100fachen Überschuß verhindern JO_3^-, CrO_4^{--} die Reaktion [Oxydation des Hexacyanoferrat(II)], F^- macht die Reaktion wegen Komplexbildung mit Fe^{+++} schwächer, hinreichende Mengen an Fe(III) (10%ige Lösung) stellen die Reaktion wieder her. Im allgemeinen soll man aber nicht 10%ige $FeCl_3$-Lösung verwenden, da sie z. B. bei Gegenwart von NO_2^-, J^-, $[Fe(CN)_6]^{3-}$ zu Störungen führt. In Gegenwart von SCN^- im 100fachen Überschuß nimmt man höchstens 1 Tropfen 1%ige $FeCl_3$-Lösung, mehr Fe^{+++} gibt Rotfärbung, die bei Abwesenheit von $[Fe(CN)_6]^{3-}$ mit $Na_2S_2O_3$ beseitigt werden kann [Hexacyanoferrat(III) wird durch Thiosulfat reduziert und gibt Berliner Blau. Ähnlich reagiert wohl auch das als Störung angeführte Sulfit]. Ein Überschuß an J^-, NO_2^-, $[Fe(CN)_6]^{3-}$ ändert die Farbe des Berliner Blau in blaugrün.

Für den Nachweis von Hexacyanoferrat(II) neben SCN^- wird auch von anderen Autoren empfohlen, möglichst verdünnte Reagenslösung zu verwenden. Man setzt 1 bis 2 Tropfen sehr verdünnte $FeCl_3$-Lösung zu der sehr verdünnten Probelösung, man läßt das Reagens im geneigten Glas ohne Umschütteln herunterlaufen (ROSSI, TRONCOSO und POLICARPO). Nach AGOSTINI (b) verdünnt man die Probe bei Auftreten der roten Eisenrhodanidfarbe so stark, bis die Rotfärbung verschwindet, und die Farbe des Berliner Blau sichtbar wird (nur anwendbar, wenn nicht zu kleine Mengen $[Fe(CN)_6]^{4-}$ vorhanden sind).

T. P. CHAO weist Hexacyanoferrat(II) neben anderen Anionen in der schwach alkalischen Lösung der Alkalisalze oder im Sodaauszug nach, indem er mit HNO_3 ansäuert und mit $Fe(NO_3)_3$ versetzt.

Nach Angaben von NAKASEKO (a) beeinträchtigen Säuren und Salze die Empfindlichkeit des Nachweises von Hexacyanoferrat(II) mit Fe(III). Weitere Angaben findet man auf S. 97ff.

2. Nachweis mit Fe(II)-ionen.

Versetzt man eine Lösung von Hexacyanoferrat(II) mit einem Fe(II)-Salz, so erhält man einen weißen Niederschlag, der sich bald blau färbt. Die Anwesenheit von wenig verdünnter HCl wirkt dabei günstig. Diese Reaktion ist nach VORLÄNDER (a) empfindlicher als die mit Fe(III), sie tritt noch in 10^{-6} m Lösung an $K_4[Fe(CN)_6]$ ein. Nach KARAOGLANOV (c) kann man in insgesamt 10 ml Lösung, die 1 ml 0,5 n $FeSO_4$-Lösung enthält, 2,5 μg Hexacyanoferrat(II) erkennen, Grenzkonzentration 1 : 4000000.

FOSCHINI verwendet ebenfalls $FeSO_4$ als Reagens, nachdem er das ebenfalls anwesende Thiosulfat durch Zusatz von 30%igem H_2O_2 und HCl entfernt hat (H_2O_2 wird durch die Selbsterwärmung zerstört).

3. Fällungsreaktionen mit einigen anderen Kationen.

a) Fällung mit $CuSO_4$. Wenn man Hexacyanoferrat(II) nach der Methode von DOBBINS und LJUNG nachweist (vgl. S. 93), dann kann man nach Zusatz von 1 n $CuSO_4$-Lösung noch 0,2 mg Hexacyanoferrat(II) in 10 ml auffinden.

b) Fällung mit Thorium(IV)-salz. Man kann Hexacyanoferrat(II)-ion in saurer Lösung mit Th^{4+} fällen. Man erhält einen weißen gelatinösen Niederschlag (ROSSI, SOZZI und TRONCOSO).

Durchführung und Empfindlichkeit der Reaktion. Nach der Methode von BROWNING und PALMER (vgl. S. 94) säuert man 5 bis 10 ml Lösung schwach mit Essigsäure oder HCl an und gibt dann einige Tropfen 10%ige Thoriumnitratlösung hinzu. 0,0001 g Hexacyanoferrat(II) geben in 5 bis 10 ml Lösung noch eine deutliche Trübung, in 500 ml kann noch 0,001 g $[Fe(CN)_6]^{4-}$ erkannt werden, Grenzkonzentration 1 : 500000. Bei Anwesenheit von viel Alkaliacetat wird der weiße Niederschlag in ein lösliches Produkt zersetzt, dies kann rückgängig gemacht werden durch Zusatz von mehr Thoriumnitrat oder etwas HCl.

c) Fällung mit Silbernitrat. Zum Nachweis von Hexacyanoferrat(II) neben Hexacyanoferrat(III) kann man die Probelösung mit einem Überschuß von Ammoniak versetzen, wenn man dann Silbernitrat hinzufügt, erhält man einen weißen Niederschlag von Silberhexacyanoferrat(II) (CASTIGLIONI), das Silbersalz des Hexacyanoferrat(III) fällt nicht. Andere durch Ag^+ in ammoniakalischer Lösung fällbare Ionen dürfen nicht zugegen sein.

4. Nachweis des Hexacyanoferrat(II) nach seiner Oxydation zu Hexacyanoferrat(III).

Zum Nachweis von Hexacyanoferrat(II) neben SCN^- schlagen ROSSI, TRONCOSO und POLICARPO vor, daß man einen Teil der Probelösung mit einigen Tropfen $NaNO_2$-Lösung versetzt. Dann gibt man einige Tropfen Essigsäure hinzu, die Lösung wird gelb, man setzt Lauge hinzu und einige Tropfen einer Mn(II)-Salzlösung. Wenn die Farbe sich durch Bildung von Braunstein verdunkelt, lag in der ursprünglichen Lösung Hexacyanoferrat(II) vor.

Die **Grenzkonzentration** beträgt 1 : 30000. Selbstverständlich kann dieser Nachweis nur in Abwesenheit von Hexacyanoferrat(III) oder anderen Oxydationsmitteln durchgeführt werden. Man beachte aber die Angabe von ODEKERKEN (a) (S. 104), daß NO_2^- in saurer Lösung Hexacyanoferrat(III) reduziert.

B. Nachweis durch Farbreaktionen.

Für den Farbnachweis des Hexacyanoferrat(II) stehen keine sehr geeigneten Reaktionen zur Verfügung.

1. Nachweis mit Hilfe von Cobaltkomplexen.

Cobalt bildet mit Dimethylglyoxim und einigen organischen Aminen Komplexe, welche mit Hexacyanoferrat(II) eine intensiv violette Färbung geben. Die Komplexe werden aus 3 g kristallisiertem $CoCl_2$, 3 g Dimethylglyoxim und 9 g Anilin bzw. 7 g o- oder p-Toluidin in 45 ml 50%igem Alkohol hergestellt. Man löst $CoCl_2$ in dem Alkohol, versetzt mit Dimethylglyoxim, erhitzt bis alles gelöst ist und setzt das Amin hinzu. Danach saugt man längere Zeit Luft hindurch. Das Produkt wird aus Wasser umkristallisiert. Eine wäßrige Lösung des Reagenses wird zum Nachweis des Hexacyanoferrat(II) benutzt. Die Reaktion ist nicht charakteristisch, denn Hexacyanoferrat(III) gibt grüne oder braune Färbungen und Polysulfid gibt, manchmal erst beim Erhitzen, ebenfalls eine violette Farbe. Viele andere Anionen geben verschieden gefärbte kristalline Niederschläge (BEATO und DE LOS D. BRUGGER).

2. Nachweis mit Hilfe von Fluorescenzerscheinungen.

Die Fluorescenz von Uranylsalzen wird in saurer Lösung durch verschiedene Anionen gelöscht.

Durchführung, Empfindlichkeit und Störungen der Redaktion. Die Reagenslösung wird aus 6 g $UO_2(NO_3)_2$, 50 ml 0,1 n H_2SO_4 und 150 ml kochendem Wasser hergestellt. 10 ml davon füllt man in ein Quarzgefäß, beleuchtet dieses voll mit einer Quecksilberdampflampe und setzt tropfenweise die Probelösung hinzu, die gegebenenfalls eine Auslöschung der grünen Fluorescenz bewirkt. Zu den Anionen, welche eine Fluorescenzlöschung bewirken, gehören auch Hexacyanoferrat(II) und -(III). Von einer sehr verdünnten Hexacyanoferrat(II)-lösung braucht man 6 Tropfen, damit Fluorescenzlöschung eintritt. Lösungen, welche verdünnter als 0,001 n an $K_4[Fe(CN)_6]$ sind, können keine Löschung mehr bewirken. Chlorid, Bromid, Jodid, Rhodanid, Nitrit, Sulfid, Thiosulfat, Chromat, Dichromat, Permanganat, Arsenit und Salicylat reagieren ebenso (vgl. S. 108, VOLMAR und MATHIS).

Auch GOTÔ (a) beschreibt einen Nachweis mit Hilfe von Fluorescenzerscheinungen.

3. Farbreaktionen, welche erst nach Bestrahlung des Hexacyanoferrat(II)-ions eintreten.

Die im folgenden erwähnten Reaktionen eignen sich sicherlich nicht zum analytischen Nachweis des Hexacyanoferrat(II).

Eine Mischung von $K_4[Fe(CN)_6]$-Lösung und *Nitrosobenzol* in verdünntem Alkohol oder *Nitrosodimethylanilin* in Wasser färbt sich im Tageslicht violett bzw. dunkelgrün [BAUDISCH (a)].

Eine Mischung von 0,02 m $Na_4[Fe(CN)_6]$-Lösung und 0,02 m *Cyanamid*lösung färbt sich nach Bestrahlung mit ultraviolettem Licht violett (BUCHANAN und BARSKY).

Isobutylalkohol gibt mit einer neutralen Lösung von Hexacyanoferrat(II) nach dem Kochen oder im ultravioletten Licht eine hellbraune bzw. orange Färbung [KUTZELNIGG (b)].

4. Nachweis mit Hilfe der katalytischen Wirkung des Hexacyanoferrat(II).

p-Phenetidin wird durch H_2O_2 in Gegenwart von Hexacyanoferrat(III) zu einem rotvioletten Produkt oxydiert. Hexacyanoferrat(II) verhält sich in Gegenwart von H_2O_2 bei dieser Reaktion wie Hexacyanoferrat(III). Die Reaktion wird auf S. 107 beschrieben [SZEBELLÉDY und AJTAI (a), vgl. S. 46].

C. Nachweis durch Mikro- und Tüpfelreaktionen.

1. Vorbereitung der Analysenprobe für den Tüpfelnachweis nach FEIGL (b) (e).

Falls die Probelösung nicht von vornherein die Alkalisalze der Anionen enthält, stellt man einen Sodaauszug her, oder man schmilzt die Substanz mit $NaKCO_3$ in einem Platinlöffel, löst dann in Wasser und filtriert. Die jeweils vorliegenden Lösungen werden mit HNO_3 fast neutralisiert, sie müssen noch schwach alkalisch reagieren. Dann versetzt man mit Zinknitrat, fest oder in konzentrierter Lösung, erwärmt und filtriert. Der Niederschlag enthält die Zinksalze einiger Anionen, u. a. auch von Hexacyanoferrat(II) und -(III). Kleine Portionen des gewaschenen Niederschlages werden dann auf Filterpapier gegeben und mit den Reagenzien angetüpfelt.

2. Nachweis durch Tüpfelreaktionen.

a) Nachweis mit Fe(III).

Durchführung und Empfindlichkeit der Reaktion. Nach FEIGL (e) mischt man 1 Tropfen (schwach angesäuerter) Probelösung und 1 Tropfen $FeCl_3$-Lösung auf der Tüpfelplatte oder auf einem Uhrglas. Die Nachweisgrenze beträgt dann 1,3 μg $K_4[Fe(CN)_6]$, die Grenzkonzentration 1 : 40000.

Gibt man 1 Tropfen der Probelösung auf Papier, das vorher mit $FeCl_3$ getränkt wurde, so steigt die Empfindlichkeit: 0,07 μg $K_4[Fe(CN)_6]$ sind nachweisbar, die Grenzkonzentration beträgt 1 : 700000.

Störungen. Auf der Tüpfelplatte wird die Reaktion nicht durch Hexacyanoferrat(III) gestört, eine Störung tritt jedoch bei der Ausführung auf Filterpapier ein: Es bildet sich durch die reduzierende Wirkung des Papiers immer etwas Fe^{++} aus dem $FeCl_3$, so daß dann die Turnbulls-Blau-Reaktion eintreten kann, außerdem wird auf dem Papier Hexacyanoferrat(III) teilweise zu Hexacyanoferrat(II) reduziert. Der Nachweis darf also nur in Abwesenheit von Hexacyanoferrat(III) auf Papier ausgeführt werden. Andererseits wirken bei der Ausführung der Probe auf der Tüpfelplatte Rhodanide und Jodide störend, da sich rotes Eisenrhodanid bzw. freies Jod bildet. Auf Papier treten diese Störungen nicht auf, FEIGL (e) gibt für die Durchführung des Nachweises in Gegenwart von SCN^- bzw. SCN^- und J^- folgende Vorschriften:

Nachweis neben anderen Ionen. Man setzt 1 Tropfen der angesäuerten Probelösung auf Filterpapier, das vorher mit $FeCl_3$ imprägniert wurde, man erhält dann in der Mitte einen blauen Fleck oder Ring, der außen in einiger Entfernung von einem roten Ring von Eisenrhodanid umgeben ist. In Gegenwart der 2000fachen Menge an SCN^- beträgt die Erfassungsgrenze 1,5 μg Hexacyanoferrat(II), die Grenzkonzentration 1 : 33000. Ähnliche Vorschriften werden auch von GUTZEIT (c), (d) für den Fall, daß Hexacyanoferrat(II), Rhodanid und Thiosulfat nebeneinander vorliegen und von PAWLINOWA und BACH gegeben.

Man kann den Nachweis aber noch empfindlicher machen, wenn man das rote Eisenrhodanid durch Zusatz von $HgCl_2$, NaF oder $Na_2S_2O_3$ zersetzt. Man gibt 1 Tropfen der Probelösung, die viel SCN^- enthält, auf Filterpapier, das mit $FeCl_3$ imprägniert ist. Man sieht dann nur einen tiefroten Fleck. Dann tüpfelt man mit $HgCl_2$-Lösung, NaF oder $Na_2S_2O_3$ an, so daß die rote Farbe verschwindet. Es wird dann ein blauer Ring sichtbar, und das Papier ist nun weiß. In Gegenwart der 5000fachen Menge an Rhodanid beträgt die Erfassungsgrenze 0,5 μg $[Fe(CN)_6]^{4-}$, Grenzkonzentration 1 : 100000 [FEIGL (e)].

In Gegenwart von SCN^- und J^- führt man den Nachweis folgendermaßen: 1 Tropfen der Probelösung wird auf Filterpapier gesetzt, das mit $FeCl_3$ imprägniert ist. Bei Anwesenheit von viel Jodid ist nur ein brauner Fleck von Jod sichtbar. Dann tüpfelt man mit 1 Tropfen konzentrierter $Na_2S_2O_3$-Lösung an, Jod, Eisenrhodanid und das gelbe Papier werden entfärbt. Der Fleck von Berliner Blau wird gut sichtbar. In Gegenwart der 3000fachen Menge an Rhodanid und 2000fachen Menge an Jodid kann man 0,5 μg $[Fe(CN)_6]^{4-}$ nachweisen. Grenzkonzentration 1 : 100000 [FEIGL (e)].

Nach der auf S. 97 angegebenen Methode kann man etwas von dem Niederschlag der in schwach alkalischer Lösung gefällten Zinksalze auf Filterpapier bringen und mit einer sauren $FeCl_3$-Lösung antüpfeln. Die Blaufärbung ist bei Anwesenheit von Hexacyanoferrat(II) sehr deutlich. Eventuell in der Analysenlösung vorhandenes Fluorid, Phosphat, Borat, Jodid und manche anderen Ionen stören dann nicht, wenn man vorher eine Trennung mit Hilfe von Zinknitrat vorgenommen hat. Chromationen stören und müssen vorher entfernt werden [FEIGL (b)].

Nach CHARLOT (b) mischt man 1 Tropfen der angesäuerten Probelösung mit 1 Tropfen 10%iger $FeCl_3$-Lösung. 20 μg/1 ml sind noch nachweisbar. Die Gegenwart von viel Jodid oder von Reduktionsmitteln stört, man verwendet dann einen Reagensüberschuß, das freie Jod wird durch Erhitzen vertrieben. Unter diesen Bedingungen gibt aber Hexacyanoferrat(III) eine ähnliche Reaktion mit dem entstandenen Fe^{++}. Oxydationsmittel können Hexacyanoferrat(II) in saurer Lösung oxydieren. In Gegenwart von viel Rhodanid tritt die störende Rotfärbung auf. Oxalat und Fluorid bilden mit Fe^{+++} Komplexe, man muß dann ebenfalls einen Überschuß an Reagens verwenden. Nitrit, Sulfid, Thiosulfat und Sulfit kann man durch Erhitzen in saurer Lösung ausschalten. (Die letztere Angabe erscheint fraglich, da hierbei wahrscheinlich schon störende Nebenreaktionen eintreten können.)

Zum Nachweis von Hexacyanoferrat(II) neben anderen Anionen arbeiten TANANAEFF und SCHAPOWALENKO folgendermaßen: Auf ein Stück Filterpapier bringt man 1 Tropfen gesättigte Bleinitratlösung, dann 1 Tropfen der Probelösung und noch 1 Tropfen der Bleinitratlösung, zuletzt 1 Tropfen Wasser. Jetzt befeuchtet man die Mitte des Tropfens mit $FeCl_3$-Lösung und verdünnter Salzsäure, wobei sich ein intensiv blau gefärbter Fleck bildet, wenn Hexacyanoferrat(II) anwesend ist. Der Nachweis ist noch in 0,01 ml einer 0,001 n Lösung an Hexacyanoferrat(II) möglich. Nach der gleichen Methode ist es möglich, Hexacyanoferrat(II), Hexacyanoferrat(III) und Rhodanid nebeneinander nachzuweisen.

b) Nachweis mit Uranylacetat. Lösliches Hexacyanoferrat(II) gibt mit Uranylsalzen einen braunen Niederschlag von $(UO_2)_2[Fe(CN)_6]$. Hexacyanoferrat(III)-ionen geben nur in konzentrierterer Lösung und bei längerem Stehen bzw. nach dem Erwärmen einen schmutzig gelben Niederschlag. Die Reaktion ist also geeignet, Hexacyanoferrat(II) neben Hexacyanoferrat(III) und Halogenid zu erkennen. Ist viel Hexacyanoferrat(III) zugegen, so induziert die Fällung von Uranylhexacyanoferrat(II) die Abscheidung von Uranylhexacyanoferrat(III). Beim Nachweis auf der Tüpfelplatte wird daher die Empfindlichkeit des Nachweises von Hexacyanoferrat(II) durch anwesendes Hexacyanoferrat(III) erhöht. Man kann den Nachweis auch auf mit Uranylacetat imprägniertem Papier führen, jedoch nur in Abwesenheit von Hexacyanoferrat(III), da dieses durch das Filterpapier teilweise zu Hexacyanoferrat(II) reduziert wird und die Anwesenheit geringer Mengen Hexacyanoferrat(II) vortäuschen kann.

Durchführung der Reaktion. In der Vertiefung einer Tüpfelplatte mischt man 1 Tropfen 1 n Uranylacetatlösung und 1 Tropfen Probelösung, oder man trägt auf Filterpapier, welches mit 1 n Uranylacetatlösung imprägniert ist, 1 Tropfen Probelösung auf. Je nach der Menge an Hexacyanoferrat(II) erhält man einen braunen Niederschlag, bzw. braunen Fleck oder Ring. Auf der Tüpfelplatte ist die **Erfassungsgrenze** 1 μg $K_4[Fe(CN)_6]$, die **Grenzkonzentration** 1 : 50000. Auf Uranylacetatpapier beträgt die Erfassungsgrenze 0,5 μg $K_4[Fe(CN)_6]$, die Grenzkonzentration 1 : 100000 [FEIGL (d), (e)].

Nach Angaben der Internationalen Tabellen der Reagenzien, IV. Ausgabe, führt man die Reaktion wie eben beschrieben aus, die **Grenzkonzentration** wird hier jedoch als $1 : 3 \cdot 10^4$ angegeben.

Störungen. In den Internationalen Tabellen wird im Gegensatz zu FEIGL (d), (e) angegeben, daß in Gegenwart der 50fachen Menge an Hexacyanoferrat(III) die Empfindlichkeit des Nachweises von Hexacyanoferrat(II) auf $1 : 2 \cdot 10^4$ reduziert wird. Phosphate geben mit UO_2^{++} einen gelben Niederschlag, aber der Niederschlag ist in Gegenwart von Hexacyanoferrat(II) braun, wenn das Reagens im Überschuß vorhanden ist.

Nach KOHN (a) wirken folgende Reagenzien auflösend bzw. niederschlagsverhindernd auf Uranylhexacyanoferrat(II): H_3PO_4, HF, NH_4F, KF, $(NH_4)_2CO_3$, K_2CO_3, Na_2CO_3, $KHCO_3$, $NaHCO_3$.

c) Nachweis mit $TiCl_4$. Eine Lösung von $TiCl_4$ in verdünnter HCl gibt mit Hexacyanoferrat(II) einen flockigen, rötlichbraunen Niederschlag, der unlöslich in 6 n HCl ist. Hexacyanoferrat(III) gibt keinen Niederschlag über einen weiten Bereich der Säurekonzentration. Die einzige Störung wird durch stark oxydierende Anionen verursacht, wie z. B. Chromat und Nitrit, die Hexacyanoferrat(II)-ionen zu Hexacyanoferrat(III) oxydieren.

Die Reagenslösung wird aus 10 ml flüssigem $TiCl_4$ hergestellt, das man zu 90 ml HCl 1 : 1 hinzufügt (Vorsicht! Glas bedecken).

Durchführung der Reaktion. 1 Tropfen der zu untersuchenden Lösung gibt man auf eine weiße Tüpfelplatte, säuert schwach mit verdünnter HCl an und fügt 1 Tropfen $TiCl_4$-Reagens hinzu. Ein sich langsam bildender gelblicher oder rötlich brauner Niederschlag zeigt die Gegenwart von Hexacyanoferrat(II) an. Die **Erfassungsgrenze** beträgt $\sim$ 0,05 mg $[Fe(CN)_6]^{4-}$.

Störungen. Nitrit, Arsenat und Chromat oder andere stark oxydierende Ionen stören (OELKE).

d) Nachweis mit Chinonchlorimid. $O{=}C_6H_4{=}NCl$. Chinonchlorimid gibt eine charakteristische Farbreaktion mit Hexacyanoferrat(II), die auch in Gegenwart von Hexacyanoferrat(III) durchführbar ist. Das verwendete Chinonchlorimid hat einen Schmelzpunkt von 75 bis 78° C und wird durch Wasserdampfdestillation gereinigt. Als Reagens verwendet man eine frisch bereitete 0,5%ige Lösung von Chinonchlorimid in Äthylalkohol.

Durchführung der Reaktion. 0,5 ml der zu prüfenden Lösung, die neutral oder schwach sauer sein kann, werden in der Vertiefung einer weißen Porzellantüpfelplatte mit 5 Tropfen Reagenslösung vermischt. In Gegenwart von Hexacyanoferrat(II) erhält man eine smaragdgrüne Färbung, die sich in 15 bis 30 Sek. entwickelt. Wenn die Analysenlösung und die Reagenslösung stärker konzentriert sind, gibt es einen dunkelbraunen Niederschlag. Die **Erfassungsgrenze** beträgt 5 μg $K_4[Fe(CN)_6]$.

Störungen. Starke Oxydationsmittel stören (BLANK).

e) Nachweis mit N-Chlorsuccinimid. Hexacyanoferrat(II) gibt mit einer alkoholischen Lösung von N-Chlorsuccinimid einen farblosen, kristallinen Niederschlag (CHAO und SU).

Succinimid wird nach MA und SAH aus Bernsteinsäure und Harnstoff hergestellt. 2,5 g Succinimid werden in 8 ml schwach basischem destilliertem Wasser gelöst, in die Lösung leitet man unter Eiskühlung Chlor ein. Das Rohprodukt fällt aus und kann aus Tetrachlorkohlenstoff umkristallisiert werden, Smp. 150° C. Als Reagens verwendet man eine 0,5%ige Lösung von N-Chlorsuccinimid in 95%igem Äthylalkohol.

Durchführung der Reaktion. 0,05 ml neutrale oder schwachsaure Probelösung werden in der Vertiefung einer schwarzen Porzellantüpfelplatte mit 1 Tropfen Reagenslösung versetzt. Bei Gegenwart von Hexacyanoferrat(II) kann man sofort farblose, dünne prismatische Kristalle erkennen. Die **Erfassungsgrenze** beträgt 8 μg $K_4[Fe(CN)_6]$.

Bemerkungen. In Lösungen, die 8 n an HCl oder 8 n an NaOH sind, funktioniert die Reaktion nicht. Folgende Ionen, die in 0,1 bis 0,2 m Lösung vorliegen können, geben keine Reaktion: CO_3^{--}, $C_2O_4^{--}$, Tartrat, Sulfid, Cyanid, Nitrat, Sulfat, Sulfit, Thiosulfat, AsO_4^{---}, AsO_2^-, HPO_4^{--}, BO_2^-, SiO_3^{--}, Acetat, Nitrit, Chlorat, Hexacyanoferrat(III), Rhodanid, Chromat, Dichromat. Letztere beiden stören auch in 1 m Lösung nicht.

f) Nachweis mit dem Fe(II)-α,α'-Dipyridylkomplex. Der Eisen-II-Dipyridylkomplex gibt in wäßriger Lösung mit einer Reihe von Anionen, darunter auch Hexacyanoferrat(II) und -(III), kristalline Niederschläge von verschiedener Farbe. Das Reagens wird aus 0,196 g MOHRschem Salz und 0,234 g α,α'-Dipyridyl hergestellt, welche unter Erwärmen in 5 l Wasser gelöst werden. Außer den komplexen Eisencyaniden geben folgende Ionen kristalline Niederschläge: Jodid, Rhodanid, Vanadat, Permanganat, Perrhenat, Nitroprussiat, Chloroplatinat, Fluortantalat und in salzsaurer Lösung die Chloride von Bi, Sn, Hg (POLUEKTOW und NASARENKO).

g) Reaktion mit dem Zn-1,10-Phenanthrolinkomplex. Dieses komplexe Kation gibt mit einer Reihe von Anionen Niederschläge. Man verwendet eine 0,0023 m

Lösung des Komplexes in Wasser, das zur Herstellung verwendete Zinksalz muß eisenfrei sein.

Durchführung der Reaktion. 2 Tropfen der Reagenslösung werden mit 2 Tropfen der Probelösung auf der Tüpfelplatte gemischt. Mit Hexacyanoferrat(II) tritt ein Niederschlag gerade noch auf, wenn die Lösung 0,4 m an $K_4[Fe(CN)_6]$ ist. Mit Hexacyanoferrat(III) (und vielen anderen Anionen) treten Niederschläge in viel verdünnterer Lösung auf. Der Nachweis ist deshalb hauptsächlich zur Unterscheidung von Hexacyanoferrat(II) und -(III) geeignet (KRUSE und BRANDT, vgl. S. 112).

3. Nachweis mit Hilfe von Mikrokristallreaktionen.

a) Nachweis mit Lithiumchlorid und Urotropin. Nach Angaben von KORENMAN (d) gibt eine Reagenslösung, die aus gleichen Teilen 15%iger LiCl- und Urotropinlösung besteht, eine kristalline Fällung mit Hexacyanoferrat(II) und -(III).

Durchführung der Reaktion. Man erhitzt 1 Tropfen der Probelösung auf dem Objektträger, bis er eingetrocknet ist, haucht den Rückstand an und bringt 1 Tropfen Reagenslösung auf den Rückstand. In Gegenwart von Hexacyanoferrat(II) erhält man farblose dünne Stäbchen, Rosetten und sphärische Kristalle. Die **Nachweisgrenze** beträgt 0,006 μg $[Fe(CN)_6]^{4-}$, die **Grenzkonzentration** 1:30000.

Hexacyanoferrat(III) gibt gelbe Kristalle (vgl. S. 112), die beiden komplexen Eisencyanide können nebeneinander nachgewiesen werden. **Störungen** sind auf S. 112 angegeben.

b) Nachweis mit Co(III)-komplexen. α) *Nachweis mit Luteocobaltsalzen.* Nach HYNES und YANOWSKI (a) geben Lösungen von $[Co(NH_3)_6]Cl_3$ mit einer größeren Menge von Anionen kristallisierte Niederschläge.

Durchführung der Reaktion. Die Reagenslösung enthält 28 mg/ml Cobaltkomplex. Man setzt 1 Tropfen der Reagenslösung an den Rand eines Tropfens der Probelösung. Wenn die Fällung durch Bildung großer Kristalle schnell vor sich geht, bedeckt man sofort mit einem Deckgläschen, sonst läßt man etwas eintrocknen, bis gut geformte Kristalle entstehen. Die Kristalle, welche das Reagens mit Hexacyanoferrat(II) gibt, sind in der Abb. 10 wiedergegeben. Man läßt zum Vergleich 1 Tropfen der Reagenslösung auf einem Objektträger bis fast zur Trockne eindampfen und prüft die beiden Kristallisationen mikroskopisch. Die Kristallformen, welche das Reagens alleine ergibt, sind in der Abb. 9 zu finden.

Abb. 9. $[Co(NH_3)_6]Cl_3$. Nach W. A. HYNES und L. K. YANOWSKI: Mikrochemie **23**, 1 (1937/38).

Abb. 10. Hexacyanoferrat(II) + $[Co(NH_3)_6]Cl_3$. Nach W. A. HYNES und L. K. YANOWSKI: Mikrochemie **23**, 1 (1937/38).

Empfindlichkeit. 0,74 μg $[Fe(CN)_6]^{4-}$ sind noch erkennbar.

Störungen. Sehr viele andere Anionen ergeben mit dem Reagens kristalline Niederschläge: Bifluorid, Bisulfat, Bisulfit, Chromat, Hexanitrocobaltiat, Dichromat, Dithionat, Fluorsilicat, Jodat, Jodid, Metavanadat, Nitroprussiat, Orthovanadat, Permanganat, Persulfat, Phosphormolybdat, Phosphorwolframat, Pyrophosphat, Sulfat, Sulfosalicylat, Tartrat, Tellurit, Thiosulfat, Hexacyanoferrat(III). Die Kristallformen, die man mit den einzelnen Anionen erhält, sind jedoch recht unterschiedlich, Hexacyanoferrat(II) und -(III) sind deshalb unterscheidbar (vgl. S. 113). Stark alkalisch reagierende Substanzen und Sulfide verursachen schwarze Fällungen von Co_2O_3 oder CoS.

Abgeänderte Ausführung. Nach den Internationalen Tabellen der Reagenzien, II. Ausgabe, arbeitet man etwas anders: Man setzt 1 Tropfen der Probelösung auf einen Objektträger und gibt einige Kristalle von $[Co(NH_3)_6](NO_3)_3$ hinzu. In Anwesenheit von Hexacyanoferrat(II) erscheinen hexagonale Kristalle, die immer zu Sternchen vereinigt sind. Die **Grenzkonzentration** beträgt $1 : 10^4$. Hexacyanoferrat(III) gibt anders geformte Kristalle (vgl. S. 113) und setzt die Empfindlichkeit nicht herab. Cyanid stört nicht, SCN^- im Verhältnis 50 : 1 reduziert die Empfindlichkeit auf $1 : 5 \cdot 10^3$. F^-, ClO_3^-, JO_4^- geben ähnliche Kristalle. Sulfid verursacht eine schwarze Fällung, mit Hypochlorit erhält man einen amorphen Niederschlag.

β) Nachweis mit Roseocobaltchlorid.

Durchführung und Störungen der Reaktion. Roseocobaltchlorid $[Co(NH_3)_5(H_2O)]Cl_3$ wird als feste Substanz zu 1 Tropfen der Probelösung hinzugefügt. Bei Anwesenheit von Hexacyanoferrat(II) bilden sich sofort lange, dünne Nadeln neben amorphen Massen. Andere Anionen, z. B. Hexacyanoferrat(III), geben charakteristischere Kristallnachweise mit diesem Reagens [HYNES und YANOWSKI (b), vgl. S. 113].

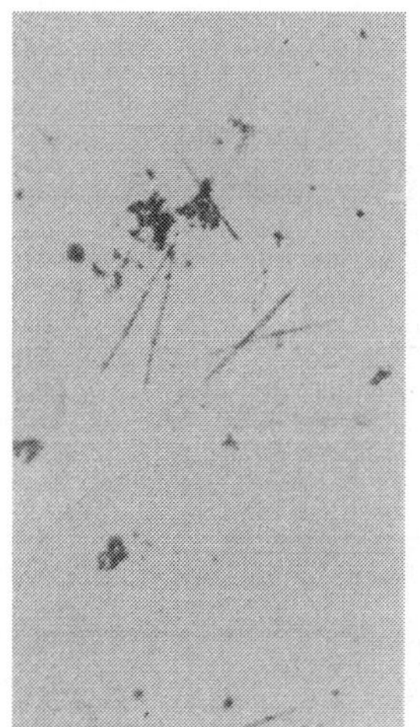

Abb. 11. Hexacyanoferrat(II) + $[Co(NH_3)_5H_2O]Cl_3$. Nach W. A. HYNES und L. K. YANOWSKI: Mikrochemie **27**, 337, (1939).

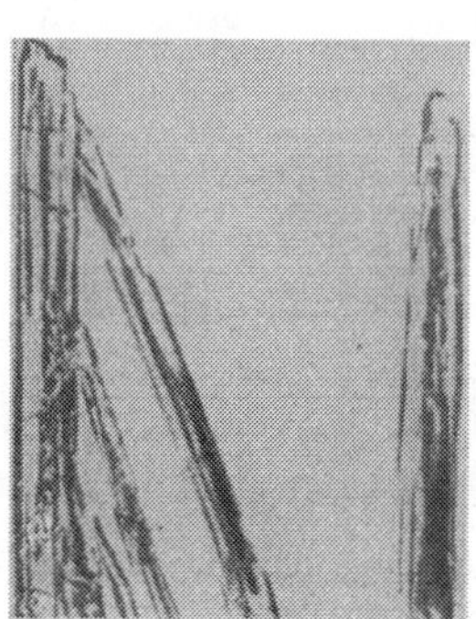

Abb. 12. $[Co(C_2H_4\{NH_2\}_2)_3]Cl_3 \cdot 3\,H_2O$. Nach W. A. HYNES und L. K. YANOWSKI: Mikrochemie **29**, 266 (1941).

Abb. 13. Fällung von Hexacyanoferrat(II) mit Triäthylendiamincobalt(III)-chlorid. Nach W. A. HYNES und L. K. YANOWSKI: Mikrochemie **29**, 266 (1941).

γ) Nachweis mit Triäthylendiamincobalt(III)-chlorid. $[Co(C_2H_4\{NH_2\}_2)_3]Cl_3 \cdot 3\,H_2O$ gibt mit einigen Anionen kristalline Reaktionsprodukte, und zwar sind die Reaktionen mit Hexacyanoferrat(II) und -(III) am empfindlichsten, mit einigen Ionen werden Trübungen erhalten. Man verwendet eine 0,1 m Lösung des Reagenses und arbeitet wie unter α) beschrieben. Mit einer 0,2 %igen Lösung von Hexacyanoferrat(II)-ion (4 mg $K_4[Fe(CN)_6] \cdot 3\,H_2O$/ml) erhält man sofort dünne Täfelchen. Bei einer Verdünnung auf 0,02 % werden die Kristalle auch gebildet, sind aber geringer an Zahl, bei weiterer Verdünnung treten innerhalb von 10 Min. keine Kristalle auf.

Erfassungsgrenze. 3 μg $[Fe(CN)_6]^{4-}$. Zu Vergleichszwecken verdampft man 1 Tropfen der Reagenslösung und erhält lange irreguläre Stäbchen [vgl. a. S. 113, HYNES und YANOWSKI (c)].

c) Nachweis mit Benzidinhydrochlorid. Benzidinsalze geben mit Oxydationsmitteln [u. a. Hexacyanoferrat(III)] blaue oder violette Kristalle. BARÓ GRAF (d) schlägt aber den Gebrauch dieses Reagenses auch für den Nachweis von Hexacyanoferrat(II) vor.

Durchführung und Empfindlichkeit der Reaktion. Man vereinigt auf dem Objektträger 1 Tropfen Probelösung mit 1 Tropfen Benzinhydrochloridlösung (keine Konzentrationsangabe). Bei Probelösungen, die stärker verdünnt sind als 1 : 1000, dampft man den Probetropfen auf dem Objektträger erst ein und setzt dann erst das Reagens zu. Bei Anwesenheit von Hexacyanoferrat(II) erhält man farblose Rosetten und Rechtecke. Man läßt dann 1 Tröpfchen 10%ige $CuCl_2$-lösung zufließen: die Kristalle werden rotbraun. Die Reaktion ist noch positiv in Lösungen, die etwa 1 : 10000 verdünnt sind. Aus dem oben Gesagten geht hervor, daß Oxydationsmittel nicht zugegen sein dürfen.

d) Nachweis mit Chinolin. Nach BEHRENS-KLEY kann man in einem mit HCl angesäuerten Probetropfen nebeneinander Hexacyanoferrat(II) und -(III) nachweisen. Zum Nachweis des Hexacyanoferrat(II) fügt man 1 winziges Tröpfchen Chinolin hinzu, es bilden sich gelbbraune Rechtecke und Rauten. Der darauf folgende Nachweis von Hexacyanoferrat(III) ist auf S. 114 beschrieben.

e) Nachweis mit Acridinhydrochlorid. Nach Angaben von BARÓ GRAF (c) kann eine Lösung von Acridinhydrochlorid zum Nachweis von Hexacyanoferrat(II) verwendet werden.

Durchführung der Reaktion. Man vereinigt auf dem Objektträger 1 Tropfen der Probelösung mit 1 Tropfen der Acridinhydrochloridlösung (wahrscheinlich 0,1%ige Lösung) und erhält einen kristallinen Niederschlag. Beim Vorliegen sehr verdünnter Probelösungen dampft man erst den Probetropfen auf dem Objektträger ein und setzt dann das Reagens zu, die **Grenzkonzentration** beträgt 1 : 50000.

Bemerkungen. Chromate ergeben eine gelbe Kristallisation. Man kann aber die beiden Niederschläge unterscheiden, indem man in essigsaurem Medium etwas Benzidinhydrochloridlösung zusetzt. Bei Anwesenheit von Hexacyanoferrat(II) erhält man dann farblose Kristalle, während man bei Anwesenheit von Chromat violette Kristalle erkennen kann. Ferner treten kristalline Niederschläge auf mit Carbonat, Dichromat, Cyanid, Selenit, Hexacyanoferrat(III) und Sulfit. Ferner gibt auch eine Reihe von Kationen Kristallfällungen (vgl. S. 88).

f) Nachweis mit Chinidin. Nach MARTINI (c) sind alle in der Literatur empfohlenen Mikrokristallnachweise für Hexacyanoferrat(II) nicht befriedigend. Der Autor schlägt daher als Reagens eine konzentrierte essigsaure Lösung von Chinidinsulfat vor. Dies Reagens wirkt spezifisch und empfindlich. Man erhält mit Hexacyanoferrat(II) viele farblose trikline, schräge Prismen.

Erfassungsgrenze. 0,1 μg $[Fe(CN)_6]^{4-}$ ist noch nachweisbar.

g) Reaktion mit Alkaloiden. Hexacyanoferrat(II) gibt, wie schon auf S. 93 erwähnt, mit vielen Alkaloiden Niederschläge, diese sind häufig charakteristisch in ihrer Kristallform. Die in der Literatur beschriebenen Reaktionen beziehen sich aber fast immer auf den Nachweis des Alkaloids. Ferner geben auch andere Anionen, z. B. Hexacyanoferrat(III), mit den Alkaloiden Kristallfällungen. Es sind Reaktionen beschrieben zwischen den komplexen Eisencyaniden und Hydrastin, Strychnin, Brucin, Cinchonin, Cinchonidin, Spartein, Chinin, Phenazon, Pyramidon, Narkotin, Kokain [M. WAGENAAR (a), (b), (c), CUMMING und BROWN (b)].

II. Nachweis des Hexacyanoferrat(III)-ions.

A. Nachweis durch Fällungsreaktionen.

Für den Nachweis des Hexacyanoferrat(III) wird häufig die Reaktion mit Fe^{++} benutzt, jedoch kann diese auch Anlaß zu Irrtümern bieten, und es sei deshalb auch auf die Reaktionen auf S. 106ff., 109ff. verwiesen.

1. Nachweis mit $FeSO_4$.

Über den Mechanismus der Turnbulls-Blau-Reaktion ist schon auf S. 24 berichtet worden.

Durchführung der Reaktion. Man versetzt die schwach saure Probelösung mit einer Lösung von $FeSO_4$ und erhält einen blauen Niederschlag oder eine blaue Farbe. Bei Abwesenheit von Hexacyanoferrat(II) kann die Prüfung direkt im angesäuerten Sodaauszug durchgeführt werden [AGOSTINI (b)], eine Ausführung der Reaktion im Gang der Anionenanalyse, auch bei Anwesenheit von Hexacyanoferrat(II), ist schon auf S. 93 (DOBBINS und LJUNG) beschrieben worden.

Empfindlichkeit. Nach Angaben von KARAOGLANOV (c) kann man in insgesamt 10 ml Flüssigkeit, die 1 ml 0,5 n $FeSO_4$-Lösung enthalten, noch 3,3 μg Hexacyanoferrat(III) nachweisen, Grenzkonzentration 1 : 3030300. Nach VORLÄNDER kann $K_3[Fe(CN)_6]$ noch in 10^{-6} m Lösungen erkannt werden, im Gang der Analyse findet man noch 0,063 mg/10 ml Hexacyanoferrat(III) (DOBBINS und LJUNG).

Störungen. Geänderte Arbeitsweise. Unter Berücksichtigung von Störungen, welche andere Anionen verursachen können, schlägt ODEKERKEN (a) folgende Arbeitsweise vor: Man arbeitet in essigsaurer Lösung, da Hexacyanoferrat(III) durch Mineralsäure leicht zersetzt wird. Zur Beseitigung von Anionen, die in saurer Lösung Hexacyanoferrat(III) reduzieren (J^-, $S_2O_3^{--}$, NO_2^-) oder die das Reagens oxydieren (BrO_3^-, JO_3^-, CrO_4^{--}), fügt man Bleiacetat hinzu und kann den Nachweis im allgemeinen ohne zu filtrieren gleich durchführen. Nur wenn der Niederschlag zu stark gefärbt erscheint (z. B. in Gegenwart von Sulfid oder Jodid), führt man den Nachweis im Filtrat. Für die Möglichkeit der Anwesenheit von Sulfid vgl. aber S. 93.

Einige Tropfen der Probelösung, die gegen Lackmus neutral reagiert (vgl. S. 95), werden mit 0,5 ml 10%iger Bleiacetatlösung und einigen Tropfen 10%iger Essigsäure versetzt. Falls ein stark gefärbter Niederschlag auftritt, filtriert man. Zu der Lösung mit Niederschlag bzw. dem Filtrat gibt man einige Tropfen 5%ige $FeSO_4$-Lösung hinzu. Das Auftreten einer blauen Färbung oder eines blauen Niederschlages zeigt die Anwesenheit von Hexacyanoferrat(III) an. Die Grenzkonzentration beträgt 1 : 200000. Sulfit verhindert den Nachweis, da Reduktion des Hexacyanoferrat(III) eintritt. Ein Überschuß an NO_2^-, CrO_4^{--}, $[Fe(CN)_6]^{4-}$, J^- und BrO_3^- ändert die blaue Farbe in blaugrün.

Bemerkungen. Die hauptsächlich auftretenden Fehlermöglichkeiten bei dem Nachweis von Hexacyanoferrat(III) mit Fe(II)-Salzen sind wohl darin begründet, daß das als Reagens meist verwendete $FeSO_4$ niemals ganz frei von Fe(III)-Ionen ist, so daß etwa vorliegendes Hexacyanoferrat(II) Berliner Blau ergibt und damit die Anwesenheit von Hexacyanoferrat(III) vortäuscht [CHARLOT (b)]. Nach Angaben von FEIGL (e) enthält Hexacyanoferrat(III) sehr häufig Spuren von Hexacyanoferrat(II). Zur Vermeidung der Störung durch Fe(III)-Spuren, die im Reagens enthalten sein können, schlägt GUTZEIT (b), (c) vor, als Reagens ein inniges Gemisch von $FeSO_4$ mit 3% Hydroxylammoniumchlorid, das trocken aufbewahrt wird, zu verwenden. FEIGL (b) verwendet MOHRsches Salz. FEIGL (e) macht ferner darauf aufmerksam, daß das bei Anwesenheit von Hexacyanoferrat(II) mit $FeSO_4$ ausfallende weiße Salz auch an der Luft blau wird. Es ist auch nicht angebracht, Hexacyanoferrat(II) erst durch Zusatz von $FeCl_3$ auszufällen und im Filtrat den Nachweis auf Hexacyanoferrat(III) zu führen, wie es z. B. von T. P. CHAO vorgeschlagen wird, da nach FEIGL (e) Hexacyanoferrat(III) dabei merklich mitgefällt wird. Die Nachweise, die auf den oxydierenden Eigenschaften des Hexacyanoferrat(III) beruhen, sind daher spezifischer.

2. Nachweis mit Cadmiumsalzen.

Nach BROWNING und PALMER kann man Hexacyanoferrat(III) in essigsaurem Medium mit Cadmiumsalzen fällen. Man erhält einen schlecht filtrierbaren Niederschlag.

Empfindlichkeit. Noch 0,1 mg ist in 5 bis 10 ml Lösung nachweisbar. Hexacyanoferrat(II) muß abwesend sein oder wird vorher durch Zusatz von Thoriumnitrat ausgefällt (vgl. S. 94).

3. Nachweis des Hexacyanoferrat(III) mit Ce(III)-Nitrat nach der Reduktion zu Hexacyanoferrat(II).

Wenn man nach dem Trennungsgang, der von BANERJEE vorgeschlagen wurde (vgl. S. 94), Hexacyanoferrat(II) mit $Ce(NO_3)_3$ ausgefällt hat, kann man im Filtrat in ammoniakalischer Lösung mit Hydrazinsulfat oder Hydroxylammoniumchlorid Hexacyanoferrat(III) reduzieren. Es bildet sich mit dem überschüssigen Cersalz sofort ein weißer Niederschlag, der wie auf S. 94 beschrieben, noch weiter identifiziert werden kann.

4. Nachweis mit $AgNO_3$.

Durchführung der Reaktion. Zum Nachweis von Hexacyanoferrat(III) neben Hexacyanoferrat(II) kann man nach einem Vorschlag von AGOSTINI (b) den Sodaauszug mit verdünnter HNO_3 ansäuern und dann $AgNO_3$-Lösung zusetzen. Der Niederschlag wird filtriert und gewaschen. Man gießt auf das Filter Ammoniak und säuert das Filtrat mit HNO_3 an. Das Auftreten eines rotorangen Niederschlages zeigt die Anwesenheit von Hexacyanoferrat(III) an. (Die Gegenwart von Chlorid und Bromid wirkt wahrscheinlich nicht besonders störend, da die beim Ansäuern entstehenden Niederschläge weißlich sind.)

Nach CASTIGLIONI (vgl. S. 96) versetzt man die Probelösung mit einem Überschuß an konzentriertem Ammoniak und fällt durch Zusatz von Silbernitrat erst das weiße Silberhexacyanoferrat(II) aus. Wenn man das Filtrat unter Kühlen tropfenweise mit konzentrierter HNO_3 ansäuert, fällt das orange Silberhexacyanoferrat(III) aus. Die Lösung darf sich beim Ansäuern nicht erhitzen. Ionen, die gefärbte Silbersalze mit ähnlichen Eigenschaften wie Silberhexacyanoferrat(III) bilden, dürfen nicht zugegen sein.

5. Fällung des Trithioharnstoffkupfer(I)-chlorids durch Hexacyanoferrat(III).

Trithioharnstoffkupfer(I)-chlorid kann nach RATHKE hergestellt werden. Aus der wäßrigen Lösung des stabilen Komplexes fällen Alkalien Cu_2S. Die meisten anderen Elektrolyte, auch Hexacyanoferrat(II), bewirken die Fällung von farblosen Niederschlägen. Durch Zusatz von Kaliumhexacyanoferrat(III)-lösung entsteht ein gefärbter Niederschlag. Wenn die Lösung des Komplexes und die $K_3[Fe(CN)_6]$-Lösung konzentriert sind, ist der Niederschlag dunkel rotviolett gefärbt. Wenn eine oder beide Lösungen verdünnt sind, hat der Niederschlag eine zart taubengraue Färbung. Der Niederschlag ist unlöslich in Wasser, Alkohol, verdünnter HCl und organischen Lösungsmitteln. Nitroprussiat, Hexanitrocobaltiat und komplexes Chromrhodanid geben auch gefärbte Niederschläge. Im allgemeinen liegen aber diese Anionen in einer gewöhnlichen Analyse nicht vor (vgl. a. den Tüpfelnachweis mit diesem Reagens S. 111, STORFER).

6. Fällung mit Methylenblau.

Mit einer 0,3%igen wäßrigen Lösung von Methylenblau gibt Hexacyanoferrat(III) einen violetten, bronzegrün glänzenden Niederschlag. Eine Anzahl anderer Anionen wird auch gefällt: Jodid, Perchlorat, Persulfat, Dichromat, Permanganat, Metavanadat, Molybdat, Wolframat (MONNIER).

B. Nachweis durch Farbreaktionen.

Die meisten Farbreaktionen, die zum Nachweis von Hexacyanoferrat(III) geeignet sind, beruhen auf der oxydierenden Wirkung, die das Hexacyanoferrat(III) auf organische Substanzen ausübt, die in den meisten Fällen den Charakter von Aminen tragen.

1. Nachweis mit o-Dianisidin.

o-Dianisidin wird durch Hexacyanoferrat(III) oxydiert, es entsteht eine blaue Färbung, beim Ansäuern eine rote Farbe.

H_2N — — NH_2
H_3CO OCH_3

Zur Herstellung des Reagenses versetzt man 1 g o-Dianisidin mit 2 ml Essigsäure, erwärmt bis Lösung eingetreten ist, verdünnt auf 100 ml und filtriert. Falls die entstehende Lösung schon gefärbt ist, behandelt man sie mit etwas Tierkohle bis zur Entfärbung. Eine sehr schwache Färbung braucht nicht beachtet zu werden.

Durchführung der Reaktion. Zum Nachweis des Hexacyanoferrat(III) versetzt man die Probelösung mit einigen Tropfen des Reagenses, es bildet sich eine grünlichblaue Färbung oder ein Niederschlag, falls die Lösung sehr konzentriert an Hexacyanoferrat(III) war. Beim Ansäuern tritt Rotfärbung ein. Wenn nur sehr geringe Mengen an Hexacyanoferrat(III) vorhanden sind, gibt man einige Tropfen Zinkchloridlösung hinzu, die Färbung verstärkt sich [Ausfällung von Hexacyanoferrat(II), Verschiebung des Redoxpotentials].

Empfindlichkeit und Störungen. Die Grenzkonzentration beträgt $1:1\cdot10^6$. Große Mengen an Cyanid, $CN^-:[Fe(CN)_6]^{3-}$ größer als 1000 : 1, senken die Empfindlichkeit auf $1:1\cdot10^5$. Hexacyanoferrat(II) stört auch in größeren Mengen nicht, aber eine Reihe von oxydierenden Agenzien, Au(III), Ce(IV), V^V, MnO_4^-, CrO_4^{--}, $S_2O_8^{--}$, Os(VIII), freie Halogene, PbO_2, MnO_2, Cu^{++} in Gegenwart von CN^-. Sehr starke Oxydationsmittel wie Persulfat oder Chromat färben erst langsam blau, dann rasch ohne Ansäuern rot (UBEDA und GONZALEZ, SIERRA und MONLLOR).

2. Nachweis mit Indigokarmin.

Indigokarmin wird durch Hexacyanoferrat(III) zu blaßgelbem Disulfodehydroindigo oxydiert, man arbeitet in alkalischer Lösung. Diese Reaktion eignet sich zum Nachweis in Gegenwart von Hexacyanoferrat(II).

HO_3S — C(=O) — C=C — C(=O) — SO_3H; N—H, N—H

Durchführung der Reaktion. 3 ml der Probelösung und parallel dazu 3 ml reines Wasser werden mit je 10 Tropfen gesättigter Natriumcarbonatlösung versetzt (NaOH oder KOH dürfen nicht verwendet werden). Dann gibt man zu der Probe mit Wasser 2 bis 3 Tropfen 0,02%ige Indigokarminlösung, die Flüssigkeit wird bläulich. In die Probelösung läßt man nun ebensoviele Tropfen Indigokarminlösung hinzufließen: Die Blaufärbung verschwindet rasch. Bei Anwesenheit von viel Hexacyanoferrat(III) tritt bei Zugabe mehrerer Tropfen Reagenslösung überhaupt keine Blaufärbung auf. In diesem Fall kann die Blindprobe entfallen. Die **Erfassungsgrenze** beträgt 5 μg $K_3[Fe(CN)_6]$ in 3 ml, **Grenzkonzentration** 1 : 600000.

Zum Nachweis von $K_3[Fe(CN)_6]$ in $K_4[Fe(CN)_6]$ arbeitet man folgendermaßen: 300 mg des zu untersuchenden Präparates werden in 3 ml Wasser gelöst. Zum Vergleich löst man 300 mg ganz reines $K_4[Fe(CN)_6]$ in ebenfalls 3 ml Wasser.

Zu beiden Lösungen fügt man je 10 Tropfen gesättigte Na_2CO_3-lösung und je 2 bis 3 Tropfen 0,02 %ige Indigokarminlösung. In der Lösung mit reinem $K_4[Fe(CN)_6]$ bleibt die bläuliche oder grünliche Färbung bestehen, in der zu untersuchenden Lösung verschwindet die Färbung, wenn Hexacyanoferrat(III) als Verunreinigung zugegen ist. Man kann so 10 μg $K_3[Fe(CN)_6]$ bei Anwesenheit von 300 mg $K_4[Fe(CN)_6]$ nachweisen. Grenzverhältnis: 1 : 30000.

Bemerkungen. Andere Ionen, darunter auch gewisse Oxydationsmittel, stören nicht, wenn man unter den gleichen, eben geschilderten Versuchsbedingungen arbeitet. 10 bis 20 μg $K_3[Fe(CN)_6]$ können in Gegenwart von 100 bis 500 mg Alkalichlorid, -bromid, -nitrit, -chlorat, -bromat, -jodat, -chromat, -persulfat, -rhodanid, -cyanid nachgewiesen werden [KORENMAN (c)]. Die Reaktion kann auch auf der Tüpfelplatte ausgeführt werden. Vgl. S. 110.

3. Nachweis mit Hilfe der katalytischen Wirkung von Hexacyanoferrat(III) auf die Reaktion zwischen p-Phenetidin und H_2O_2.

p-Phenetidin wird durch H_2O_2 in Gegenwart einer Spur von Hexacyanoferrat(III) in neutraler Lösung sofort zu einem rotvioletten Produkt oxydiert. Hexacyanoferrat(II) reagiert ebenso (vgl. S. 97), ferner beachte man die Angaben auf S. 46.

Durchführung der Reaktion. Als Reagenzien dienen eine 0,025 %ige salzsaure p-Phenetidinlösung und eine 0,2 %ige Lösung von H_2O_2, beide frisch bereitet. 4 ml Probelösung und im parallelen Blindversuch 4 ml Wasser werden in farblosen Reagensgläsern mit 0,5 ml Phenetidinlösung und 0,5 ml H_2O_2 versetzt. Man schüttelt durch und erwärmt im Wasserbad. Je nach der vorliegenden Menge an Hexacyanoferrat tritt nach 1 bis 10 Min. intensiver werdende Rotviolettfärbung auf. Die Blindprobe ist erst nach 10 Min. kaum merklich rosa. In seltenen Fällen katalysieren sorgfältig gereinigte Gläser die Reaktion zwischen H_2O_2 und Phenetidin, solche Gläser müssen verworfen werden.

Die **Erfassungsgrenze** beträgt 0,01 μg $K_3[Fe(CN)_6]$, die **Grenzkonzentration** 1 : 500000000, die Farbe ist dann schwach violett [SZEBELLÉDY und AJTAI (a)].

Die *Störungen* für diese Reaktion sind sehr sorgfältig untersucht worden, die Ergebnisse können nur auszugsweise wiedergegeben werden. As_2O_3, BrO_3^-, JO_3^- stören. Cl^-, Br^- und J^- katalysieren die Reaktion auch und müssen mit $AgNO_3$, das frei von Cu^{++} sein muß, ausgefällt werden. Die Reaktion wurde in Gegenwart von Salzen des Ag, Pb, Hg(II), Bi, Cu, Cd, As(V), Sb(III), Sn(IV), Co, Ni, Fe(III), Al, Cr(III), Zn, Mn(II), Erdalkalien, Alkalien ausprobiert. Ferner wurde die Wirkung der Anionen SO_4^{2-}, HPO_4^{--}, $B_4O_7^{--}$, NO_3^-, ClO_3^-, Cl^-, Br^-, J^- untersucht. Die verwendeten Salze durften weder Spuren von Fe^{+++} noch an Cu^{++} enthalten. Fe(III) wurde deshalb vor Ausführung der Versuche mit 0,05 g $NaHF_2$ maskiert. Spuren an Cu(II) wurden mit 0,2 ml 1 %iger $Na_2C_2O_4$-Lösung verdeckt. Es darf höchstens 1 mg $CuSO_4$ zugegen sein, da durch Zusatz einer erhöhten Menge an Natriumoxalat die Empfindlichkeit des Nachweises herabgesetzt wird. Sauer reagierende Salze müssen durch Zusatz von Natriumacetat abgestumpft werden.

Bemerkungen. Nach den angegebenen Vorsichtsmaßregeln kann 1 μg $K_3[Fe(CN)_6]$ nach der weiter vorn gegebenen Vorschrift in Gegenwart der 1000fachen Menge an $CuSO_4 \cdot 5H_2O$ bzw. der 10000fachen Menge an $FeNH_4(SO_4)_2 \cdot 12H_2O$ nachgewiesen werden. NaCl, KBr, KJ dürfen im Verhältnis 1 : 100 bis 1 : 1000 zugegen sein, müssen aber vor Durchführung des Versuches mit $AgNO_3$ ausgefällt werden. Die übrigen Salze, welche weiter oben aufgeführt wurden, dürfen, bezogen auf 1 μg $K_3[Fe(CN)_6]$, im Verhältnis 1 : 10000 bis 1 : 1000000 zugegen sein.

4. Weitere Reaktionen mit Aminen.

a) Mit Diphenylamin. Eine Lösung von 0,01 g $K_3[Fe(CN)_6]$ in einigen Tropfen Wasser, welche man mit 4 bis 5 ml 33%iger HCl versetzt hat, gibt mit 1 bis 2 Tropfen Diphenylaminreagens (0,5 g Diphenylamin in 100 g „starker" Essigsäure) sofort eine dunkelblaue Färbung. Verdünnt man mit Wasser, so ändert sich die Farbe nach grün [EKKERT (b)]. Bekanntlich reagieren aber viele Oxydationsmittel mit Diphenylamin! EKKERT (b) zählt Reaktionen mit folgenden Ionen auf: Fe(III), NO_2^-, NO_3^-, ClO_3^-, BrO_3^-, Kaliumbijodat, Ammoniummolybdat, CrO_4^{--}, $Cr_2O_7^{--}$.

b) Mit Dimethyl- oder Diäthylanilin. Diese Amine geben im phosphorsauren Medium mit Hexacyanoferrat(III) eine intensive hell orange Färbung. Man setzt zuletzt 1 ml gesättigte Zinksulfatlösung zu. 0,07 bis 0,1 mg Hexacyanoferrat(III)/ml sind nachweisbar. Hexacyanoferrat(II) stört nicht, stark oxydierende Reagenzien sollen abwesend sein (KRESHKOV und VIL'BORG).

c) Mit o-Toluidin, 1-Naphthylamin oder Dimethyl-p-phenylendiamin. Beim Mischen einer Hexacyanoferrat(III)-lösung mit einer Base dieses Typus und einem Zinksalz entstehen Färbungen oder gefärbte Niederschläge. Bei Verdünnungen von 1 : 10000 bis 1 : 1000000 ist der Nachweis noch durchführbar (SIERRA und MONLLOR).

d) Mit Morphin. $K_3[Fe(CN)_6]$-Lösung gibt mit Morphin eine rötliche Färbung (GANASSINI). Man arbeitet in ammoniakalischer Lösung.

5. Nachweis mit Hilfe von Cobaltkomplexen.

Hexacyanoferrat(III) ergibt grüne oder braune Färbungen mit den Komplexen, welche Co(II) mit Dimethylglyoxim und Anilin, o-Toluidin oder p-Toluidin bildet (vgl. S. 96, BEATO und DE LOS D. BRUGGER).

6. Nachweis mit Hilfe von Fluorescenzerscheinungen.

Wie schon auf S. 96 erwähnt wurde, löscht $K_3[Fe(CN)_6]$ die Fluorescenz von Uranylsalzen. 17 Tropfen der sehr verdünnten Hexacyanoferrat(III)-lösung sind nötig, um Auslöschung zu bewirken (vgl. S. 96, 97). Die Lösung muß mindestens 0,01 n an Hexacyanoferrat(III) sein, damit überhaupt Löschung eintritt (VOLMAR und MATHIS).

7. Reaktion mit elementarem Selen.

Eine Lösung von $K_3[Fe(CN)_6]$ färbt sich beim Kochen mit rotem Selen dunkelgrün (MONTIGNIE).

C. Nachweis durch Mikro- und Tüpfelreaktionen.

1. Nachweis im Mikroreagensglas oder durch Tüpfelreaktionen.

a) Nachweis durch die Turnbulls-Blau-Reaktion.

Durchführung der Reaktion. 1 Tropfen der frisch bereiteten Reagenslösung ($FeSO_4$ und Hydroxylammoniumchlorid, trocken verrieben, s. S. 104) wird auf Filterpapier gesetzt. Man tüpfelt mit verdünnter Schwefelsäure an und bringt dann 1 Tropfen der Probelösung auf den feuchten Fleck. Wenn Blaufärbung auftritt, ist Hexacyanoferrat(III) vorhanden [GUTZEIT (b), (c), (d)].

Weitere Durchführungsmethoden. Nach CHARLOT (b) bzw. B. FRESENIUS (b) verwendet man eine 5%ige Lösung von $FeSO_4$ in 1 m H_2SO_4. Man mischt 1 Tropfen der angesäuerten Probelösung mit 1 Tropfen Reagens auf der Tüpfelplatte. Es entsteht eine blaue Fällung oder Färbung. 20 μg/ml Hexacyanoferrat(III) können noch nachgewiesen werden. Auf die Störungen wurde schon weiter vorn hingewiesen (J^-, $S_2O_3^{--}$, NO_2^-, BrO_3^-, JO_3^- s. S. 104). Diese Ionen kann man nach der Methode von ODEKERKEN (a) mit Bleiacetat vorher abtrennen (S. 104).

Wie auf S. 97 angegeben, kann man Hexacyanoferrat(III) aus einem Gemisch von Anionen mit Zinksalz ausfällen und den Niederschlag auf einem Filterpapier mit einer sauren Lösung von MOHRschem Salz antüpfeln [FEIGL (b)].

Zum Nachweis von Hexacyanoferrat(III) neben Hexacyanoferrat(II) wird das letztere in der Mitte eines Tüpfelfleckens gefällt (TANANAEFF und SCHAPOWALENKO). Auf ein Stück Filterpapier bringt man 1 Tropfen gesättigte $Pb(NO_3)_2$-Lösung, dann 1 Tropfen der Probelösung und noch 1 Tropfen der Bleisalzlösung sowie 2 Tropfen Wasser. Das Hexacyanoferrat(III)-ion wird so nach außen gespült. Zuletzt gibt man aus einer Kapillare soviel Fe(II)-Salzlösung (MOHRsches Salz) hinzu, daß sie durch den ganzen Flecken dringt, dabei bilden sich am Rand des mittleren Fleckens Ringe von Turnbulls Blau. Nach der gleichen Methode kann man Hexacyanoferrat(III), -(II) und SCN^- nebeneinander nachweisen. Man tüpfelt dann den wie oben mit Bleisalz vorbehandelten Fleck von der einen Seite mit $FeCl_3$, von der anderen mit frisch bereiteter Fe(II)-Salzlösung an; Befeuchten mit HCl erhöht die Intensität der Färbungen [FEIGL (e), TANANAEFF und SCHAPOWALENKO]. In Gegenwart von AsO_4^{---} wird dieses ebenfalls in der Mitte durch Bleisalz fixiert, eventuell vorhandenes CrO_4^{--} oder JO_3^- werden vorher auf dem Uhrglas mit $Ba(NO_3)_2$ gefällt, man führt den Nachweis im Filtrat (TANANAEFF und SCHAPOWALENKO).

Wegen der Nützlichkeit des Nachweises von Hexacyanoferrat(III) mit Fe^{++} vgl. die Angaben von FEIGL (e) bzw. CHARLOT (b), S. 104.

b) Nachweis mit Benzidinacetat.

Bemerkungen. Benzidinacetat wird durch lösliches Hexacyanoferrat(III) zu einer unlöslichen blauen merichinoiden Verbindung oxydiert. Bei Abwesenheit anderer oxydierender Verbindungen (Chromate, Peroxyverbindungen, vgl. a. die Bemerkungen S. 41) ist dieser Nachweis für Hexacyanoferrat(III) eindeutig, er ist auch in Gegenwart von Hexacyanoferrat(II) möglich und für diesen Fall nützlich. Nach einer Bemerkung von FEIGL (e) werden Hexacyanoferrat(II)-lösungen beim Stehen, besonders im direkten Licht, merkbar zu Hexacyanoferrat(III) oxydiert. Bei Gegenwart von Hexacyanoferrat(II) ist zu beachten, daß Benzidinhexacyanoferrat(II) als weißer Niederschlag ausfällt, man verbraucht deshalb mehr Reagens, und die Erkennung kleiner Mengen an Hexacyanoferrat(III) ist erschwert. Wenn also wenig $[Fe(CN)_6]^{3-}$ neben viel $[Fe(CN)_6]^{4-}$ erkannt werden soll, gibt man zuerst $Pb(NO_3)_2$ oder Pb-acetat zu, worauf das Hexacyanoferrat(II) als weißes Bleisalz ausfällt, Hexacyanoferrat(III) bleibt in Lösung, auf Zusatz von Benzidinacetat färbt sich der weiße Niederschlag blau.

Durchführung der Reaktion. Auf der Tüpfelplatte wird 1 Tropfen neutrale Probelösung, erforderlichenfalls nach Zugabe von 1 Tropfen 1%iger $Pb(NO_3)_2$-Lösung, mit Reagenslösung versetzt (2 n Essigsäure wird mit Benzidin gesättigt). Je nach der Menge an Hexacyanoferrat(III) entsteht eine blaue Farbe oder ein Niederschlag.

Empfindlichkeit. 1 μg $K_3[Fe(CN)_6]$ ist nachweisbar, Grenzkonzentration 1:50000. Neben der 1000fachen Menge an Hexacyanoferrat(II) sind 5 μg $K_3[Fe(CN)_6]$ nachweisbar, Grenzkonzentration 1 : 10000 [FEIGL (d), (e)]. Nach Angaben der Internationalen Tabellen der Reagenzien, II. Ausgabe, beträgt die Grenzkonzentration $1 : 2 \cdot 10^4$. CN^- im Verhältnis 100 : 1 reduziert die Empfindlichkeit auf $1 : 5 \cdot 10^3$, und $[Fe(CN)_6]^{4-}$ im Verhältnis 100 : 1 auf $1 : 10^4$.

Dieser Nachweis wird auch von KUHLBERG (b) für die Erkennung von Hexacyanoferrat(III) in unlöslichen Verbindungen nach geeigneter Vorbehandlung derselben (vgl. S. 111) benutzt, ebenso von ODEKERKEN (a) und TANANAEFF und SCHAPOWALENKO.

c) Nachweis mit Phenolphthalin (Leukophenolphthalein).

Bemerkungen und Durchführung der Reaktion. Eine rote alkalische Lösung von Phenolphthalein gibt, mit metallischem Zink erhitzt, eine farblose Lösung von Phenolphthalin. Die farblose Lösung wird durch Luft langsam rosa gefärbt, starke Oxydationsmittel färben sie sofort intensiv rot. H_2O_2 reagiert nur langsam, seine Wirksamkeit wird durch Kupfersalze erhöht. Alkalihexacyanoferrat(III)-lösungen oxydieren sofort, unlösliche Hexacyanoferrat(III)-verbindungen reagieren ebenso, da sie durch das freie Alkali in der Phenolphthalinlösung zerlegt werden und Alkalihexacyanoferrat(III) entsteht. Auf dieser Tatsache beruht der Nachweis von Hexacyanoferrat(III) in Gegenwart anderer oxydierender Substanzen. Die neutrale oder schwach saure Probelösung wird mit $ZnSO_4$ behandelt, der Niederschlag gewaschen und mit Phenolphthalinlösung behandelt.

Auf Filterpapier oder der Tüpfelplatte wird 1 Tropfen neutrale oder schwach saure Probelösung mit 1 Tropfen Reagenslösung versetzt. Falls Hexacyanoferrat(III) vorhanden war, tritt eine rote oder rosa Färbung auf. **Erfassungsgrenze** 0,5 μg $K_3[Fe(CN)_6]$, **Grenzkonzentration** 1 : 100000 [FEIGL (e)].

Nach FEIGL (e) stellt man das Reagens folgendermaßen her: 2 g Phenolphthalein, 10 g NaOH, 5 g Zinkstaub und 20 ml Wasser werden 2 Std. unter Rückfluß erhitzt. Nach dem Abkühlen gießt man durch ein gehärtetes Filter, das farblose Filtrat wird mit Wasser auf 50 ml aufgefüllt. Man bewahrt im Dunkeln auf und entfärbt, wenn nötig, mit Zinkgranalien.

Eine ähnliche Vorschrift geben KNIGA bzw. die Internationalen Tabellen der Reagenzien, IV. Ausgabe.

d) Nachweis mit Tetramethyl-p-diaminodiphenylmethan (Tetrabase).

Bemerkungen. Tetramethyl-p-diaminodiphenylmethan kann als die stabile Leukoform eines Diphenylmethanfarbstoffs betrachtet werden. Stark oxydierende Substanzen oxydieren die Tetrabase zu dem intensiv blauen Farbstoff in saurer Lösung. Hexacyanoferrat(III) allein gibt keine Reaktion mit Tetrabase, jedoch tritt sofort Oxydation ein, wenn Zn^{++} oder Hg^{++} zugegen sind (Erhöhung des Redoxpotentials). Diese Reaktion ist ein empfindlicher Nachweis für Hexacyanoferrat(III) in schwach saurer, neutraler oder alkalischer Lösung. Unter den hier beschriebenen Bedingungen haben andere Oxydationsmittel, wie Nitrate, Persulfate, Jodate usw. keinen störenden Einfluß. Chromate, Dichromate und Permanganate stören.

Durchführung. Die Reagenslösung besteht aus 2%iger Lösung von $ZnCl_2$ in Alkohol, die mit einem Überschuß von Tetrabase gesättigt und dann filtriert wurde. Man setzt 1 Tropfen Reagenslösung auf ein Filterpapier und läßt das Lösungsmittel verdampfen, dann fügt man 1 Tropfen schwach saure Probelösung hinzu. Ein blauvioletter Fleck oder Ring zeigt die Anwesenheit von Hexacyanoferrat(III) an. Die **Erfassungsgrenze** beträgt 0,1 μg $K_3[Fe(CN)_6]$, die **Grenzkonzentration** 1 : 500000 [FEIGL (e)].

Nach LAPIN soll die Reaktion im alkalischen Medium in Gegenwart von Zn(II) spezifisch sein. Die Empfindlichkeit ist dann geringer. In neutraler Lösung beträgt die Erfassungsgrenze 0,2 μg, in stark alkalischer Lösung 1 bis 5 μg Hexacyanoferrat(III).

e) Nachweis mit Indigokarmin. Diese Reaktion wurde schon auf S. 106 beschrieben [KORENMAN (c)].

Durchführung. Auf einer weißen Tüpfelplatte versetzt man 1 Tropfen Probelösung mit 1 Tropfen eines Gemisches aus 2 Raumteilen 0,02%iger Indigokarminlösung und 3 Raumteilen gesättigter Na_2CO_3-Lösung. Wenn Hexacyanoferrat(III) zugegen ist, so verschwindet die hellblaue Färbung entweder sofort oder rasch. **Erfassungsgrenze** 1,5 μg $K_3[Fe(CN)_6]$, **Grenzkonzentration** 1 : 20 000. Die Störungen sind schon auf S. 107 angegeben.

f) Nachweis mit Leukomalachitgrün. Dieses Reagens benutzt KUHLBERG (b) zum Nachweis von Hexacyanoferrat(III) in unlöslichen Verbindungen oder in Hexacyanoferrat(II). Die unlöslichen Hexacyanoferrat(III)-verbindungen werden je nach ihren Eigenschaften unterschiedlich vorbehandelt. Zum Nachweis von *Cd-, Mn-, Ce- oder Zn-Hexacyanoferrat(III)* erwärmt man etwas von der Substanz im Mikrotiegel mit einer 1%igen Lösung von Leukomalachitgrün in HCl 1 : 1. Nach Verdünnen mit Wasser tritt eine grüne Färbung auf, wenn Hexacyanoferrat(III) vorlag. Von *Hg(II)- oder Cu(II)-Hexacyanoferrat(III)* behandelt man 1 bis 10 mg Substanz mit 1 bis 2 Tropfen 1%iger Lösung von $NiSO_4$ und mit etwas überschüssiger NaOH. Es fällt $Ni(OH)_3$. Nach Zugabe von 1 Tropfen der obigen Reagenslösung tritt eine blaugrüne Färbung auf, wenn Hexacyanoferrat(III) vorlag. Beim Vorliegen von *Ni- oder Co-Hexacyanoferrat(III)* behandelt man etwas Substanz unmittelbar mit Lauge, danach mit der Reagenslösung. Der Nachweis von Hexacyanoferrat(III) *in Turnbulls Blau* ist verhältnismäßig schwierig: 10 bis 50 mg der Verbindung werden mit 5 Tropfen 1%iger Lösung von Tl_2SO_4 und vorsichtig mit 0,5%iger NaOH versetzt, bis die blaue Farbe verschwindet. Man erwärmt und setzt weitere 5 Tropfen NaOH hinzu. Der Niederschlag wird auf ein kleines Filter dekantiert. Der Nachweis kann in diesem Fall besser durch Behandlung dieses Niederschlages mit Benzidinacetat erfolgen (vgl. S. 109).

Zum Nachweis von Spuren von Hexacyanoferrat(III) in Hexacyanoferrat(II) arbeitet man sehr ähnlich: In einem kleinen Tiegel erwärmt man 2 bis 3 Tropfen der zu prüfenden Lösung mit 3 bis 5 Tropfen einer Lösung von 0,1 g Tl_2SO_4 und 4 g KOH in 10 ml Wasser bis zum beginnenden Sieden. Der Niederschlag wird filtriert und gewaschen, dann mit einer 0,5%igen Lösung von Leukomalachitgrün in 1%iger Schwefelsäure oder mit Benzidinacetat behandelt. Eine grünblaue Färbung zeigt die Anwesenheit von Hexacyanoferrat(III) an. Man kann so 3,6 μg Hexacyanoferrat(III)-ion bei einer Verdünnung von 1 : 56000 in einer gesättigten Lösung von $K_4[Fe(CN)_6]$ nachweisen. Andere oxydierende Stoffe wie Brom, Hypojodit u. a. dürfen nicht zugegen sein.

g) Nachweis mit Trithioharnstoffkupfer(I)-chlorid. Die auf S. 105 beschriebene Reaktion kann auch zum Tüpfelnachweis des Hexacyanoferrat(III) dienen. Der Nachweis wird auf Filterpapier geführt, wobei eine gegebenenfalls in geringem Maße auftretende Reduktion des Hexacyanoferrat(III) durch die Cellulose nicht stört.

Durchführung. Filterpapierstreifen werden mit einer bei 70° gesättigten wäßrigen Lösung des Reagenses imprägniert und im Vakuum getrocknet. Die Reagenslösung muß frisch hergestellt sein. Auf das getrocknete Papier setzt man 1 Tropfen der vorher neutralisierten Probelösung. Je nach Konzentration der Probelösung an Hexacyanoferrat(III) erscheint ein rot- bis grauvioletter, scharf umrandeter Fleck. Die **Erfassungsgrenze** beträgt 0,6 μg bis 0,9 μg $[Fe(CN)_6]^{3-}$, die **Grenzkonzentration** 1 : 67000.

Bemerkungen. Wenn in der Probelösung auch $K_4[Fe(CN)_6]$ vorhanden ist, tritt Rotfärbung des Tüpfelflecks auf. Man kann durch Zusatz einer Spatelspitze von festem Kaliumhexacyanoferrat(II) die Empfindlichkeit der Reaktion noch steigern. Man findet dann noch 0,4 μg $[Fe(CN)_6]^{3-}$ bei einer Grenzkonzentration von 1 : 100000. $K_3[Fe(CN)_6]$ ist so noch neben der 100000fachen Menge von $K_4[Fe(CN)_6]^-$ nachweisbar, die Konzentration an Hexacyanoferrat(II) darf aber nicht höher sein, weil sonst seine gelbe Eigenfarbe stört. Eine Mischung von SCN^- und $[Fe(CN)_6]^{3-}$

färbt das Reagenspapier ebenfalls rot. Der Fleck läßt sich für einige Zeit durch 1 Tropfen verdünnte schweflige Säure entfärben. Es erscheint dann mit der angegebenen Empfindlichkeit der graublaue Fleck, den das Hexacyanoferrat(III)-ion hervorruft [STORFER, FEIGL (e)].

h) Nachweis mit 2,7-Diaminodiphenylenoxyd. Die auf S. 84 beschriebene Reaktion zum Nachweis von Fe(III) mit 2,7-Diaminodiphenylenoxyd kann auch für den Nachweis von Hexacyanoferrat(III) herangezogen werden. Man arbeitet, wie schon beschrieben; 0,1 μg Hexacyanoferrat(III) können nachgewiesen werden. Hexacyanoferrat(II) gibt eine weiße Fällung, aber keine Färbung. Andere oxydierende Ionen reagieren ähnlich (CULLINANE und CHARD).

i) Reaktion mit dem Zn-1,10-Phenanthrolinkomplex. Wie auf S. 100, 101 schon erwähnt, gibt Hexacyanoferrat(III) mit einer Lösung des Zinkkomplexes einen Niederschlag. Die Reaktion tritt ein, wenn die Hexacyanoferrat(III)-lösung mindestens 0,00025 m ist. Andere Anionen geben auch Niederschläge, und zwar sind die durch MoO_4^{--}, SCN^- und VO_3^- verursachten Fällungen von ähnlicher Schwerlöslichkeit wie die mit Hexacyanoferrat(III). Die Reaktion wird zum Nachweis von Hexacyanoferrat(III) neben Hexacyanoferrat(II) empfohlen. Die Durchführung ist auf S. 101 beschrieben (KRUSE und BRANDT).

k) Nachweis durch Oxydation von $Ni(OH)_2$ zu $Ni(OH)_3$. Zum Nachweis von Hexacyanoferrat(III) neben Hexacyanoferrat(II), SCN^- und CN^- schlagen ROSSI, SOZZI und TRONCOSO vor, 1 Tropfen der Probelösung auf 1 Tropfen einer Suspension von $Ni(OH)_2$ einwirken zu lassen. In Gegenwart von Hexacyanoferrat(III) wird das blaßgrüne Nickel(II)-hydroxyd dunkelbraun oder schwarz.

l) Weitere Reaktionen. Zum Nachweis von Spuren von Hexacyanoferrat(III) neben MnO_4^-, $S_2O_8^{--}$ und $Cr_2O_7^{--}$ schlägt KUHLBERG (a) eine Kombination von Fällungs- und Oxydationsreaktionen vor.

2. Nachweis mit Hilfe von Mikrokristallreaktionen.

a) Nachweis mit LiCl und Urotropin.

Durchführung der Reaktion. Nach Angaben der Internationalen Tabellen der Reagenzien, IV. Ausgabe, arbeitet man folgendermaßen: Man setzt auf einen Objektträger nebeneinander 1 Tropfen Probelösung und 1 Tropfen Reagenslösung (1,5 g wasserfreies LiCl und 1,5 g Urotropin in 10 ml Wasser). Man vereinigt die beiden Tropfen mit einem Glasstab. Bei Gegenwart von Hexacyanoferrat(III) bilden sich gelbe Kristalle in Form von vier- und sechszackigen Sternen und Oktaedern.

Empfindlichkeit. Die Grenzkonzentration beträgt bei dieser Ausführungsform $1 : 2 \cdot 10^3$. Wenn man den Probetropfen bis zur Trockne eindampft und dann den Reagenstropfen zusetzt, wird die Empfindlichkeit 10 mal größer, aber die gebildeten Kristalle sind klein und schwer unterscheidbar die, Grenzkonzentration beträgt dann $1 : 2 \cdot 10^4$. Nach Angaben von KORENMAN (d) kann man nach dem Eindampfen des Probetropfens und mit einem ähnlich hergestellten Reagens 0,05 μg $[Fe(CN)_6]^{3-}$ nachweisen, Grenzkonzentration 1 : 40000.

Bemerkungen. Die Reaktion ist charakteristisch für Hexacyanoferrat(III), Hexacyanoferrat(II) gibt farblose Kristalle, die beiden Ionen können nebeneinander nachgewiesen werden (S. 101). Cyanide und Carbonate bilden in stärker konzentrierten Lösungen (1 : 100 bis 1 : 2000) mit dem Reagens farblose uncharakteristische Niederschläge, die beim Nachweis der Hexacyanoferrate nicht stören. Ca und Mg bilden Niederschläge mit Urotropin in Gegenwart von Hexacyanoferrat(II) oder -(III).

b) Nachweis mit Co(III)-komplexen. α) *Nachweis mit Luteocobaltsalzen.*

Ausführung I. Die Reaktion wird, wie auf S. 101 schon beschrieben wurde, durchgeführt. Als Reagens dient wieder eine Lösung von 28 mg $[Co(NH_3)_6]Cl_3$/ml. Mit einer 1%igen Lösung an Hexacyanoferrat(III) tritt sofort eine Fällung feiner Kristallnadeln ein. Die **Erfassungsgrenze** beträgt 2 bis 3 μg $[Fe(CN)_6]^{3-}$, die Kristallisation tritt nach 5 Min. ein. Die Reaktionen, welche andere Ionen geben, und eine Abbildung der Kristalle des Reagenses findet man auf S. 101 [HYNES und YANOWSKI (a)].

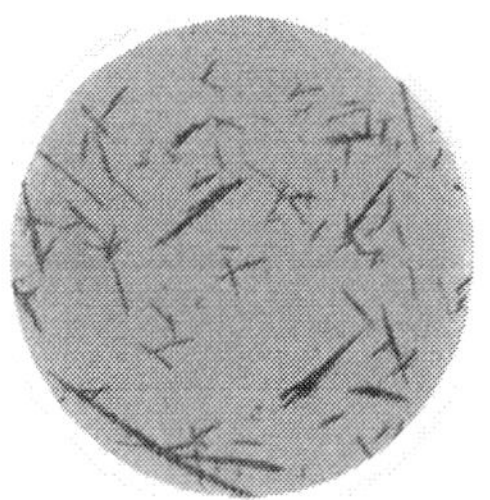

Abb. 14. Hexacyanoferrat(III) + $[Co(NH_3)_6]Cl_3$. Nach W. A. HYNES und L. K. YANOWSKI: Mikrochemie **23**, 1 (1937/38).

Ausführung II. Nach Angaben der Internationalen Tabellen der Reagenzien, II. Ausgabe, benutzt man als Reagens festes $[Co(NH_3)_6](NO_3)_3$. Man arbeitet wie schon auf S. 102 beschrieben. In Gegenwart von Hexacyanoferrat(III) erhält man balkenförmige Kristalle, deren Ende abgeschrägt ist, und die sehr oft zu zweit in Sternchen vereinigt vorliegen. Die **Grenkonzentration** beträgt 1 : 10^4.

Störungen. Hexacyanoferrat(II) gibt auch Kristalle (vgl. S. 101, 102), die aber anders geformt sind, es behindert die Empfindlichkeit nicht. Cyanid stört nicht, Rhodanid im Verhältnis 100 : 1 setzt die Empfindlichkeit auf 1 : 5 · 10^3 herab. ClO^- und S^{--} stören.

β) *Nachweis mit Roseocobaltchlorid.* Setzt man eine kleine Menge des festen Reagenses $[Co(NH_3)_5H_2O]Cl_3$ zu einem Tropfen der Probelösung, so erhält man, wenn 6,8 mg $K_3[Fe(CN)_6]$/ml vorhanden sind, sofort Kristallnadeln.

Störungen. Andere Ionen, z. B. Silicofluorid, Phosphormolybdat, Sulfosalicylat, Dithionat, Oxalat, Hexacyanoferrat(II) geben auch kristalline Fällungen [vgl. S. 102, HYNES und YANOWSKI (b)].

Abb. 15. Hexacyanoferrat(III) + $[Co(NH_3)_5H_2O]Cl_3$. Nach W. A. HYNES und L. K. YANOWSKI: Mikrochemie **27**, 337 (1939).

Abb. 16. Hexacyanoferrat(III) + Triäthylendiamincobalt(III)-chlorid. Nach W. A. HYNES und L. K. YANOWSKI: Mikrochemie **29**, 266 (1941).

γ) *Nachweis mit Triäthylendiamincobalt(III)-chlorid.* Diese Reaktion wurde schon auf S. 102 beschrieben. Bei der dort angegebenen Arbeitsweise erhält man bei einer Lösung, die 6,8 mg $K_3[Fe(CN)_6]$/ml enthält, nach 8 Min. zweigartige Kristallformen. Bei Verdünnung auf $^1/_3$ dieser Konzentration tritt die Kristallisation nach 9 Min. auf. Die **Nachweisgrenze** beträgt 0,07 mg $[Fe(CN)_6]^{3-}$ [HYNES und YANOWSKI (c)].

δ) Nachweis mit Purpureocobaltchlorid. $[Co(NH_3)_5Cl]Cl_2$ in gesättigter wäßriger Lösung (0,006 m) wurde als Reagens benutzt. Eine Lösung, welche 6,8 mg $K_3[Fe(CN)_6]$/ml enthält, gibt mit dem Reagens in 6 Min. meißelförmige Stäbchen. Die **Erfassungsgrenze** beträgt 0,1 mg $[Fe(CN)_6]^{3-}$.

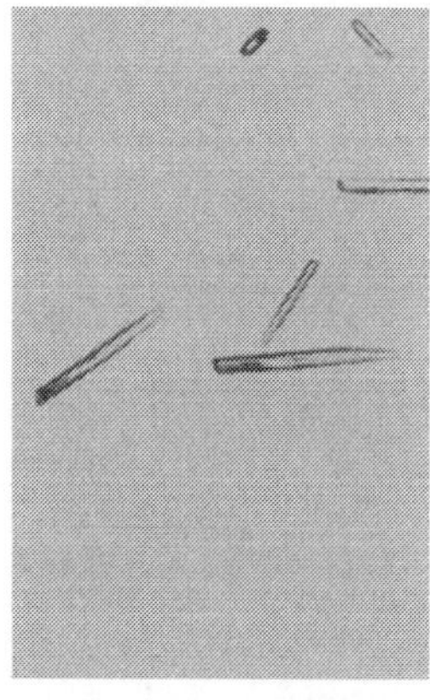

Abb. 17. $K_3[Fe(CN_6]+[Co(NH_3)_5Cl]Cl_2$. Nach L. K. YANOWSKI und W. A. HYNES: Mikrochemie **24**, 1 (1938).

Störungen. Das Reagens gibt mit einer Reihe von Anionen kristalline Niederschläge; die mit Oxalat und Xanthat entstehenden Kristalle sehen zum Teil denen mit Hexacyanoferrat(III) gebildeten ähnlich. Andere Anionen geben nur Trübungen, darunter auch Hexacyanoferrat(II). Bei der Ausführung des Nachweises läßt man 1 Tropfen der Reagenslösung eintrocknen und benutzt die so entstehenden Kristallformen zum Vergleich [YANOWSKI und HYNES (a)].

c) Nachweis mit Benzidinhydrochlorid. Wie schon auf S. 103 erwähnt wurde, kann man nach BEHRENS-KLEY Hexacyanoferrat(II) und -(III) nebeneinander nachweisen. Nachdem man zum salzsauren Probetropfen an der einen Seite zum Nachweis des Hexacyanoferrat(II) sehr wenig Chinolin hat zufließen lassen, setzt man an einer anderen Stelle etwas Benzidinhydrochlorid, das in heißem Wasser gelöst wurde, und eine größere Menge Natriumacetat hinzu. Es bilden sich hellblaue Flocken und Scheiben, wenn Hexacyanoferrat(III) vorliegt.

d) Reaktion mit Alkaloiden. Hexacyanoferrat(III) gibt mit vielen Alkaloiden kristalline Niederschläge [vgl. S. 103, WAGENAAR (a), (b), (c), CUMMING und BROWN (b)].

§ 5. Nachweis in besonderen Fällen.

I. Chromatographischer Nachweis.

Für die Trennung und den Nachweis anorganischer Ionen auf chromatographischem Wege sind in den letzten Jahren sehr viele Arbeitsvorschriften veröffentlicht worden. Im folgenden sind für den Nachweis des Eisens nur einige Methoden ausgewählt worden.

A. Nachweis mit Hilfe von Säulenchromatographie.

1. Nachweis von Fe(III).

Als Adsorbens wird häufig Al_2O_3 benutzt. Nach SCHWAB und JOCKERS (a), (b) werden Mikrorohre mit einem inneren Durchmesser von 4 bis 7 mm mit angefeuchtetem Al_2O_3 beschickt. Man gießt wenige Zehntel ml der Probelösung auf, wäscht mit einer Waschlösung herunter, fixiert gegebenenfalls durch Überführen in eine schwer lösliche Verbindung und führt durch einen Entwickler in eine sichtbar gefärbte Verbindung über. Aus wäßriger neutraler Lösung werden die Kationen in folgender Reihenfolge von oben nach unten adsorbiert:

As(III),	Sb(III),	Bi(III),	Cr(III),	UO_2^{++},	Pb(II),	Cu(II),	Ag(I),	Zn(II),	Co(II), Tl(I), Mn(II).
			Fe(III)						Ni(II)
			Hg(II)						Cd(II)
									Fe(II)

Die übereinandergesetzten Elemente geben mehr oder weniger getrennte Mischzonen. Eine ähnliche Adsorptionsreihe geben auch VENTURELLO und AGLI-

ARDI. Nach Entwicklung mit Kaliumhexacyanoferrat(II) kann nach obiger Methode aus 0,2 ml 0,0001 m Lösung 1 μg Fe(III) neben der 10000fachen Menge Cu oder Co nachgewiesen werden [SCHWAB und JOCKERS (a), (b)].

Die Nachweisempfindlichkeit kann noch erhöht werden, wenn man sehr enge Röhren verwendet. Nach SCHWAB und GHOSH (b) verwendet man ein Röhrchen von 12 cm Länge und 1 bis 2 mm Durchmesser, das an seinem unteren Ende verjüngt ist. Über der Verengung sitzt ein Wattebausch, Al_2O_3 dient wieder als Adsorbens. Man verwendet 0,01 bis 0,02 ml Probelösung, die man aus einer Mikropipette auftropft. Als Waschflüssigkeit dient Wasser, als Entwickler Kaliumhexacyanoferrat(II). Das Röhrchen steht mit einer Saugflasche in Verbindung. Nach Entwickeln mit 1 Tropfen Hexacyanoferrat(II)-lösung und 1 Tropfen verdünnter Salzsäure tritt eine gerade noch erkennbare Reaktion auf, wenn man 0,02 ml Probelösung verwendet, welche etwa 0,6 μg Fe(III)/ml enthält. Beim Vorliegen von Cu(II) neben Fe(III) im Verhältnis 1 : 1 können mit dem Entwickler Kaliumhexacyanoferrat(II) 0,1 μg Fe(III) in 0,01 ml nachgewiesen werden. Neben der zehnfachen Menge an Cu(II) können 0,54 μg Fe(III) in 0,1 ml nachgewiesen werden.

Ein Chromatogramm von mehr als 6 unbekannten Elementen ist nach SCHWAB und GHOSH (a) kaum mehr aufschlußreich. Man fällt dann die Ionen zuerst mit den üblichen Gruppenreagenzien und chromatographiert die einzelnen Gruppen. Die Ammoniumsulfidgruppe läßt sich chromatographisch gut trennen, als Waschmittel dient Wasser, als Entwickler Ammoniak.

Als Adsorbens kann auch 8-Oxychinolin dienen, die adsorbierten Ionen bilden gefärbte Metalloxinate (ERLENMEYER und DAHN). 5 bis 8 cm lange Rohre mit 0,3 cm innerer Weite werden mit gepulvertem Oxin oder einem Gemisch aus 1 bis 2 Gewichtsteilen Kieselgur und 1 Teil Oxin gefüllt. Die Reihenfolge der Adsorption aus wäßriger Lösung von oben nach unten ist: VO_3^- grauschwarz, WO_4^{--} gelb, Cu grün, Bi gelb, Ni grün, Co rötlich, Zn gelb, Fe(III) schwarz, UO_2^{++} rotorange. Die Reihenfolge der Adsorption ist aber abhängig vom P_H. 2 μg Fe(III) sind noch gut erkennbar.

Zur Trennung von Fe, Cu, Ni und Co fällen AL-MAHDI und WILSON die Ionen mit einer wäßrigen 0,2%igen Lösung von Natriumdiäthyldithiocarbamat. Der Niederschlag wird mit Chloroform oder mit Benzol extrahiert. Die über wasserfreiem Natriumsulfat getrocknete Lösung wird auf einer Aluminiumoxydsäule von etwa 20 cm Länge und 4 mm Weite chromatographiert. Man verwendet 0,5 bis 1 ml der Lösung und wäscht mit dem zur Extraktion verwendeten Lösungsmittel. Fe wird mit rosa Farbe adsorbiert (Cu braun, Co grün, Ni gelblich). Die Trennung zwischen Ni und Fe ist nicht sehr gut, aber ein qualitativer Nachweis der Ionen ist möglich. 0,6 bis 0,7 μg Fe sind neben 15 bis 18 μg Co, Cu oder Ni auffindbar.

2. Nachweis von Hexacyanoferrat(II) und -(III).

Eine Säule von 8 cm Höhe und 5,3 mm Durchmesser wird mit Al_2O_3 gefüllt, dann saugt man rasch 2,5 ml 1 n HNO_3 und danach einmal das gleiche Volumen Wasser hindurch. Auf die so vorbereitete Säule gibt man die Lösung der Alkalisalze der Anionen auf, wäscht mit Wasser und entwickelt mit geeigneten Kationen. Die Anionen werden in der Reihenfolge adsorbiert:

$$OH^-, PO_4^{---}, F^-, \underset{CrO_4^{--}}{[Fe(CN)_6]^{4-}}, SO_4^{--}, \underset{Cr_2O_7^{--}}{[Fe(CN)_6]^{---}}, Cl^-, NO_3^-, MnO_4^-, ClO_4^-, S^{--}.$$

Hexacyanoferrat(II) und Chromat können nicht getrennt werden, es tritt eine Redoxreaktion ein. Hexacyanoferrat(II) wird mit einer Lösung von $Fe(NO_3)_3$ entwickelt. Es ist von SO_4^{--} und F^- deutlich getrennt, aber die F^--zone sieht hellblau aus. Hexacyanoferrat(III) wird mit $AgNO_3$ entwickelt, es bildet eine orange Zone und ist gut von SO_4^{--} und Cl^-, jedoch nicht völlig von $Cr_2O_7^{--}$, getrennt. Bei der Analyse einer Mischung von PO_4^{3-}, F^- und $[Fe(CN)_6]^{4-}$ entwickelt man mit Ammoniummolybdat, die Hexacyanoferrat(II)-zone ist braun gefärbt (SCHWAB und DATTLER).

Die von SCHWAB und DATTLER angegebene Adsorptionsreihe der Anionen ist von KUBLI erweitert worden, der für die Adsorptionsfolge der Hexacyanoferrate interessierende Ausschnitt lautet dann:

$$\ldots F^-, \begin{matrix} SO_3^{--} \\ [Fe(CN)_6]^{4-} \\ CrO_4^{2-}, \end{matrix} \quad S_2O_3^{2-}, SO_4^{2-}, \begin{matrix} [Fe(CN)_6]^{3-}, \\ Cr_2O_7^{2-} \end{matrix} \begin{matrix} NO_2^- \ldots \\ SCN^- \end{matrix}$$

Das verwendete basische Aluminiumoxyd „Neuhausen" wurde mit Säure vorbehandelt (20 g Al_2O_3 mit 100 ml $HClO_4$ 1 : 1 durchschütteln und 2 Std. stehen lassen, abfiltrieren, mit 50 ml Wasser waschen, 1 Std. bei 120° im Ofen trocknen). 100 bis 200 mg der so vorbereiteten Tonerde werden in kleinen, engen Röhrchen mit 0,1 bis 0,2 ml 3fach destilliertem Wasser durchgespült. Auf diese Säule gibt man etwa 0,5 ml der Probelösung, wäscht mit 0,1 bis 0,2 ml Wasser nach und entwickelt dann mit den passenden Reagenzien. Entwickler für Anionen dürfen nur 0,1 n sauer bis neutral sein. Man macht Hexacyanoferrat(III) mit $FeSO_4$, Hexacyanoferrat(II) mit $FeCl_3$ kenntlich. 0,3 bzw. 0,5 μg der Anionen sind nachweisbar. Die Ionen sind innerhalb der Erfassungsgrenze an kein Verdünnungsvolumen gebunden, da sie mit der Säule beinahe beliebig akkumuliert werden.

B. Nachweis mit Hilfe von Papierchromatographie.

1. Nachweis von Fe(III).

POLLARD, McOMIE und STEVENS (a), (b) geben ein Schema für die qualitative Analyse von Kationen, in dem die üblicherweise auftretenden Ionen berücksichtigt worden sind. Man kocht 0,1 g der Probesubstanz mit 2 ml 2 n HCl, reduziert $Cr_2O_7^{--}$ und MnO_4^- mit H_2O_2. Nach dem Abkühlen zentrifugiert man und benutzt die überstehende klare Lösung für die Analyse. Auf einem Stück Filterpapier Whatman Nr. 1 von 40 cm Länge und 25 cm Breite zieht man 8 cm vom Rand entfernt eine Linie, auf die man im Abstand von 2 cm Tropfen der Probelösung setzt. Die Streifen werden nach dem Trocknen mit einem Gemisch von 5 g Benzoylaceton und 50 ml n-Butanol, das man mit 50 ml 0,1 n HNO_3 geschüttelt hat, und dessen obere Schicht verwendet wird, die untere Schicht befindet sich unten im Behälter, chromatographiert. Man unterbricht den Vorgang, wenn das Lösungsmittel etwa 5 cm vom Rand des Papier entfernt angelangt ist. Das Filterpapier wird in warmer Luft getrocknet, die Chromatogramme besprüht man mit 2 n HCl und trocknet bei 50 bis 60°, dann schneidet man die Chromatogramme auseinander. Jedes der Chromatogramme wird durch aufeinander folgende Besprühungen analysiert, die Flecken erscheinen oft an der Unterseite.

Einer der Streifen wird vorsichtig mit Natriumhypobromitlösung besprüht (2 Vol. 2 n NaOH gesättigt mit Brom + 1 Vol. 2 n NaOH) und durch Erwärmen getrocknet. Das Auftreten eines orangen Flecks läßt auf die Anwesenheit von Fe schließen. Ein 2. Chromatogramm wird mit KSCN-Acetonlösung besprüht (gleiche Vol. gesättigter, wäßriger KSCN-Lösung und Aceton). Bei Anwesenheit von Fe tritt ein blutroter Fleck auf (gelber Fleck: Bi, leuchtend blauer Fleck: Co). Alle Färbungen verschwinden bei Einwirkung von NH_3. Mischungen von 8 Kationen können so bequem analysiert werden. Eine Beeinflussung durch Anionen wie BO_3^{3-}, $C_2O_4^{--}$ oder PO_4^{3-} besteht hauptsächlich darin, daß die relative Beweglichkeit der Kationen modifiziert wird. Dieses Schema kann auch ausgedehnt werden auf Analysen bei Anwesenheit seltener Elemente. Bei Besprühung mit dem KSCN-

Acetonreagens geben Fe oder Ti einen roten Fleck. Eine Unterscheidung wird mit Hilfe des Tanninsäurereagenses getroffen (0,5 g Tanninsäure + 1 g Natriumacetat in 10 ml warmem 60%igem Alkohol gelöst). Nach dem Sprühen erwärmt man vorsichtig: eine rötlich-purpurne Färbung zeigt Fe an, eine hellorange Ti.

Nach ARDEN und Mitarbeitern trennt man Fe, Ni, Mn, Co und Cu, indem man so viel Probelösung auf das Ende eines Filterpapierstreifens aufbringt, daß der Fleck etwa 2,5 cm^2 groß ist. Man trocknet an der Luft und chromatographiert nach der absteigenden Methode mit einer Lösung, die z. B. aus 80% Methyl-n-propylketon, 10% Aceton und 10% konz. HCl besteht. Die relative Feuchtigkeit im Gefäß wird auf 65% gehalten. Man trocknet den Streifen in warmer Luft und tüpfelt mit geeigneten Reagenzien an, für Fe, das am weitesten gewandert ist, benutzt man $K_4[Fe(CN)]_6$, die Nachweisgrenze liegt bei 1 bis 0,1 μg.

Zur Trennung von Fe, Al, Cr benutzt man eine Lösung der Chloride in 5 n HCl. 0,05 ml der Lösung werden auf das Papier getropft und nach dem Trocknen mit der absteigenden Methode chromatographiert. Bei sehr kleinen Mengen benutzt man ein keilförmiges Papier, dessen breite Seite in den Trog taucht. Als Lösungsmittel dient Eisessig, der 25 Vol % trocknes Methanol enthält, am Boden des Behälters befindet sich gesättigte K_2CO_3-Lösung. Zum Nachweis des Eisens sprüht man mit alkoholischer Alizarinlösung, hält über Ammoniakdampf und erwärmt. Al liefert ein rotes Band, Fe ein purpurnes Band, die gut getrennt sind (BURSTALL und Mitarbeiter).

REEVES und CRUMPLER fällen aus 0,1 n essigsaurer Lösung Al, Ni, Co, Cu, Bi, Zn, Cd, Hg und Fe mit einer 4%igen Lösung von Oxin in Äthanol. Der Niederschlag wird filtriert, der Überschuß an Fällungsmittel mit heißem Wasser weggewaschen und der Niederschlag in 1,5 bis 2 n HCl gelöst. Von dieser Lösung tropft man etwas auf Filterpapier Whatman Nr. 2 und chromatographiert mit der absteigenden Methode mit 1-Butanol, das 20% 12 n HCl enthält, Dauer 16 bis 20 Std. Das Papier wird vorher gereinigt, indem man das Lösungsmittel durchlaufen läßt und den Teil, der die verunreinigenden Elemente enthält, abschneidet. Nach dem Trocknen sprüht man mit 1%iger Lösung von Oxin in 70%igem Äthanol, räuchert dann über einer Flasche mit Ammoniak und trocknet. Als Sprühreagens kann auch eine 0,5%ige Lösung von Dithizon in Tetrachlorkohlenstoff dienen. Mit dem Sprühreagens Oxin gibt Fe im Tageslicht einen schwarzen, im ultravioletten einen purpurn fluorescierenden Fleck; mit Dithizon gibt es im Tageslicht einen grünen, im ultravioletten einen rot fluorescierenden Fleck. Fe besitzt von den genannten Ionen den höchsten Rf-Wert (0,93).

Eine Beschleunigung der chromatographischen Wanderung wird von LEDERER und WARD bzw. STRAIN durch Tränken des Filterpapiers mit einem Elektrolyten und Anlegen einer Spannung erreicht (Elektrochromatographie).

SEILER, SORKIN und ERLENMEYER weisen Fe nach geeigneter Vorbehandlung der Substanzen chromatographisch in Mineralwasser und Tabak nach.

2. Nachweis von Hexacyanoferrat(II) und -(III).

Ein Streifen Filterpapier, 25 cm lang, 2 cm breit, wird etwa 2 cm vom Ende entfernt eingekerbt. Unterhalb der Kerbe auf der langen Seite des Streifens wird die Probelösung als dünner Strich aufgetragen (das Papier ruht auf einer Löschpapierunterlage). Das kurze Ende taucht in den Trog, welcher eine Mischung von 40% n-Butanol, 40% Äthylalkohol (95%ig) und 20% Wasser enthält. Man chromatographiert mit der absteigenden Methode, Dauer 20 bis 24 Std. Man sprüht nach Trocknen mit heißer Luft mit 0,1 m $AgNO_3$-Lösung. In der Reihenfolge von oben nach unten erkennt man gefärbte Banden: Hexacyanoferrat(II) (hellgrüne Bande, darunter hellgelbe Bande), Hexacyanoferrat(III) (orange Bande). Es folgen Sulfid (graubraun), Arsenat (rotbraun), Phosphat (schnell nachdunkelnde Bande), Jodid (gelb) (De Loach und Drinkard).

Nach der Kapillarmethode weist Korinfski (a) Hexacyanoferrat(II) neben Rhodanid nach. Man zieht auf einem Streifen Filterpapier mit $FeCl_3$-Lösung einen Querstrich und trocknet dann. Man taucht das Papier in die zu untersuchende Lösung, der Strich färbt sich blau, da das Hexacyanoferrat(II) vorauseilt. In 0,2 ml Lösung können 4 μg $[Fe(CN)_6]^{4-}$ neben 1000 μg SCN^- nachgewiesen werden.

II. Elektrographischer Nachweis.

Der elektrographische Nachweis eignet sich zur Unterscheidung von Legierungstypen, zur Auffindung von Poren in metallischen Überzügen über Werkstücken und zum Nachweis von Einschlüssen in Metallen (z. B. Fe in gewalztem Aluminium).

Die Versuchsanordnung ist einfach: Eine Stromquelle wird mit einem Stück Aluminiumblock oder Aluminiumfolie verbunden, das als Kathode dient. Das Probestück wird als Anode geschaltet, zwischen Anode und Kathode legt man ein mit Elektrolyt getränktes Stück Filterpapier, das nicht zu naß sein darf. Anode, Elektrolytpapier und Kathode werden mit leichtem Druck zusammengehalten. Nach kurzem Stromdurchgang behandelt man das Elektrolytpapier mit einem geeigneten Reagens und kann so z. B. Fe nachweisen. Das Probestück muß vor dem Einschalten des Stromes gereinigt und mit Alkohol entfettet sein. Glazunov verwendet als Elektrolyten die Reagenslösung, hierbei können aber Störungen auftreten, weil das Reagens während des Stromdurchganges Zersetzung erleiden kann. Hughes legt ein mit dem Reagens getränktes Papier vor dem Stromdurchgang zwischen die Probe und das mit Elektrolyt getränkte Papier. Um die eben erwähnte Störung zu vermeiden, empfehlen Hunter bzw. Levy, wie schon oben erwähnt, das Reagens erst nach dem Stromdurchgang anzuwenden.

Zum Nachweis von Eisen benutzen Hunter, Churchill und Mears folgende Elektrolytlösungen und Reagenzien:

Elektrolyt	Entwickler	Farbe
5%ige KNO_3-Lösung	5%ige $K_4[Fe(CN)_6]$-Lösung	blau
5%ige K_2SO_4- oder 5%ige KNO_3-Lösung	5%ige $K_3[Fe(CN)_6]$-Lösung	blau
5%ige KNO_3-Lösung	5%ige KSCN-Lösung	rot

Spannung, Stromdichte und Zeitdauer des Stromdurchgangs müssen den jeweils vorliegenden Materialien angepaßt werden. Die Spannung beträgt häufig etwa 6 V, die Zeitdauer etwa 30 Sek. Nähere Angaben findet man z. B. in der Arbeit von Hughes.

Levy weist z. B. in Hochtemperaturlegierungen Eisen nach. Die Spannung beträgt 2,0 bis 2,8 V, die Stromstärke 15 bis 20 mA, die Dauer des Stromdurchganges 20 bis 25 Sek. Das Filterpapier war mit 5%iger Lösung von KCl getränkt. Nach Beendigung der Elektrolyse und Entnahme des Papiers wird es mit 2%iger Lösung von α,α'-Dipyridyl in verdünnter Salzsäure behandelt. Etwa 30 Sek. nach Zugabe des Reagenses ist die rote Farbe bei Anwesenheit von Eisen voll entwickelt, sie bedeckt nach kurzer Zeit das ganze Filterpapier. 0,7% Fe konnten so in der Legierung „Nimonic 80" nachgewiesen werden.

Zum Nachweis von anorganischen Ionen in Pflanzenblättern benutzt Spurway eine ganz ähnliche Methode. Ein Pflanzenblatt wird über einen Bereich von etwa 4 cm^2 perforiert, dann legt man es zwischen 2 Filterpapiere, die vorher mit verdünnter Essigsäure getränkt worden waren. Die Filterpapiere mit dem Blatt werden zwischen 2 Elektroden gelegt, als Kathode dient ein Nickeltiegeldeckel, als Anode eine Platinscheibe von etwa 4 cm Durchmesser, als Stromquelle verwendet man eine Batterie mit 45 V. Man läßt den Strom durch das Blatt gehen, die Ionen wandern dann auf das Filterpapier. Nach 2 Min. Stromdurchgang ist z. B. Fe gut nachweisbar. Die experimentellen Bedingungen können von den jeweiligen Nachweisen abhängen, die man durchführen will.

Die von FRITZ vorgeschlagene Elektrotüpfelmethode basiert auf ganz ähnlichen Grundlagen: Das zu untersuchende Metall wird in Form eines Stiftes als Anode geschaltet. Die Kathode ist eine rotierende Walze, auf die ein mit Reagenslösung getränktes Filterpapier gespannt ist. Die Walze, welche einen bekannten Umfang hat, rotiert mit ebenfalls bekannter Tourenzahl, und die Anode schreibt auf dem Reagenspapier einen Strich. Aus diesen Daten läßt sich die anodisch in Lösung gegangene Metallmenge berechnen.

III. Nachweis mit Hilfe eines Kontakt-Abdruckes.

Diese Methode wird hauptsächlich zur Identifizierung von Mineralien oder zum Nachweis einzelner Bestandteile in Mineralien angewendet. Das zu prüfende Mineral wird hierbei nur wenig angegriffen. Ein mit Gelatine überzogenes Papier wird mit einem speziell angreifenden Reagens getränkt und auf die polierte Oberfläche eines Probestückes gedrückt. Die in der Gelatine entstandene Metallspur entwickelt man mit einem 2. Reagens. Durch die unterschiedliche Angreifbarkeit und die Anwesenheit bestimmter Substanzen kann das Mineral bestimmt werden.

Nach einem Vorschlag von GUTZEIT (a) entfernt man die Silbersalze aus einem Photopapier (Eastman Codak Co-Papier 867) durch Behandlung mit Thiosulfat und gründliches Auswaschen. Das Papier wird dann mit dem Reagens, das das Mineral angreifen soll, getränkt. Einen Überschuß an Feuchtigkeit saugt man mit Filterpapier weg. Mit der Oberfläche drückt man dieses Papier auf ein poliertes Probestück, Einwirkungsdauer und Druck können je nach der Art des Minerals variieren. Die Probe wird zur besseren Handhabung in Kunststoff eingebettet und zwischen parallele Platten gelegt, die man von oben mit 1 kg oder mehr belastet. Man läßt das Reagens meistens 2 bis 5 Min. einwirken, je länger die Einwirkung dauert, desto unschärfer wird das entstehende Bild. Man kann den Auflösungsvorgang durch Elektrolyse erleichtern, wenn die Probe leitet. Sie wird dann als Anode geschaltet, auf das mit dem Reagens getränkte Papier preßt man eine dünne Metallfolie, die als Kathode dient. Die anodisch gelösten Ionen wandern in die Gelatine. Dieser Lösungsvorgang, der dem im elektrographischen Nachweis geschilderten entspricht, beansprucht kürzere Zeit. Die Wahl des zum Angriff dienenden Reagenses richtet sich nach der Art des Minerals. Für eisenhaltige Mineralien empfiehlt GUTZEIT (a) folgende Reagenzien: für Berthierit eine 40%ige Lösung von KOH, für Mispickel $HNO_3 + HCl$ (20 bis 35%); in der folgenden Gruppe wurde mit verdünnter HNO_3 angegriffen und Fe mit Kaliumhexacyanoferrat(II) nachgewiesen: Markasit, Arsenopyrit-Mispickel, Danait, Lollingit, Safflorit-Rammelsbergit. Als Reagenzien zum Nachweis des Fe können auch Alkalirhodanid in Gegenwart von Antipyrin, Chromotropsäure, Sulfosalicylsäure benutzt werden (vgl. S. 79, 81). Ganz ähnliche Vorschläge macht CHATTERJEE.

Zum Nachweis von Rost auf Eisen und Stahl verwendet CLARK ebenfalls Photopapier, das mit Thiosulfat vorbehandelt wurde. Nach 30 Min. dauerndem Auswaschen unter fließendem Wasser wird das Papier 6 Min. lang in eine Lösung von 125 ml 3%igem H_2O_2 und 100 ml 3%igem Ammoniak/l getaucht, 10 Min. mit Wasser gewaschen und getrocknet. Das Papier ist verschlossen aufbewahrt unbegrenzt haltbar. Die Seite des Papiers mit der Gelatineschicht wird leicht mit Wasser befeuchtet und fest auf den Gegenstand gedrückt, die Gelatine haftet gut. Nach 15 bis 30 Sek. wird das Papier, ohne daß die Gelatineschicht sich abstreift, abgenommen. Sollte dies unmöglich sein, wird die Rückseite des Papiers mit destilliertem Wasser befeuchtet und nach einer Minute das Abnehmen erneut versucht. Man taucht das Papier in 10%ige HCl, die 0,05% $K_4[Fe(CN)_6]$ enthält. Nach der Entwicklung erhält man ein Berliner-Blau-Muster der rostigen Oberfläche des Gegenstandes. Bei frisch angerosteten Oberflächen kann die Zeit bis zur Entwicklung des Berliner Blau kurz sein, etwa 10 bis 15 Sek., bei älterem Rost dauert sie eine Minute und länger. Nach dem Trocknen in der Hitze wird das Bild meist schärfer. Die Probe wird auf einer Oberfläche, die vorher durch ein Lösungsmittel gereinigt wurde, ausgeführt. Auf reinem, frisch poliertem Eisen fällt der Test negativ aus.

Die Methode des Kontakt-Abdruckes kann auch zur Untersuchung von Gesteinsschliffen verwendet werden (BRAMMALL).

IV. Nachweis von Eisen bzw. Hexacyanoferrat(II) in verschiedenen Substanzen.

Für den Nachweis von Eisen in verschiedenen Materialien existiert eine solche Fülle von Vorschriften, daß hier nur immer einige Beispiele für die Ausführung des Nachweises gegeben werden können.

A. Nachweis von Eisen in Legierungen und Mineralien.

Einige Nachweisverfahren sind schon in den beiden vorhergehenden Abschnitten S. 118—120 besprochen. Ferner sind auf S. 74, 75 Methoden für die Vorbereitung der Probe beschrieben.

1. Nachweis in Aluminium- und Magnesiumlegierungen.

Die Oberfläche der Probe muß vorher abgeschmirgelt werden, da die Aluminiumoberfläche sonst mit einer Oxydschicht bedeckt ist. Man setzt 1 Tropfen 20%ige NaOH-Lösung auf die mit einem sauberen Papierstreifen gereinigte Oberfläche und läßt die Lauge 5 Min. reagieren. Dann wäscht man den Tropfen mit Wasser weg und trocknet durch Spülen mit Aceton. Nun läßt man 2 Tropfen verdünnte HCl (1 : 10) 1 bis 2 Min. auf der vorbehandelten Stelle reagieren, man überträgt die Flüssigkeit auf eine Porzellantüpfelplatte, versetzt mit 3 Tropfen etwa 6%igem H_2O_2, rührt mit einem Glasstab um und gibt 3 Tropfen 10%ige NH_4SCN-Lösung dazu.

Empfindlichkeit. Bei Anwesenheit von 0,7% Fe erhält man sofort eine intensive rote Färbung, 0,5 bis 0,7% Fe geben eine tief rote, 0,3 bis 0,5% eine rote, 0,1 bis 0,3% lachsrosa und weniger als 0,1% eine hellrosa Farbe [EVANS und HIGGS (a)].

In Abwesenheit von Zink empfehlen dieselben Verfasser folgende Methode: Man läßt 1 Tropfen 20%ige NaOH-Lösung 5 Min. auf der gereinigten Oberfläche reagieren, wäscht mit Wasser und trocknet mit Aceton. Danach setzt man 1 Tropfen HCl 1 : 10 auf die Stelle und benutzt als Reagens 2 Tropfen 1,5%ige Kaliumhexacyanoferrat(III)-lösung in 10%iger Essigsäure. (Anscheinend erfolgt der Nachweis auf der Metalloberfläche.) In Gegenwart von Eisen tritt eine blaue Färbung oder Fällung auf, der Nachweis ist sehr empfindlich, auch für kleine Mengen an Fe.

Zur Schnellerkennung von Aluminiumlegierungen schlägt NIESSNER vor, 1 bis 2 Tropfen eines geeigneten Lösungsmittels (Säure oder Lauge), in dem sich die Legierung löst, auf das Metallstück zu tropfen. Nach Beendigung der Gasreaktion wird das Reagens direkt zugesetzt, oder man nimmt die Flüssigkeit mit Filterpapier auf und setzt dann das Reagens zu. Für den Nachweis von Eisen wird eine Lösung von α,α'-Dipyridyl benutzt, es entsteht die bekannte rote Färbung.

Die **Erfassungsgrenze** beträgt 0,03 μg Fe nach Angaben des Verfassers.

2. Nachweis in Kupferlegierungen.

Auf die direkt vor der Prüfung sorgfältig mit feinem Schmirgelpapier gereinigte Metalloberfläche setzt man 2 Tropfen verdünnte HNO_3 ($d = 1{,}2$), läßt die Säure 3 bis 4 Min. einwirken, überführt die Flüssigkeit in die Vertiefung einer Tüpfelplatte und gibt 6 Tropfen einer Mischung aus 2 Vol. 20%iger KCN-Lösung und 1 Vol. 20%iger NaOH-Lösung hinzu. Man rührt, bis alles $Cu(OH)_2$ in den Cyankomplex übergeführt ist und setzt, falls notwendig, noch etwas mehr von der KCN-NaOH-Mischung zu, um die Lösung des Kupferhydroxyds zu vervollständigen. Proben, die kein Fe und Mn enthalten, geben eine wasserklare Lösung, Ni in größeren Mengen verursacht eine Gelbfärbung, in Gegenwart von viel Zinn entsteht ein weißer Niederschlag. Fe gibt einen braunen Niederschlag von $Fe(OH)_3$, oft nur eine braune Farbe für Gehalte unter 0,1% Fe, nach einigem Stehen tritt aber doch Koagulation ein. Falls Mn anwesend ist, entsteht ein dunkelbraunschwarzer Niederschlag, der alles eventuell vorhandene Eisen maskiert. Man überführt deshalb den dunkelbraunen Niederschlag in die Mitte eines eisenfreien Filterpapiers, wäscht 3 oder 4mal mit 1 Tropfen 5%iger NH_4NO_3-Lösung und gibt zu dem gewaschenen Niederschlag 2 Tropfen einer Mischung von 2 Vol. 10%iger NH_4SCN-Lösung und 1 Vol. HCl ($d = 1{,}16$). Eine rote Färbung entwickelt sich in Gegenwart von Fe, wenn aber Mn allein vorliegt, löst sich der Niederschlag nur in der Säure und läßt das Papier weiß.

Empfindlichkeit. Ein Fe-Gehalt von 0,06% ist noch deutlich nachweisbar [Evans und Higgs (b)].

3. Nachweis in Silberlegierungen.

Nach Šilhanová bringt man auf die Oberfläche des zu prüfenden Gegenstandes 1 bis 2 Tropfen HNO_3 ($d = 1{,}2$), läßt die Säure 1 bis 2 Min. einwirken und überträgt die Lösung dann auf eine Tüpfelplatte, von dieser entnimmt man mit einer Kapillarpipette soviel Flüssigkeit, wie zur Prüfung auf Fe notwendig ist, der Nachweis erfolgt mit Hexacyanoferrat(II) oder mit Rhodanid.

4. Nachweis in Goldlegierungen.

Um Fe und andere Metalle in Goldlegierungen nachzuweisen, ist es nach Strebinger und Holzer notwendig, die Edelmetallegierung in feiner Verteilung auf einer größeren Oberfläche der Einwirkung eines Lösungsmittels auszusetzen. Man streicht die zu untersuchende Legierung an einen Objektträger, der in der Mitte eine schüsselartige Vertiefung eingeschliffen enthält, die Vertiefung wird mit einem Sandstrahlgebläse angerauht. Man behandelt die Legierung mit HNO_3 (1 Tropfen Wasser und 5 Tropfen konz. HNO_3). Danach raucht man ab, nimmt mit verdünnter HCl auf, leitet H_2S ein und zentrifugiert. Das abgezogene Filtrat oxydiert man auf dem Objektträger mit 1 Tropfen Bromwasser, dann weist man Co, Zn und Fe(III) in einer Reaktion mit Ammoniumquecksilberrhodanid (vgl. S. 89) nach. Co und Zn geben charakteristische Kristallformen, während sich bei Anwesenheit von Fe der Tropfen rot färbt.

Zum Nachweis von Verunreinigungen in Probierkörnern, die durch Dokimastik erhalten wurden, löst man das Probierkorn in möglichst wenig HNO_3, filtriert durch ein Mikrofilter und wäscht den Rückstand mit verdünnter HNO_3 und heißem Wasser. Der unlösliche Rückstand wird in Königswasser gelöst. Die beiden Lösungen können für den Nachweis von verunreinigenden Metallen verwendet werden. Die Anwesenheit von Eisen wurde mit Hilfe der charakteristischen Färbung auf Hexacyanoferrat(II)-papier festgestellt (Jirkovský).

5. Nachweis der Porosität in Bleiüberzügen über Stahl.

Man wäscht die Plattierung mit 10%iger Schwefelsäure, um Eisen und Eisenoxydteilchen von der Oberfläche zu entfernen und behandelt mit einer Lösung, die 20 g H_2SO_4/l und 10 g $K_3[Fe(CN)_6]$/l enthält. Helle blaue Stellen erscheinen innerhalb 1 Min. und zeigen die Anwesenheit von Poren im Überzug an (SIMON).

6. Identifizierung von Mineralien.

Nach einem Vorschlag von MCKINSTRY bringt man Mineralkörner in Lösung, indem man 1 Tropfen eines auflösenden Reagenses auf die polierte Oberfläche des Mineralkorns setzt oder mit einer Nadel etwas von dem Mineralkorn abkratzt und diese Partikeln auf einem Objektträger löst. Bei sehr kleinen Körnern bedeckt man den Schliff mit einer Schicht aus Canadabalsam oder Collodium und entfernt die Deckschicht direkt über dem Korn, damit das Lösungsmittel einwirken kann. Die Lösung wird mit einer Kapillare abgezogen und auf einen Objektträger ausgeblasen. Gegebenenfalls kann man den Auflösungsvorgang erleichtern, indem man in den Säuretropfen 2 Platindrähte taucht und Strom von 1 bis 2 V hindurchschickt. Zum Nachweis von Fe löst man das Mineral in HNO_3 und verwendet als Reagens 1 Tropfen $K_4[Fe(CN)_6]$-Lösung, in Anwesenheit von viel Cu wird die Eisenreaktion verdeckt. Man kann auch nach dem Lösen mit Säure zur Trockne verdampfen, in Wasser lösen und mit 1 Tropfen NH_4SCN-Lösung versetzen. An Stelle von Ammoniumrhodanid kann auch $(NH_4)_2[Hg(SCN)_4]$ verwendet werden.

BARÓ GRAF (b) weist Fe in Scheelit mit Hilfe von Mikrokristallreaktionen mit Brenzkatechinacetat und Anilin oder mit Ammoniumrhodanid und Chinolin nach (vgl. S. 86, 90). Man bereitet die Probe für den Nachweis vor, indem man etwas Mineralpulver auf dem Objektträger mit 1 Tropfen konz. H_2SO_4 versetzt, dann dampft man über einer Flamme ein. Der Rückstand wird mit 1 Tropfen Vaselin bedeckt, darauf setzt man dann 1 Tropfen Brenzkatechinacetat und 1 Tröpfchen Anilin. Außerdem kann man aber auch das Mineralpulver mit 1 Tropfen konzentrierter HCl und etwas HNO_3 erhitzen, wobei sich der Rückstand über den Objektträger ausbreitet. An verschiedenen Stellen sind dann die einzelnen Ionen nachweisbar.

7. Nachweis von Eisenspuren in Aluminiumoxyd, Pyrolusit, TiO_2 oder farblosen Glührückständen.

Ein etwa erbsengroßes Stück Al_2O_3 wird fein gepulvert und mit $KHSO_4$ in einem Porzellantiegel geschmolzen. Man löst die Schmelze in Wasser, versetzt mit etwas Natriumsulfit und 1 oder 2 Tropfen saurer α,α'-Dipyridyllösung. Wenn Fe zugegen ist, tritt eine rosa Farbe auf. Pyrolusit wird durch Erwärmen mit etwas HCl und 3%igem H_2O_2 gelöst. Dann versetzt man mit Natriumsulfit und fügt etwas festes Reagens hinzu. Wenn Eisen vorhanden ist, färbt sich die Lösung mehr oder weniger rosa [FEIGL (e)].

B. Nachweis von Eisen in Salzen.

1. Nachweis in Fluoriden.

Der Nachweis wird mit α,α'-Dipyridyl geführt. Da sich der FeF_6-Komplex durch SO_2 nicht reduzieren läßt, arbeitet man nach FEIGL (e) bzw. FEIGL und HAMBURG folgendermaßen: In einem paraffinierten Porzellantiegel gibt man zu 1 ml zu prüfender Lösung einige Tropfen Ammoniumsulfid, dann fügt man salzsaure α,α'-Dipyridyllösung hinzu, je nach dem Eisengehalt tritt eine rosa bis rote Färbung auf.

Empfindlichkeit. 4 μg Fe sind neben 1 g KF erkennbar.

2. Nachweis in Quecksilbersalzen.

Die beste Ausführungsform für den Nachweis kleiner Mengen Eisen in Hg(II)-salzen ist nach FEIGL (e) bzw. FEIGL und HAMBURG die folgende: 1 bis 2 Tropfen der Probelösung werden in einem Mikroporzellantiegel mit dem gleichen Volumen α,α'-Dipyridyllösung und etwas festem Natriumsulfit und Natriumchlorid versetzt und erwärmt. Bei geringen Mengen an Eisen entsteht eine rosa Farbe.

Empfindlichkeit. 1 μg Fe ist in gesättigter $HgCl_2$-lösung erkennbar. Der Zusatz von NaCl bezweckt die Bildung von $Na_2[HgCl_4]$, dadurch wird verhindert, daß ein weißes Doppelsalz zwischen $HgCl_2$ und α,α'-Dipyridyl gebildet wird. Manchmal tritt an Stelle einer roten Farbe ein roter Niederschlag von $[Fe(\alpha,\alpha'\text{-Dipyridyl})_3][HgCl_4]$ auf.

3. Nachweis in Ammoniummolybdat.

Da große Mengen von Molybdän den Nachweis von Fe stören, scheidet man das Fe durch Elektrolyse an einer Quecksilberkathode ab. Man trennt dann das Quecksilber von der Lösung, überschichtet es mit 2 bis 3 ml HCl 1 : 1 und entnimmt nach 2 Std. den Extrakt. Man hat so die Verunreinigungen, die in dem Ammoniummolybdat vorhanden waren, vom Molybdän getrennt und in einem kleinen Volumen gesammelt. Die Lösung wird für die Elektrolyse für jedes Gramm Molybdat mit 2 bis 3 ml reinster Phosphorsäure versetzt, sonst scheidet sich ein brauner, flockiger Niederschlag von Molybdänverbindungen auf der Kathode ab. Zum Nachweis des Fe versetzt man einen Teil des Extraktes mit 2 Tropfen einer 5%igen NH_4SCN-lösung. Falls Rotfärbung eintritt, ist Eisen zugegen.

Empfindlichkeit. 60 μg Fe können noch erkannt werden, dies entspricht einer Nachweisbarkeit von 0,01% Fe bei 3 g Ausgangsmaterial. Die Ausführung der Elektrolyse ist im Original sehr genau beschrieben (PAVELKA und SETTA).

4. Nachweis in anderen Salzen.

Zum Nachweis von Eisen in Salzen schlägt BIRCKEL 5,7-Dibromoxychinolin vor. Man setzt auf ein Filterpapier 1 bis 2 Tropfen einer Mischung von 0,5 g Dibromoxin, 20 ml 5 n HCl und 80 ml Aceton, danach gibt man in die Mitte des Flecks 1 Tropfen der zu untersuchenden Lösung. Ein Fleck oder Ring, der graublau bis grünschwarz ist, zeigt Fe an. Das Eisen kann sich in beliebiger saurer Lösung befinden.

Die **Erfassungsgrenze** beträgt 0,05 μg Fe(III) in 0,04 ml Lösung, die Grenzkonzentration ist $1 : 8 \cdot 10^5$. Die Färbung ist so stark, daß sie alle durch andere Ionen verursachten Färbungen verdeckt, außer beim Vorliegen von V(III). Dieses kann leicht zu nicht störendem V^V oxydiert werden.

VAN URK (a) untersucht die Anwendbarkeit der Rhodanidreaktion zum Nachweis von Eisen in Natriumsulfat. In gesättigter Lösung können noch 0,0007% Fe nachgewiesen werden. Bei Verwendung der Sulfidreaktion soll der Nachweis noch empfindlicher sein. 5 ml der mit Ammoniak alkalisch gemachten Flüssigkeit werden mit 1 ml Ammoniumchloridlösung und 3 Tropfen Natriumsulfidlösung versetzt. Bei Anwesenheit von Fe entsteht Grünfärbung, jedoch ist dieser Test bekanntlich nicht spezifisch.

C. Nachweis von Eisen bzw. Hexacyanoferrat(II) in Lebensmitteln und Wasser.

Für den Nachweis von Eisen in biologischem Material werden sehr oft spektrographische Methoden herangezogen (S. 19).

1. Nachweis von Fe in Dauerbutter.

10 g Butter werden in einem Aluminiumbecher auf einer Heizplatte zum Schmelzen gebracht und in ein weites Reagensrohr umgegossen. Die flüssige Butter wird nacheinander mit 5 ml 25%iger HCl, 5 ml 10%iger KSCN-lösung und 3 Tropfen 3%igem H_2O_2 durchgeschüttelt. Nach kurzem Stehen wird der Farbton der wäßrigen Phase beurteilt (RITTERHOFF).

2. Nachweis von Eisen in Gelatine.

Als Reagens dient Phenyl-p-phenylendiaminhydrochlorid. 1 g des Diamins wird in 200 ml dest. Wasser gelöst, man filtriert und fügt zu dem Filtrat 80 ml 5 n HCl. Am nächsten Tag zentrifugiert man, da die saure Lösung beim Filtrieren durch eventuell im Filterpapier vorhandenes Fe verunreinigt würde. Das Reagens zeigt die Anwesenheit von sowohl Fe^{++} als auch Fe^{+++} an.

3 ml 1 bis 3%ige Gelatinelösung und parallel dazu 3 ml dest. Wasser werden mit 1 ml der Reagenslösung und 1 ml 0,3%igem H_2O_2 versetzt und auf 30° C gehalten. Man wartet 3 bis 5 Min., das Auftreten einer intensiv blauvioletten Farbe zeigt die Anwesenheit von Fe an. Die hohe Acidität des Reagenses verhindert eine Störung durch andere Katalysatoren wie Kupferionen, Mn, Co und Aldehyde. Der Nachweis wird gehindert oder verzögert durch Thiosäuren und Mercaptane einschließlich Cystin. Bei länger dauerndem Erhitzen, höherer Temperatur und anderen Eisenkonzentrationen kann auch eine dunkelbraune Farbe entstehen. Die Reaktion ist sehr empfindlich, die **Grenzkonzentration** beträgt etwa 1 : 4000000 [STEIGMANN (b)].

3. Nachweis von Hexacyanoferrat(II) in Wein.

$K_4[Fe(CN)_6]$ wird zur Blauschönung des Weins verwendet, dabei kann es vorkommen, daß überschüssiges Hexacyanoferrat(II) im Wein zurückbleibt, dieses setzt allmählich schädlich wirkende Blausäure in Freiheit. Der Nachweis von Hexacyanoferrat(II) in Wein nach HUBACH gründet sich auf die von GETTLER und GOLDBAUM vorgeschlagene Methode für den Nachweis freier HCN.

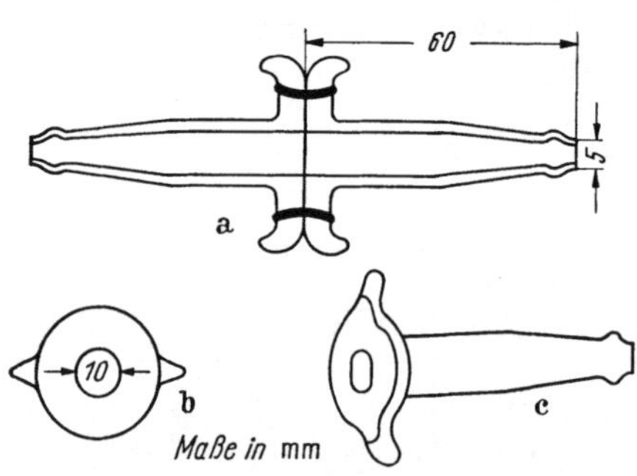

Abb. 18. Apparatteile für den Nachweis von Hexacyanoferrat(II) in Wein. *a*: zusammengesetztes Glasbackenpaar; *b* und *c*: einzelne Glasbacke, Aufsicht bzw. seitliche Ansicht. Nach A. O. GETTLER und L. GOLDBAUM: Ind. eng. Chem. Anal. Edit. **19**, 271 (1947).

Die eventuell in dem Wein vorhandene freie Blausäure wird vorher entfernt. 5 bis 10 ml des Weins werden in einem geeigneten, spritzflaschenähnlichen Gefäß bei Zimmertemperatur mit Luft durchperlt, der natürliche Säuregehalt des Weins reicht aus, um HCN in Freiheit zu setzen. Danach gibt man in das Belüftungsgefäß 10 bis 15 mg gepulvertes CuCl, das als Katalysator für die Zersetzung des gelösten oder als Suspension vorhandenen unlöslichen Hexacyanoferrat(II) dient, so daß HCN entsteht. Nach Zusatz von 1 ml 20%iger H_2SO_4 und Erwärmen auf etwa 100° C, wird HCN quantitativ aus löslichem oder unlöslichem Hexacyanoferrat(II) in Freiheit gesetzt. Zuvor setzt man an das Glasrohr, das nicht in die Flüssigkeit taucht, ein Paar Glasbacken, die mit Zu- und Ableitungsrohr versehen sind (vgl. Abb. 18), das Ableitungsrohr der Glasbacken ist mit einem Wasseraspirator verbunden. Zwischen die Glasbacken klemmt man das Reagenspapier, dieses wird folgendermaßen hergestellt: ein

Blatt Filterpapier Whatman Nr. 50 „smooth glazed", säure- und alkalivorbehandelt, wird 5 Min. in eine filtrierte Lösung von 5 g $FeSO_4 \cdot 7 H_2O$ in 50 ml dest. Wasser getaucht, dann trocknet man an der Luft und taucht in 20%ige NaOH. Wenn das Papier ganz durchfeuchtet ist, wird es an der Luft getrocknet. Man schneidet runde Stücke, die dem Durchmesser der Glasbacken entsprechen, das Papier kann kühl und dunkel mehrere Wochen aufbewahrt werden. Nach dem Eintauchen des Apparates in heißes Wasser genügt es nach GETTLER und GOLDBAUM, 5 Min. Luft durchzusaugen. Das Papier wird dann entnommen, in verdünnte HCl 1 : 4 gelegt, dann mit destilliertem Wasser gewaschen. Das Reagens enthält genügend Fe(III), daß bei Anwesenheit von HCN Berliner Blau entsteht. Die Blausäure läßt dann gleichzeitig auf die Anwesenheit von Hexacyanoferrat(II) schließen, vorausgesetzt, daß man die in manchen Destillaten und Bränden (Pfirsich- oder Pflaumenwein) natürlich vorkommende Blausäure vorher entfernt hat. Der Durchmesser der Glasbacken wird je nach der zu erwartenden Menge an HCN gewählt, für kleinste Mengen beträgt der lichte Durchmesser etwa 4 mm.

Empfindlichkeit. 2 μg $K_4[Fe(CN)_6]$/ml geben noch einen deutlichen Test, wenn 1 ml untersucht wird, einen sehr starken Test, wenn 5 ml geprüft werden.

4. Nachweis von Eisen in Wasser.

Nach KRÖHNKE (c) verwendet man als Reagens Isonitrosoacetophenon. 1,5 g des gereinigten Reagenses (vgl. S. 33) werden in 200 ml Chloroform gelöst. 50 ml des zu prüfenden Trinkwassers werden mit 1 ml 2%iger (eisenfreier!) Hydrazinsulfatlösung in einem 300 ml-Becherglas gekocht und bis auf 10 bis 20 ml eingedampft. Man kühlt rasch auf 10 bis 15° ab, setzt 1 ml der Reagenslösung und unter Umschütteln 1 bis 2%iges Ammoniak hinzu, bis die Chloroformschicht blau gefärbt ist. Bei Zusatz von mehr Ammoniak färbt sich die wäßrige Lösung gelb. Bei einer Blindprobe sieht die Chloroformschicht nie farblos, sondern meistens schwach grünlich gefärbt aus, diese Färbung ist aber deutlich unterscheidbar von der durch Eisen verursachten.

Empfindlichkeit. 0,01 mg Fe/l sind noch erkennbar. Auf S. 34 findet man Angaben über Störungen, Mn stört nicht.

Nach WINKLER weist man Eisen in Trinkwasser am besten mit KSCN nach. Bei Vorliegen von farblosem Wasser macht man die Probe ammoniakalisch, damit der gelöste Sauerstoff Fe(II) zu Fe(III) oxydiert, nach 1 bis 2 Min. säuert man mit HCl an und setzt KSCN-Lösung zu. In gefärbtem Wasser wird die Farbe erst mit HCl und $KClO_3$ zerstört. Man gibt in eine 20 ml fassende Probierröhre 2 bis 3 Tropfen rauchende Salzsäure und einige Centigramm $KClO_3$. Man füllt die Röhre dann zur Hälfte mit Probewasser. Die Lösung sieht blaß citronengelb aus. Nach dem Aufkochen und Abkühlen gibt man 1 bis 2 ml filtrierte KSCN-Lösung (20 g reines KSCN zu 100 ml gelöst) dazu. In Gegenwart von Eisen erhält man eine blaß bis kräftig gelblich rote Färbung. Die **Grenze der Nachweisbarkeit** liegt bei 0,1 mg Fe/l. Benutzt man den Nachweis an der Entnahmestelle des Wassers, so unterbleibt das Aufkochen. Man überläßt die Flüssigkeit vor Zusatz des KSCN einige Minuten sich selbst. Nach Angaben von PRESCHER ist es besser, die Oxydation mit Hilfe von H_2O_2 durchzuführen, da Cl_2 und ClO_2 beim Eisennachweis stören können, es tritt allmähliche Abschwächung der Eisenrhodanidfärbung ein. Nach PRESCHER versetzt man 100 ml zu untersuchendes farbloses Wasser nacheinander mit 5 ml 20%iger HCl, 2 ml 3%igem H_2O_2 und 5 ml 10%iger KSCN-Lösung.

MAYER weist Eisen in Wasser, wie von KLUT vorgeschlagen, mit Na_2S-lösung nach. 100 ml Wasser werden mit 0,5 ml 10%iger Na_2S-Lösung versetzt. In destilliertem Wasser sind 0,15 mg Fe^{++}/l nachweisbar, in Leitungswasser liegt die **Nachweisgrenze** etwa bei der doppelten Menge Eisen. Beim Vorliegen von Fe^{+++} tritt die Reaktion weniger intensiv auf. Bei kleinen Mengen Eisen ist der Farbton grünlich, bei größeren Mengen bräunlich bis braunschwarz. Eine Störung durch andere Schwermetalle wie Cu oder Pb kommt seltener vor. Wenn man die mit Na_2S gefärbte Lösung ansäuert, verschwindet die durch Eisen verursachte Färbung, während sie in Anwesenheit von Pb oder Cu bestehen bleibt.

D. Nachweis von Eisen in Papier und Textilien.

CLAYTON gibt ausführliche Anweisungen für die Vorbereitung und den Aufschluß von Fasern aus Wolle, Haar, Seide, Cellulose und von organischen Pigmenten. In den dann gewonnenen Lösungen werden die nachzuweisenden Ionen getrennt.

1. Nachweis von Eisen in Fasern.

Nach SCHAEFFER werden die Fasern verascht, und die Asche wird mit Na_2CO_3 und KNO_3 oder Na_2CO_3 und K_2CO_3 aufgeschlossen. Bei vegetabilischen Fasern (Kunstseide, Zellwolle) entstehen keine Aufschlußschwierigkeiten. Bei Wolle, Seide und animalisierter Zellwolle kann Verkohlung bei Verwendung von $NaKCO_3$ auftreten. In Platintiegeln treten diese Schwierigkeiten nicht auf. Zum Nachweis von Fe wird die Faser verascht, die Asche mit einem Gemisch aus 50 Teilen calciniertem Na_2CO_3 und 50 Teilen $NaNO_3$ geschmolzen. Die Schmelze nimmt man mit verdünnter HCl auf (10 ml HCl $d = 1{,}163$ und 90 ml Wasser). Die erhaltene Lösung wird mit einigen Tropfen 10%iger $K_4[Fe(CN)_6]$-lösung versetzt. Bei Anwesenheit von Fe tritt Blaufärbung ein. Die **Erfassungsgrenze** beträgt 0,1 μg Fe, die **Grenzkonzentration** 1 : 500000. Man kann auch mit einigen Tropfen 10%iger KSCN-lösung versetzen, es tritt Rotfärbung auf, Erfassungsgrenze 0,25 μg Fe, Grenzkonzentration 1 : 200000.

Man kann nach SCHAEFFER den Nachweis auch anders führen. Auf Baumwolle, Zellwolle, Kunstseide sind Eisenflecken direkt ohne Veraschen nachweisbar. Man betupft die Stelle mit 0,1%iger Nekal BX-Lösung, dann mit 10%iger HCl und schließlich mit Kaliumhexacyanoferrat(II)-lösung, es tritt Blaufärbung auf. Bei Wolle ist dies Verfahren nicht möglich, sie muß verascht werden. Man kann den Eisennachweis auch mit Hilfe der Borax- oder Phosphorsalzperle führen. Man stellt eine Phosphorsalz- oder Boraxperle in der Öse eines Platindrahtes her und verascht die Faser auf der Perle. Dies geht glatt bei Baumwolle, Zellwolle, Kunstseide, macht aber Schwierigkeiten bei Wolle, Seide, Kaseinfasern und animalisierter Zellwolle, da Verkohlung oder Verteerung und damit eine Trübung der Perle auftritt. Durch wiederholte Zugabe von $NaNO_3$ oder Harnstoff und Ausglühen der Perle kann man diese Störung beseitigen. Die Oxydationsperle sieht heiß gelbrot, kalt farblos, die Reduktionsperle in beiden Fällen grün aus (vgl. S. 23, 49). Taucht man die mäßig warme Perle in 10%ige $K_4[Fe(CN)_6]$-lösung, so entsteht Berliner Blau. Die **Erfassungsgrenze** soll auch hier 0,1 μg Fe betragen (?).

Nach MATLIN verascht man zum Nachweis von Eisen natürliche Cellulosefasern, fügt etwas Na_2CO_3 und 2 Plätzchen NaOH zu der Asche und schmilzt. Nach dem Abkühlen versetzt man mit 2 bis 3 ml konz. HCl, so daß alle Carbonate zerstört werden, und gegebenenfalls etwas Wasser. Man filtriert durch Whatman-Filterpapier. Auf der Tüpfelplatte mischt man 1 Tropfen des Filtrats mit 1 Tropfen 1%iger KSCN-lösung, eine rosa bis rote Färbung zeigt Eisen an. Wenn Phosphat in mittleren bis großen Mengen zugegen ist, setzt man vor der Reagenszugabe 1 Tropfen Ammoniummolybdatlösung zu (15 g Ammoniummolybdat in 300 ml

Wasser und 100 ml HNO_3 1 : 2 mit NH_4NO_3 gesättigt). Das Ammoniummolybdat soll das Phosphat maskieren. Bei Gegenwart von Spuren an Phosphat ist der Zusatz von Molybdat nicht nötig.

2. Nachweis von Beizen auf gefärbten Strang- oder Gewebeprodukten.

1 g der fein verteilten Faden- oder Faserprobe wird in einem schräg gestellten Porzellantiegel mit einem Bunsenbrenner erhitzt, bis die Veraschung vollständig ist. Eisenbeizen hinterlassen einen rotbraunen Rückstand (Cr grün, Al weiß, Cu schwarz). Man kann den Rückstand auch mit HCl ansäuern und mit einigen Tropfen Kaliumhexacyanoferrat(II)-lösung versetzen, es entsteht Berliner Blau (Dunbar, Herrmann).

3. Nachweis von Verunreinigungen in Viscose.

Die Viscose wird zentrifugiert. Am Boden der Zentrifugengläser setzen sich schwere Bestandteile ab. Diese können kleine Eisenpartikeln oder Rost, der meistens zu Eisensulfid umgebildet ist, enthalten. Der Bodensatz sieht dann dunkel aus. Man säuert den Satz mit HNO_3 an und gibt $K_4[Fe(CN)_6]$-lösung hinzu. Es tritt intensive Blaufärbung auf, wenn Fe vorhanden ist (Kühnel).

4. Nachweis von Eisen in photographischen Rohpapieren.

Nach Steigmann (d) bestreicht man das zu prüfende Papier mit einer Lösung von Natriumthioglykolat (50 ml 2 %ige Thioglykolsäure mit Natronlauge neutralisieren und auf 100 ml auffüllen), dann hält man über Ammoniakdampf. Wenn rötlichblaue Pünktchen entstehen, ist ein Hinweis auf die Anwesenheit von Fe gegeben. Die Farbe ist nicht lange beständig. Man kann auch stattdessen mit einer $^1/_2$ bis 1 %igen Natriumdiäthyldithiocarbamatlösung bestreichen. Die Reagenslösung darf nicht alkalisch sein und muß mit Hilfe von eisen- und kupferfreiem Wasser hergestellt sein. Es entstehen braunschwarze Punkte, deren Färbung beständiger ist. Es werden jedoch Fe und Cu nachgewiesen.

E. Nachweis von Eisen in biologischem Material.

1. Methode zur Veraschung von Geweben, in denen Eisen nachgewiesen werden soll.

20 bis 50 g Gewebe, das mit einem Platinmesser fein zerschnitten worden ist, werden in einem Platintiegel bei 120 bis 130° C getrocknet. Dann versetzt man mit $^1/_{10}$ des Gewichts an Schwefelsäure und verjagt diese. Man zieht mit Wasser aus, fügt zu dem Rückstand erneut Schwefelsäure, verjagt diese und laugt wieder mit Wasser aus. Der Rückstand von Kohlenstoff wird auf Rotglut erhitzt und mit reinem Sauerstoff verbrannt. Man löst den Rückstand mit HCl, die vereinigten Lösungen dienen zum Nachweis des Eisens. Die verwendete Schwefelsäure soll durch Destillation gereinigt sein, die Salzsäure wird aus gereinigtem Kochsalz und gereinigter Schwefelsäure dargestellt (Mouneyrat).

2. Histochemischer Nachweis von Eisen in Geweben durch Veraschung.

Diese von Policard empfohlene Methode beruht darauf, daß ein Gewebsschnitt vorsichtig verascht und die Asche nachher mikroskopisch auf eine gelbe oder rote Verfärbung untersucht wird. Der Schnitt wird während der Veraschung nicht verformt, so daß man das Eisen an der Stelle findet, wo es gebunden war.

Empfindlichkeit. Wie festgestellt wurde, tritt noch eine gelbe Färbung auf, wenn ein kleiner Tropfen Albuminlösung verascht wird, der Fe im Verhältnis 1 : 50000 enthielt.

Die Methode von POLICARD wurde von SCOTT verbessert. Danach fixiert man dünne Gewebsstücke 24 Std. in einer Mischung von 9 Teilen absolutem Alkohol und 1 Teil neutralem Formalin, zur vollständigen Dehydratation wechselt man den Alkohol mehrmals. Danach legt man das Gewebe in Xylol, bis es vollständig klar geworden ist, bettet es in Paraffin und stellt Schnitte von 3 bis 5 μ Dicke her. Diese werden auf einen Objektträger gelegt, mit einem kleinen Tropfen absolutem Alkohol geglättet und nach dem Verdampfen des Alkohols in den Ofen geschoben. Dieser besteht aus einem Quarzrohr von 30 mm Durchmesser und 15 bis 20 cm Länge, das mit einer Heizdrahtwickelung und einer Temperaturregelung versehen ist. Das Rohr steht leicht geneigt, um die Luftzirkulation zu verbessern, der Objektträger ruht auf einem Stück Platin oder Porzellan. Während 10 Min. wird die Temperatur langsam und sorgfältig auf 100° C gesteigert, während der folgenden 25 Min. erreicht man die Endtemperatur von 650° C. Diese Zeit kann auch je nach der Art des Schnittes geändert werden. Nach der Veraschung läßt man langsam abkühlen und bedeckt mit einem Deckglas, das an den Enden mit Paraffin befestigt wird. Man beobachtet im Mikroskop bei geringer Vergrößerung im reflektierten Licht, bei starker Vergrößerung mit Licht, das von unten eventuell unter einem Winkel kommt. Die Stellen, an denen Eisen vorhanden war, sehen hellgelb, hellrot oder lebhaft rot aus. SCOTT macht darauf aufmerksam, daß eventuell zurückgebliebener Kohlenstoff bei Dunkelfeldbeleuchtung auch gelblich bis rot aussieht, im durchscheinenden Licht erscheint er schwarz.

REEB und DUFRENOY wenden die Methode von POLICARD auch zum Eisennachweis in Citrusblättern an. Es wird mit einer Mischung aus 95% Alkohol und Formol fixiert, die Schnittdicke beträgt 6 μ. Die Verfasser führen in den erhaltenen Aschen auch die Berliner-Blau-Reaktion aus (vgl. auch die Angaben auf S. 118, 119).

3. Nachweis von Eisen in Hühnereiern und in Seren.

Nach TOMPSETT wird 1 Ei verrührt und mit 5 ml Thioglykolsäure versetzt, dann fügt man zum Enteiweißen das gleiche Volumen 20%iger Trichloressigsäure hinzu und filtriert. 5 ml des Filtrats macht man mit konz. Ammoniak ammoniakalisch, eine rote Farbe zeigt die Anwesenheit von Fe an.

10 ml Serum werden mit 24 Tropfen Thioglykolsäure versetzt, danach mit 10 ml 20%iger Trichloressigsäure. 5 ml des Filtrats geben nach Zusatz von 0,5 ml konzentriertem Ammoniak noch eine deutliche Reaktion auf Eisen.

Zum Nachweis von Eisen in der Rückenmarksflüssigkeit verwenden BERISSO und BRUNO Mikrokristallreaktionen. 1 Tropfen Liquor wird auf dem Objektträger vorsichtig eingedampft. Nach dem Abkühlen gibt man 1 Mikrotropfen HNO_3 zu, verrührt mit einem dünnen Glasstab, dampft wieder ein, läßt abkühlen und gibt dann die Reagenslösung zu. Der Nachweis wird mit Hilfe von Acridin und Rhodanid geführt (vgl. S. 87). Organische Materie stört den Nachweis nicht, er kann daher auch direkt im Liquor geführt werden. Als weitere Reagenzien können Chinolin und NaJ (vgl. S. 89) oder Chinolin bzw. Pyridin und Rhodanid (vgl. S. 87) verwendet werden.

F. Nachweis von Eisen in Arzneimitteln.

1. Nachweis von Eisen in Insulin.

Nach SANTI eignet sich zum Nachweis von Eisen in Insulin besonders gut Natrium-1,2-dioxybenzol-3,5-disulfonat (vgl. S. 64). Das Reagens fällt Insulin aus, während das Eisen in Lösung bleibt und sich dann mit dem Reagens umsetzen kann. Etwa $^1/_2$ ml Insulinlösung wird mit 2 bis 3 Tropfen einer 10%igen Reagenslösung versetzt. Es bildet sich sofort ein weißlicher Niederschlag. Man macht dann mit

10%iger NaOH alkalisch, worauf sich der Niederschlag löst und die charakteristische rote Färbung bei Anwesenheit von Eisen auftritt. Die Färbung soll mit steigendem p_H immer intensiver werden.

2. Identitätsnachweis homöopathischer Verreibungen.

Zum Nachweis von „Ferrum metall., Ferrum phosph., Ferrum sulfur." in Verreibung mit Milchzucker schlägt STEINHAUSEN folgende Methode vor: Man bereitet eine Glyceringelatine aus 10 Teilen bester weißer Gelatine, die man in 20 Teilen Wasser quellen läßt und mit 20 Teilen Glycerin auf dem Wasserbad verflüssigt. Man gießt die Mischung durch einen erwärmten Trichter, in dem sich unten Watte befindet, in Tablettenröhrchen. Vor Gebrauch verflüssigt man im Wasserbad und mischt mit einigen Tropfen möglichst konzentrierter Reagenslösung. Ein großer Tropfen der Mischung wird auf einen Objektträger gegossen und mit einem Glasstab breitgestrichen. Nach dem Erkalten streut man die zu untersuchende Probe auf den Tropfen und walzt sie mit dem Glasstab etwas fest. Substanzen, die in verdünnter Säure löslich sind, werden mit 1 Tropfen angesäuertem Glycerin versetzt und mit einem Deckglas bedeckt. Man benutzt HCl oder HNO_3 als Säure, $K_4[Fe(CN)_6]$ als Reagens. Bei Ferrum metall. und Ferrum phosph. ist der Zusatz von angesäuertem Glycerin notwendig. Man beobachtet im Mikroskop blaue Höfe.

G. Nachweis von Eisen in Öl, Firnis oder Malerfarben.

1. Nachweis von Eisen in Ölen und Firnis.

0,5 bis 1 g der Probe werden mit dem doppelten Volumen Äther geschüttelt, bis Lösung eingetreten ist. Dann gibt man tropfenweise Ammoniak ($d = 0{,}880$) zu, bis die Lösung gerade alkalisch gegen Phenolphthalein reagiert. Man schüttelt mit einem Überschuß kalter 10%iger Lösung von Oxalsäure in Alkohol, dabei entsteht ein weißer, pulvriger Niederschlag der Metalloxalate. Diese filtriert man durch einen BÜCHNER-Trichter, wäscht mit Äther, bis die Probe frei von Öl oder Firnis ist, darauf zweimal mit Alkohol. Der Niederschlag wird in 5 n HCl unter leichtem Erwärmen gelöst, die Lösung sieht etwas trübe aus, aber das stört nicht. Diese Vorbehandlung ist auch beim Vorliegen von bituminösem Firnis oder anderen Typen von Firnis möglich. Der Nachweis von Eisen wird in der salzsauren Lösung mit Rhodanid geführt. 1 Tropfen der Lösung wird auf der Tüpfelplatte mit einigen Kristallen NH_4SCN versetzt, es entsteht bei Anwesenheit von Eisen eine tiefrote Farbe. Co, Ni und Cu reduzieren die Empfindlichkeit des Nachweises.

Die **Erfassungsgrenze** beträgt 6 μg Fe, die **Grenzkonzentration** 1 : 6000000 (es ist unklar, worauf sich die letztere Zahl bezieht). Neben der 200fachen Menge Co ist noch 0,1 mg Fe nachweisbar, neben der 400fachen Menge Ni oder Cu kann man noch 0,01 mg Fe finden (LAVENDER).

2. Nachweis von Eisen in Farben.

Für Gemäldeuntersuchungen eignen sich nach MALISSA (a) mikrochemische Methoden am besten. In einem Schliffspitzröhrchen wird eine Farbprobe mit 0,5 ml konz. HCl versetzt, nachdem sie vorher durch Extraktion vom Bindemittel befreit wurde. Man fügt 2 ml Bromwasser hinzu und erhitzt, wobei man den frei werdenden Bromwasserstoff absaugt. Die Lösung wird auf 0,3 bis 0,5 ml eingeengt und mit 1 ml doppelt destilliertem Wasser versetzt. Nach dem Abkühlen zentrifugiert man, Eisen wird in der Lösung nachgewiesen. 1 Tropfen der Lösung wird auf der Tüpfelplatte mit 1 Tropfen 1%iger Kaliumhexacyanoferrat(II)-lösung versetzt. Bei Anwesenheit von Fe tritt Blaufärbung ein, Kupfersalze können eventuell stören. Zur Vermeidung dieser Störung schlägt MALISSA (a) folgende Ausführungsform vor: 1 Tropfen der Probelösung wird auf der Tüpfelplatte nacheinander mit 1 Tropfen 1%iger KJ-Lösung, 1 Tropfen 1%iger Thiosulfatlösung und 1 Tropfen 1%iger Hexacyanoferrat(II)-lösung versetzt. Blaufärbung zeigt Fe an. Wenn die Konzentration an Fe sehr gering ist, kann die Empfindlichkeit einer Reaktion gesteigert werden, wenn man die Probelösung so weit einengt, daß sie gerade eine scharfe Filterpapierecke befeuchtet. Auf diese setzt man dann das Reagens.

H. Nachweis von Eisen in verschiedenen Materialien.

1. Nachweis von Eisen in Leder.

Etwa 1 mg Leder wird im Mikrotiegel verascht, die Asche mit 1 Tropfen HNO_3 eingedampft und wieder geglüht, schließlich schmilzt man mit 1 Kristall $KHSO_4$. Nach dem Erkalten löst man die Schmelze in 1 oder 2 Tropfen verdünnter HCl und weist das Eisen mit 1 Tropfen Kalium- oder Ammoniumrhodanid nach [FEIGL (e), KLANFER].

2. Nachweis von Eisen in Tinte.

Nach FEIGL (e) kann man Eisen in Tinte auf dem beschriebenen Papier nachweisen. Man verwendet zur Vorbereitung der Probe ein alkalisch oxydierendes Medium, z. B. Hypochlorit. Das beschriebene Papier wird in einem Glas mit dem Reagens bedeckt, das Papier widersteht längerer Einwirkung von verdünnter Säure, Lauge oder Hypochlorit. Eisen fällt als $Fe(OH)_3$, das am Papier festgehalten wird. Das überschüssige Natriumhypochlorit kann mit Natriumthiosulfat und Wasser entfernt werden. $Fe(OH)_3$ wird an der Stelle, wo das Papier beschrieben war, sichtbar gemacht mit Rhodanwasserstoffsäure, α-Nitroso-β-naphthol, $K_4[Fe(CN)_6]$ oder Ammoniumsulfid. Ausführlichere Angaben sind nicht vorhanden.

BARÓ GRAF (f) weist Eisen in Tinte mit Mikrokristallreaktionen nach. 1 Tropfen Tinte wird auf dem Objektträger mit 1 Tropfen Calciumhypochlorit entfärbt. Man dampft ein, behandelt mit 1 Tropfen rauchender HCl und dampft wieder ein. Der Rückstand wird mit 1 Tropfen Wasser gelöst, worauf man das Reagens hinzusetzt. Zum Nachweis können Chinolin bzw. Pyridin oder Acridin und Rhodanid dienen, ferner Ammoniumparamolybdat oder Brenzcatechinacetat und Anilin (vgl. S. 86, 87 und S. 90).

3. Nachweis von Eisen in organischen Verbindungen.

a) Nachweis in ätherischen Ölen, konkreten Essenzen und Parfümerieprodukten. Vor dem Nachweis des Eisens muß die organische Substanz zerstört werden. Dies kann entweder dadurch geschehen, daß man die Probe durch Eindampfen auf dem Wasserbad konzentriert und anschließend im Platin- oder Porzellantiegel calciniert. NAVES empfiehlt folgende Methode: In einem KJELDAHL-Kolben versetzt man die auf 5 ml konzentrierte zu untersuchende Probe mit 5 ml HNO_3 ($d = 1{,}49$) und dann anteilweise unter Rühren mit 10 ml konzentrierter H_2SO_4. Wenn die Reaktion beendet ist, erhitzt man vorsichtig. Wenn die Zerstörung bei gewissen Parfümerieprodukten nicht genügend ist, kühlt man ab, gibt 1 g Ammoniumoxalat zu und kocht, bis weiße Dämpfe auftreten. Gegebenenfalls kann die Zerstörung auch mit $HClO_4 + HNO_3$ oder $H_2SO_4 + HClO_4 + HNO_3$ vorgenommen werden. Ferner kann man die nachzuweisenden Metallspuren auch direkt mit verdünnter HCl oder HNO_3 extrahieren. Alle Reagenzien müssen extrem rein sein. Mit einem aliquoten Teil einer der so gewonnenen Lösungen wird der Nachweis durchgeführt. Eisen wird in salzsaurer Lösung durch Kochen mit etwas konzentrierter HNO_3 auf dem Uhrglas in Fe(III) übergeführt. 1 Tropfen der Lösung wird auf Filterpapier mit 1 Tropfen Reagenslösung angetüpfelt. Als Reagenzien können Chromotropsäure (gibt grüne Farbe), Sulfosalicylsäure (gibt violette Färbung) oder 2 n $K_4[Fe(CN)_6]$-lösung (gibt blauen Fleck) verwendet werden (NAVES).

b) Nachweis von Eisen bei der organischen Elementaranalyse. 20 bis 40 mg der organischen Probe werden in der PARR-Bombe mit Na_2O_2 und Rohrzucker geschmolzen. Nach Beendigung der Reaktion wird die Schmelze mit Wasser gekocht, bis das Peroxyd zerstört ist. Man gibt Hydrazinhydrat hinzu, kocht, versetzt mit H_2O_2, um das Hydrazin zu zerstören, kocht wieder und zentrifugiert. Der entstehende Rückstand kann folgende Verbindungen enthalten: Fe_2O_3, TiO_2, MnO_2, $Ni(OH)_2$, $Cd(OH)_2$, $Mg(OH)_2$, $BaCO_3$, $SrCO_3$, $CaCO_3$, SnO_2, $Na_2H_4TeO_6$, $NaSb(OH)_6$, CuO, PbO_2. Der Niederschlag wird mit Salzsäure behandelt (wahrscheinlich konz. HCl), dann löst sich alles bis auf SnO_2 und $BaCl_2$. Zum Eisennachweis kann man 1 ml dieser Lösung mit KSCN versetzen und erhält eine rote Farbe (SWIFT und NIEMANN).

4. Nachweis von Eisen in Glas.

Zum Nachweis von Eisen in Glas werden etwa 20 mg der gepulverten Probe auf einem Platinblech oder -deckel mit einigen Tropfen Mineralsäure und 0,5 ml Flußsäure auf dem Wasserbad zur Trockne gedampft. Man verreibt den Rückstand mit 1 Tropfen verdünnter Mineralsäure mit Hilfe eines Platindrahtes und spült mit sehr wenig destilliertem Wasser in das Reaktionsgefäß über. *Zum Nachweis von Eisen ohne Berücksichtigung seiner Wertigkeit* wird der Aufschluß mit konzentrierter HNO_3 und Flußsäure durchgeführt. Man spült den Eindampfrückstand mit 1 Tropfen HCl 1 : 4 und 3 Tropfen Wasser in einen kleinen Porzellantiegel und versetzt mit einigen Tropfen 10%iger wäßriger NH_4SCN-Lösung. Es tritt eine rote oder rosa Färbung auf.

Empfindlichkeit. Noch 0,5 μg Fe sind in Glas nachweisbar, ohne daß andere Ionen stören. *Zum Nachweis von Fe(II)* muß man die Probe im CO_2-Strom aufschließen, um Oxydation zu vermeiden. Die Anordnung hierfür kann man der Abb. 19 entnehmen. Die grob gepulverte Probe wird in einem kleinen Platintiegel mit 2 Tropfen konzentrierter H_2SO_4 und 0,5 ml HF versetzt. Der Tiegel ruht, wie aus der Abbildung ersichtlich ist, in dem runden Ausschnitt eines Bleibleches auf dem Wasserbad. Man verdampft die Flüssigkeit unter ständigem Durchleiten von CO_2. Der Rückstand wird mit 0,3 ml Wasser in einen Porzellantiegel gespült, man gibt einige Kristalle Weinsäure, dann 0,1 bis 0,5 ml 1%ige alkoholische Dimethylglyoximlösung und schließlich Ammoniak hinzu. Es entsteht eine rote Farbe.

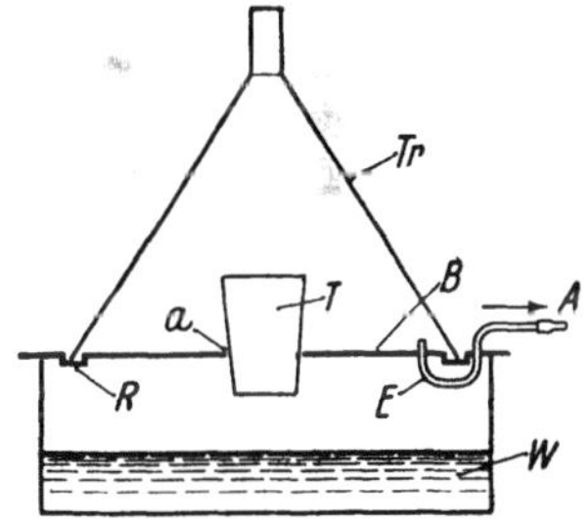

Abb. 19. Vorrichtung zum Aufschluß von Glas im Kohlendioxydstrom. *W*: Wasserbad, *B*: Bleiblech, *R*: Rinne, in der der Trichter ruht, *E*: Einleitungsrohr für CO_2, *A*: Anschlußstück, *a*: kreisrunder Ausschnitt im Bleiblech, *T*: Platintiegel, *Tr*: Trichter. Nach M. NIESSNER und F. KORKISCH: Glastechn. Berichte **19**, 38 (1941).

Empfindlichkeit. 2 μg Fe(II) sind erkennbar. Man muß wegen der Oxydationsgefahr rasch arbeiten. Wenn nur wenig Fe(II) vorhanden ist, verrührt man in dem Porzellantiegel schon Weinsäure, etwas Ammoniak und 0,3 ml Dimethylglyoximlösung, dann spült man die Probe aus dem Platintiegel hinzu. Neben Ni kann Fe(II) nicht erkannt werden. *Der Nachweis von Fe(III)* kann einwandfrei nur in Abwesenheit von Fe(II) in Glas geführt werden. Der Nachweis wird wie oben beschrieben mit NH_4SCN durchgeführt. Der Aufschluß wird mit konzentrierter HCl und HF unter den Vorsichtsmaßregeln, wie sie beim Nachweis von Fe(II) beschrieben wurden, bewerkstelligt. Es muß nämlich vermieden werden, daß etwa vorliegendes Fe(II) während des Aufschlusses zu Fe(III) oxydiert wird. Wenn nur eine schwach rosa Farbe nach Zusatz von Rhodanid auftritt, ist dies kein eindeutiger Beweis für das Vorliegen von Fe(III). Nur eine intensive Farbe läßt auf Fe(III) schließen (NIESSNER und KORKISCH).

5. Nachweis von Eisen im Boden.

0,1 g der Bodenprobe wird in einem kleinen Reagensglas mit 10 Tropfen 1 n HCl und nach 30 Sek. mit 10 Tropfen 20%iger Ammoniumacetatlösung und 5 Tropfen 2%iger alkoholischer α,α'-Dipyridyllösung versetzt. Man schwenkt, ohne den Boden aufzurühren. Das Auftreten einer rosa Farbe zeigt die Anwesenheit von Fe(II) an (DE ENDRÉDY).

Literatur.

ACOSTA, L. A.: Quimica (México) **3**, 103 (1945). — ADAN, R.: Bull. Fédérat. ind. chim. Belg. **5**, 447 (1926). — ADIE, R. H., u. K. C. BROWNING: Pr. (chem. Soc.) **15**, 226 (1900); durch C. **1900**, **I**, 175. — AGNEW, W. J.: Analyst **53**, 30 (1928). — AGOSTINI, P.: (a) Ann. Chim. appl(ic). **19**, 164 (1929); (b) Ann. Chim. appl(ic). **19**, 520 (1929). — AL-MAHDI, A. K., u. C. L. WILSON: Mikrochemie **36**/**37**, 218 (1951). — ALTEN, F., H. WEILAND u. E. HILLE: Z. anorg. Ch. **215**, 81 (1933). — AMBROSIS, R. J.: Rev. Fac. Ci. quim, Univ. nac. La Plata **17**, 231 (1942). — ANDREASCH, R.: Ber. Wien. Akad. (1879), 133; durch Fr. **18**, 601 (1879). — Anonym: Chem. Age **59**, 283 (1948). — ANTHEUNISSENS, F. F.: Metallwirtschaft **23**, 329 (1944). — ARDEN, T. V., F. H. BURSTALL, G. R. DAVIES, J. A. LEWIS u. R. P. LINSTEAD: Nature **162**, 691 (1948). — ARREGUINE, V.: Rev. Asoc. bioquím argent. **11**, 291 (1944). — AUGUSTI, S.: Mikrochemie **17**, 118 (1935).

BAEYER, A., u. V. VILLIGER: B. **34**, 2679 (1901); durch C. **1901**, **II**, 973. — BALAREW, D.: Fr. **60**, 392 (1921). — BALZ, G.: Spektrochim. Acta (Berlin) **1**, 227 (1939); durch C. **1940**, **I**, 1536. — BANERJEE, P. C.: J. Indian chem. Soc. **6**, 259 (1929). — BANKS, C. V., u. E. K. BYRD: Anal. chim. Acta **10**, 129 (1954). — BARBIERI, G. A.: G. **60**, 229 (1930); durch C. **1930**, **I**, 3659. — BARBOSA, P. E., u. L. B. FILHO: Brazil Ministério agr. Dept. nac. produçao mineral. Lab. produçao mineral., Bol. **26**, 25 (1947); durch Chem. Abstr. **1949**, 7858. — BARLOT, J.: Bl. [4] **35**, 1026 (1924). — BARÓ GRAF, J. C.: (a) Publ. Inst. investigac. microquím., Univ. nac. Litoral (Rosario, Argentina) **4**, 53 (1940); (b) **4**, 79 (1940); (c) **5**, 101 (1941); (d) **9**, 33 (1945); Rev. farmacéutica (Buenos Aires) **89**, 293 (1947); (e) Publ. Inst. investigac. microquím., Univ. nac. Litoral (Rosario, Argentina) **11**, 61 (1947); (f) **13**, 23 (1949). — BAROWIK, S. A., u. L. N. INDITSCHENKO: J. analyt. Chem. (russ.) **2**, 229 (1947); durch C. **1948**, **II**, 1438. — BARTELT, O.: Forschungsdienst (neue Folge der deutschen landwirtschaftl. Rundschau), Sonderheft **7**, 144 (1938). — BAUDISCH, O.: (a) B. **54**, 413 (1921); (b) Ch. Z. **33**, 1298 (1909). — BAUDISCH, O., u. S. HOLMES.: Fr. **119**, 241 (1940). — BAYLE, E., u. L. AMY: (a) Bl. [4] **43**, 604 (1928); (b) C. r. **185**, 268 (1927). — BEATO, J., u. M. DE LOS D. BRUGGER: An. Españ. **27**, 822 (1929). —BEHRENS, H.: Anleitung zur mikrochem. Analyse, 2. Aufl. Verlag Voss 1899. — BEHRENS-KLEY: Mikrochem. Analyse, 2. Aufl. 1921. — BELCHER, R., u. A. J. NUTTEN: J. chem. Soc. **1951**, 546. — BENEDETTI-PICHLER, A. A., u. J. R. RACHELE: Ind. eng. Chem. Anal. Edit. **12**, 233 (1940). — BENEDETTI-PICHLER, A. A., u. W. F. SPIKES: (a) Mikrochemie **15**, 271 (1934); (b) **15**, 288 (1934). — BENT, H. E., u. C. L. FRENCH: J. Am. chem. Soc. **63**, 568 (1941). — BERG, K. B., u. F. REIMERS: Dansk. Tidsskr. Farm. **24**, 315 (1950); durch Chem. Abstr. **1951**, 2364. — BERG, R.: (a) Die analytische Verwendung von o-Oxychinolin u. seiner Derivate, 2. Aufl. Enke 1938; (b) Fr. **76**, 191 (1929); (c) J. prakt. [2] **115**, 178 (1927); (d) Z. anorg. Ch. **204**, 208 (1932). — BERG, R., u. E. BECKER: Fr. **119**, 81 (1940). — BERG, R., u. H. KÜSTENMACHER: (a) Mikrochemie, Emich-Festschrift, 26 (1930); (b) Z. anorg. Ch. **204**, 215 (1932). — BERG, R., u. W. ROEBLING: Angew. Ch. **48**, 430 (1935). — BERG, R., u. O. WURM: B. **60**, 1664 (1927). — BERISSO, B.: (a) Publ. Inst. investigac. microquím., Univ. nac. Litoral (Rosario, Argentina) **4**, 45 (1940); (b) **7**, 53 (1943); (c) **11**, 25 (1947); Rev. Col. Farm. Nac. (Rosario) **16**, 5 (1949). — BERISSO, B., u. A. A. BRUNO: Publ. Inst. investigac. microquím., Univ. nac. Litoral (Rosario, Argentina) **13**, 13 (1949). — BHATTACHARYA, A. K.: J. Indian chem. Soc. **12**, 143 (1935); durch C. **1936**, **I**, 974. — BHATTACHARYA, A. K., u. N. R. DHAR: Z. anorg. Ch. **213**, 240 (1933); durch C. **1933**, **II**, 1855. — BHATTACHARYA, A. K., u. R. S. SAXENA: J. Indian chem. Soc. **28**, 141 (1951); durch Chem. Abstr. **1951**, 10136. — BIRCKEL, J.: Ann. Chim. anal. **27**, 49 (1945). — BIRULJA, A.: Chem. J. Ser. A, J. allg. Chem. (russ.) **3** (65), 544 (1933); durch C. **1934**, **II**, 286.— BLANK, E. W.: J. chem. Educat. **19**, 321 (1942). — BLAU, F.: Mh. Chem. **19**, 647 (1898). — BLICK, D. J.: Rept. New. Engl. Assoc. Chem. Teachers **43**, Nr. 1, 13 (1941); durch Chem. Abstr. **1942**, 985. — BLUM, L.: Fr. **44**, 10 (1905). — BLUMBERG, H., u. O. S. RASK: J. Nutrit. **6**,

285 (1933).—Böttger, W.: Jbr. phys. Ver. Frankfurt/M. 1874/75, 26; durch Fr. **16**, 238 (1877).— Bordoni, C.: Ann. Chim. appl(ic). **32**, 294 (1942). — Bornet, L.: J. Pharm. Chim. [7] **30**, 356 (1924). — Bottomley, G. A.: Analyst **75**, 501 (1950). — Boucherle, A.: Ann. pharmac. franç. **11**, 540 (1953). — Brambilla, M.: Ann. Chim. appl(ic). **29**, 513 (1939). — Brammall, A.: Geol. Mag. **57**, 123 (1920). — Breckenridge, J. G., u. S. A. G. Singer: Can. J. Res. **26** B, 49 (1947); durch Chem. Abstr. **1947**, 3393. — Breckpot, R.: Publ. Inst. belg. Améliorat. Betterave **4**, 217 (1938). — Brenner, C.: Helv. **3**, 90 (1920). — Browning, P. E., u. H. E. Palmer: Z. anorg. Ch. **54**, 315 (1907). — Brustier, V., u. P. Blanc: Bl. [5] **9**, 357 (1942). — Buchanan, G. H., u. G. Barsky: Angew. Ch. **44**, 383 (1931). — Bührig, H.: J. pr. [2] **12**, 241 (1875). — Burkat, S. E., E. N. Skrynnik u. S. S. Yaroslavskaya: J. anal. Chem. (russ.) **6**, 325 (1951); durch Chem. Abstr. **1952**, 1914. — Burstall, F. H., G. R. Davies, R. P. Linstead u. R. A. Wells: J. chem. Soc. **1950**, 516.

Callon, R. W., u. L. P. Charette: Anal. Chem. **23**, 960 (1951). — Cambi, L., Z. Bertorelle u. C. Marzorati: G. **78**, 448 (1948); durch Chem. Abstr. **1949**, 1676. — Cannan, R. K., u. G. M. Richardson: Biochem. J. **23**, 1242 (1929). — Carreras, R.: (a) Afinidad **23**, 349 (1946); (b) **23**, 493 (1946). — Castagnou, R., G. Gaucher u. S. Larcebau: Bl. Soc. Pharm. Bordeaux **88**, 184, 189, 193, 197 (1950); durch Chem. Abstr. **1951**, 6958. — Castiglioni, A.: Fr. **126**, 61 (1943). — Cazeneuve, P.: J. Pharm. Chim. [6] **12**, 150 (1900); Bl. Soc. Chim. Paris [3] **23**, 701; durch Fr. **41**, 569 (1902). — Cefola, M., W. S. Andrus, B. R. Miccioli u. L. K. Yanowski: Mikrochemie **35**, 439 (1950). — Chamot, E. M., u. H. A. Bedient: Mikrochemie **6**, 13 (1928). — Chao, M., u. M.-T. Su: J. chem. Educat. **26**, 266 (1949). — Chao, T. P.: J. chem. Educat. **16**, 376 (1939); J. Chin. chem. Soc. **5**, 60 (1937). — Charitschkoff, K.: Ch. Z. **35**, 463, 1405 (1911). — Charles, R. G., u. H. Freiser: J. Am. chem. Soc. **74**, 1385 (1952). — Charlot, G.: (a) Bl. [5] **4**, 676 (1937); (b) Qualitative Inorganic Analysis, engl. Übersetzg. d. 4. franz. Aufl. 1954, Wiley & Sons, New York, Methuen & Co, London. — Chatterjee, N. N.: Quart. J. geol. Mining metallurg. Soc. India **22**, 43 (1949). — Cheifitz, A. L., u. Ss. M. Kattschenkow: Bl. Acad. URSS, Ser. phys. **11**, 301 (1947); durch C. **1948**, **II**, 426. — Chien, S. L., u. T. M. Shih: J. Chin. chem. Soc. **5**, 154 (1937). — Chilesotti, A.: G. **34**, **II**, 493 (1904). — Cholak, J., u. D. M. Hubbard: Ind. eng. Chem. Anal. Edit. **16**, 728 (1944). — Ciusa, W.: G. **66**, 591 (1936). — Claeys, A.: Meded. vlaamsche chem. Vereen. **9**, 255 (1947); durch Chem. Abstr. **1948**, 1841. — Claisen: B. **20**, 656 (1887). — Clark, N. A., u. D. H. Sieling: Ind. eng. Chem. Anal. Edit. **8**, 256 (1936). — Clark, R. O.: Ind. eng. Chem. Anal. Edit. **15**, 464 (1943). — Clarke, B. L., u. H. W. Hermance: Ind. eng. Chem. Anal. Edit. **9**, 292 (1937). — Clayton, E.: J. Soc. Dyers Colourists **53**, 380 (1937). — Coffignier, Ch.: Bl. [3] **27**, 696 (1902); durch C. **1902**, **II**, 489. — Cole, D. J., u. D. W. Wilson: Analyst **79**, 174 (1954); durch Fr. **145**, 31 (1955). — Cole, H. I.: Philippine J. Sci. **23**, 97; durch C. **1923**, **IV**, 634. — Combes, A.: C. r. **105**, 868 (1887). — Cooper, R. S.: Ind. eng. Chem. Anal. Edit. **9**, 334 (1937). — Craig, K. A., u. G. C. Chandlee: J. Am. chem. Soc. **56**, **I**, 1278 (1934). — Cullinane, N. M., u. S. J. Chard: Analyst **73**, 95 (1948). — Cumming, W. M.: J. chem. Soc. **123**, 2457 (1923); durch C. **1924**, **I**, 297; J. chem. Soc. **125**, 2541 (1924); durch C. **1925**, **I**, 1318. — Cumming, W. M., u. D. G. Brown: (a) J. Soc. chem. Ind. **44**, 110T (1925); durch C. **1925**, **II**, 1602; J. Soc. chem. Ind. **47**, 84T (1928); durch C. **1928**, **I**, 2406; (b) Pharm. J. **115**, 140 (1925). — Cumming, W. M., u. J. A. Stewart: J. Soc. chem. Ind. **51**, 273T (1932); durch C. **1932**, **II**, 2319. — Curtman, L. J., u. A. D. St. John: J. Am. chem. Soc. **34**, 1679 (1912).

David, S., G. Dupont u. C. Paquot: Bl. **11**, 561 (1944); durch Chem. Abstr. **1946**, 2438. — Davidson, D.: (a) J. chem. Educat. **14**, 238 (1937); (b) **14**, 277 (1937); durch C. **1937**, **II**, 3731.— Davidson, D., u. L. A. Welo: J. physic. Chem. **32**, 1191 (1928); durch C. **1928**, **II**, 2111. — Dawson, E. C.: Analyst **73**, 618 (1948). — Dean, J. A., u. J. H. Lady: Anal. Chem. **25**, 947 (1953). — Dedichen, G.: Avh. norske Vidensk.-Akad. Oslo, I. Mat.-naturvidensk. Kl. **1936**, Nr. 5, 42 Seiten. — Delaby, R., u. J. A. Gautier: Analyse qualitative minérale à l'aide de stilliréactions, Masson Paris 1940. — Delépine, M.: (a) Bl. [4] **3**, 652 (1908); (b) C. r. **216**, 697 (1943). — Denigès, G.: (a) Bl. Soc. Pharm. Bordeaux **66**, 8 (1928); (b) **70**, 101 (1932); (c) C. r. **180**, 519 (1925); (d) **194**, 895 (1932); (e) J. Pharm. Chim. [6] **14**, 530 (1901).— Djatschkowski, S. I., u. T. I. Issajenko: Chem. J. Ser. A (russ.) **1** (63), 81 (1931); durch C. **1931**, **II**, 1165.— Dobbins, J. T., u. H. A. Ljung: J. chem. Educat. **12**, 586 (1935). — Donati, A.: Ann. Chim. appl(ic). **16**, 475 (1926). — Draney, J. J., L. K. Yanowski u. M. Cefola: Mikrochemie **35**, 238 (1950). — Drea, W. F.: J. Nutrit. **10**, 351 (1936). — Dubský, J. V.: (a) Chem. Listy **33**, 346 (1939); (b) **34**, 137 (1940); (c) **34**, 307 (1940); (d) Chem. Obzor **16**, 123 (1941); (e) Coll. Trav. chim. Tchécosl. **11**, 295 (1939); (f) Mikrochemie **28**, 145 (1940); (g) **29**, 213 (1941). — Dubský, J. V., F. R. Brychta u. M. Kuraš: Publ. Fac. Sci. Univ. Masaryk, Nr. **129**, S. 1—26 (1930). — Dubský, J. V., K. J. Keuning u. V. Šindelář: R. **59**, 492 (1940). — Dubský, J. V., u. E. Krametz: Publ. Fac. Sci. Univ. Masaryk Nr. **223**, S. 3—6 (1936). — Dubský, J. V., u. M. Kuraš: (a) Chem. Listy **23**, 496 (1929); durch J. V. Tamchyna: Mikrochemie **8**, 211 (1930); (b) Publ. Fac. Sci. Univ. Masaryk Nr. **114**, S. 1—43 (1929). — Dubský, J. V., u. A. Langer: (a) Chem. Obzor **13**, 49, 78, 99, 123, 144 (1938); (b) Collect. Trav. chim. Tchécosl. **8**, 435 (1936). — Dubský, J. V., u. V. Šindelář: Mikrochimica A. **3**, 258 (1938). — Dubský,

J. V., u. N. WINTROVÁ: Coll. Trav. chim. Tchécosl. **11**, 526 (1939). — DUCLOUX, E. H.: Mikrochemie **2**, 108 (1924). — DUKE, FR. R.: Ind. eng. Chem. Anal. Edit. **16**, 750 (1944). — DUNBAR, CH.: Dyer, Textile Printer, Bleacher, Finisher **92**, 55 (1944). — DUPRAT, P.: Bull. Inst. Pin. [2] **1933**, 17, 36; durch C. **1933, I**, 3431. — DUPRÉ, A.: Chem. N. **32**, 15 (1875). — DURAND, J. F., u. K. C. BAILEY: Bl. [4] **33**, 654 (1923). — DUTT, S.: Sci. and Cult. **5**, 445 (1940); durch C. **1940, I**, 3826. — DUVAL, R.: Anal. chim. Acta **3**, 21 (1949).

ECK, P. N. VAN: Pharm. Weekbl. **62**, 365 (1925). — EEGRIWE, E.: Fr. **120**, 81 (1940). — EICHLER, H.: (a) Fr. **96**, 22 (1934); (b) **96**, 98 (1934). — EKKERT, L.: (a) Magyar Gyógyszerésztudományi Társaság Ertesitöje **7**, 231 (1931); durch C. **1931, II**, 280; (b) Pharm. Zentralhalle **66**, 649 (1925). — EMICH, F.: A. **351**, 426 (1907). — EMICH, F., u. J. DONAU: S.-B. Akad. Wiss. Wien, math.-naturwiss. Kl., Abt. IIb **116**, 727 (1907). — EMSCHWILLER, G.: C. r. **226**, 1278 (1948). — EMSCHWILLER, G., u. G. CHARLOT: Ann. Chim. anal. **21** [3], 176 (1939). — ENDRÉDY, E. DE: Mezögazdasági Kutatások **14**, 109 (1941); durch Chem. Abstr. **1941**, 7611. — ERLENMEYER, H., u. H. DAHN: Helv. **22**, 1369 (1939). — ESTILL, H. W., u. R. L. NUGENT: J. Am. chem. Soc. **48**, 168 (1926). — EVANS, B. S., u. D. G. HIGGS: (a) Analyst **71**, 464 (1946); (b) **75**, 191 (1950).

FALCIOLA, P.: Ind. chimica **6**, 1111, 1251, 1356 (1931); durch C. **1932, I**, 2208. — FANTL, P., u. H. SILBERMANN: A. **467**, 274 (1928). — FEIGL, F.: (a) Angew. Ch. **44**, 739 (1931); (b) Ch. Z. **38**, 1265 (1914); (c) Mikrochemie **20**, 203 (1936); (d) R. **58**, 471 (1939); (e) Spot Tests, Vol. I: Inorganic applications, 4. engl. Aufl. Amsterdam, Houston, London, New York: Elsevier 1954. — FEIGL, F., u. L. BAUMFELD: Anal. chim. Acta **3**, 15 (1949). — FEIGL, F., u. G. F. DACORSO: Chemist-Analyst **32**, 28 (1943). — FEIGL, F., u. H. HAMBURG: Fr. **86**, 7 (1931). — FEIGL, F., u. H. HEISIG: Anal. chim. Acta **3**, 561 (1949). — FEIGL, F., P. KRUMHOLZ u. H. HAMBURG: Fr. **90**, 199 (1932). — FEIGL, F., u. F. RAPPAPORT: Öst. Chem. Z. **26**, 87 (1923). — FEIGL, F., u. A. SCHAEFFER: Anal. Chem. **23**, 351 (1951). — FEIGL, F., u. R. STERN: Fr. **60**, 1 (1921). — FEIGL, F., u. H. A. SUTER: Ind. eng. Chem. Anal. Edit. **14**, 840 (1942). — FELDMAN, C.: Anal. Chem. **21**, 1041 (1949). — FERGUSON, R. C., u. C. V. BANKS: Anal. Chem. **23**, 448 (1951). — FERNANDES, L., u. U. GATTI: G. **53, I**, 108 (1923); durch C. **1923, II**, 1202. — FISCHER, E. J.: Wiss. Veröffentl. Siemens-Konzern **4**, 171 (1925). — FISCHER, H.: Angew. Ch. **42**, 1025 (1929). — FISCHER, H., u. W. WEYL: Wiss. Veröffentl. Siemens-Konzern **14**, Nr. 2, 41 (1935). — FISCHER, R., u. T. LANGHAMMER: Mikrochemie **34**, 208 (1949). — FISCHER, W., u. R. BOCK: Z. anorg. Ch. **249**, 146 (1942). — FISCHER, W., W. DIETZ, K. BRÜNGER u. H. GRIENEISEN: Angew. Ch. **49**, 719 (1936). — FISH, F. H., J. R. NOELL u. B. H. KEMP: Virginia J. Sci. **1**, 125 (1940); durch Chem. Abstr. **1941**, 1005. — FLAGG, J. F., u. N. H. FURMAN: Ind. eng. Chem. Anal. Edit. **12**, 529 (1940). — FLEMING, R.: Analyst **49**, 275 (1924). — FOLEY, R. T., u. R. C. ANDERSON: J. Am. chem. Soc. **70**, 1195 (1948). — FORMÁNEK, J.: Fr. **39**, 409 (1900). — FORTUNE, W. B., u. M. G. MELLON: Ind. eng. Chem. Anal. Edit. **10**, 60 (1938). — FOSCHINI, A.: Fr. **109**, 246 (1937). — FRANGOPOL, L.: Bul. Chim. pura apl. Soc. române Chim. **37**, 259 (1934); durch C. **1935, II**, 2250. — FRESENIUS, B.: (a) Chemie Labor Betrieb **1**, 283, 357 (1950); (b) **2**, 29 (1951). — FRESENIUS, C. R.: Anleitung zur qualitativen chemischen Analyse, 17. Aufl. Vieweg 1919. — FRIERSON, W. J.: Virginia J. Sci. **1**, 123 (1940); durch Chem. Abstr. **1941**, 1005. — FRITZ, H.: Fr. **78**, 418 (1929). — FUNGAIRIÑO, L. V.: An. Real Acad. Farmac. (Madrid) **16**, 209 (1950).

GADREAU, M.: J. Pharm. Chim. [8] **6**, 145 (1927). — GANASSINI, D.: Boll. chim. farm. **60**, 2 (1921); durch C. **1922, II**, 179. — GAPTSCHENKO, M. V., u. O. G. SCHEINZISS: Zavodskaya Labor (russ.) **6**, 1220 (1937); durch C. **1938, I**, 3502. — GARNER, W.: Ind. Chemist **4**, 357, 410 (1928). — GARRAT, F.: J. Ind. eng. Chem. **5**, 298 (1913). — GASPAR Y ARNAL, T.: (a) An. Españ. **24**, 153 (1926); (b) Ann. Chim. anal. [2] **11**, 97 (1929). — GAZZI, V.: Ann. Chim. appl(ic). **23**, 71 (1933); durch Chem. Abstr. **1933**, 4188. — GEILMANN, W.: Bilder zur qualitativen Mikroanalyse anorganischer Stoffe, 2. Aufl. Verlag Chemie 1954, Tafel 22. — GEILMANN, W., F. W. WRIGGE u. W. BILTZ: Nachr. Göttinger Ges., math.-phys. Kl. **1932**, 579. — GERLACH, W. u. E. RIEDEL: Die chemische Emissions-Spektralanalyse, III. Teil: Tabellen zur qualitativen Analyse, 3. Aufl., S. 55, 57. Leipzig: Barth 1949. — GERLACH, W., u. K. RUTHARDT: (a) Fest, schrift der Platinschmelze G. SIEBERT **1931**, 51; (b) Z. anorg. Ch. **209**, 337 (1932). — GERMUTH, F. G., u. C. MITCHELL: Am. J. Pharm. **101**, 46 (1929). — GETTLER, A. O., u. L. GOLDBAUM: Ind. eng. Chem. Anal. Edit. **19**, 270 (1947). — GIETZ, C. E., u. A. SÁ: An. Argentina **23**, 45 (1935). — GILLIS, J., CLAEYS, A., u. J. HOSTE: Anal. chim. Acta **1**, 421 (1947). — GILLIS, J., J. HOSTE u. Y. VAN MOFFAERT: Chim. analytique **36** [2], 43 (1954). — GILLIS, J., J. HOSTE, u. J. PIJCK: Mikrochim. A. **1953**, Heft 3, 244. — GLAZUNOV, A.: Metallwaren-Ind., Galvano-Techn. **33**, 347 (1935). — GLEU, K., u. R. SCHWAB: Angew. Ch. **62**, 320 (1950). — GOLDSTÜCK, M.: Ch. Z. **48**, 629 (1924). — GOLOWATY, R. N., u. W. M. SSOLOGUB: Laboratoriumsprax. (russ.) **15**, Nr. 12, 23 (1940); durch C. **1942, I**, 518. — GOTÔ, H.: (a) J. chem. Soc. Japan **59**, 1215 (1938); durch Chem. Abstr. **1939**, 1627; (b) Sci. Rep. Tôhoku Imp. Univ., Serie I, **29**, 204, 287 (1940); J. chem. Soc. Japan **59**, 547 (1938). — GRIFFING, M., u. M. G. MELLON: Ind. eng. Chem. Anal. Edit. **19**, 1017 (1947). — GRISOLLET, H., u. M. SERVIGNE: Ann. Chim. anal [2] **12**, 321 (1930). — GROSSET, TH.: Ann. Soc. Sci. Bruxelles **53**, Ser. B, 16 (1933). — GUÉRON, J.

Ann. Chim. anal. [2] **14**, 393 (1932). — GUSSEW, S. I.: J. analyt. Chem. (russ.) **1**, 114; durch C. **1947**, **I**, 359. — GUTBIER, A.: Z. anorg. Ch. **41**, 61 (1904); durch C. **1904**, **II**, 892.— GUTZEIT, G.: (a) Amer. Inst. Mining metallurg. Engr. tech. Publ., Nr. **1457**, 1 (1942); (b) Helv. **12**, 713 (1929); (c) **12**, 829 (1929); (d) Inaug.-Dissertation Genf 1929. — GUTZEIT, G., u. R. MONNIER: Helv. **16**, 239, 485 (1933). — GUYOT, R.: Bl. Soc. Pharm. Bordeaux **60**, 31 (1922).

HABER, F.: Z. El. Ch. **11**, 846 (1905); durch C. **1906**, **I**, 124. — HAHN, R. B., C. H. BAKER u. R. BAKER: Anal. chim. Acta **9**, 223 (1953). — HAITINGER, M., F. FEIGL u. A. SIMON: Mikrochemie **10**, 117 (1931/32). — HALBAN, H. v., u. E. ZIMPELMANN: Z. El. Ch. **34**, 387 (1928). — HALDAR, B. C., u. S. BANERJEE: Proc. nat. Inst. Sci. India **14**, 1 (1948); durch Chem. Abstr. **1949**, 6536. — HALE, M. N., u. M. G. MELLON: J. Am. chem. Soc. **72**, 3217 (1950); durch C. **1953**, **II**, 7619. — HANINK, M.: Chem. Weekbl. **18**, 522 (1921); durch C. **1921**, **III**, 1261. — HAUSER, B. B.: Appl. Spectroskopy **6**, 11 (1952) (2); durch Chem. Abstr. **1952**, 3455. — HEDENSTRÖM, A. v., u. E. KUNAU: Fr. **91**, 17 (1933). — HELLER, J., u. G. SCHWARZENBACH: (a) Helv. **34**, **II**, 1876 (1951); (b) **35**, **I**, 812 (1952). — HELLER, K.: (a) Mikrochemie **8**, 33 (1930); (b) **12**, 334 (1933). — HELLER, K., u. P. KRUMHOLZ: Mikrochemie **7**, 213 (1929). — HERRMANN, A.: Allg. Textil-Z. **2**, 215 (1944). — HERRMANN-GURFINKEL, M.: Bl. Soc. chim. Belg. **48**, 94 (1939). — HERSTEIN, K. M.: Amer. Dyestuff Reporter **22**, 442 (1933). — HIEBER, W., u. F. MÜHLBAUER: B. **61**, 2149 (1928). — HOFMANN, K. A., u. K. OTT: B. **40**, 4930 (1907); durch C. **1908**, **I**, 459. — HOLNESS, H.: Anal. chim. Acta **3**, 290 (1949). — HOOGLAND, P. L.: Anal. chim. Acta **2**, 831 (1948). — HOSTE, J.: (a) Anal. chim. Acta **2**, 402 (1948); (b) Meded. Kon. vlaamsche Acad. Wetensch. Belg., Kl. Wetensch. **11**, Nr. 8, 5 (1949); Anal. chim. Acta **4**, 23 (1950); durch Chem. Abstr. **1950**, 6333. — HOSTE, J., u. J. GILLIS: Meded. Kon. vlaamsche Acad. Wetensch. Belg., Kl. Wetensch. **13**, Nr. 12, 3 (1951); durch Chem. Abstr. **1952**, 5474. — HOULIHAN, J. E., u. P. E. L. FARINA: Analyst **78**, 559 (1953). — HOVORKA, V.: Chem. Listy **36**, 113, 133 (1942). — HOVORKA, V., u. Z. HOLZBECHER: Coll. Trav. chim. Tchécosl. **14**, 186 (1949). — HOVORKA, V., u. V. SÝKORA: (a) Chem. Listy **35**, 89 (1941); (b) **35**, 170 (1941); (c) Coll. Trav. chim. Tchécosl. **10**, 83 (1938); (d) **11**, 70 (1939); durch C. **1939**, **II**, 2122; (e) Coll. Trav. chim. Tchécosl. **11**, 124 (1939). — HOVORKA, V., V. SÝKORA u. J. VOŘÍŠEK: Chim. analytique **29**, 268 (1947). — HOWE, D. E., u. M. G. MELLON: Ind. eng. Chem. Anal. Edit. **12**, 448 (1940). — HUBACH, C. E.: Anal. Chem. **20**, 1115 (1948). — HUGHES, H. D.: J. Electrodepositors techn. Soc. **20**, 17 (1944/45); Metal Ind. (London) **66**, 169 (1945). — HUNTER, M. S., J. R. CHURCHILL u. R. B. MEARS: Metal. Progr. **42**, Nr. 6, 1070 (1942). — HYNES, W. A., u. L. K. YANOWSKI: (a) Mikrochemie **23**, 1 (1937/38); (b) **27**, 335 (1939); (c) **29**, 265 (1941).

ILINSKI, M., u. G. v. KNORRE: B. **18**, 2728 (1885); durch Fr. **25**, 406 (1886). — Internationale Kommission für neue analytische Reaktionen und Reagenzien der „Union internationale de Chimie“: I. Bericht 1938. Leipzig: Akad. Verlagsges.; II. Bericht 1945. Bâle, Wepf & Cie.; III. Bericht 1948, Librairie Istra, Paris; IV. Bericht 1950, Société d'édition d'enseignement supérieur, Paris. — ISAKOV, P. M.: (a) J. anal. Chem. (russ.) **6**, 281 (1951); durch Chem. Abstr. **1951**, 10117; (b) J. appl. Chem. (russ.) **16**, 325 (1943); durch Chem. Abstr. **1945**, 469.

JACOBSON, C. A.: Encyclopedia of Chemical Reactions, Bd. IV, 1951. — JACQUEMIN, E.: Ann. Chim. Phys. [5] **2**, 265 (1865); durch Fr. **14**, 196 (1875). — JANDER, G., u. H. WENDT: Lehrbuch d. analyt. u. präp. anorg. Chemie. 2. Aufl. Hirzel 1954. — JENSEN, E.: Tidsskr. Kjemi Bergves. **19**, 57, 75 (1939); durch C. **1939**, **II**, 2948. — JIRKOVSKÝ, R.: Mikrochim. A. **1**, 287 (1937). — JOB, A.: C. r. **127**, 59 (1898). — JOHNE, F., u. H. WEDEN: Bio. Z. **273**, 147 (1934); durch C. **1934**, **II**, 3584. — JOLIBOIS, P., u. R. BOSSUET: C. r. **204**, 1189 (1937); **209**, 91 (1939). — JUNG, W.: Arch. farm. bioquím. Tucumán **1**, 221 (1944); durch Chem. Abstr. **1944**, 6227. — JUSTIN-MUELLER, E.: Melliand Textilber. **29**, 170 (1948); durch Chem. Abstr. **1950**, 9200.

KAHANE, E.: Ann. Chim. anal. [2] **9**, 196 (1927). — KARAOGLANOV, Z.: (a) Fr. **107**, 395 (1936); (b) **114**, 81 (1938); (c) **115**, 305 (1938/39). — KATAKOUZINOS, D.: Praktika (Akad. Athenon) **5**, 113 (1930); durch C. **1932** **I**, 1401. — KEGGIN, J. F., u. F. D. MILES: Nature **137**, 577 (1936); durch C. **1936**, **I**, 4408. — KÉLER, H. v., u. G. LUNGE: Angew. Ch. **7**, 669 (1894). — KEUNING, K. J., u. J. V. DUBSKÝ: Chem. Obzor **15**, 18 (1940). — KISSER, J.: Mikrochemie **1**, 25 (1923). — KLANFER, K.: Mikrochemie **9**, 34 (1931). — KLUT: Mitt. d. kgl. Prüf.-Anst. Wasserversorgung u. Abwässerbeseitigung, Berlin **8**, 99 (1907). — KNIGA, A. G.: J. appl. Chem. (russ.) **10**, 946 (1937); durch Chem. Abstr. **1937**, 7000. — KNOTZ, F.: An. Real. Soc. españ. **48**B, 564 (1952). — KOBLJANSKI, A. G.: Chem. J. Ser. B, J. angew. Chem. (russ.) **8**, 1494 (1935); durch C. **1936**, **II**, 342. — KOCH, W., u. H. PLOUM: Arch. Eisenhüttenw. **24**, 393 (1953); durch C. **1954**, 8175. — KOCSIS, E. A.: Mikrochemie **25**, 13 (1938). — KOCSIS, E. A. u. G. GELEI: Z. anorg. Ch. **232**, 202 (1937). — KÖNIG, P.: Ch. Z. **35**, 277 (1911). — KOENIG, PH. M.: Chim. et Ind. **7**, 55 (1922). — KOHN, M.: (a) Anal. chim. Acta **3**, 34 (1949); (b) **3**, 559 (1949); (c) Monatsh. **43**, 373 (1922); durch Chem. Abstr. **1923**, 1364; (d) Monatsh. **66**, 393 (1935); durch C. **1936**, **I**, 4696; (e) Z. anorg. Ch. **197**, 289 (1931). — KONINCK, L. L. DE: Bl. Soc. chim. Belg. **19**, 181 (1905); durch C. **1906**, **I**, 964. — KORENMAN, I. M.: (a) Fr. **95**, 44 (1933); (b) **97**, 418 (1934); (c) **101**, 417 (1935); (d) Laboratoriumspraxis (russ.) **1939**, Sammelband, 86; durch C. **1940**, **I**, 2351; (e) Mikrochemie **9**, 223 (1931); (f) **21**, 17 (1936); (g) Pharmaz. Zentralhalle **70**, 709 (1929); (h) **71**, 769 (1930). — KORINFSKI, A. A.: (a) Betriebs-Lab. (russ.) **8**, 688

(1939); durch C. **1941**, **I**, 1200; (b) Zavodskaya-Lab. **11**, 541 (1945); durch Chem. Abstr. **1946**, 2405. — Kozakov, V. I.: Laboratoriumspraxis (russ.) **1937**, Nr. 4, 31; durch C. **1937**, **II**, 2873. — Kraus, E. J.: Fr. **71**, 189 (1927). — Krause, A.: Roczniki Chem. **26**, 3 (1952); durch Chem. Abstr. **1952**, 11026. — Kreshkov, A. P., u. S. S. Vil'borg: J. anal. Chem. (russ.) **3**, 250 (1948); durch Chem. Abstr. **1949**, 8966. — Kröhnke, F.: (a) B. **60**, 527 (1927); (b) Chem. Ber. **83**, 35 (1950); durch Chem. Abstr. **1950**, 5358; (c) Gas- und Wasserfach **70**, 510 (1927). — Krumholz, P., u. F. Hönel: Mikrochim. A. **2**, 177 (1937). — Krumholz, P., u. E. Krumholz: Mikrochemie **19**, 47 (1935). — Kruse, J. M., u. W. W. Brandt: Anal. Chem. **24**, 1306 (1952). — Kubli, H.: Helv. **30**, 453 (1947). — Kühnel, E.: Kunstseide u. Zellwolle **21**, 394 (1939). — Küster, W.: Z. physiol. Chem. **155**, 157 (1926). — Kuhlberg, L. M.: (a) Chem. J. Ser. B (russ.) **10**, 1130 (1937); durch C. **1938**, **I**, 4505; (b) Fr. **106**, 30 (1936); (c) J. appl. Chem. (russ.) **10**, 567 (1937); durch Chem. Abstr. **1937**, 6129; (d) J. chim. appl. (russ.) **13**, 630 (1940); durch C. **1941**, **I**, 2000; (e) J. allg. Chem. (russ.) **17**, 1089 (1947); durch Chem. Abstr. **1948**, 2540. — Kuhlberg, L. M., u. L. Matveev: J. allg. Chem. (russ.) **17**, 457 (1947); durch Chem. Abstr. **1948**, 478. — Kunert, G.: Süddtsch. Apotheker-Ztg. **90**, 300 (1950). — Kuraš, M.: Chem. Obzor **16**, 124 (1941). — Kuraš, M., u. E. Ruzicka: Chem. Listy **44**, 90 (1950); durch C. **1951**, **I**, 183. — Kusnetzow, V. I.: (a) C. r. Acad. (URSS) **33**, 45 (1941); (b) **70**, 629 (1950); durch C. **1950**, **II**, 562; (c) Zavodskaya Lab. **14**, 545 (1948); durch C. **1949**, **I**, 915. — Kutzelnigg, A.: (a) Ch. Z. **74**, 733 (1950); (b) Fr. **77**, 349 (1929).

Lacoste, R. J., M. H. Earing u. St. E. Wiberley: Anal. Chem. **23**, 871 (1951). — Lanford, O. E., u. S. J. Kiehl: J. Am. chem. Soc. **64**, 291 (1942). — Lang, R.: Fr. **128**, 167 (1948). — Langer, A.: Mikrochemie **25**, 71 (1938). — Lapin, L. N.: Trudy Uzbekskogo Gosudarst. Univ. Sbornik Rabot. Khim. **15**, 150 (1939); durch Chem. Abstr. **1941**, 4305. — Lapin, L. N., u. W. E. Kill: Z. Hygiene **112**, 719 (1931). — Larner, J. L., u. W. E. Trout: Virginia J. Sci. **3**, Nr. 1, 13 (1942); durch Chem. Abstr. **1942**, 3114. — Lavender, R. M.: Paint Technol. **16**, 427, 436 (1951). — Lavollay, J.: Bl. Soc. Chim. biol. **17**, 432 (1935). — Lederer, M., u. F. L. Ward: Anal. chim. Acta **6**, 355 (1952). — Leeper, G. W.: Analyst **55**, 370 (1930). — Levy, M. E.: Iron Age **164**, Nr. 7, 98 (1949). — Ley, H., Ch. Schwarte u. O. Münnich: B. **57**, 349 (1924). — Liang, S.-C.: Sci. Technol. China **2**, 72 (1949); durch Chem. Abstr. **1950**, 6333; Sci. Rec. China **2**, 373 (1949); durch Chem. Abstr. **1952**, 853. — Liberalli, C. H.: Rev. bras. chim. **2**, 485 (1931); durch C. **1932**, **II**, 745. — Loach, W. S. de, u. Ch. Drinkard: J. chem. Educat. **28**, 461 (1951). — Lohrer, W.: Fr. **124**, 1 (1943). — Lutschinsky, J. J.: Ch. Z. **35**, 1204 (1911). — Lutz, O.: Ch. Z. **31**, 570 (1907). — Lyons, E.: J. Am. chem. Soc. **49**, **II**, 1916 (1927).

Ma, T. S., u. P. P. T. Sah: Sci. Rep. nat. Tsing Hua Univ., Ser. A **2**, 241 (1934). — Maier, R. H.: Chemist-Analyst **42**, Nr. 3, 61 (1953). — Majumdar, A. K.: J. Indian chem. Soc. **18**, 419 (1941). — Majumdar, A. K., u. B. Sen: (a) Anal. chim. Acta **8**, 369 (1953); (b) **9**, 529 (1953). — Malissa, H.: (a) Mikrochemie **35**, 34 (1950); (b) **35**, 266 (1950); (c) **38**, 33 (1951); (d) **38**, 120 (1951). — Malissa, H., u. F. F. Miller: Mikrochemie **40**, 63 (1953). — Malissa, H., u. E. Weigert: Mikrochim. A. **1954**, H. 3/4, 413. — Maly, R., u. R. Andreasch: B. **13**, 601 (1880). — Mannelli, G., u. R. Biffoli: Anal. chim. Acta **11**, 168 (1954). — Mannkopf, R., u. Cl. Peters: Z. Phys. **70**, 444 (1931). — Martini, A.: (a) An. Argentina **16**, 117 (1928); (b) **24**, 168 (1936); (c) **31**, 61 (1943); (d) **31**, 69 (1943); (e) Mikrochemie **6**, 28 (1928); (f) **8**, 143 (1930); (g) **16**, 233 (1934/35); (h) **30**, 201 (1942); (i) Mikrochim. A. **1**, 164 (1937); (k) Publ. inst. investigac. microquím., Univ. nac. Litoral (Rosario, Argentina) **4**, 69 (1940); (l) **4**, 75 (1940); (m) **5**, 97 (1941); durch Chem. Abstr. **40**, 5351. — Mathews, J., u. H. Diehl: Jowa State Coll. J. Sci. **23**, 279 (1949). — Matlin, N. A.: Amer. Dyestuff Reporter **40**, 44 (1951). — Mayer, O.: Z. Lebensm. **68**, 51 (1934). — Mayr, C., u. A. Gebauer: Fr. **116**, 225 (1939). — McKinstry, H. E.: Econ. Geol. **22**, 830 (1927). — Mehlig, J. P.: Ind. eng. Chem., Anal. Edit. **10**, 136 (1938). — Merck & Co., Inc. (übertr. von D. Heyl Hoffmann) A. P. 2497731 u. 2497732 v. 9. 7. 1947; durch C. **1950**, **II**, 1261. — Meyer, R.: Protoplasma **22**, 34 (1934); durch C. **1936**, **II**, 827. — Meyerfeld, J.: Ch. Z. **34**, 948 (1910). — Milbauer, J.: Chem. Obzor **16**, 155 (1941); durch C. **1942**, **I**, 2857. — Milbourn, M.: J. Inst. Metals **55**, 275 (1934). — Milbourn, M., u. H. E. R. Hartley: Spectrochim. Acta **3**, 320 (1947/49). — Miller, C. F.: Chemist-Analyst **26**, Nr. 2, 38 (1937). — Miller, F. A., u. C. H. Wilkins: Anal. Chem. **24**, 1253 (1952). — Moeller, Th.: Ind. eng. Chem. Anal. Edit. **15**, 346 (1943). — Møller: Kem. Maanedsbl. nord. Handelsbl. kem. Ind. **18**, 138 (1937). — Monnier, A.: Arch. Sci. phys. nat. Genève [4] **42**, 210 (1916); durch C. **1917**, **II**, 132. — Monnin-Chamot, u. Mason: Handbook of chem. Microscopy, 2. Ausg., Vol. II (1940). — Montignie, E.: Bl. [4] **53**, 1392 (1923). — Morgan, G., u. F. H. Burstall: J. Chem. Soc. **1937**, 1649. — Moss, M. L., u. M. G. Mellon: Ind. eng. Chem. Anal. Edit. **13**, 612 (1941). — Mouneyrat, A.: C. r. **142**, 1049, 1572 (1906). — Müller, E.: (a) Ch. Z. **38**, 281, 328 (1914); durch C. **1914**, **I**, 1381; (b) J. pr. [2] **104**, 241 (1922). — Mukherjee, A. K.: Fr. **145**, 321 (1955). — Musante, C.: G. **78**, 536 (1948).

Nakaseko, R.: (a) Mem. Sci. Kyoto Univ. **11A**, 95 (1928); durch C. **1928**, **II**, 275; (b) **11A**, 113 (1928); durch C. **1928**, **II**, 275. — Nasarenko, W. A.: J. Chim. appl. (russ.) **12**, Nr. 1, 151 (1939); **13**, 633 (1940); durch C. **1941**, **I**, 2000. — Naves, Y. R.: Parfums de France **12**,

89, 116 (1934). — NAVES, Y. R., u. P. BACHMANN: Helv. **28**, 1227 (1945); durch Chem. Abstr. **1946**, 1450. — NENCKI, M., u. N. SIEBER: J. pr. [2] **23**, 147 (1881). — NICHOLS, M. L., u. S. R. COOPER: J. Am. chem. Soc. **47**, **I**, 1268 (1925). — NIESSNER, M.: Berg- u. hüttenmänn. Mh. montan. Hochschule Leoben **93**, 167 (1948). — NIESSNER, M., u. F. KORKISCH: Glastechn. Ber. **19**, 33 (1941). — NILSSON, G.: (a) Analyst **64**, 501 (1939); (b) Svensk kem. Tidskr. **56**, 295 (1944). — NUTTEN, A. J.: Anal. chim. Acta **4**, 340 (1950). — NUTTEN, A. J., u. L. SABISTON: Analyst **74**, 239 (1949).

ODEKERKEN, J. M.: (a) Fr. **131**, 165 (1950); (b) Ind. chim. Belge **15**, 80 (1950). — OELKE, W. C.: Ind. eng. Chem. Anal. Edit. **12**, 498 (1940). — OKÁČ, A.: Coll. Trav. chim. Tchecosl. **11**, 531 (1939). — ORNDORFF, R., u. M. L. NICHOLS: J. Am. chem. Soc. **45**, 1439 (1923). — OTT, CH.: Chim. analytique **35**, 149 (1953). — OTTINO, M.: Boll. chim. farm. **88**, 245 (1949). — OVENSTON, T. C. J., u. C. A. PARKER: Anal. chim. Acta **3**, 277 (1949).

PALLAUD, R.: Chim. analytique **33**, 239 (1951). — PASSERINI, L., u. L. MICHELOTTI: G. **65**, 824 (1935); durch C. **1936**, **I**, 2595. — PAVELKA, F.: Mikrochemie **8**, 46 (1930). — PAVELKA, F., u. G. SETTA: Mikrochemie **31**, 73 (1944). — PAVOLINI, T.: (a) Ann. Chim. appl. **19**, 561 (1929); durch C. **1930**, **I**, 2283; (b) Ind. chimica **5**, 862 (1930). — PAWLINOWA, A. W., u. T. N. BACH: Ukrainer chem. J. (russ.) **5**, 233 (1930); durch E. SCHILOW: Mikrochemie **9**, 249 (1931). — PELUFFO, P.: An. Asoc. quim. Farmac. Uruguay **35**, 95 (1932); Chim. Ind. **29**, 1296; durch Chem. Abstr. **1933**, 4499. — PETERS, CH. A., u. CH. L. FRENCH: Ind. eng. Chem. Anal. Edit. **13**, 604 (1941). — PETERSON, R. E.: Anal. Chem. **25**, 1337 (1953). — PFAU, E., u. A. SCHEFFEL: Pharmaz. Zentralhalle **87**, 334 (1948). — PIERCE, J. S., u. E. HAZARD: J. chem. Educat. **21**, 126 (1944). — PIERCE, W. C., O. RAMIREZ TORRES u. W. W. MARSHALL: Ind. eng. Chem. Anal. Edit. **12**, 41 (1940). — PILIPENKO, A. T.: J. anal. Chem. (russ.) [5] **8**, 286 (1953); durch Brit. chem. Abstr. **1**, Nr. 1525 (1954). — PIÑA DE RUBIES, S., u. L. LEMMEL: Bl. [5] **2**, 1368 (1935). — PIÑA DE RUBIES, S., u. J. M. LÓPEZ DE AZCONA: An. Españ. **34**, 307 (1936). — PINKUS, A., u. F. MARTIN: J. Chim. phys. **24**, 137 (1927); durch Chem. Abstr. **1927**, 3791. — PITTMAN, F. K.: Ind. eng. Chem. Anal. Edit. **12**, 514 (1940). — POKROVSKII, P. V.: Mém. Soc. russe Minéralog. **78**, Nr. 1, 40 (1949); durch Chem. Abstr. **1949**, 6116. — POLICARD, A.: C. r. **176**, 1012, 1187 (1923); Bl. [4] **33**, 1551 (1923). — POLLARD, F. H., J. F. W. MCOMIE, u. H. M. STEVENS: (a) J. chem. Soc. **1951**, 771; (b) **1951**, 1863. — POLUEKTOW, N. S., u. W. A. NASARENKO: Chem. J. Ser. B (russ.) **10**, 2105 (1937); durch C. **1938**, **II**, 897 und durch Ann. Chim. anal. [3] **21**, 18 (1939). — POPESCO, A.: Bl. Chim. pura apl. Bukarest **18**, 3 (1916); durch C. **1916**, **II**, 427. — PORLEZZA, C., u. A. DONATI: Ann. Chim. appl(ic). **16**, 457 (1926). — POZNA, F., u. E. MIGRAY: Ann. Chim. appl(ic). **26**, 78, 81 (1936); durch C. **1936**, **II**, 138. — PRATESI, P.: G. **65**, 658 (1935); durch Chem. Abstr. **1936**, 2191. — PRATESI, P., u. R. CELEGHINI: G. **66**, 365 (1936). — PREISING, M. J., O. F. SLONEK u. J. H. REEDY: Ind. eng. Chem. Anal. Edit. **14**, 875 (1942). — PRESCHER, J.: Pharmaz. Zentralhalle **74**, 237 (1933). — PULSIFER, H. B.: J. Am. chem. Soc. **26**, 967 (1904). — PUTTE, M. VAN DE: Chim. Ind. **17**, Sondernummer 388 (1927); durch C. **1927**, **II**, 2088.

QUARTAROLI, A.: Ann. Chim. appl(ic). **17**, 361 (1927). — QUINTELA, D. M., u. A. CORREIA: Rev. brasil. Farmácia **31**, 171 (1949); durch Chem. Abstr. **1950**, 4820.

RAPER, A. R., u. D. F. WITHERS: Collect. Pap. Metallurg. Analysis **1945**, 144. — RATHKE, B.: B. **17**, 300 (1884). — RÂY, P., u. M. K. BOSE: Fr. **95**, 400 (1933). — REEB, H. S., u. J. DUFRENOY: C. r. **198**, 1535 (1934). — REEVES, W. A., u. T. B. CRUMPLER: Anal. Chem. **23**, 1576 (1951). — REID u. CALVIN: U. S. Atomic Energy Commission, Oak Ridge, Tenn. MDDC 1405 (1947). — REIHLEN, H., u. U. v. KUMMER: A. **469**, 30 (1929); durch C. **1929**, **I**, 2299. — REIMERS, F., u. K. R. GOTTLIEB: (a) Contr. Danish Pharm. Comm. **1**, 12 (1946); durch Chem. Abstr. **41**, 2855; (b) Acta pharmac. int. [Copenhagen] **1**, 139 (1950); durch Chem. Abstr. **46**, 55. — REITSTÖTTER, J.: Kolloid-Z. **21**, 197 (1917); durch C. **1918**, **I**, 517. — RICARD, R., u. A. DUFOUR: C. r. **233**, 370 (1951). — RICHAUD, A., u. BIDOT: J. Pharm. Chim. [6] **29**, 230 (1909). — RIENÄCKER, G., u. W. SCHIFF: Fr. **94**, 409 (1933). — RITTERHOFF: Molkerei-Z. **53**, 1478 (1939); durch C. **1939**, **II**, 1990. — RIVAS GODAY, S.: Bol. farm. Mil. **11**, 369 (1933); durch Ann. Chim. anal. [2] **16**, 370 (1934). — ROHLAND, P.: Fr. **48**, 629 (1909). — ROLDAN, J. C.: An. Españ. **29**, 158 (1931); durch C. **1931**, **II**, 92. — ROSA, L. LA: Chim. Ind., Agric., Biol., Realizzaz. corp. **9**, 90 (1933). — ROSE, H., u. R. BÖSE: Naturwiss. **23**, 354 (1935). — ROSENHEIM, A., u. R. COHN: Z. anorg. Ch. **27**, 280 (1901). — ROSENTHALER, L.: (a) Mikrochemie **13**, 83 (1933); (b) **23**, 194 (1937/38); (c) Mikrochim. A. **3**, 190 (1938); (d) Pharm. Z. **74**, 1272, 1286 (1929). — ROSSI, L., u. J. A. SOZZI: Rev. Centro Estud. Farm. Bioquím. **26**, 874 (1937); durch C. **1938**, **I**, 3241. — ROSSI, L., J. A. SOZZI u. A. TRONCOSO: Quím. e Ind. [Barcelona] **15**, 358 (1938); An. Farm. Bioquím., Buenos Aires, **9**, 102 (1938). — ROSSI, L., u. A. TRONCOSO: (a) Prensa méd. argent. **26**, 1467 (1939); (b) Rev. Asoc. bioquím. argent. **4**, Nr. 10, 11 (1939). — ROSSI, L., A. TRONCOSO u. L. POLICARPO: Rev. Asoc. bioquím. argent. **4**, Nr. 11, 27 (1939). — RUDZIK, W.: Oberflächentechnik **18**, 115, 131 (1941); durch C. **1942**, **I**, 236 und durch Chem. Abstr. **1943**, 4989. — RUSSANOW, A. K.: Z. anorg. Ch. **214**, 77 (1933). — RYAN, J. C., L. K. YANOWSKI u. M. CEFOLA: Mikrochemie **38**, 466 (1951).

SANTI, R.: Boll. Soc. ital. Biol. sperim. **16**, 313 (1941). — SARVER, L. A.: Ind. eng. Chem. Anal. Edit. **10**, 378 (1936). — SCHÄFER, H.: Mikrochim. A. **1**, 144 (1937). — SCHAEFFER, A.: Klepzigs Textil-Z. **44**, 467 (1941). — SCHAEPPI, Y., u. W. D. TREADWELL: Helv. **31**, **I**, 577 (1948). — SCHEIBER, H.: Farbe u. Lack **1931**, 111. — SCHLEICHER, A.: (a) Fr. **101**, 241 (1935); (b) Z. El. Ch. **39**, 2 (1933). — SCHLEICHER, A., u. N. BRECHT-BERGEN: Fr. **101**, 321 (1935). — SCHLEICHER, A., u. N. KAISER: Fr. **105**, 393 (1936). — SCHLESINGER, H. J., u. H. B. VAN VALKENBURGH: J. Am. chem. Soc. **53**, **I**, 1212 (1931). — SCHMID, H.: Z. physik. Chem., Abt. A **148**, 321 (1930). — SCHNAIDERMAN, SS. JA.: Ukrain. chem. J. **19**, 327 (1953); durch C. **1955**, 3213. — SCHNAIDERMAN, SS. JA., u. N. P. MOWTSCHAN: Ukrain. chem. J. **19**, 429 (1953); durch C. **1955**, 4895. — SCHOORL, N.: (a) Chem. Weekbl. **4**, 813 (1907); (b) Pharm. Weekbl. **56**, 325 (1919). — SCHOELLER, W. R., u. H. W. WEBB: Analyst **61**, 585 (1936). — SCHWAB, G. M., u. G. DATTLER: Angew. Ch. **50**, 691 (1937). — SCHWAB, G. M., u. A. N. GHOSH: (a) Angew. Ch. **52**, 666 (1939); (b) **53**, 39 (1940). — SCHWAB, G. M., u. K. JOCKERS: (a) Angew. Ch. **50**, 546 (1937); (b) Naturwiss. **25**, 44 (1937). — SCHWARZENBACH, G., u. A. WILLI: Helv. **34**, **I**, 528 (1951). — SCONZO, A.: Ann. Chim. appl(ic). **23**, 215 (1933). — SCOTT, A. W., u. M. A. MCCALL: J. Am. chem. Soc. **67**, **II**, 1767 (1945). — SCOTT, G. H.: Am. J. Anatomy **53**, 243 (1933). — SEELY, B. K.: Anal. Chem. **27**, 93 (1955). — SEILER, H., E. SORKIN u. H. ERLENMEYER: Helv. **35**, 120 (1952). — SELLÉS, E.: An. Españ. **27**, 569 (1929). — SEN, B., u. A. K. MAJUMDAR: Sci. and Cult. **15**, 163 (1949). — SENSI, G., u. R. TESTORI: Ann. Chim. appl(ic). **19**, 383 (1929). — SIBONI, G.: Boll. chim. Farm. **46**, 57 (1907); durch C. **1907**, **I**, 760. — SIERRA, F., u. E. MONLLOR: An. Españ., Ser. B **50**, 53 (1954); durch C. **1955**, 4172. — ŠILHANOVÁ, V.: Chem. Listy **47**, 742 (1953); durch Fr. **141**, 66 (1954). — SIMON, A., u. W. HAUFE: Z. anorg. Ch. **230**, 148, 160 (1936). — SIMON, A., u. K. KÖTSCHAU: Z. anorg. Ch. **164**, 101 (1927). — SIMON, H.: Chem. Age **48**, 481 (1943). — SLAWIK, P.: Ch. Z. **36**, 54 (1912). — SMITH, D. M.: (a) Tin Research Inst. **1948**, 31 S.; durch Chem. Abstr. **1948**, 6268; (b) Trans. Faraday Soc. **26**, 101 (1930). — SMITH, E.: Proc. Am. philos. Soc. **18**, 214 (1880); Arch. Pharmaz. **16**, 71; durch Fr. **19**, 350 (1880). — SMITH, G. MCPHAIL: Z. anorg. Ch. **82**, 63 (1913). — SMITH, L., u. P. W. WEST: Ind. eng. Chem. Anal. Edit. **13**, 271 (1941). — SMITH, W.: J. Soc. chem. Ind. **22**, 472 (1903). — SOULE, B. A.: J. Am. chem. Soc. **47**, **I**, 981 (1925). — SOUSA, A. DE: Mikrochemie **40**, 265 (1953). — SPILLER, J.: Pharmaz. J. **17**, 282 (1857/58). — SPURWAY, C. H.: Science **92**, 489 (1940). — STEIGMANN, A.: (a) Chem. Ind. **60**, 889 (1941); (b) Food **15**, 105 (1946); (c) J. Soc. chem. Ind. **61**, 36 (1942); (d) Photographische Ind. **34**, 658 (1936). — STEINHAUSEN, E.: Apoth.-Z. **49**, 791 (1934). — STEPHAN, K., u. TH. HAMMERICH: J. pr. **129**, 285 (1931); durch C. **1931**, **II**, 231. — STONE, I.: Chemist-Analyst **21**, 8 (1932). — STORFER, E.: Mikrochemie **17**, 170 (1935); Mh. Chem. (Sitzungsber.) **70**, 236 (1937). — STRAIN, H. H.: Anal. Chem. **24**, 356 (1952). — STREBINGER, R.: Praktikum der qualitativen chemischen Analyse, 2. Aufl. Deuticke 1943. — STREBINGER, R., u. H. HOLZER: Mikrochemie **8**, 264 (1930). — STROHECKER, R., u. E. SIERP: Fr. **128**, 392 (1948). — SUDO, E.: Sci. Rep. Tôhoku Imp. Univ. **4**, 347 (1952); durch Brit. chem. Abstr. **1953**, C. 424. — SWANK, H. W., u. M. G. MELLON: (a) Ind. eng. Chem. Anal. Edit. **9**, 406 (1937); (b) **10**, 7 (1938). — SWIFT, E. H., u. C. NIEMANN: Anal. Chem. **26**, 538 (1954). — SZEBELLÉDY, L.: Fr. **75**, 165 (1928). — SZEBELLÉDY, L., u. M. AJTAI: (a) Mikrochim. A. **2**, 299 (1937); (b) **3**, 21 (1938). — SZNAJDER, L.: Przemysl Chem. **19**, 13 (1935).

TAMCHYNA, J. V.: Mikrochemie **8**, 211 (1930). — TANANAEFF, N. A.: Z. anorg. Ch. **140**, 320 (1924). — TANANAEFF, N. A., u. G. A. PANTSCHENKO: Z. anorg. Ch. **150**, 163 (1926). — TANANAEFF, N. A., u. A. N. ROMANJUK: Chem. J. Ser. B, J. angew. Chem. (russ.) **10**, 1624 (1937); durch C. **1938**, **II**, 1643. — TANANAEFF, N. A., u. A. M. SCHAPOWALENKO: Fr. **100**, 343 (1935). — TARUGI, N.: G. **55**, 951 (1925); durch C. **1926**, **II**, 389. — TAYLOR, J. R.: Virginia J. Sci. **1**, 131 (1940). — TERENT'EV, A. P., u. E. G. RUKHADZE: J. anal. Chem. (russ.) **5**, 211 (1950); durch Chem. Abstr. **1950**, 9871. — THIEL, A.: Ch. Z. **4**, Nr. 49 (1904); durch C. **1905**, **I**, 404. — THIELE, J.: A. **270**, 1 (1892). — THOMPSON, R. C.: J. Am. chem. Soc. **70**, 1045 (1948). — TODD, F.: J. chem. Educat. **15**, 241 (1938). — TOMPSETT, S. L.: Biochem. J. **28**, 1536 (1934). — TOUGARINOFF, B.: Ann. Soc. Sci. Bruxelles **50**, Ser. B 145 (1930). — TSCHUGAEFF, L., u. B. ORELKIN: Z. anorg. Ch. **89**, 401 (1914). — TURNER, A. H.: Chem. eng. min. Rev. **20**, 361 (1928).

UBEDA, F. B., u. E. L. GONZALEZ: An. Españ., Ser. B, Quím. **44**, 319 (1948). — UMBLIA, E.: Keem. Teated **2**, 79 (1935). — UPDIKE, I. A., J. T. ASHWORTH u. B. M. KEYS: Virginia J. Sci. **1**, 131 (1940). — URBACH, C.: Mikrochemie **15**, 207 (1934). — URECH, P.: Techn.-Ind. schweiz. Chemiker-Z. **26**, 306 (1943). — URK, H. W. VAN: (a) Chem. Weekbl. **25**, 703 (1928); (b) **25**, 704 (1928); (c) Pharm. Weekbl. **63**, 1078 (1926).

VANOSSI, R.: An. Asoc. quím. argent. **29**, 48 (1941); (b) **30**, 112 (1942); (c) An. Soc. ci. argent. **131**, 137 (1941); (d) **131**, 226 (1941); (e) **133**, 193 (1942). — VAUBEL, W.: Z. öffentl. Chem. **27**, 163 (1921). — VENABLE, F. P.: Chem. N. **58**, 178 (1888). — VENTURELLO, G., u. N. AGLIARDI: Ann. Chim. appl(ic). **30**, 224 (1940). — VERMANDE, J.: Pharm. Weekbl. **55**, 1131 (1918). — VLÁČIL, F., u. V. HOVORKA: Chem. Listy **45**, 439 (1951). — VOLMAR u. MATHIS: Bl. [4] **53**, 385 (1933). — VORLÄNDER, D.: (a) B. **46**, 181 (1913); (b) Kolloid-Z. **22**, 103 (1918).

WAGENAAR, G. H.: Pharm. Weekbl. **75**, 641 (1938). — WAGENAAR, M.: (a) Pharm. Weekbl. **66**, 1170 (1929); **66**, 250, 261, 809 (1929); durch C. **1929, II**, 77, 2586; (b) **66**, 1173 (1929); (c) **67**, 57 (1930); (d) **67**, 229 (1930). — WAGENER, F., u. B. TOLLENS: B. **39**, 410 (1906); durch C.**1906, I**, 853. — WAGNER, A.: Fr. **20**, 349 (1881). — WALDEN, G. H., L. P. HAMMETT u. R. P. CHAPMAN: J. Am. chem. Soc. **53, III**, 3908 (1931). — WALDEN, P. T.: Am. J. Sci., Silliman [3] **48**, 283 (1894); durch C. **1894, II**, 836. — WALKER, W. B.: Analyst **50**, 279 (1925). — WALLACH, O., u. A. WEISSENBORN: A. **437**, 148 (1924). — WALTER, J. L., u. H. FREISER: Anal. Chem. **26**, 217 (1954). — WANAG, G.: B. **69**, 1066 (1936). — WANG, Y., u. H.-S. TING: Sci. Technol. China **1**, 93 (1948). — WEBER, H. C. P., u. H. A. WINKELMANN: J. Am. chem. Soc. **38, II**, 2000 (1916). — WEELDENBURG, J. G.: R. **43**, 465 (1924); durch C. **1924, II**, 513.— WEINLAND, R. F., u. K. BINDER: B. **45**, 148 (1912). — WEINLAND, R. F., u. A. HERZ: A. **400**, 219 (1913). — WEISZ, H.: (a) Mikrochim. A. **1954**, 1. Heft, 140; (b) **1954**, 3./4. Heft, 376. — WELCHER, F. J., u. H. T. BRISCOE: Chem. N. **145**, 161 (1932). — WENGER, P. E.: Bl. Soc. chim. Mém. [5] **13**, 193 (1946). — WENGER, P., Z. BESSO u. R. DUCKERT: Mikrochemie **31**, 145 (1944). — WENGER, P., u. R. DUCKERT: Helv. **27**, 757 (1944). — WENGER, P., R. DUCKERT u. CL. P. BLANCPAIN: Helv. **20**, 1427 (1937). — WENGER, P., u. G. GUTZEIT: Manuel de chimie analytique qualitative minérale. Genf: Verlag Georg 1933. — WENGER, P., Y. RUSCONI u. R. DUCKERT: Helv. **27**, 1479 (1944). — WERNER, H.: Fr. **22**, 44 (1883). — WEST, P. W.: (a) Ind. eng. Chem. Anal. Edit. **17**, 740 (1945); (b) J. chem. Educat. **18**, 528 (1941). — WEST, P. W., u. L. J. CONRAD: Anal. Chem. **22**, 1336 (1950). — WEST, P. W., u. L. SMITH: J. chem. Educat. **17**, 139 (1940). — WHITMORE, W. F., u. F. SCHNEIDER: Mikrochemie **8**, 293 (1930). — WIBAUT, J. P., u. E. DINGEMANSE: R. **42**, 184 (1923). — WILDENSTEIN, R.: Fr. **2**, 9 (1863). — WILKINS, D. H., u. G. F. SMITH: (a) Anal. chim. Acta **9**, 338 (1953); (b) **9**, 538 (1953). — WILLARD, H.H., u. L. R. PERKINS: Anal. Chem. **25**, 1634 (1953). — WILLSTÄTTER, R.: B. **53**, 1152 (1920). — WILSKA, S.: Acta chem. Scand. **5**, 890 (1951). — WINDERLICH, R.: Z. physik. chem. Unterricht **30**, 254 (1917); durch C. **1918, I**, 814. — WINKLER, L. W.: Pharm. Zentralhalle **74**, 129 (1933). — WINKLEY, J. H., L. K. YANOWSKI u. W. A. HYNES: Mikrochemie **21**, 102 (1936). — WINSOR, H. W.: Ind. eng. Chem. Anal. Edit. **9**, 453 (1937). — WLODAWETZ, I. N.: Zawodskaja Labor. (russ.) **16**, 1403 (1950); durch C. **1951, II**, 2083. — WOODS, J. T., u. M. G. MELLON: Ind. eng. Chem. Anal. Edit. **13**, 551 (1941). — WORINGER, P.: Ch. Z. **36**, 78 (1912); durch C. **1912, I**, 897. — WRIGHT, TH. A.: Metals and Alloys **6**, 289 (1935).

YANOWSKI, L. K., u. W. A. HYNES: (a) Mikrochemie **24**, 1 (1938); (b) **29**, 1 (1941). — YOE, J. H.: J. Am. chem. Soc. **54**, 4139 (1932); durch Fr. **97**, 49 (1934). — YOE, J. H., u. R. T. HALL: J. Am. chem. Soc. **59, I**, 872 (1937). — YOE, J. H., u. A. E. HARVEY: J. Am. chem. Soc. **70**, 648 (1948). — YOE, J. H., u. A. L. JONES: Ind. eng. Chem. Anal. Edit. **16**, 111 (1944).

ZBINDEN, CH.: Le Lait **11**, 113 (1931). — ZETZSCHE, F., u. M. NACHMANN: Helv. **9**, 420, 705 (1926). — ZIJP, C. VAN: Pharm. Weekbl. **58**, 694 (1921).

Kobalt.

Co, Atomgewicht 58,94, Ordnungszahl 27.

Von Harry Hahn, Kiel.

Mit 8 Abbildungen.

Inhaltsübersicht.

I. Vorkommen.

Kobalt ist etwa zu 0,0018% in der Erdrinde enthalten. In gediegener Form kommt es mit Eisen und Nickel legiert in den Eisenmeteoriten und im terrestrischen Eisen vor. Der durchschnittliche Gehalt der Meteorite an Kobalt beträgt nach NIGGLI $5{,}8 \cdot 10^{-3}$, nach I. u. W. NODDACK $5{,}47 \cdot 10^{-3}$ Gewichtsteile. Im terrestrischen Eisen sind kleinere Beimengungen an Kobalt enthalten.

In gebundener Form tritt Kobalt in vielen oxydischen, sulfidischen, sulfarsenidischen und arsenidischen Mineralien und Erzen auf. Es ist ein ständiger Begleiter des Nickels in vielen Nickelerzen, wie z. B. im Rotnickelkies, Chloantil (Weißnickelkies, Arsennickelkies). Die wichtigsten Kobaltmineralien sind: Der Speiskobalt (Smaltit) $CoAs_2$ mit 8 bis 24% Co, der Kobaltglanz (Kobaltin) CoAsS mit 28 bis 33% Co und der Kobaltarsenkies (Glaukodot) (Co, Fe)AsS mit 4 bis 19% Co. Von oxydischen Kobaltmineralien sind zu nennen, eine kobalthaltige Manganschwärze (schwarzes Erdkobalt oder Asbolan) mit 4 bis 8% Co und die amorphen Kobalthydroxyde wie der Transvaalit, Heubachit, Heterogenit und Winklerit. An Schwefel gebunden findet man Kobalt im Kobaltnickelkies $(Co,Ni)_3S_4$.

II. Wertigkeiten des Kobalts und Verhalten seiner Verbindungen in analytischer Hinsicht.

Kobalt tritt in seinen einfachen Verbindungen gewöhnlich 2wertig, in Verbindungen höherer Ordnung 3wertig auf. Die Verbindungen des 1- und 4wertigen Kobalts, die nur durch Komplexbildung stabilisiert und sehr unbeständig sind, haben analytisch keine Bedeutung.

Die Verbindungen des 2wertigen Kobalts zeichnen sich durch große Beständigkeit in neutraler und saurer Lösung aus. Sie schließen sich in ihrem Verhalten bis zu einem gewissen Grade an die Verbindungen anderer 2wertiger Metalle wie Magnesium, Zink, Mangan, Eisen und Nickel an. Besonders charakteristisch tritt diese Verwandtschaft in der Dimorphie in der Reihe der isomorphen Heptahydrate der Sulfate sowie der weitgehenden Isomorphie der Ammoniumdoppelsulfate zum Vorschein. Die Verbindungen des 2wertigen Kobalts sind rot und blau gefärbt.

Die binären Verbindungen des 3wertigen Kobalts sind im allgemeinen sehr unbeständig. Sie werden in Wasser unter Abspaltung von Sauerstoff hydrolysiert und reduziert. Bekannt sind im festen Zustande das CoF_3 und das $Co_2(SO_4)_3 \cdot 8H_2O$. Die relative Beständigkeit dieser Verbindungen wird mit Autokomplexbildung erklärt. Das 3wertige Kobalt ist besonders beständig in Komplexverbindungen. Für die leichte Bildung solcher Verbindungen aus Kobalt(II)-salzen in ammoniakalischer oder schwach saurer (essigsaurer) Lösung schon durch die Einwirkung von Luftsauerstoff liefern charakteristische Beispiele die Alkalikobaltnitrite wie z. B. $K_3[Co(NO_2)_6]$, die Beständigkeit der freien $H_3[Co(CN)_6]$ und ihrer Salze sowie ganz besonders die außerordentliche Mannigfaltigkeit der Ammine, in denen das 3wertige Kobalt als Zentralatom komplexer Kationen, neutraler nichtelektrolytischer Komplexe sowie komplexer Anionen auftritt. In allen Komplexverbindungen betätigt das Kobalt die Koordinationszahl 6.

Das analytische Verhalten des Kobalts ist bedingt durch die Löslichkeit seines Hydroxyds in Ammoniak unter Komplexsalzbildung, besonders bei Anwesenheit von Ammoniumchlorid, sowie durch die schwere Löslichkeit seines Sulfids in alkalischer Lösung und, nachdem es ausgefällt ist, auch in kalter verdünnter Mineralsäure.

Die Fähigkeit des Co^{2+}-Ions mit Rhodanionen bei Anwesenheit höherer Alkohole und Ketone stark gefärbte Komplexverbindungen zu bilden, sowie die große Neigung des 2- und 3wertigen Kobalts zur Bildung innerer Komplexsalze mit

Nitro- und Nitrosophenolen, sind für den Nachweis des Kobalts von großer Bedeutung.

Eine kritische Zusammenstellung von etwa 150 Nachweisreaktionen des Kobalts geben WENGER und DUCKERT (a) sowie DUVAL und DUVAL.

III. Aufschlußverfahren.

1. Erze.

In Erzen ist Kobalt in der Hauptsache als Arsenid, Sulfarsenid, Sulfid oder Oxyd enthalten. Als Begleitelemente kommen in der Regel Nickel, Eisen, Mangan, Zink, Kupfer sowie in Spuren auch Edelmetalle in Frage. Die Gangart ist meist silicatischer oder carbonatischer Natur.

Fast sämtliche Kobalterze lassen sich durch Erhitzen mit Königswasser aufschließen. Bei arsen- und schwefelreichen Erzen kann man auch mit Erfolg den Freiberger Aufschluß sowie konzentrierte Schwefelsäure verwenden. Ist auch Molybdän in größeren Mengen zugegen, so ist es vorteilhaft, das Erz mit etwa der sechsfachen Menge Natriumperoxyd im Porzellan- oder Silbertiegel aufzuschließen. Dabei geht das Molybdän in Molybdat, das Arsen in Arsenat und der Schwefel in Sulfat über. Beim Lösen des Aufschlusses in Wasser gehen diese in Lösung, und die Metalle bleiben als Hydroxyde bzw. als Oxydhydrate im Rückstand. Dieser wird abfiltriert, in Salzsäure gelöst und in üblicher Weise weiter untersucht.

2. Hüttenprodukte.

Bei der Analyse von Hüttenprodukten, wie Speisen, Steinen, Rückständen und Schlacken, wird in gleicher Weise verfahren wie bei den Erzen. Sollte der Aufschluß mit Königswasser unvollständig sein, was besonders bei abgerösteten Rückständen der Fall sein kann, so wird der Rückstand mit Kaliumhydrogensulfat oder Natriumperoxyd aufgeschlossen. Oxyde und Salze werden mit konzentrierter Salzsäure gelöst. Ein hierbei zurückbleibender unlöslicher Rückstand kann mit Schwefelsäure 1 : 1 oder Kaliumhydrogensulfat oder auch Borax aufgeschlossen werden.

3. Kobaltmetall und Legierungen.

Reines Kobaltmetall wird von Salpetersäure 1 : 1 leicht gelöst. Kobaltlegierungen werden entweder in gleicher Weise oder mit Salzsäure 1 : 1 oder mit Königswasser leicht gelöst. Hartschneidemetalle lassen sich gut mit einem Gemisch von Salpetersäure und Flußsäure aufschließen.

IV. Übersicht über die analytische Gruppe und die Abtrennung des Kobalts von seinen Begleitern.

Bei den üblichen Trennungsgängen für Kationen verbleibt das Kobalt im sauren Filtrat der Schwefelwasserstoffällung. Aus diesem wird es zusammen mit Aluminium, Eisen, Chrom, Nickel, Zink und Mangan in der Regel nach ROSE mit Ammoniak und Ammoniumsulfid gefällt, wobei es als Sulfid in den Niederschlag geht. Außer diesen Elementen kann der Niederschlag auch noch folgende seltenere und seltene Elemente enthalten: Beryllium, Gallium, Indium, Titan, Zirkon, Hafnium, Thorium, die seltenen Erden, Scandium, Yttrium, Niob, Tantal, Vanadin, Wolfram und Uran.

A. Abtrennung des Kobalts von seinen Begleitern bei Abwesenheit von seltenen Elementen und störenden Anionen.

In einfachen Fällen, in Abwesenheit von seltenen Elementen und störenden Anionen, wird das saure Filtrat der Schwefelwasserstoffällung mit Ammoniak und farblosem Ammoniumsulfid versetzt. Bei Anwesenheit von viel Magnesium ist vorher noch Ammoniumchlorid zuzusetzen, um das Magnesium in Lösung zu halten (vgl. BÖTTGER sowie VESTNER). Nach einigem Stehen wird der Niederschlag der Sulfide und Hydroxyde mit ammoniumsulfid- und ammoniumchloridhaltigem Wasser gewaschen, um eine Oxydation der Sulfide zu vermeiden und mit 2 n Salzsäure behandelt. Dabei bleiben Kobalt und Nickel als schwarze Sulfide ungelöst.

Kobaltsulfid ist in frisch gefälltem Zustande in verdünnten Säuren, selbst in Essigsäure löslich. Die Löslichkeit des Kobaltsulfids nimmt jedoch mit der Zeit, besonders bei Lufteinwirkung schnell ab, so daß es sogar in verdünnten Mineralsäuren unlöslich wird. Dieser Unterschied in der Löslichkeit wird nach neueren Untersuchungen von DÖNGES damit erklärt, daß bei der Fällung des Kobalts als Sulfid in alkalischer Lösung der entstehende Niederschlag Sauerstoff aus der Luft aufnimmt, und zum Teil in ein basisches Sulfid der Zusammensetzung Co(OH)S übergeht. Dieses basische Sulfid wirkt nun seinerseits katalytisch auf die Oxydation des Ammoniumsulfids durch den Luftsauerstoff. Der hierbei gebildete Schwefel verbindet sich mit dem Kobaltsulfid zu höher geschwefelten Produkten, die nun in verdünnten Mineralsäuren schwerlöslich sind.

Da Kobaltsulfid sehr oft kolloidal und schlecht filtrierbar ausfällt, empfiehlt OSSTROUMOW (a), die Fällung des Kobalts als Sulfid in Pyridinhydrochlorid enthaltender Lösung mit Schwefelwasserstoff vorzunehmen, da das Kobaltsulfid hierbei kristallin und besonders gut filtrierbar ausfällt.

Der so erhaltene Sulfidniederschlag vom Kobalt und Nickel wird in Salpetersäure, Königswasser oder einem Gemisch von Essigsäure und Wasserstoffperoxyd gelöst, die Lösung zur Vertreibung der überschüssigen Salpetersäure bzw. des Wasserstoffperoxyds stark eingeengt und zur weiteren Untersuchung verwendet.

B. Weitere Methoden zur Abtrennung des Kobalts in der Gruppe.

Bei Anwesenheit von seltenen Elementen wird am besten nach den bekannten Trennungsgängen von AUSTIN; AZZARELLO, ACCARDO und ABRAMO; ATO; NOYES und BRAY, sowie FISCHER, DIETZ, BRÜNGER und GRIENEISEN verfahren.

Von weiteren Trennungsmöglichkeiten der zweiwertigen Elemente von den höherwertigen dieser Gruppe sind zu nennen, die Fällung der Höherwertigen mit:

1. *Hexamethylentetramin* (Urotropin) vgl. RAY und CHATTOPADHYA; CHARLOT; LEHRMAN, KABAT und WEISBERG.

2. *Ammoniumbenzoat* nach KOLTHOFF, STENGER und MOSKOWITZ aus schwach essigsaurer ammoniumchloridhaltiger Lösung, vgl. auch LEHRMAN und KRAMER.

3. *Pyridin* nach OSTROUMOW (b) ebenfalls aus schwach saurer ammoniumchloridhaltiger Lösung.

4. Eine weitere Trennung des Kobalts, insbesondere vom Arsen, Uran, Vanadin, Titan, Wolfram, Molybdän, Mangan, Zink, Chrom, Aluminium, Magnesium und Calcium ist nach HALL und WILLARD mit einer wäßrigen oder alkoholischen Lösung von *Phenylthiohydantoinsäure* möglich. Das Reagens gibt mit reiner Kobaltsalzlösung einen bräunlichen bis purpurroten Niederschlag von wechselnder Zusammensetzung. In Gegenwart von Eisen ist die Fällung selten eisenfrei, auch Nickel wird zum Teil mitgefällt [vgl. a. CUVELIER (a)].

C. Abtrennung des Kobalts von seinen häufigsten Begleitern.

1. Abtrennung des Kobalts vom Nickel.

Eine Abtrennung des Kobalts vom Nickel zum Nachweis des Kobalts ist nicht erforderlich, da es genügend empfindliche und sichere Nachweismethoden dafür auch bei Anwesenheit größerer Nickelmengen gibt. Soll dennoch eine Trennung durchgeführt werden, so sind folgende Methoden anzuwenden:

a) Eine der sichersten und bequemsten Methoden ist die Abtrennung des Nickels mit Dimethylglyoxim (BRUNCK). Dazu wird die zu untersuchende Lösung mit genügend Natriumacetat abgestumpft und das Nickel aus essigsaurer Lösung mit der alkoholischen Dimethylglyoximlösung ausgefällt (vgl. a. MIDDLETON und MILLER). Im Filtrat dieser Fällung kann Kobalt direkt nach FEIGL und TUSTANOWKA mit Natriumsulfid bzw. nach CHIAROTINO, BRAU sowie SCOTT mit Benzidin oder auch anderen p,p-Diaminodiphenylderivaten nachgewiesen werden.

b) Das von LIEBIG ausgearbeitete und von WÖHLER modifizierte Verfahren beruht auf dem verschiedenen Verhalten der komplexen Cyanide des Kobalts und Nickels gegenüber Oxydationsmitteln wie Natriumhypochlorit oder Bromwasser in alkalischer Lösung. Dabei wird das Nickel als höheres Oxyd gefällt, das Kobalt bleibt als komplexes Cyanid des 3wertigen Kobalts in Lösung. Diese Methode eignet sich besonders zur Trennung größerer Mengen Kobalt von wenig Nickel.

c) Die von DUFLOS und FISCHER entdeckte Nitritmethode beruht auf der Einwirkung von Kaliumnitrit auf essigsaure Kobaltlösungen, wobei sich Kobalt als Kaliumhexanitritokobaltat(III) $K_3[Co(NO_2)_6]$ abscheidet und Nickel in Lösung bleibt. Diese Methode eignet sich besonders bei der Trennung von wenig Kobalt von viel Nickel (BRUNCK, LEMARCHANDS).

d) Die Rhodanid-Äther-Methode beruht auf der Löslichkeit des Tetrarhodanatokomplexes des Kobalts in einem Amylalkohol-Äthergemisch. Das Nickelsalz ist in Äther unlöslich (ROSENHEIM und HULDSCHINSKY). Diese Methode ist für jedes Mengenverhältnis zwischen Kobalt und Nickel anwendbar (vgl. a. CANDEA und SAUCIUC).

e) Die von ILINSKI und v. KNORRE ausgearbeitete Methode beruht auf der Fällung des Kobalts in einer salz- oder essigsauren Lösung mit α-Nitroso-β-naphthol, wobei das Nickel in Lösung bleibt. Diese Methode eignet sich zur Trennung von geringen Mengen Kobalt von viel Nickel. Nach BURGASS kann diese Methode außer zur Trennung von Nickel auch bei Anwesenheit von Quecksilber, Chrom, Mangan, Blei, Zink, Aluminium, Cadmium, Magnesium, Beryllium, Antimon und Arsen, nach WAGENMANN auch bei Anwesenheit von Eisen, Aluminium und Kupfer angewendet werden.

f) GROSSMANN und SCHÜCK sowie GROSSMANN und HEILBORN verwenden zur Trennung des Kobalts vom Nickel die Fällung des Nickels mit Dicyandiamidinsulfat in einer 10% Rohrzucker enthaltenden Lösung, wobei Kobalt in Form einer intensiv rotviolett gefärbten, in alkalischer Lösung beständigen Komplexverbindung in Lösung gehalten wird.

g) FEIGL und KAPULITZAS benützen für die Trennung, wenn keine anderen Elemente zugegen sind, das Verhalten der komplexen Cyanide gegenüber Formaldehyd. Der 3wertige Kobaltkomplex $K_3[Co(CN)_6]$ ist gegenüber Formaldehyd beständig, die Nickelverbindung $K_2[Ni(CN)_4]$ wird dabei in Nickelcyanid übergeführt.

h) Von weiteren Trennungsmethoden wären noch zu nennen die Methode nach SANCHEZ — Fällung der komplexen Cyanide mit Silbernitrat —, das Verfahren nach KUNZ — Fällung des Kobalt(III)-hydroxyds aus essigsaurer mit Natriumacetat gepufferter Lösung —, das Behandeln der höheren Oxyde des Kobalts und Nickels mit ammoniumchloridhaltiger Ammoniaklösung nach SCHNEIDER, die Fällung des Nickels mit Kalilauge aus ammoniakalischer Lösung nach Oxydation mit Hypochlorit, wobei Kobalt als dreiwertiger Amminkomplex in Lösung bleibt [vgl. TERREIL, DELVAUX, VORTMANN (a)] sowie die Trennung mit Alkaliphosphat nach WUNSCHENDORFF und VALIER.

2. Abtrennung des Kobalts vom Eisen.

Eine Abtrennung des Kobalts vom Eisen ist, sofern die Mengenverhältnisse nicht zu extrem sind, zum Nachweis des Kobalts nicht unbedingt erforderlich. Bei dem hierfür am besten anzuwendenden Rhodanidnachweis wird das Eisen entweder reduziert oder durch Zusatz von Ammonium- oder Natriumfluorid sowie durch Weinsäure komplex gebunden [vgl. DITZ und HELLEBRAND (a), ROSSI, LEONARO und LUSIN]. Soll die Trennung durchgeführt werden, so können folgende Methoden angewendet werden:

a) Für eine Trennung von größeren Eisenmengen eignet sich nach DITZ und HELLEBRAND (b) reinstes Calciumcarbonat. Nach erfolgter Trennung lassen sich noch 1,5 mg Kobalt im Liter neben einer mindestens 10000fachen Menge Eisen durch die Rhodanidreaktion nachweisen.

b) Eine weitere Methode von BAYLISS und PICKERING verwendet den Rhodanidkomplex des Kobalts zur Trennung vom Eisen. Dazu wird die Probelösung, die 10 bis 20 γ Kobalt enthält und 6 n an Salzsäure sein soll, mit 20 ml 60%iger Ammoniumrhodanidlösung gepuffert und mit so viel Ammoniumcitrat versetzt, bis die Eisenrhodanidfarbe verschwunden ist. Anschließend wird mit 50 ml Wasser und 4 ml Äther verdünnt und 3mal mit 20 ml einer Mischung von 35% Amylalkohol und 65% Äther extrahiert. Das Kobalt geht in die ätherische Phase, das Eisen bleibt in der wäßrigen zurück. Beim Schütteln der ätherischen Kobaltlösung mit je 2mal 20 ml 2 n Ammoniaklösung kann Kobalt in die wäßrige Phase übergeführt und nach den üblichen Methoden nachgewiesen werden.

3. Abtrennung des Kobalts vom Mangan.

Kobalt und Nickel lassen sich aus einer heißen Lösung von Pyridin oder Pyridinhydrochlorid mit Schwefelwasserstoff fällen, ohne daß Mangan mit ausfällt (vgl. OSTROUMOW und MASLENIKOWA).

4. Nachweis von Kobalt neben Eisen, Mangan und Nickel.

Kobalt kann neben diesen Elementen als $Cs_2K[Co(NO_2)_6]$ nachgewiesen werden. Dazu versetzt man die essigsaure Lösung mit 2 ml einer 6 n Kaliumnitritlösung und 0,5 ml einer 0,5 n Cäsiumsulfatlösung. Nach einigem Stehen bildet sich der Niederschlag obiger Zusammensetzung (vgl. YAGODA und PATRIDGE).

5. Nachweis von Kobalt in Gegenwart beliebiger anderer Kationen.

Nach WORONZEW (vgl. a. TSCHERNY) wird die zu prüfende Lösung mit Salzsäure versetzt, von einem eventuell auftretenden Niederschlag abfiltriert, dem Filtrat so viel festes Ammoniumrhodanid hinzugefügt, daß ein Überschuß am Boden ungelöst bleibt, umgeschüttelt und ohne Beachtung eventueller Fällungen und Farbveränderungen mit festem Zinn(II)-chlorid geschüttelt, bis alles Eisen und Kupfer reduziert sind. Zur reduzierten Lösung fügt man anschließend ein Gemisch von Isoamyl- oder Amylalkohol und Aceton unter Umschütteln hinzu. Die Anwesenheit von Kobalt macht sich durch Blaufärbung der alkoholischen Schicht bemerkbar. Der Nachweis des Kobalts gelingt fehlerlos bei Gegenwart aller in der gewöhnlichen Analyse vorkommenden Kationen.

D. Physikalisch-chemische Trennverfahren.

1. Chromatographische Trennungsmethoden.

In neuerer Zeit ist auch eine Reihe von chromatographischen Trennungsmethoden ausgearbeitet worden, vor allem im Mikromaßstab, die jedoch größeres Interesse für die quantitative Bestimmung als für den qualitativen Nachweis der

Komponenten haben. Von diesen Methoden sind zu nennen: Die Arbeiten von LEWIS und GRIFFITHS sowie BURSTALL, DAVIES, LINSTEAD und WELLS über Chromatographie an Cellulose; die Arbeit von FLOOD und SMEDAAS sowie mehrere Arbeiten über papierchromatographische Trennungsmethoden wie ARDEN, BURSTALL, DAVIES, LEWIS und LINSTEAD; POLLARD, McOMIE und ELBEIH; POLLARD, McOMIE und STEVENS; LACOURT, GILLARD und VAN DER WALLE; LACOURT, SOMMEREYNS, DE GEYNDT und JACQUET; LACOURT, SOMMEREYNS, JACQUET und WANTIER, BERG und STRASSNER.

2. Trennungen mit Hilfe von Ionenaustauschern.

Nach MOORE und KRAUS wird in 3 bis 9 n salzsaurer Lösung Kobalt durch Anionenaustauscher gebunden, während Nickel in Lösung bleibt. Weitere Literaturangaben sind von SAMUELSON zusammengestellt.

Nachweismethoden.

§ 1. Nachweis auf spektralanalytischem Wege.

Allgemeines. Über die Bestimmung des Kobalts in den verschiedensten Materialien, insbesondere über die Untersuchung von Kobalt und seinen Legierungen mit Hilfe der Spektralanalyse liegt eine größere Anzahl von Arbeiten vor, die alle zeigen, daß der Nachweis des Kobalts auf spektroskopischem Wege sowohl was den Nachweis selbst, als auch die Empfindlichkeit betrifft, keine Schwierigkeiten macht.

Der Bunsenbrenner ist zur Anregung des Spektrums nicht geeignet. Dagegen geben Kobaltsalze, besonders in Anwesenheit chlorhaltiger Verbindungen der Flamme charakteristische Färbungen. So färbt Kobalt(II)-chlorid die Chlorknallgasflamme, ähnlich dem Nickel, rosa, jedoch mit dem Unterschied, daß sie einen bläulichen Schein hat. Die Sauerstoffknallgasflamme erhält durch Kobalt(II)-nitrat eine weißlich bräunliche Färbung (vgl. HARNACK). Die beim Speisen eines Bunsenbrenners mit einem Luft-Chloroform-Dampfgemenge erhaltene Chlorflamme erhält durch Kobalt(II)-chlorid eine rote Spitze mit einem blaßrot bläulich gefärbten Mantel (vgl. ANDRADE). Kobaltsalze zeigen im Leuchtgas-Sauerstoff-Gebläse im Sichtbaren und Ultravioletten auf einem kontinuierlichen Grund ein Banden- und ein charakteristisches Linienspektrum, das sich von den in der Chlorflamme erzeugten Spektren deutlich unterscheidet (vgl. HAGENBACH und KOHNEN, EDER und VALENTA, HARNACK).

Das Flammenspektrum des Kobalts zeigt große Ähnlichkeit mit dem Spektrum des Eisens. Der Bogen und der Funken sind zur Anregung des Kobalts gleich gut geeignet. Beide Spektren sind sehr linienreich und wenig charakteristisch.

Für den Nachweis des Kobalts sowohl im Bogen als auch im Funkenspektrum ist eine Reihe von Linien geeignet, die am besten aus den Tabellen von GERLACH und RIEDL zu ersehen sind. Die Anführung sämtlicher geeigneter Linien mit ihren Koinzidenzen und Störlinien würde im Rahmen dieses Kapitels zu weit führen.

Nachweisverfahren.

A. Emissionsspektrum.

1. Nachweis in Lösungen.

Bei der Verwendung der Acetylen-Luft-Flamme, z. B. nach LUNDEGÅRDH, kann Kobalt mit Hilfe der Linien 3044,0 ,3526,9 und 4121,3 Å bestimmt werden. In einer Arbeit von RUSSANOW wird dieses Verfahren wegen der Einfachheit der

Spektren auch für die Bestimmung von Kobalt in Mineralien empfohlen. Im allgemeinen wird für die Lösungsanalyse die Bogen- oder Funkenentladung benutzt. Nach BAYLE und AMY lassen sich Kobaltspuren, die auf einer Kupferkathode abgeschieden sind, noch bis zu 10^{-5} g Co nachweisen (vgl. a. TWYMAN und HITCHEN, die eine Spezialanordnung für den Nachweis von Kobalt und anderen Metallen in Lösungen mit Hilfe des Funkens angeben). Hier werden auch Angaben über die Beeinflussung der Linien durch andere Bestandteile gegeben.

2. Nachweis in Metallen.

Der Nachweis in Metallen und Legierungen wird in der Regel so durchgeführt, daß das Material selbst als Elektrode dient. Eine ausführlichere Arbeit über den Nachweis von Legierungsbestandteilen in Stählen, darunter auch den Nachweis von Kobalt, hat HOLZMÜLLER durchgeführt und die für den Nachweis des Kobalts im Funkenspektrum günstigsten Linien angegeben. Weitere Arbeiten beschäftigen sich mit dem Nachweis des Kobalts in Erzen und Mineralien und sonstigen Legierungen vor allem in quantitativer Form (vgl. KRAEMER, A. DE GRAMONT, GERLACH und RUTHARDH usw.).

3. Nachweisempfindlichkeit.

SCHLEICHER gibt die Erfassungsgrenze für den spektrographischen Nachweis des Kobalts mit $10\,\gamma$ Co und einer Grenzkonzentration von 10^{-7} g/ml an, wobei das Kobalt nach der Methode von BAYLE und AMY elektrolytisch auf einer Kupferkathode abgeschieden wird. Nach BAYLE und AMY gelingt es, Spuren von Kobalt nach elektrolytischer Abscheidung an der Elektrode im Funkenspektrum bis zu Mengen von 10^{-6} bis 10^{-10} g nachzuweisen.

B. Absorptionsspektrum.

Das aus Lösungen von Kobalt(II)-chlorid mit Kalilauge erhaltene $Co(OH)_2$ zeigt zwei charakteristische Absorptionsstreifen, einen stärkeren bei C und einen schwächeren bei D. Nickel stört nur wenig, Cr_2O_3 und Fe_2O_3 verhindern dagegen schon bei 10fachem Überschuß den Nachweis [VOGEL (a)]. Besonders gut eignen sich zum Nachweis des Kobalts durch das Absorptionsspektrum neben Nickel und Eisen die mit Ammoniumrhodanid bei Zusatz von Natriumcarbonat und Amylalkohol und Äther bzw. Aceton erhaltenen blauen Lösungen [VOGEL (b)], die auch zur kolorimetrischen Bestimmung des Kobalts verwendet werden. Eine mit Alkannatinktur versetzte Kobaltlösung eignet sich nach FORMANEK ebenfalls zum spektroskopischen Nachweis. Die mit überschüssiger Salz- oder Bromwasserstoffsäure und Kobaltsalzen erhaltenen blauen Lösungen liefern ein charakteristisches Absorptionsspektrum und gestatten den Nachweis des Kobalts neben Kupfer und Eisen, wenn vorher mit Zinn(II)-chlorid reduziert wird. In Gegenwart von Nickel ist Kobalt durch gewisse Farbtönungen erkennbar [DENIGÈS (a)]. Nach MOIR läßt sich Kobalt in Stählen leicht spektroskopisch in der gelben Lösung nachweisen, die man beim Auflösen des Stahls in Königswasser erhält.

§ 2. Elektrographischer Nachweis.

1. Nach ARNOLD läßt sich Kobalt in metallischen Proben nachweisen, wenn man diese nach sorgfältiger Reinigung der Oberfläche und Entfernung eventuell vorhandener fremdmetallischer oder anderer Überzüge als Anode schaltet und an die Kathode aus Aluminiumblech ein mit einer einprozentigen Natriumsulfidlösung oder Benzidinlösung in zehnprozentiger Essigsäure getränktes Filterpapier

bringt. Die aus der Anode austretenden Kobaltionen färben das Natriumsulfidpapier dunkelgrau, bei Zusatz von Kaliumrhodanid in Acetonlösung entsteht eine hellgrüne bis blaue Färbung. Mit Benzidinpapier entsteht ein rosa umrandeter schmutziggelber Fleck, dessen Rand bei Zusatz von Wasser blau wird (vgl. a. GLASUNOW).

2. JIRKOWSKI weist Kobalt in Legierungen in ähnlicher Weise wie ARNOLD und GLASUNOW mit einer Einwirkungszeit von 2 bis 3 Min. eines Stromes von 4 mA auf einem mit Ammoniumrhodanid, Ammoniumacetat und Weinsäure getränkten Filterpapier nach.

3. HUNTER, CHURCHILL und MEARS pressen ein Gelatinepapier, das mit einem entsprechenden Elektrolyten getränkt ist, auf das zu prüfende Material, legen einen schwachen Strom an und entwickeln mit den für das Kobalt üblichen Reagenzien (vgl. a. FITZER).

§ 3. Polarographischer Nachweis.

Über das polarographische Verhalten des Kobalts liegt eine größere Anzahl von Arbeiten vor, die von STACKELBERG zusammengestellt sind. Die polarographischen Methoden werden weniger zum qualitativen Nachweis als vielmehr zur quantitativen Bestimmung des Kobalts verwendet. Kobalt ist polarographisch gut bestimmbar, obwohl sein Verhalten etwas kompliziert ist.

Das Halbstufenpotential des Kobalts variiert etwas je nach den Versuchsbedingungen. Es beträgt für die Co(II)/O-Stufe im indifferenten Leitsalz (z. B. 1 n KCl) —1,3 V [BRDIČKA (a)]; in 10 n $CaCl_2$ —1,0 V; in 1 n NH_3—1 n NH_4Cl —1,32 V (STACKELBERG, KLINGER, KOCH und KRATH); in 0,1 m Pyridin- 0,1 m Pyridiniumchlorid —1,11 V (LINGANE und KERLINGER); in 1 n KCN —1,3 V (EMELIANOVA; LINGANE und KERLINGER); in 1 n KSCN —1,07 V (LINGANE und KERLINGER); in 1 n Tartrat —1,6 V (PRAJZLER).

Die Co(II)/O-Stufe ist in indifferentem Elektrolyten irreversibel, d. h., die Abscheidung des Kobalts aus dem rosafarbenen Aquokomplex erfolgt unter Überspannung. Dies geht aus dem überaus flachen Anstieg der Stufe hervor und daraus, daß sich die Stufe durch manche Komplexbildner zu positiveren Potentialen verschieben läßt, wobei die Stufe steiler wird. In dieser Weise wirken Pyridin (CAMBI und DEVOTO) und Kaliumrhodanid. Auch in hochkonzentrierten Chloridlösungen, wie z. B. Calciumchlorid, in denen die rosa Farbe in die blaue des Kobaltchlorokomplexes umschlägt, wird die Stufe positiver und steiler [EMELIANOVA, BRDIČKA (a), PAVLIK]. In saurer Lösung addiert sich die Wasserstoffstufe zur Kobaltstufe, so daß solche Lösungen nicht brauchbar sind. In schwach alkalischer, aber auch in erwärmter neutraler Lösung tritt 0,2 V vor der Kobaltstufe eine kleine Vorstufe auf, die nach BRDIČKA (b) einem Hydrolysenprodukt zuzuschreiben ist. Aus all diesen Gründen wird Kobalt nur in komplexbildenden Lösungen bestimmt.

In Ammoniak-Ammoniumchlorid-Lösungen wird Kobalt(II) leicht zu Kobalt(III) durch den Luftsauerstoff oxydiert. Man erhält dann zwei Stufen, die sehr flache III/II-Stufe, bei etwa 0,8 V, und die gut ausgebildete II/O-Stufe.

In Pyridin-haltiger Lösung erhält man ebenfalls eine sehr gute Co(II)/O-Stufe, die auch eine sehr gute Trennung von der Nickelstufe ergibt. Das Maximum der Stufe kann leicht mit Gelatine unterdrückt werden.

In 1 n Kaliumcyanidlösung erhält man eine Stufe bei —1,3 V. Es handelt sich hierbei aber wahrscheinlich um eine Co(III)/II-Stufe, da Kobalt(II) in einer Cyanidlösung unter Reduktion von Wasser in Kobalt(III) übergeht.

In 1 n Kaliumrhodanidlösung erhält man eine sehr gute Co(II)/O-Stufe, die auch von der Nickelstufe gut getrennt ist. Nach VERDIER muß die Lösung schwach alkalisch gemacht werden, nach LINGANE und KERLINGER darf sie ebenfalls nicht sauer sein und muß etwas Gelatine enthalten.

Nach obigem ist für den Nachweis von Kobalt neben Nickel eine Kaliumrhodanid- bzw. eine Pyridinleitsalzlösung vorzuziehen. Letztere ist auch sehr vorteilhaft, weil Eisen(III) durch eine Pyridinfällung vorher entfernt werden kann. Über den Nachweis von Kobalt neben Nickel vgl. a. STROMBERG und SELJANSKAJA.

§ 4. Nachweis auf trockenem Wege.

1. Flammenfärbung.

Kobalt und seine Verbindungen zeigen in der gewöhnlichen Bunsenflamme keine charakteristische Flammenfärbung.

2. Perlenprobe.

a) Verhalten in der Boraxperle. In festen Proben kann Kobalt unabhängig von der Bindungsart infolge der intensiven Färbung in der Boraxperle sehr gut erkannt werden. Die Färbungen sind in der Oxydations- und Reduktionsflamme die gleichen, und zwar in der Hitze blau, in der Kälte blau mit einem violetten Stich. Nach VORTMANN (b) findet durch Erhitzen der Perlen auf Kohle in der Reduktionsflamme im Unterschied zu Eisen, Nickel und Mangan keine Reduktion statt. Um wenig Kobalt neben viel Mangan zu finden, muß mehr Substanz in der Perle gelöst und längere Zeit in der Reduktionsflamme erhitzt werden. Bei Anwesenheit von Eisen ist die Boraxperle in der Oxydationsflamme heiß grün, in der Kälte blau, in der Reduktionsflamme grünblau gefärbt. CURTMANN und ROTHBERG stellen fest, daß in der Boraxperle ein Teil Kobalt neben dreißig Teilen Nickel gut zu erkennen ist. Bei höheren Nickelgehalten bis etwa zur fünfzigfachen Menge, bei welcher bereits eine deutliche Braunfärbung die Anwesenheit des Nickels anzeigt, wird der Nachweis des Kobalts unsicher. Will man den Perlenbefund durch andere Reaktionen überprüfen, so löst man die Perle in Königswasser oder Bromsalzsäure auf und kann das Kobalt, eventuell nach Neutralisierung, mit den üblichen Mikromethoden nachweisen. Die Nachweisgrenze für Kobalt beträgt in der Boraxperle nach Untersuchungen von AUGUSTI und PASCALINO etwa $0{,}5\,\gamma$.

Die Empfindlichkeit des Kobaltnachweises in der Boraxperle läßt sich nach MIKA um eine Zehnerpotenz erhöhen, wenn man die Perle zu einem Faden von etwa 0,2 mm Durchmesser mit Hilfe eines Platindrahtes in einer Glascapillare auszieht und unter dem Mikroskop beobachtet.

b) Verhalten in der Phosphorsalzperle. Die Phosphorsalzperle des Kobalts ist sowohl in der Oxydationsflamme wie auch in der Reduktionsflamme in der Hitze blau (smalteblau); bei zu starker Sättigung ist die Perle undurchsichtig. Nach dem Erkalten ist die gesättigte Perle nach Untersuchungen von KOHN nicht blau, sondern blauviolett, bei geringeren Mengen violettrot bis rosa gefärbt. Fügt man zu der Perle Na_2CO_3, K_2CO_3, Na_2HPO_4 oder Na_3PO_4, so wird diese Färbung in reines Blau umgewandelt. KOHN erklärt diese Farbänderung mit der Bildung von Pyrophosphat in der Schmelze. Auch beim Erhitzen der Kobaltperle mit einem Kristall KNO_3 bleibt die Perle nach dem Erkalten rein blau. Erhitzt man die durch Kobalt gefärbte Phosphorsalzperle mit Ammoniumphosphat, so ist sie in der Hitze rein blau, wird nach dem Erkalten blaßrot und bei geringer Sättigung fast farblos. Bei gleichzeitiger Anwesenheit von Nickel zeigt die Perle nach dem Behandeln mit Ammoniumphosphat eine braunrote Färbung, die nach dem Erkalten etwas heller wird. Beim Erhitzen in der Reduktionsflamme wird die Perle trübe grau bis schwarz und undurchsichtig. Auf diese Weise läßt sich das Nickel neben dem Kobalt noch sicher nachweisen, wenn das Mengenverhältnis des Kobalts zum Nickel sich wie 2 : 1 verhält. Bei geringeren Nickelmengen muß man die Reduktion unter Zusatz von Gold oder Antimon vornehmen. Die Nachweisgrenze für Kobalt in der Phosphorsalzperle wurde von AUGUSTI und PASCALINO zu etwa 1 γ ermittelt.

3. Verhalten vor dem Lötrohr.

a) Verhalten auf Kohle. Kobaltverbindungen werden beim Glühen mit Soda auf der Holzkohle zu Kobaltmetall reduziert. Dieses hinterbleibt beim Abschlämmen als schwarzes magnetisches Pulver, das nach Lösen in verdünnter Salpetersäure in üblicher Weise auf Kobalt untersucht werden kann.

b) Verhalten auf Gipstäfelchen. Beim Erhitzen von Kobaltverbindungen mit etwa der gleichen Menge eines Gemisches von etwa 40% Jod und 60% Schwefel auf einem Gipstäfelchen in der Oxydationsflamme des Lötrohrs entsteht ein grünlichbrauner Beschlag. Die braune Farbe geht nach einiger Zeit in grün über, WHEELER und LUEDEKING (vgl. a. SERGEEW).

4. Nachweis mit Thioharnstoff.

Nach GOLDBERG färben sich Thioharnstoffkristalle beim Verreiben mit Kobalt-

$$S{=}C\begin{matrix}\diagup NH_2\\ \diagdown NH_2\end{matrix}$$

Tioharnstoff

salzen grünlich bis blau.

Erfassungsgrenze. 0,31 γ Co.

Grenzkonzentration. 1 : 4600000 ($10^{-6,7}$) (vgl. a. Nachweis mit organischen Reagenzien).

§ 5. Nachweis auf nassem Wege.

Zum Nachweis des Kobalts eignen sich sowohl Fällungsreaktionen mit anorganischen als auch einer Reihe organischer Reagenzien. Das analytische Verhalten des Kobalts ist bedingt durch seine große Neigung zur Bildung von Komplexverbindungen sowohl im 2wertigen, als auch im 3wertigen Zustand mit anorganischen und organischen Verbindungen. Diese sind oft, besonders in organischen Lösungsmitteln, stark gefärbt, so daß auch geringe Mengen Kobalt noch mit großer Sicherheit nachgewiesen werden können.

I. Anorganische Fällungsmittel.

1. Einwirkung von Alkalihydroxyden.

Mit Natron- oder Kalilauge fällt in der Kälte ein blaues, unbeständiges Hydroxyd aus, das nach FEITKNECHT Doppelschichtengitterstruktur hat. Ältere Angaben, wonach die blaue Fällung ein basisches Salz sein soll, sind damit überholt. Beim Erwärmen oder bei Zugabe überschüssiger Lauge geht das blaue Hydroxyd in die beständige rosa Modifikation über. Verdünnte Lauge erzeugt bei Raumtemperatur oft sofort, manchmal erst bei längerem Stehen die rosarote Fällung. Die Geschwindigkeit der Reaktion hängt von der Laugenkonzentration ab. In konzentrierter Lauge, insbesondere in Kalilauge und beim Erwärmen lösen sich beide Formen mit blauer Farbe. Diese Lösung ist unter Luftabschluß beständig, beim Stehen in der Kälte scheidet sich daraus allmählich mikrokristallines Kobalthydroxyd ab. Die Reaktion kann zum Nachweis geringer Mengen Kobalt neben viel Nickel verwendet werden (REICHEL, DONATH und MAYRHOFER). An der Luft oder beim Durchleiten von Sauerstoff gehen beide Hydroxydmodifikationen, die blaue über eine grüne Zwischenverbindung, in braunes Kobalt(III)-hydroxyd über (FEITKNECHT).

Kobalt(II)-hydroxyd ist auch in verdünnten schwachen Säuren leicht löslich, in verdünnten Laugen unlöslich. In Ammoniak- und Ammoniumchloridlösungen ist es bei Luftabschluß unlöslich, dagegen merklich löslich in ammoniumchloridhaltigem Ammoniak. In Gegenwart von Luft oder anderen Oxydationsmitteln wird es von ammoniumsalzhaltigem Ammoniak zu Amminen des 3wertigen Kobalts gelöst. In Gegenwart von Oxydationsmitteln entsteht in alkalischer Lösung sofort braunes $Co(OH)_3$ oder wasserhaltiges Co_3O_4. In Gegenwart von Tartrat, Citrat oder Salzen anderer Oxysäuren, ebenso durch mehrwertige Alkohole, ferner durch Brenzcatechin und andere Phenole wird die Fällung des Kobalts mit Laugen beeinträchtigt oder verhindert.

2. Verhalten gegen Ammoniak.

Ammoniak fällt bei Abwesenheit von Ammoniumsalzen aus neutraler Lösung blaues Hydroxyd, das im Überschuß unter Komplexsalzbildung löslich ist. Aus saurer Lösung ist die Fällung unvollständig. In Gegenwart von viel Ammoniumsalzen erfolgt mit Ammoniak überhaupt keine Fällung. Unter der Einwirkung des Luftsauerstoffs färbt sich die zunächst gelblich braune ammoniakalische Lösung allmählich rot. Es entstehen dabei die sehr beständigen Ammine des 3wertigen Kobalts. Natron- und Kalilauge erzeugen in dieser Lösung zum Unterschied gegen Nickel keine Fällung. Bei Anwesenheit von Glycerin färbt sich die Ammoniakschicht intensiv zitronengelb [DITZ (a)].

3. Verhalten gegen Ammonium-, Alkali- und Erdalkalicarbonate.

Ammoniumcarbonat fällt rötliches, im Überschuß des Fällungsmittels lösliches basisches Kobaltcarbonat. Alkalicarbonate erzeugen ebenfalls rötliche basische Carbonate, die im Überschuß des Fällungsmittels nicht löslich sind. Erdalkalicarbonate erzeugen bei Zimmertemperatur keine Fällung. Bei Luftzutritt erfolgt insbesondere bei der Verwendung von Bariumcarbonat allmählich eine Abscheidung vom Kobalt(III)-hydroxyd, rascher bei Zusatz von Oxydationsmitteln. Beim Erhitzen zum Sieden fällt alles Kobalt als basisches Carbonat aus.

4. Verhalten gegen Natriumhydrogencarbonat.

Mit Natriumhydrogencarbonat bilden Kobaltsalze einen schwach rötlichen Niederschlag, der sich im Überschuß des Fällungsmittels zu einer rötlichen Lösung auflöst. Bei der Zugabe von Oxydationsmitteln, wie z. B. Chlor, Brom, Natriumhypochlorit, Natriumperoxyd, Wasserstoffperoxyd usw., entsteht beim Schütteln eine apfelgrüne Färbung (FIELD, PALIT und DHAR). Die Färbung wird durch die Bildung eines Tricarbonatokomplexes $[Co(CO_3)_3]^{3-}$ (DUVAL) hervorgerufen. Sie gestattet den Nachweis des Kobalts auch neben Nickel. Vgl. Nachweis mit Hilfe von Tüpfelreaktionen.

5. Verhalten gegen Schwefelwasserstoff.

Mit Schwefelwasserstoff wird Kobalt nur aus neutraler Lösung nach vorheriger Zugabe von Natriumacetat oder aus alkalischer Lösung als schwarzes Sulfid gefällt. In mineralsaurer Lösung erfolgt keine Fällung. Das aus schwach essigsaurer

Lösung mit Schwefelwasserstoff gefällte Sulfid hat Nickelarsenidstruktur und ist in verdünnter kalter Salzsäure schwer löslich (vgl. DÖNGES).

6. Verhalten gegen Ammoniumsulfid.

Mit farblosem Ammoniumsulfid fällt schwarzes, im frischen Zustande röntgenamorphes Kobaltsulfid aus, das, solange es vor Luftsauerstoff geschützt aufbewahrt wird, in verdünnten Mineralsäuren leicht löslich ist. Das mit gelbem Ammoniumsulfid gefällte CoS ist ebenfalls röntgenamorph, allerdings von vornherein durch seinen höheren Schwefelgehalt in verdünnten Mineralsäuren unlöslich (vgl. DÖNGES).

7. Verhalten gegen Alkalisulfid.

Gegen Alkalimonosulfid verhalten sich Kobaltlösungen genauso wie gegen farbloses Ammoniumsulfid. Alkalipolysulfide fällen genauso wie gelbes Ammoniumsulfid ein von vornherein in verdünnten Mineralsäuren unlösliches Kobaltsulfid (vgl. DÖNGES).

8. Verhalten gegen Alkalicyanide.

Aus neutralen Lösungen fällen Alkalicyanide bei Raumtemperatur rotbraunes $Co(CN)_2$, das im Überschuß des Fällungsmittels zum komplexen $K_4[Co(CN)_6]$ gelöst wird. Beim Erwärmen dieser braunen Lösung an der Luft oder rascher bei Zugabe von Oxydationsmitteln bildet sich der entsprechende Komplex des 3wertigen Kobalts $K_3[Co(CN)_6]$. In alkalischer Lösung wird der 2wertige Komplex durch Chlor oder Brom zum Unterschied gegen Nickel nicht zersetzt, sondern in den 3wertigen Komplex übergeführt. Kaliumcyanokobaltat(III) $K_3[Co(CN)_6]$ ist wesentlich beständiger als der 2wertige Komplex und wird durch Salzsäure nicht zersetzt. Die Lösung des 3wertigen Komplexes wird durch einige Tropfen Ammoniumsulfid blutrot gefärbt. Nickelsalze verhindern diese Reaktion nicht, wohl aber Kupfersalze (vgl. TATTERSALL). $K_3[Co(CN)_6]$ bildet mit den meisten Schwermetallionen typisch gefärbte schwerlösliche Salze.

II. Nachweisreaktionen mit anorganischen Reagenzien.

A. Wichtige Nachweisreaktionen.

1. Nachweis mit Alkalinitriten.

Kaliumnitrit fällt aus essigsauren, nicht zu verdünnten Kobaltsalzlösungen bei Raumtemperatur gelbes bis gelbgrünes Kaliumhexanitritokobaltat(III) $K_3[Co(NO_2)_6]$. Die Oxydation des zunächst in der Lösung vorliegenden 2wertigen Kobalts erfolgt durch die bei der Reaktion gebildete salpetrige Säure (vgl. RIMBACH). In sehr verdünnten Lösungen entsteht die Fällung erst nach längerem Stehen, rascher durch Kratzen an den Gefäßwänden. Mit Natriumnitrit bildet sich das mit rotbrauner Farbe lösliche Natriumsalz. Aus dieser Lösung kann durch Zugabe von Kaliumionen wieder das gelbe Kaliumsalz gefällt werden, das dann allerdings, je nach den Fällungsbedingungen, wechselnde Mengen Natrium enthalten kann. Diese Reaktion ist sehr empfindlich und eignet sich besonders gut zum Nachweis kleiner Mengen Kobalt in Nickelsalzen.

Durch Zusatz von Cäsiumchlorid kann diese Nachweisreaktion noch empfindlicher gestaltet werden. Es bildet sich hierbei ein gemischtes Salz der Zusammensetzung $Cs_2K[Co(NO_2)_6]$ (vgl. YAGODA und PATRIDGE). Vgl. a. mikrochemische Nachweismethoden.

2. Nachweis mit Ammonium- bzw. Kaliumrhodanid (NH_4SCN, KSCN).

Eine kalt gesättigte Lösung von Ammonium- bzw. Kaliumrhodanid erzeugt in neutralen oder schwach sauren Kobaltlösungen eine intensiv blaue Färbung, die auf der Bildung von Ammonium- bzw. Kaliumtetrarhodanatokobaltat(II) $(NH_4)_2[Co(SCN)_4]$ bzw. $K_2[Co(SCN)_4]$ zurückzuführen ist. Beim Schütteln dieser Lösung mit einem Gemisch von Amylalkohol und Äther 1 : 10 wird die Farbe von der Alkoholschicht aufgenommen [vgl. SKEY, WOLFF, VOGEL (b)]. Die Blaufärbung verschwindet auf Zusatz größerer Mengen Wasser. Dieser Nachweis ist nach DITZ (b) besonders empfindlich, wenn man statt des Alkohol-Äther-Gemisches Aceton verwendet. Der Nachweis unter Verwendung von Aceton ist etwa siebenmal empfindlicher als bei der Extraktion mit Amylalkohol und Äther (vgl. FEIGL und STERN).

Die Grenzkonzentration beträgt sowohl mit Ammonium- als auch Kaliumrhodanid 1 : 100000 (10^{-5}).

Störungen. Nickel stört den Nachweis bei Anwesenheit größerer Mengen. In Gegenwart von Fe^{3+}-Ionen entsteht rotes $Fe(SCN)_3$, das vom Alkohol-Äther-Gemisch mit roter Farbe aufgenommen wird und dadurch die Erkennung der blauen Kobaltfärbung stört. Um diese Störung zu beseitigen, wird das 3wertige Eisen entweder mit Quecksilber, Thiosulfat oder Zinn(II)-chlorid reduziert oder durch Zugabe von Ammonium- bzw. Natriumfluorid, Weinsäure, Natriumcarbonat oder Natriumpyrophosphat komplex gebunden. Ein zu großer Überschuß von Weinsäure verhindert die Blaufärbung [vgl. DITZ und HELLEBRAND (a), KOLTHOFF (a), ROSSI, LEONARO und LUSIN, POWELL]. Da besonders bei der Verwendung von Ammoniumfluorid die Empfindlichkeit dieses Nachweises herabgesetzt wird, empfehlen DITZ und HELLEBRAND (b) die vorherige Abtrennung des Eisens mit reinstem Calciumcarbonat (vgl. a. mikrochemische Nachweisreaktionen).

3. Nachweis mit Kaliumcyanat (KOCN).

Kaliumcyanat gibt mit Kobalt(II)-salzen die blaue Komplexverbindung $K_2[Co(OCN)_4]$, die sich mit Amylalkohol in gleicher Weise wie die entsprechende Rhodanverbindung mit blauer Farbe ausschütteln läßt, vgl. RIPAN, DORRINGTON und WARD, KOLTHOFF (a), HELLER.

Ausführung. Die neutrale oder schwach saure Probelösung wird mit einigen ml einer Kaliumcyanatlösung versetzt. Es bildet sich bei Anwesenheit von Kobalt der blaue Komplex, der mit Amylalkohol ausgeschüttelt wird. Die Blaufärbung ist nur charakteristisch für das Co^{2+}-Ion.

Die Grenzkonzentration beträgt 1 : 100000 (10^{-5}).

Störungen. Die Empfindlichkeit des Nachweises wird nur durch gefärbte Ionen gestört, wenn sie in größerer Konzentration zugegen sind.

4. Nachweis mit Natriumthiosulfat ($Na_2S_2O_3$).

Versetzt man eine neutrale Kobaltsalzlösung mit einer 20%igen Natriumthiosulfatlösung und einigen ml Alkohol, so bildet sich nach dem Schütteln am Boden des Reagensglases eine blau gefärbte Flüssigkeitsschicht, die sich zum Nachweis des Kobalts sehr gut eignet (GUTIEREZ DE CELIS, FAKTOR, CARON und RAQUET, RAQUET, KORENMAN und ASHBEL). Die Erfassungsgrenze der Reaktion wird mit $2{,}3 \cdot 10^{-6}$ g Co in 1 ml angegeben (vgl. a. Nachweis mit Hilfe von Tüpfelreaktionen).

B. Weitere Nachweisreaktionen.

1. Nachweis mit gesättigter Natron- oder Kalilauge.

Nach GORDON und SCHREYER läßt sich die mit überschüssiger Natron- oder Kalilauge auftretende Bildung des blauen Tetrahydroxokobalt(II)-ions $[Co(OH)_4(H_2O)_2]^{2-}$ zum qualitativen Nachweis des Kobalts verwenden (vgl. a. ALVAREZ).

Ausführung. Den im Verlauf der Analyse ausgefallenen Sulfidniederschlag vom Kobalt und Nickel löst man in 6 n Salzsäure und 1 ml 6 n Salpetersäure unter Erhitzen, entfernt den abgeschiedenen Schwefel und dampft die Lösung zur Trockne ein. Den Abdampfrückstand nimmt man mit einer Pufferlösung aus 2 ml 2 n $NaHSO_4$ und 2 ml gesättigter Na_2SO_4-Lösung auf. Einen Teil der Lösung dampft man fast zur Trockne ein, bringt mit 6 Tropfen Wasser den Rückstand soweit wie möglich in Lösung. 4 Tropfen dieser Lösung gibt man zu 1,5 ml gesättigter Natron- oder Kalilauge, die sich in einem kleinen Reagensglas befindet. Ein blauer Niederschlag auf der Flüssigkeit zeigt Kobalt an. Man mischt den Niederschlag mit der Lösung und zentrifugiert. Eine Blaufärbung der darüberstehenden Lösung und ein blaustichiger Niederschlag bestätigen die Anwesenheit von Kobalt.

Mit dieser Reaktion lassen sich noch 0,05 mg Kobalt in einem Tropfen Ausgangslösung feststellen.

Bei Gegenwart von viel Nickel, etwa der 10fachen Menge oder mehr gegenüber dem Kobalt, vergleicht man die Färbung mit einer auf gleiche Weise hergestellten Nickelfällung.

2. Nachweis mit Natriumhydrogensulfit ($NaHSO_3$).

Nach FALCIOLA erzeugt festes Natriumhydrogensulfit oder eine wäßrige Lösung davon in ammoniakalischen Kobaltsalzlösungen, je nach der Konzentration des Kobalts, eine gelbe, orange, rubinrote oder tiefrote Färbung. Ammoniakalische Nickellösungen werden dabei blau.

Grenzkonzentration. 1 : 100000 (10^{-5}).

3. Nachweis mit Magnesiumchlorid ($MgCl_2$).

Gibt man zu einer klaren auf Kobalt zu prüfenden Lösung einige Magnesiumchloridkristalle, so erhalten diese bei Anwesenheit von Kobalt eine grünlich blaue Färbung, die besonders gut im durchgehenden Licht zu beobachten ist. Leichtes Erwärmen verstärkt die Reaktion. Die Gegenwart anderer gefärbter Ionen, wie Eisen, Chrom und Nickel, stört nicht. Auch andere Kristallhydrate zeigen den gleichen Effekt, aber in schwächerem Maße (vgl. WOLOKITIN).

4. Nachweis mit Natriummonothiophosphat (Na_3PO_3S).

Nach YASUDA und LAMBERT färben Monothiophosphationen natriumacetathaltige Kobaltsalzlösungen tiefblau. Nickel gibt unter den gleichen Bedingungen einen grünlichweißen Niederschlag und stört den Kobaltnachweis nicht.

5. Nachweis mit Natriumsilicat.

Nach JINDAL bildet Natriumsilicatlösung ein empfindliches Reagens sowohl auf Kobalt allein, als auch in Anwesenheit von Nickel und anderen Elementen. Versetzt man eine neutrale verdünnte Kobaltsalzlösung mit Natriumsilicatlösung, so entsteht ein blauer Niederschlag, der sich im Überschuß des Fällungsmittels mit blauer Farbe auflöst. Die Farbe verschwindet auf Zusatz von Mineralsäuren und erscheint wieder beim Neutralisieren mit Ammoniak. Die blaue Lösung wird auf Zusatz von Chlor- oder Bromwasser nach längerem Stehen in der Kälte grünlichgelb, in der Hitze schwarz. Wasserstoffperoxyd ruft nur die grünlichgelbe

Färbung hervor. Nickelsalze geben mit dem Reagens einen grünlichweißen, im Überschuß des Fällungsmittels unlöslichen Niederschlag, der durch Oxydationsmittel nicht verändert wird und somit den Kobaltnachweis nicht stört. Die Erfassungsgrenze beträgt etwa 5 γ Co.

6. Nachweis mit Kaliumcyanoferrat(II) $K_4[Fe(CN)_6]$.

Nach MINDALEW geben Kobaltsalzlösungen mit $K_4[Fe(CN)_6]$ in Gegenwart von Ammoniak eine rötliche Färbung. Sie ist noch bei 0,00005 n Kobaltlösungen sichtbar, wenn man 5 ml der Kobaltlösung, 2 ml 25%iger Ammoniaklösung und 1 bis 2 Tropfen 0,5 n $K_4[Fe(CN)_6]$-Lösung verwendet. Die Gegenwart von Nickel stört nur, wenn das Verhältnis von Kobalt zu Nickel unter 1 : 200 sinkt.

7. Nachweis mit Arsenophosphorwolframsäure.

Nach LIEBERSON wird Arsenophosphorwolframsäure durch Kobalt in Gegenwart von Natriumcyanid reduziert, wodurch eine intensiv blaue Färbung auftritt. Diese Reaktion gestattet Kobalt neben der 400fachen Menge Nickel nachzuweisen.

8. Nachweis mit Kaliumchromat (K_2CrO_4).

Versetzt man nach WEIL eine Kobaltlösung mit einer genügenden Menge 10%iger Kaliumchromatlösung, so entsteht bei größeren Kobaltkonzentrationen bereits in der Kälte, bei geringeren erst in der Siedehitze ein braunroter Niederschlag von basischem Kobaltchromat, der an den Wänden des Glases fest haftet. Es lassen sich auf diese Weise noch 3,2 γ Co nachweisen. Die entsprechende Nickelverbindung bildet sich selbst in konzentrierten Lösungen in der Kälte nur langsam.

9. Nachweis mit Hilfe fraktionierter Reaktionen.

a) Fügt man 2 bis 3 ml konzentrierte Salzsäure (1,19) zu der zu prüfenden Lösung, so bildet sich bei Anwesenheit von Kobalt eine blaue Färbung. Ein Überschuß von Eisen, Nickel und Kupfer stört den Nachweis (vgl. a. CHANCEL).

b) Fügt man zu 1 ml der schwach salzsauren Probelösung Ammonium- oder Kaliumchlorid und kocht auf, so färbt sich die Lösung bei Anwesenheit von Kobalt blau. Ein Überschuß von Eisen oder Kupfer verhindert diese Reaktion.

c) Fügt man zur Probelösung 1 Tropfen einer 1%igen Kupfersulfatlösung, einen Überschuß festen Natriumthiosulfats und das gleiche Volumen an Äthylalkohol, so fällt das Thiosulfat bei Anwesenheit von Kobalt blaugefärbt aus. Ein Überschuß von Eisen, Kupfer und vielen anderen Ionen stört diese Reaktion nicht (vgl. a. § 5 II A 4) (vgl. KORENMAN und ASHBEL).

III. Nachweisreaktionen mit organischen Reagenzien.

A. Wichtige Nachweisreaktionen.

1. Nachweis mit α-Nitroso-β-naphthol.

α-Nitroso-β-naphthol und andere aromatische o-Nitrosophenole reagieren in ihren tautomeren Isonitrosooximformen mit Kobalt und anderen Metallionen unter Bildung gefärbter Komplexsalze. Kobalt gibt in neutraler, essigsaurer oder ammoniakalischer Lösung einen voluminösen rotbraunen Niederschlag, der, sobald er ausgefallen ist, in Mineralsäuren unlöslich wird. Dieser Niederschlag ist ein Komplexsalz des 3wertigen Kobalts entsprechend nebenstehender Formel. Die Oxydation des 2wertigen Kobalts zum 3wertigen wird durch das Reagens selbst bewirkt, das als orthochinoide

O=N—Co/3 ... =O

Kobaltkomplex des α-Nitroso-β-naphthols

Verbindung und Derivat der salpetrigen Säure oxydierende Eigenschaften hat. Bei geringen Kobaltmengen beobachtet man eine orange bis weinrote Färbung der Lösung (vgl. ATACK, ILINSKY und KNORRE). Der Niederschlag ist stets mit dem Fällungsmittel verunreinigt. Er ist löslich in Alkohol, Äther und Benzol, unlöslich in Chloroform, Schwefelkohlenstoff und Anilin. Als Reagens wird eine Lösung von 1 g α-Nitroso-β-naphthol in 50 ml Eisessig, mit Wasser auf 100 ml verdünnt, verwendet. Bei der Fällung in essigsaurer Lösung entsteht neben der Kobalt(III)-verbindung auch das Komplexsalz des 2wertigen Kobalts. Setzt man der essigsauren Kobaltlösung vor der Fällung etwas Nitrit hinzu, so erhält man die reine Kobalt(III)-verbindung. An Stelle der essigsauren Reagenslösung ist nach ATACK auch eine alkalische Lösung (0,1 g α-Nitroso-β-naphthol, gelöst in 1 ml verdünnter Natron- oder Kalilauge in 20 ml Wasser und das Ganze nach Filtration verdünnt auf 200 ml) besonders geeignet. Dabei wird von einer neutralen oder schwach alkalischen Probelösung ausgegangen und der Nachweis in Gegenwart von Ammoniumchlorid ausgeführt [vgl. BÖTTGER u. SCHALL], da hierbei eine größere Empfindlichkeit erzielt wird.

Erfassungsgrenze. 0,05 γ Co.

Grenzkonzentration. 1 : 1000000 (10^{-6}).

Störungen. Es stören die Elemente Eisen und Kupfer, die mit dem Reagens eine braune bzw. rote Verbindung, sowie Uran und Palladium, die eine gelbe Verbindung bilden. Obwohl die Eisen-, Kupfer- und Uranverbindung in Säuren leicht löslich ist, wird der einmal gebildete Niederschlag von Säuren nur langsam gelöst. Es empfiehlt sich daher nach FEIGL (b), Eisen und Uran durch Natrium- bzw. Ammoniumphosphat als unlösliche nur wenig gefärbte Phosphate zu fixieren, Kupfer mittels Kaliumjodid in CuJ überzuführen und das bei der Reaktion gebildete Jod mit Natriumthiosulfat zu binden. Die störende Wirkung des Eisens kann auch beim Arbeiten in alkalischer Lösung durch Ammoniumcitrat beseitigt werden.

Der Nachweis ist in Gegenwart von Nickel, Zink, Chrom, Mangan und Aluminium möglich.

2. Nachweis mit β-Nitroso-α-naphthol.

Dieses Reagens wirkt nach BELLUCCI in gleicher Weise wie das isomere α-Nitroso-β-naphthol. Es wird als 1%ige äthylalkoholische Lösung verwendet. Der Nachweis ist noch empfindlicher als der mit α-Nitroso-β-naphthol (vgl. a. W. JUNG, C. E. CARDINI und M. FUKMAN).

O------Co/3 ; N=O

Kobaltkomplex des β-Nitroso-α-naphthols

Erfassungsgrenze. 0,005 γ Co.

Grenzkonzentration. 1 : 10000000 (10^{-7}).

3. Nachweis mit α-Nitro-β-naphthol.

Das durch Oxydation des α-Nitroso-β-naphthols erhältliche α-Nitro-β-naph-

NO_2 ; OH

α-Nitro-β-naphthol

thol gibt nach HERFELD und GERNGROSS mit Kobaltsalzen ein rotes Innerkomplexsalz der Zusammensetzung $Co(C_{10}H_6ONO_2)_3$, das sich in gleicher Weise zum Nachweis des Kobalts eignet wie die Nitrosoverbindung.

Ausführung. Die Kobaltsalzlösung wird mit 10%iger Schwefelsäure angesäuert und mit einer 3%igen Lösung des Reagenses in 50%iger Essigsäure versetzt. Bei Anwesenheit von Kobalt erhält man einen intensiv roten Niederschlag. Die gleichzeitige Anwesenheit von Nickel, Zink, Aluminium, Mangan und Chrom stört nicht.

Grenzkonzentration. 1 : 10000000 (10^{-7}).

Über die Darstellung des α-Nitro-β-naphthols s. MAYR.

4. Nachweis mit Rubeanwasserstoffsäure.

In Gegenwart von Ammoniak oder überschüssigem Natriumacetat wird Kobalt durch eine 1%ige Lösung von Rubeanwasserstoffsäure quantitativ in Form eines gelbbraunen amorphen Niederschlags gefällt. Der Niederschlag ist das Innerkomplexsalz der Diimidform der Rubeanwasserstoffsäure. Er ist in verdünnter Mineralsäure unlöslich und eignet sich zum Nachweis des Kobalts (vgl. RAY und RAY, FEIGL und KAPULITZAS). Die Reaktion wird am besten als Tüpfelreaktion durchgeführt.

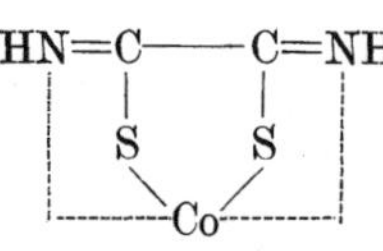

Kobaltrubeanat

Ausführung. Die Probelösung wird mit einer 1%igen alkoholischen Lösung von Rubeanwasserstoffsäure und zum Abstumpfen der bei der Reaktion entstehenden Säure mit wenig Ammoniak oder Natriumacetat versetzt. Bei Anwesenheit von Kobalt fällt dieses quantitativ als gelbbrauner amorpher Niederschlag aus. Bei sehr geringen Konzentrationen entsteht nur eine gelb gefärbte Lösung.

Erfassungsgrenze. 0,03 γ Co.

Grenzkonzentration. 1 : 1660000 ($10^{-6,2}$).

Störungen. Unter denselben Bedingungen reagieren auch Nickel und Kupfer unter Bildung eines blauen bzw. dunkelgrünen Niederschlags. Sie müssen daher vor dem Nachweis des Kobalts abgetrennt werden.

5. Nachweis mit 2-Nitroso-1-naphthol-4-sulfonsäure.

Eine 1%ige wäßrige Lösung des Reagenses gibt mit Kobaltsalzen eine Rotfärbung, die sich zum Nachweis des Kobalts gut eignet. Der Nachweis ist am deutlichsten beim p_H 7 bis 8. Der p_H-Bereich wird am besten mit Essigsäure und Natriumacetat eingestellt. Der Kobaltnachweis ist noch neben der 1000fachen Menge Nickel möglich. Er eignet sich am besten als Tüpfelnachweis (SARVER).

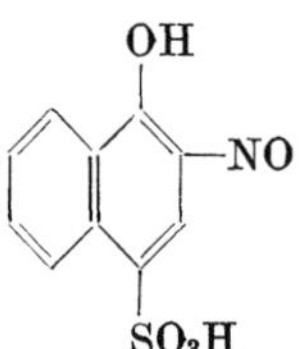

2-Nitroso-1-naphthol-4-sulfonsäure

Erfassungsgrenze. 0,01 γ Co.

Grenzkonzentration. 1 : 10000000 (10^{-7}).

Störungen. Eisen und Kupfer stören den Nachweis und müssen vorher abgetrennt werden. Cyanionen verhindern die Bildung der Färbung (vgl. a. Nachweis mit Hilfe von Tüpfelreaktionen).

B. Weitere Nachweisreaktionen.

1. Nachweis mit Dimethylglyoxim (Diacetyldioxim).

Kobalt bildet mit Dimethylglyoxim in ammoniakalischer Lösung nach län-

$$\begin{array}{l} CH_3—C=NOH \\ \quad\;\;\, | \\ CH_3—C=NOH \end{array}$$

Dimethylglyoxim (Diacetyldioxim)

gerem Stehen eine gelbbraun bis blaßrot gefärbte Lösung (vgl. KRAUT). Diese Färbung kann durch Zugabe bestimmter Reagenzien intensiver gestaltet werden, so daß sich damit neue Nachweismöglichkeiten für das Kobalt ergeben:

a) Mit Sulfiden und Polysulfiden. Beim Einleiten von Schwefelwasserstoff oder bei Zugabe von Natriumsulfid oder Polysulfidlösungen zu einer Kobaltsalzlösung, die überschüssiges Dimethylglyoxim enthält (Filtrat der Nickelfällung), entsteht eine blauviolette bis tiefrote Färbung. 1 mg/l gibt noch eine hellrote Färbung. Nach Ansäuern mit Essigsäure läßt sich aus dieser Lösung die rote Verbindung mit Amylalkohol ausschütteln (vgl. FEIGL und TUSTANOWKA). Nach NIELSSEN und PAULSEN kann diese Reaktion noch intensiver gestaltet werden, wenn man das Kobalt in die 3wertige Form überführt. Dazu wird die ammoniakalische Lösung mit einigen Tropfen Wasserstoffperoxyd versetzt, zum Sieden erhitzt, und es werden 2 bis 3 Tropfen Polysulfidlösung hinzugefügt. Eine klare blaue Lösung zeigt Kobalt an. Bei sehr wenig Kobalt ist die Lösung grünlich. Keines der gemeinsam vorkommenden Ionen stört diesen Nachweis.

Grenzkonzentration. 1 : 50000000 ($10^{-7,7}$).

b) Mit Benzidin. Eine 0,5%ige Lösung von Benzidin in Äthylalkohol, die 2,5%

$H_2N-C_6H_4-C_6H_4-NH_2$

Benzidin

Dimethylglyoxim enthält, gibt mit Kobaltsalzen (vgl. CHIAROTTINO, SCOTT) eine intensiv orange Färbung, die sich zum Nachweis des Kobalts eignet (vgl. a. POLYA und WILSON).

Ausführung. Die essigsaure Lösung, die Nickel und Kobalt enthält, wird nach Zusatz von 1 g festem Natriumacetat mit der Reagenslösung sowie überschüssiger Dimethylglyoximlösung versetzt und der eventuell entstandene Nickelniederschlag abfiltriert. Bei Gegenwart von Kobalt ist das Filtrat orange bis rot gefärbt. Bei kleinen Kobaltkonzentrationen kann die Färbung durch Zusatz von festem Natriumacetat und längeres Stehenlassen intensiver erhalten werden.

Grenzkonzentration. 1 : 1000000 (10^{-6}).

Nach BRAU kann Benzidin durch andere p-Diamindiphenylderivate ersetzt

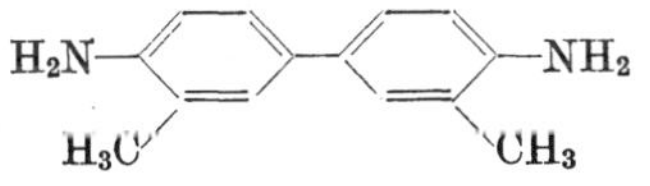

H_2N, NH_2, H_3C, CH_3

Tolidin

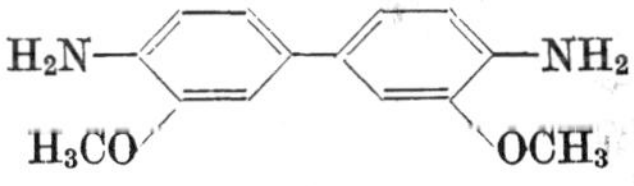

H_2N, NH_2, H_3CO, OCH_3

Dianisidin

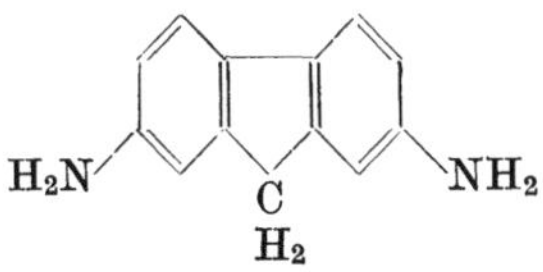

H_2N, NH_2, C, H_2

2,7-Diaminofluoren

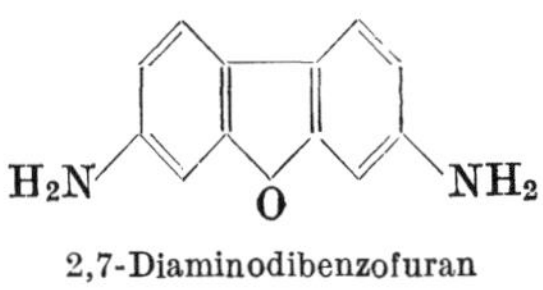

H_2N, NH_2, O

2,7-Diaminodibenzofuran

NH_2, NH_2, (NH_2)

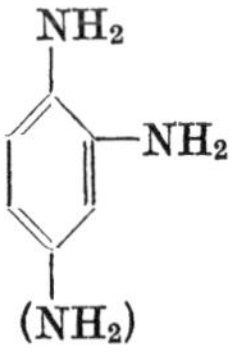

o-,(p)-Phenylendiamin

werden. So gibt Tolidin eine intensive Rotfärbung, Dianisidin, 2,7-Diaminodibenzofuran und 2,7-Diaminofluoren eine orangerote Färbung. Auch o- und p-Phenylendiamin geben dieselbe Reaktion.

c) Mit Stannitlösung. Nach ROSSI und CORONATO sowie PODCHAINOWA und BUTORIN kann der Nachweis des Kobalts mit Dimethylglyoxim durch Zugabe von Natrium- oder Kaliumstannitlösung empfindlicher gestaltet werden.

Ausführung. 2 bis 3 ml der Probelösung werden mit einem Gemisch von 2 bis 3 ml einer Stannitlösung und 1 bis 2 ml einer ammoniakalischen Dimethylglyoximlösung versetzt. Eine violette Färbung zeigt die Anwesenheit von Kobalt an.

Grenzkonzentration. 1 : 1000000 (10^{-6}).

Störungen. Eisen, Silber, Quecksilber, Wismut und Kupfer stören den Nachweis, da sie als Metalle ausgefällt werden. Nickel gibt eine grüne Färbung und setzt die Empfindlichkeit des Kobaltnachweises herab. Bei Anwesenheit aller anderen Ionen sinkt die Empfindlichkeit des Nachweises um eine Zehnerpotenz.

d) Mit Kaliumjodid. Nach LLACER und SOZZI erhält man mit Dimethylglyoxim (1 bis 2%ige Lösung in Alkohol oder Aceton) in Anwesenheit von Kaliumjodid (10%ige wäßrige Lösung) mit Kobaltsalzen innerhalb des p_H-Bereichs von 3,5 bis 6,8 eine intensiv gelbe Färbung, in konzentrierteren Lösungen gelbe bis dunkelrote Kristalle, die sich zum Nachweis des Kobalts eignen.

Ausführung. 1 ml der Probelösung wird in einem kleinen Reagensglas mit 0,5 ml der Kaliumjodidlösung und 0,5 ml Äthylalkohol versetzt, gut durchgeschüttelt und schließlich mit 0,5 ml der Dimethylglyoximlösung versetzt. Nach dem Durchmischen erhält man bei Anwesenheit von Kobalt die goldgelbe Färbung. Bei Anwesenheit von Nickel empfiehlt es sich, den Nickelniederschlag abzuzentrifugieren, damit man die Gelbfärbung besser erkennen kann.

Erfassungsgrenze. 1 γ Co.

Grenzkonzentration. 1 : 10000000 (10^{-7}).

Erfassungsgrenze. 10 γ Co.

Grenzkonzentration. 1 : 100000 (10^{-5}) bei Anwesenheit der 100fachen Menge Nickel.

2. Nachweis mit Triphenylsulfonium- bzw. Tetraphenylarsoniumbromid.

Beide Verbindungen bilden bei Anwesenheit von überschüssigem Ammoniumrhodanid einen blauen Niederschlag, der in Chloroform mit blauer Farbe löslich ist (POTRATZ und ROSEN).

Ausführung. 0,5 ml der schwach sauren Probelösung (günstigster $p_H = 3,5$)

$$\left[(C_6H_5)_3S\right]^{\oplus} Br^{\ominus} \qquad \left[(C_6H_5)_4As\right]^{\oplus} Br^{\ominus}$$

Triphenylsulfoniumbromid Tetraphenylarsoniumbromid

werden in einem Reagensglas mit 1 bis 2 Tropfen der wäßrigen Reagenslösung, 1 bis 2 Tropfen einer 10%igen Ammoniumrhodanidlösung und einigen Tropfen Chloroform versetzt. Bei Anwesenheit von Kobalt färbt sich die Chloroformphase blau.

Erfassungsgrenze. 0,05 γ Co.

Grenzkonzentration. 1 : 1000000 (10^{-6}).

Störungen. Den Kobaltnachweis stören Uran, Eisen, Ruthenium, Palladium, Platin, Kupfer und Wismut, die ebenfalls gefärbte in Chloroform lösliche Niederschläge bilden. Die Störungen durch Eisen, Wismut und Uran können durch Zugabe von Ammoniumfluorid beseitigt werden, die Störungen durch Ruthenium, Palladium und Platin mit Hilfe von Natriumthiosulfat, die Störung durch Kupfer mit Hilfe von Kaliumjodid und Natriumthiosulfat.

3. Nachweis mit 2,7-Dinitroso-1,8-dioxynaphthalin-3,6-disulfonsäure.

Die 2,7-Dinitrosochromotropsäure sowie ihre tautomere Form (Dioxim) ist

OH OH
ON— —NO
HO_3S SO_3H

2.7-Dinitroso-1,8-dioxynaphthalin-3,6-disulfonsäure

nach STEIGMAN (a) ein sehr spezifisches Reagens auf Kobalt. Sie bildet mit Kobaltsalzen eine blaue bis blauviolette Färbung.

Erfassungsgrenze. 0,05 γ Co. Nickel, Kupfer und Palladium reagieren ähnlich.

4. Nachweis mit α-Nitroso-β-naphthol-3,6-disulfonsaurem Natrium (R-Salz von VAN KLOOSTER).

Das Reagens bildet in Gegenwart von Natriumacetat und konzentrierter

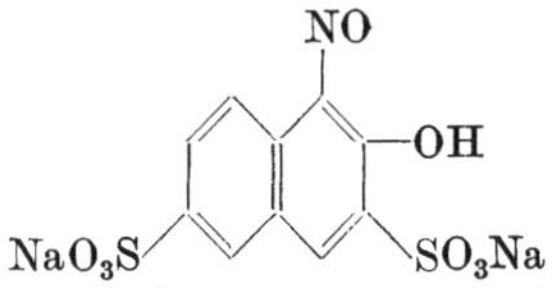

NO, OH, NaO_3S, SO_3Na

α-Nitroso-β-naphthol-3,6-disulfonsaures Natrium

Salpetersäure mit Kobaltsalzen eine intensiv rot gefärbte Lösung. Dieser Nachweis ist nur für Kobalt spezifisch (vgl. VAN KLOOSTER).

Ausführung. 2 ml der neutralen Probelösung werden mit 2 ml der 0,5%igen Reagenslösung und 1 g Natriumacetat versetzt und zum Sieden erhitzt. Zur siedenden Lösung gibt man 1 ml konzentrierter Salpetersäure hinzu und erhält eine weitere Minute zum Sieden. Eine intensive Rotfärbung zeigt die Anwesenheit von Kobalt an. Nach diesem Verfahren werden störende Färbungen durch andere Metalle vermieden.

5. Nachweis mit Dithizon (Diphenylthiocarbazon).

Nach H. FISCHER tritt beim Schütteln neutraler Kobaltsalzlösungen mit einer

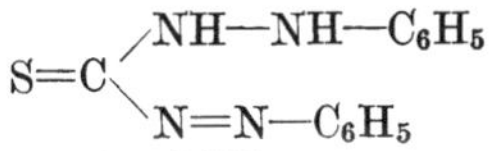

$$S{=}C\begin{cases} NH{-}NH{-}C_6H_5 \\ N{=}N{-}C_6H_5 \end{cases}$$

Dithizon

Lösung des Reagenses in Schwefelkohlenstoff, die grün gefärbt ist, eine Rotfärbung auf. Eine größere Empfindlichkeit fand FISCHER bei Anwendung einer wäßrigen alkalischen Lösung des Reagenses. Wegen der Zersetzlichkeit dieser Lösung ist es empfehlenswert, diese stets frisch zu bereiten durch Auflösen von Diphenylthiocarbazon in verdünntem Ammoniak (1 Teil NH_3 + 10 Teile Wasser). Wird die verdünnte ammoniakalische Kobaltlösung mit dem Reagens versetzt, so bildet sich eine rotviolette Färbung.

Störungen. Nickel stört diese Reaktion nicht. Bei Anwesenheit von Nickel erhält man eine olivgrüne Färbung. Bei größeren Nickelkonzentrationen empfiehlt es sich, den größten Teil des Nickels mit Dimethylglyoxim auszufällen, man muß aber darauf achten, daß im Filtrat kein Überschuß des Fällungsmittels vorhanden ist. Bei Gegenwart von Zink ist es erforderlich, sowohl Reagens als auch Probelösung in natronalkalischer Lösung zu verwenden. Die Anwesenheit von Kobalt ist dann an einer rotvioletten Färbung zu erkennen, während Zink allein eine tief purpurrote Färbung hervorruft. Ähnlich muß auch bei Anwesenheit von Zinn, Arsen, Antimon, Aluminium und Chrom verfahren werden. Kupfer und Edelmetalle sowie auch Ammoniumsalze stören den Nachweis und sind vorher zu entfernen.

6. Nachweis mit Ammoniumdithiocarbaminat.

Nach PARRI geben neutrale oder schwach alkalische Kobaltsalzlösungen mit

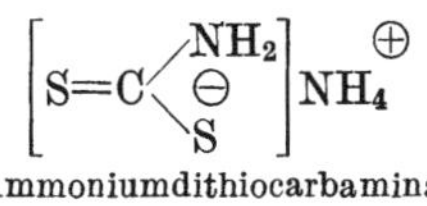

$$\left[S{=}C\begin{cases} NH_2 \\ \ominus \\ S \end{cases}\right] NH_4^{\oplus}$$

Ammoniumdithiocarbaminat

dem Ammoniumsalz der Dithiocarbaminsäure, das durch Schütteln von Schwefelkohlenstoff mit konzentriertem Ammoniak erhalten wird, einen grünen Niederschlag, der sich zum Nachweis des Kobalts eignet.

Störungen. Nickel stört die Reaktion, da es einen karminroten Niederschlag in roter Lösung bildet, die auf Zusatz von Essigsäure unter Auflösung des Niederschlages braunrot wird. Eisen(III)-salze geben ebenfalls einen braunroten Niederschlag, der sich beim vorsichtigen Neutralisieren mit Salzsäure auflöst und die Lösung rubinrot färbt.

7. Nachweis mit Thioglykolsäureanilid.

Eine 2%ige alkoholische Reagenslösung und Salzsäure geben nach BERSIN

$$\begin{array}{l} CH_2\text{—}SH \\ | \\ CONHC_6H_5 \end{array}$$

Thioglykolsäureanilid

mit ammoniakalischen Kobalt(III)-salzlösungen einen rotbraunen Niederschlag, der sich mit Äther, Petroläther, Benzol, Chloroform und Tetrachlorkohlenstoff ausschütteln läßt. Diese Reaktion erlaubt den Nachweis des Kobalts in 3wertiger Form neben allen Elementen der III. analytischen Gruppe. Vorhandene Elemente der II. Gruppe sind vorher mit Schwefelwasserstoff zu fällen. Man kann 1 mg Kobalt neben 10 mg Aluminium, Zink, Eisen, Chrom, Mangan und der 2000fachen Menge Nickel nachweisen.

Grenzkonzentration. 1 : 10000000 (10^{-7}).

8. Nachweis mit Kaliumdithiooxalat.

Eine Lösung des Reagenses gibt nach JONES und TASKER mit Kobaltsalz-

$$\begin{array}{l} S\text{=}C\text{—}C\text{=}S \\ \quad | \quad\; | \\ \;OK\,OK \end{array}$$

Kaliumdithiooxalat

lösungen eine dem Eisenrhodanid ähnliche Färbung. Die dabei entstehende Kobaltverbindung ist beständiger als die entsprechende Nickelverbindung. Man kann auf diese Weise Kobalt neben der 9fachen Menge Nickel nachweisen. Eisen stört den Nachweis des Kobalts in geringeren Konzentrationen nicht.

Grenzkonzentration. 1 : 400000 ($10^{-5,6}$).

9. Nachweis mit 1-Oxybenzolazo-2-phenylaminonaphthalin.

Nach KUHN und LUDOLPHY bildet die alkalische Lösung des sogenannten

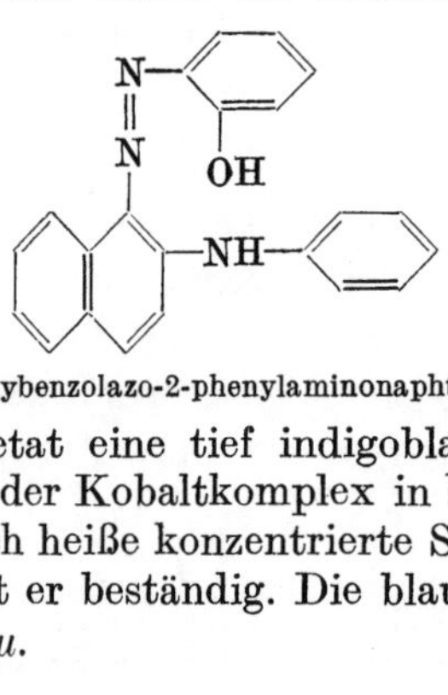

N, N, OH, NH

1-Oxybenzolazo-2-phenylaminonaphthalin

Oxazokörpers mit Kobaltacetat eine tief indigoblaue Lösung, aus welcher bei hinreichender Konzentration der Kobaltkomplex in blauschwarzen Kristallen ausfällt. Der Komplex wird durch heiße konzentrierte Salzsäure zersetzt, gegen heiße konzentrierte Natronlauge ist er beständig. Die blaue Lösung in Aceton hat eine Absorptionsbande bei 619 mμ.

Erfassungsgrenze. 0,1 γ Co.

Störungen. Nickel und Kupfer stören durch Bildung einer schwach kirsch- bzw. weinroten Färbung. Eisen(II)-, Mangan(II)-, Zink-, Quecksilber(II)- und Uranylionen geben keine wesentliche Färbung. Eisen(II)- und Zinkionen verzögern bzw. verhindern die Bildung des Komplexes.

10. Nachweis mit Eriochromblauschwarz B (G) bzw. Eriochromrot B (G).

Nach EEGRIWE färben Kobaltsalzlösungen eine nitrithaltige essigsaure Erio-

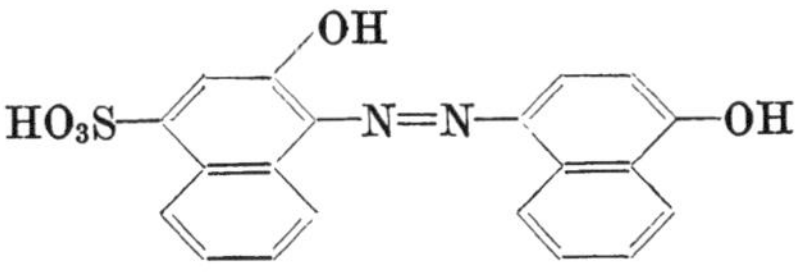

OH
HO_3S—N=N—OH

Eriochromblauschwarz B

chromblauschwarz enthaltende Lösung, die selbst orange gefärbt ist, violett.

Ausführung. 1 Tropfen der neutralen Probelösung wird mit 5 bis 10 Tropfen Farbstofflösung (0,01 g Farbstoff in 50 ml Wasser) und mit 1 Tropfen Nitritlösung (3,5 g $NaNO_2$ in 100 ml Wasser) versetzt und mit 0,5 n Essigsäure angesäuert. 0,3 γ Co geben noch eine violettorange Färbung. In Gegenwart von Nickel wird die Reaktion etwas verzögert.

Grenzkonzentration. 1 : 5000000 ($10^{-6,7}$).

Störungen. Kupfer, Vanadin und Wolfram geben eine ähnliche Violettfärbung.

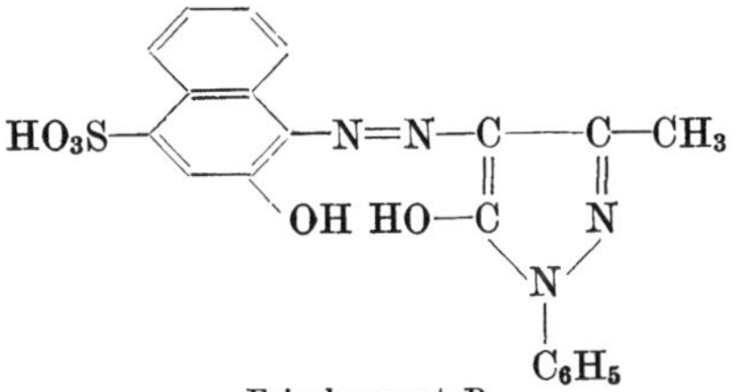

HO_3S—N=N—C——C—CH_3
OH HO—C N
N
C_6H_5

Eriochromrot B

Eriochromrot, das in wäßriger Lösung rötlichgelb gefärbt ist, wird beim Zusatz von Nitrit und Essigsäure hellgelb. In Gegenwart von Kobalt tritt Orangefärbung auf, die den Nachweis von noch 0,1 γ Co gestattet.

Grenzkonzentration. 1 : 5000000 ($10^{-6,7}$).

11. Nachweis mit 8-Oxychinolin (Oxin).

Kobalt wird aus neutraler bzw. schwach essigsaurer, natriumacetathaltiger

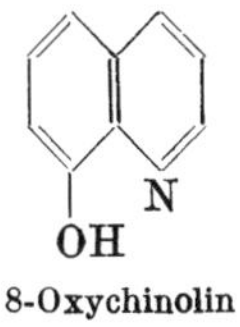

N
OH

8-Oxychinolin

Lösung nach BERG bei 70° als hellbraunes, amorphes, bei nachfolgendem Sieden als fleischfarben getöntes kristallines Kobaltoxychinolat gefällt. Nickel stört die Fällung.

12. Nachweis mit Triäthanolamin.

Nach JAFFE geben Kobaltsalzlösungen mit einer 20%igen wäßrigen Lösung

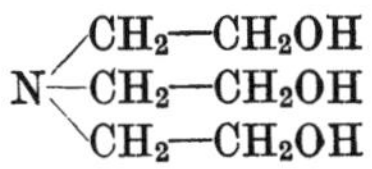

$$N\begin{cases}CH_2-CH_2OH\\CH_2-CH_2OH\\CH_2-CH_2OH\end{cases}$$

Triäthanolamin

des Triäthanolamins eine stark karminviolett gefärbte Lösung, bei Zusatz von Weinsäure einen rötlichweißen Niederschlag, der sich im Überschuß mit karminroter Farbe auflöst. Diese Lösung geht bei Zusatz von Alkalihydroxyden in eine intensiv violett gefärbte Lösung über. Beim Erwärmen wird diese Lösung blau (vgl. a. GARELLI und TETTAMANZI).

Grenzkonzentration. 1 : 2000 ($10^{-3,3}$).

Störungen. Nickel und Chrom stören die Reaktion und sind vorher abzutrennen.

13. Nachweis mit Dicyandiamidinsulfat.

Nach GROSSMANN und HEILBORN läßt sich das Reagens bei Gegenwart von

$$\left[HN{=}C\overset{\displaystyle NHCN}{\underset{\displaystyle NH_3}{\langle\oplus}} \right]_2 \overset{2\ominus}{SO_4}$$

Dicyandiamidinsulfat

Ammoniak oder Alkalihydroxyd vorteilhaft zum gleichzeitigen Nachweis von Kobalt und Nickel anwenden. Man versetzt die Probelösung mit Ammoniak im Überschuß, fügt Rohrzuckerlösung, dann Dicyandiamidinsulfat und schließlich Natronlauge hinzu. Bei Anwesenheit von Kobalt färbt sich die Lösung intensiv rot bis rotviolett. Bei gleichzeitiger Anwesenheit von Nickel fällt dieses kristallin aus.

14. Nachweis mit Benzidin.

Kobalt(III)-hydroxyd gibt mit essigsaurer Benzidinlösung [vgl. FEIGL (a)]

$$H_2N-C_6H_4-C_6H_4-NH_2$$

Benzidin

eine Blaufärbung, die auf der Oxydation des Benzidins durch das 3wertige Kobalt beruht. Diese Blaufärbung wird bereits durch das rosafarbene Kobalt(II)-hydroxyd unter der Einwirkung des Luftsauerstoffs hervorgerufen.

Ausführung. Die Probelösung wird mit verdünnter Natron- oder Kalilauge versetzt, zum Sieden erhitzt und filtriert. Der Niederschlag wird auf dem Filter mit einigen Tropfen essigsaurer Benzidinlösung betupft. Bei Anwesenheit von Kobalt tritt Blaufärbung auf.

Erfassungsgrenze. 0,003 γ Co.

Grenzkonzentration. 1 : 30000000 ($10^{-7,5}$).

Störungen. Mangan, Cer, Silber und Thallium(III) sowie sämtliche sonstige oxydierende Ionen.

C. Weitere weniger empfehlenswerte bzw. unsichere Nachweisreaktionen.

1. Nachweis mit Formaldoxim ($H_2C = NOH$).

Formaldoxim gibt mit schwach alkalischen Kobaltsalzlösungen nach DENIGÈS (b) schwach bräunlich gefärbte Lösungen.

Erfassungsgrenze. 0,2 mg im Liter.

2. Nachweis mit Acetoxim.

Suspendiert man wenig wasserfreies Kobalt(II)-chlorid in Chloroform, Äthylen-

$$CH_3-\overset{\overset{\displaystyle NOH}{\|}}{C}-CH_3$$

Acetoxim

bromid oder Äther und fügt eine Spur Acetoxim hinzu, so erhält man sofort eine kornblumenblaue Färbung. Gegenwart von Nickelchlorid stört nicht, dagegen gehen Nickelbromid und -acetat mit grünlicher Farbe in das Chloroform über. Die entsprechende Reaktion mit Methylbutylketoxim ist noch empfindlicher (HIEBER und LEUTERT).

3. Nachweis mit Isonitroso-acetophenon.

Die Verbindung bildet nach KRÖHNKE mit Kobaltsalzen eine rotgelbe Kom-

C_6H_5—CO—CH=NOH

Isonitroso-acetophenon

plexverbindung, die zum Unterschied von den entsprechenden Verbindungen des Eisens, Nickels, Kupfers, Zinks, Mangans, Quecksilbers, Bleis und Cadmiums gegen Essigsäure relativ beständig ist.

4. Nachweis mit Phenanthrenchinondioxim.

Die Verbindung bildet nach PAVOLINI mit Kobaltsalzen einen scharlachroten

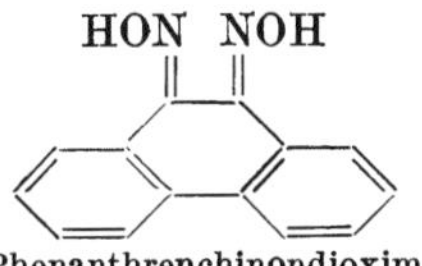

Phenanthrenchinondioxim

Niederschlag (vgl. a. KEUNING und DUBSKY).

5. Nachweis mit β-Isatoxim.

Das Reagens bildet mit Kobaltsalzen in Gegenwart von Natriumacetat in der

C=NOH
C=O
NH

β-Isatoxim

Wärme einen bräunlichgelben Niederschlag. Nickel, Eisen, Silber, Blei und Uran reagieren in ahnlicher Weise (HOVORKA und SYKORA).

6. Nachweis mit Benzhydroxamsäure.

Derivate der Hydroxamsäure geben mit Kobaltsalzen nach MUSANTE rosa

C(=NOH)—OH

Benzhydroxamsäure

gefärbte Komplexverbindungen.

7. Nachweis mit Nitroso-chromotropsäure.

Die Verbindung gibt mit ammoniakalischen Kobaltsalzlösungen eine deutliche

OH OH
—NO
HO_3S— —SO_3H

Nitroso-chromotropsäure

Blaufärbung. Die Erfassungsgrenze beträgt etwa 1 γ Co im ml (BRENNER).

8. Nachweis mit Isonitrosodimedon.

Das Reagens gibt mit Kobaltsalzen ein orange gefärbtes inneres Komplexsalz.

```
H3C\    /CH2—CO\
     >C<         >C=NOH
H3C/    \CH==C/
             |
             OH
```

Isonitrosodimedon

Nickel stört bis zum 10fachen Überschuß nicht.

Grenzkonzentration. 1 : 20000000 ($10^{-7,3}$) (SHOME).

9. Nachweis mit Isonitrosothiocampher.

Die Verbindung bildet mit Kobaltsalzen nach SEN in essigsaurer Lösung einen

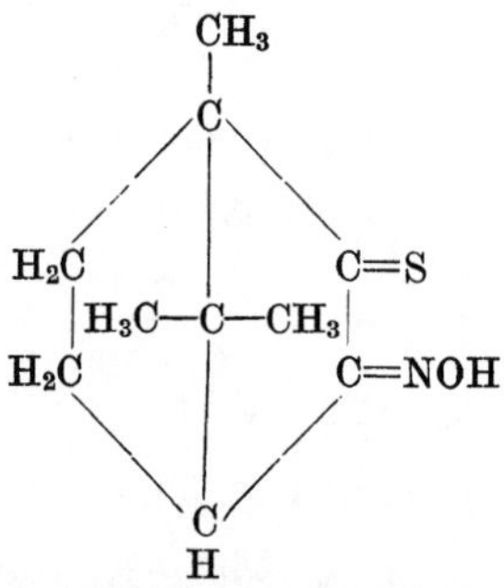

Isonitrosothiocampher

tiefroten Niederschlag.

10. Nachweis mit 8-Isonitramino-menthon-semicarbazon.

Das Reagens bildet mit Kobaltsalzen nach BRAMBILLA ein tief gefärbtes Kom-

```
        CH3
        |
       /C\
    H2C  H  CH2
     |       |
    H2C      C=N—NH—CO—NH2
      \C/   OH
       |    |
       |   /N—NO
       /C\
    CH3   CH3
```

8-Isonitramino-menthon-semicarbazon

plexsalz, das in Alkohol löslich, in Wasser und Äther unlöslich ist.

11. Nachweis mit Isonitrosomalonylguanidin.

Die Verbindung bildet mit Kobalt in salpetersaurer Lösung eine blauviolette

```
       HN—CO
HN=C<        >C=NOH
       HN—CO
```

Isonitrosomalonylguanidin

Färbung (JEAN).

12. Nachweis mit 3-Nitrososalicylsäure.

Das Reagens bildet mit Kobaltsalzlösungen einen braunen, in Petroläther

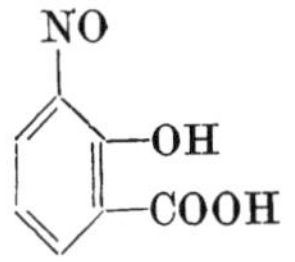

NO
—OH
—COOH

3-Nitrososalicylsäure

löslichen Niederschlag (PERRY und SERFASS).

13. Nachweis mit α-Nitroso-β-naphthylamin bzw. β-Nitroso-α-naphthylamin.

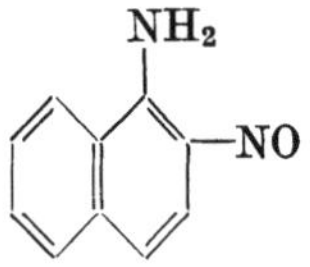

Beide Verbindungen bilden mit Kobaltsalzen nach GUHA-SIRCAR und BHATTACHARJEE ähnliche Verbindungen wie die entsprechenden Naphthole.

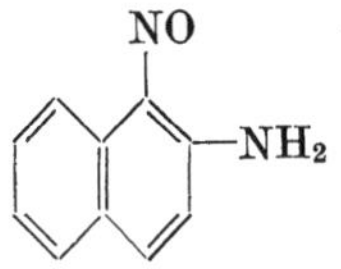

NO —NH_2

α-Nitroso-β-naphthylamin

NH_2 —NO

β-Nitroso-α-nahthylamin

14. Nachweis mit Thioharnstoff.

Nach GOLDBERG erhält man auf Zusatz von Thioharnstoff zu Kobaltlösungen je nach der Kobaltkonzentration eine grüne bis blaue Färbung, die sich zum Kobaltnachweis eignet. Der Nachweis kann in drei Ausführungsformen durchgeführt werden:

1. Zerreiben des festen Kobaltsalzes mit zwei bis drei Thioharnstoffkristallen.
Erfassungsgrenze. 0,31 γ Co.
Grenzkonzentration. 1 : 600000 ($10^{-5,7}$).

2. Benetzen von Thioharnstoffkristallen mit ein bis zwei Tropfen der Probelösung.
Erfassungsgrenze. 1,25 γ Co.
Grenzkonzentration. 1 : 40000 ($10^{-4,6}$).

$$S{=}C\begin{matrix}\diagup NH_2\\ \diagdown NH_2\end{matrix}$$

Thioharnstoff

3. Vermischen von je 1 ml der Probelösung und gesättigter Thioharnstofflösung, Aufziehen der Lösung auf Filtrierpapier und Trocknen des Papierstreifens.
Erfassungsgrenze. 2,5 γ Co.
Grenzkonzentration. 1 : 20000 ($10^{-4,3}$).
Störungen. Nickel, Chrom und Kupfer stören den Kobaltnachweis durch ähnliche Färbungen, Wismut durch eine intensiv gelborange Färbung. Auf Filtrierpapier stören Kupfer, Nickel und Chrom nur, wenn sie gegenüber dem Kobalt in größeren Mengen vorliegen.

15. Nachweis mit S-Benzylthiouroniumchlorid.

Die Verbindung ist nach STEIGMAN (b) in heißer ammoniakalischer Lösung ein

$$\left[C_6H_5\cdot CH_2{-}\overset{\oplus}{S}{=}C\begin{matrix}\diagup NH_2\\ \diagdown NH_2\end{matrix}\right]^{\ominus}Cl$$

S-Benzylthiouroniumchlorid

sehr empfindliches Reagens auf Kobalt. Nickel reagiert in ähnlicher Weise.

16. Nachweis mit Thiodiphenylcarbazid (Diphenylthiocarbohydrazid).

Die Verbindung reagiert mit Kobaltsalzen nach PARRI unter Bildung eines

$$S{=}C\begin{cases}NH{-}NH{-}C_6H_5\\NH{-}NH{-}C_6H_5\end{cases}$$

Thiodiphenylcarbazid

zunächst gelben Niederschlags, der nach einiger Zeit grün wird. Aus essig- bzw. salzsaurer Lösung fällt er mit Alkalihydroxyd rotviolett und wird nach anschließendem Ansäuern braunschwarz.

17. Nachweis mit Dinaphthyl-thiocarbazon.

Die Verbindung bildet mit Kobaltsalzen nach SUPRUNOWITSCH einen dunkel-

$$S{=}C\begin{cases}NH{-}NH{-}C_{10}H_7\\N{=}N{-}C_{10}H_7\end{cases}$$

Dinaphthyl-thiocarbazon

violetten, in Wasser schwer löslichen Niederschlag, der in Tetrachlorkohlenstoff, Chloroform und Schwefelkohlenstoff löslich ist. Nickelsalze geben die gleiche Reaktion.

18. Nachweis mit Kaliumxanthogenat bzw. Kaliummethylxanthogenat.

Kaliumxanthogenat gibt mit Kobaltsalzlösungen einen grünen Niederschlag,

$$S{=}C\begin{cases}SK\\OC_2H_5\end{cases} \qquad S{=}C\begin{cases}SK\\OCH_3\end{cases}$$

Kaliumxanthogenat Kaliummethylxanthogenat

der im Gegensatz zum Nickelxanthogenat in Ammoniak fast unlöslich ist (HLASIWETZ, PHIPSON). Mit Methylxanthogenat läßt sich Kobalt nach DEL CAMPO und FERRER auch in einer Verdünnung von 1 : 250000 ($10^{-5,4}$) noch gut nachweisen. Bei 2000fachem Nickelüberschuß gelingt der Kobaltnachweis noch in einer Verdünnung von 1 : 50000.

19. Nachweis mit Viscose (Cellulosexanthogenat).

Die Viscose gibt mit neutralen oder schwach sauren Kobaltsalzlösungen einen bräunlichgrünen Niederschlag (TAMCHYNA). Die Reaktion kann auch auf der Tüpfelplatte oder auf Filtrierpapier ausgeführt werden.

20. Nachweis mit Ammoniumthioacetat.

Ammoniumthioacetat reagiert mit Kobaltsalzen nach DANZIGER in ähnlicher

$$CH_3{-}C\begin{cases}{=}S\\ONH_4\end{cases}$$

Ammoniumthioacetat

Weise wie Ammoniumrhodanid unter Blaufärbung der Amylalkohol- bzw. Alkohol-Äther-Schicht nach dem Ausschütteln.

Grenzkonzentration. 1 : 500000 ($10^{-5,7}$).

21. Nachweis mit Oxanilthioamid.

Oxanilthioamid bildet nach MAZUMDAR mit schwach essigsauren Kobaltsalz-

$$C_6H_5{-}NH{-}CO{-}\overset{\overset{\displaystyle S}{\|}}{C}{-}NH_2$$

Oxanilthioamid

lösungen einen braunen körnigen Niederschlag. Nickel reagiert in gleicher Weise.

22. Nachweis mit o-Thioacetylamino-p-nitrophenol.

Eine 0,05%ige alkoholische Lösung des Reagenses gibt nach BUSCAROUS und

o-Thioacetylamino-p-nitrophenol

ARTIGAS mit ammoniakalischen Kobaltsalzlösungen bei Konzentrationen bis zu 1 : 16000 einen braunen Niederschlag, bei Konzentrationen bis zu 1 : 1600000 ($10^{-6,2}$) eine rötliche Färbung, die sich zum Nachweis des Kobalts eignet.

Störungen. Die Störung durch Nickel kann durch Zugabe von Kaliumcyanid beseitigt werden. Kationen, die mit Ammoniak Farbreaktionen geben, können durch Komplexbildner maskiert werden.

23. Nachweis mit Cystein.

Cystein bildet mit Kobaltsalzen nach Oxydation bei $p_H = 7,5$ eine braun-

$HS—CH_2—CH(NH_2)—COOH$

Cystein

gefärbte Komplexverbindung (MICHAELIS und YAMAGUCHI).

24. Nachweis mit Cystin.

Cystin fällt aus schwach ammoniakalischen Kobaltsalzlösungen einen schwach-

$HOOC—CH(CH_2—S—S—CH_2)—NH_2 \; HN_2—CH—COOH$

Cystin

rosa gefärbten Niederschlag (RAY und BHADURI).

25. Nachweis mit Diphenylthiohydantoin-natrium.

Die Verbindung bildet mit neutralen Kobaltsalzlösungen nach GARRIDO einen

Diphenylthiohydantoin-natrium

blauen Niederschlag der Zusammensetzung $(HNCPh_2CONCS)_2Co \cdot 2H_2O$. Bei Anwesenheit von Ammoniak fällt die entsprechende violett gefärbte Ammoniakverbindung aus.

Grenzkonzentration. 1 : 500000 ($10^{-5,7}$).

26. Nachweis mit p-Dimethylaminostyryl-β-naphthothiazol.

Styrylfarbstoffe, wie das genannte Reagens, geben nach KRUMHOLZ und

p-Dimethylaminostyryl-β-naphthothiazol

KRUMHOLZ mit Kobaltsalzen eine charakteristische Färbung.

Grenzkonzentration. 1 : 50000 ($10^{-4,7}$).

27. Nachweis mit Resorcin.

Resorcin bildet nach LAVOYE mit Kobaltsalzen in ammoniakalischer Lösung

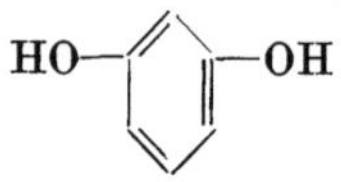

Resorcin

einen roten bzw. blauvioletten Niederschlag.

28. Nachweis mit Dinitroresorcin.

Dinitroresorcin gibt nach NICHOLS und COOPER mit Kobalt eine orangebraune

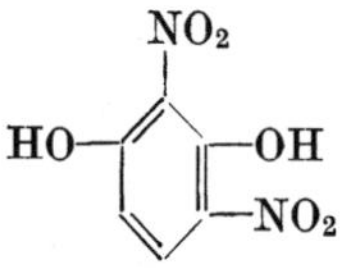

Dinitroresorcin

Färbung bzw. einen entsprechend gefärbten Niederschlag.

Erfassungsgrenze. 0,0033 g Co im ml.

29. Nachweis mit 2,4-Dioxybenzolazo-p-nitrobenzol.

Eine alkoholische Lösung der Verbindung bildet mit Kobaltsalzen nach DUBSKY

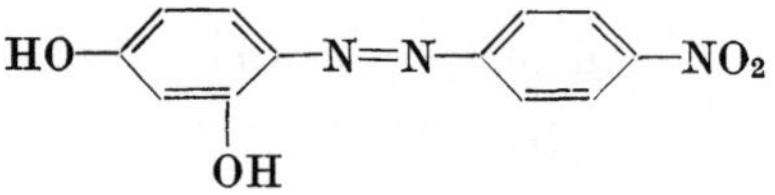

2,4-Dioxybenzolazo-p-nitrobenzol

und OKAC eine blaue Adsorptionsverbindung. Nickel reagiert in ähnlicher Weise.

30. Nachweis mit p-Diäthylamino-phenylazochromotropsäure (Chromotropblau).

Die Verbindung wird von STEIGMAN (c) als Reagens auf Kobalt vorgeschlagen.

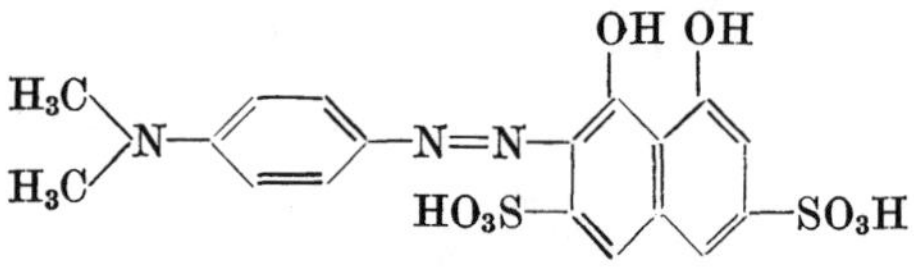

Chromotropblau

31. Nachweis mit Gallocyanin.

Gallocyanin wird von DUBSKY (a) zum qualitativen Nachweis des Kobalts

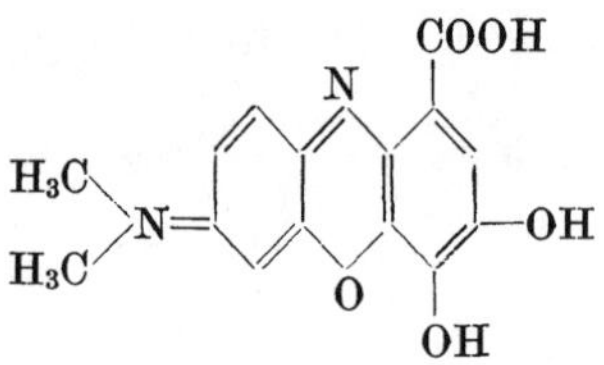

Gallocyanin

vorgeschlagen.

32. Nachweis mit Hämatoxylin.

Hämatoxylin bildet nach DUBSKY (b) mit Kobaltsalzen, auch in ammoniaka-

Hämatoxylin

lischer Lösung, einen rotvioletten Niederschlag, der sich in Säuren mit roter Farbe auflöst. Nickelsalze reagieren ähnlich.

33. Nachweis mit Biuret.

Biuret kann nach KOSSOLAPOW für den Nachweis von Kobalt verwendet werden.

$$H_2N{-}CO{-}NH{-}CO{-}NH_2$$

Biuret

Nickel reagiert in ähnlicher Weise.

34. Nachweis mit Diphenylcarbazid (Diphenylcarbohydrazid).

Die Verbindung färbt Kobaltsalzlösungen rosarot. Nickel gibt die gleiche

$$O{=}C\begin{matrix} \diagup NH{-}NH{-}C_6H_5 \\ \diagdown NH{-}NH{-}C_6H_5 \end{matrix}$$

Diphenylcarbazid

Reaktion [KOLTHOFF (b)].

35. Nachweis mit 5-Brom-2-aminobenzoesäure.

Die Verbindung wird von SHENNAN als Reagens auf Kobalt vorgeschlagen.

5-Brom-2-aminobenzoesäure

36. Nachweis mit 1,2-Diaminoanthrachinon-3-sulfonsäure.

Das Reagens gibt nach MALATESTA und DI NOLA mit Kobaltsalzen eine Blau-

1,2-Diaminoantrachinon-3-sulfonsäure

färbung bzw. einen blauen Niederschlag. Gegenwart von Ammoniak verstärkt die Empfindlichkeit des Nachweises.

Erfassungsgrenze. 0,2 γ Co.

37. Nachweis mit 1-Phenyl-3-methyl-5-pyrazolon.

Die Verbindung bildet nach DUBSKY und WINTROWA mit Kobaltsalzen einen

1-Phenyl-3-methyl-5-pyrazolon

ultramarinblauen Niederschlag, in stark ammoniakalischer oder alkalischer Lösung einen braunen Niederschlag.

38. Nachweis mit Imidazol.

Nach E. J. FISCHER geben Spuren von Kobaltsalzen mit Imidazol violett-

Imidazol

blaue Lösungen.

39. Nachweis mit Harnsäure.

Nach VITALI bildet Harnsäure mit Kobaltsalzen bei Anwesenheit von Kalium-

Harnsäure

permanganat einen blauvioletten Niederschlag.

40. Nachweis mit Naphthensäuren.

Naphthensäuren, in Benzin gelöst, färben sich beim Schütteln mit einer Kobaltsalzlösung rosarot, mit einer Nickelsalzlösung schwach grün. Schüttelt man die Benzinphase mit Wasserstoffperoxydlösung, so tritt bei Anwesenheit von Kobalt eine intensiv grünlichbraune Färbung auf. Die Nickelsalzlösung bleibt bei dieser Reaktion unverändert (CHARITSCHKOW).

§ 6. Nachweis auf mikrochemischem Wege.

I. Mikroskopische Methoden.

A. Wichtige Fällungsreaktionen.

1. Nachweis als Kobalttetrarhodanatomercurat(II) $Co[Hg(SCN)_4]$.

Eine Lösung von Quecksilber(II)-chlorid und Ammonium- bzw. Natrium- oder Kaliumrhodanid gibt mit Kobaltsalzlösungen nach SCHORL tiefblaue rhombische Kristalle, die sich zu stacheligen Kugeln vereinigen können [FEIGL (b), NIEUWENBURG, CUVELIER (b)].

Ausführung. Ein Tropfen der schwach sauren Probelösung wird auf dem Objektträger zur Trockne eingedampft und nach dem Erkalten mit 1 bis 2 Tropfen der Reagenslösung (3 g $HgCl_2$ und 3,3 g NH_4SCN in 5 g Wasser) versetzt. Bei Anwesenheit von Kobalt bilden sich Rosetten von tiefblauen rhombischen Kristallen, bei kleineren Konzentrationen dicke Nadeln. Die Kristallisation setzt zwar spontan ein, ist aber oft sehr langsam, so daß es sich empfiehlt, einige Minuten zu warten. Dieser Nachweis ist sehr zu empfehlen, da nur Kobalt diese dunkelblauen und morphologisch so definierten Kristalle liefert (s. Abb. 1 u. 2).

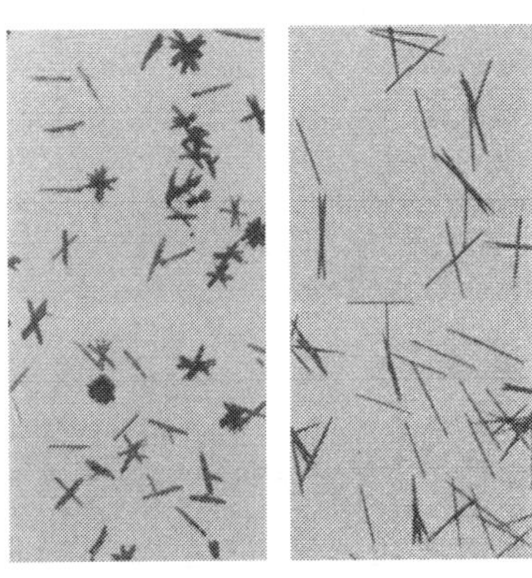

Abb. 1.

Abb. 2.

Abb. 1 u. 2. Kobalttetrarhodanatomercurat(II) $Co[Hg(SCN)_4]$ (nach GEILMANN[1]). Vergr. 65fach.

Erfassungsgrenze. 0,5 γ Co.

Grenzkonzentration. 1 : 4000 ($10^{-3,6}$).

Die Empfindlichkeit dieser Reaktion kann nach KORENMAN (a) durch Zugabe eines Tropfens 0,25%iger Zinksulfatlösung gesteigert werden. Es bilden sich hierbei Mischkristalle der Zusammensetzung $Co[Hg(SCN)_4] \cdot Zn[Hg(SCN)_4]$, die je nach dem Kobaltgehalt eine mehr oder minder intensive Blaufärbung haben. Beim Blindversuch bilden sich die für die Zinkverbindung charakteristischen farblosen mit der Kobaltverbindung isomorphen Kristalle (vgl. a. THOMSON, GRAMACHO).

Erfassungsgrenze. 0,02 γ Co.

Grenzkonzentration. 1 : 100000 (10^{-5}).

Störungen. Eine große Anzahl von Kationen, die bei diesem Nachweis ebenfalls Niederschläge geben, stört bei der Untersuchung unter dem Mikroskop nicht, auch wenn sie in größerer Menge zugegen sind. Es sind dies die Elemente Pb, Ba, Sr, Ca, die bei der Zugabe von Zinksulfat als Sulfate ausfallen, sowie Ag, Hg, Cd, As, Sb, Sn, Os, Se, Te, Mo, W, die weiße Niederschläge bilden. Bi, Rh, Pt, Cr, Ce und Zr, die hellrote, Au und Ir, die hellbraune, V^{5+} und Fe^{2+}, die einen schmutziggrauen, Ni, das einen hellgrünen und Cu, das einen charakteristischen moosgrünen Niederschlag mit dem Fällungsreagens gibt, stören den Kobaltnachweis nicht, setzen jedoch die Empfindlichkeit etwas herab. Die seltenen Erden, Y, Ti, Be, Mn, Re und die Alkalimetalle geben keine Fällungen und setzen die Empfindlichkeit des Nachweises bis zu einem Verhältnis von 1 : 200 nicht wesentlich herab. Die Rotfärbung, die bei der Anwesenheit von Fe^{3+} auftritt, wird durch Zugabe von Ammonium- oder Natriumfluorid entfernt.

---

[1] W. GEILMANN: Bilder zur qualitativen Mikroanalyse anorganischer Stoffe. Leipzig 1934.

2. Nachweis als Kaliumhexanitritokobaltat(III) $K_3[Co(NO_2)_6]$.

Die Abscheidung des Kobalts als $K_3[Co(NO_2)_6]$ mit Kaliumnitrit kann auch als Mikroreaktion ausgeführt werden (vgl. BEHRENS-KLEY).

Ausführung. Ein Probetropfen der schwach sauren oder schwach alkalischen Lösung wird am Objektträger mit Kaliumnitritlösung ungeachtet einer entstehenden Fällung erhitzt und mit einem Tropfen Essigsäure versetzt. Bei langsamer Abkühlung entstehen kleine gelbe bis dunkelgelbe Würfel und Oktaeder bis zu einer Größe von 20 μ (vgl. a. DUVAL und SOYE) (s. Abb. 3).

Nachweisgrenze. 0,1 γ Co.

Grenzkonzentration. 1 : 1000000 (10^{-6}).

Für besondere Fälle kann die Empfindlichkeit der Reaktion durch Zusatz von Cäsiumchlorid verdoppelt werden. Es fällt dann ein Mischkristall der Zusammensetzung $Cs_2K[Co(NO_2)_6]$ aus (vgl. YAGODA und PATRIDGE).

Dieser Nachweis ist deswegen besonders wertvoll, weil bei Abwesenheit der Erdalkalimetalle nur Kobalt gefällt wird und Nickel keinen Einfluß auf diese Reaktion hat.

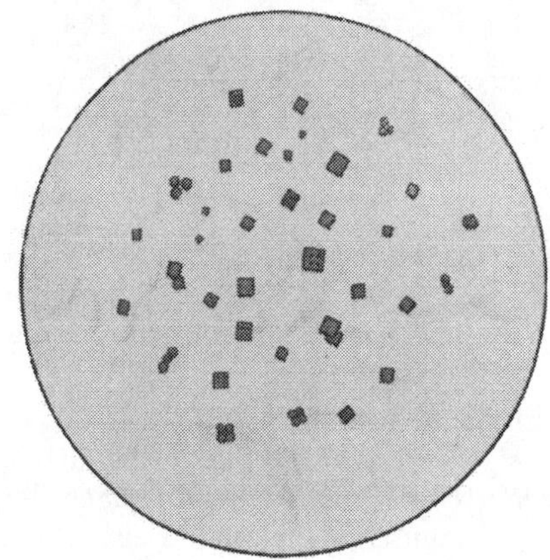

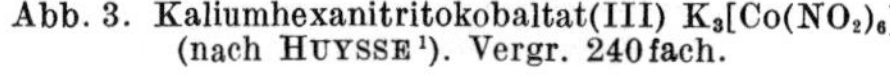

Abb. 3. Kaliumhexanitritokobaltat(III) $K_3[Co(NO_2)_6]$ (nach HUYSSE[1]). Vergr. 240fach.

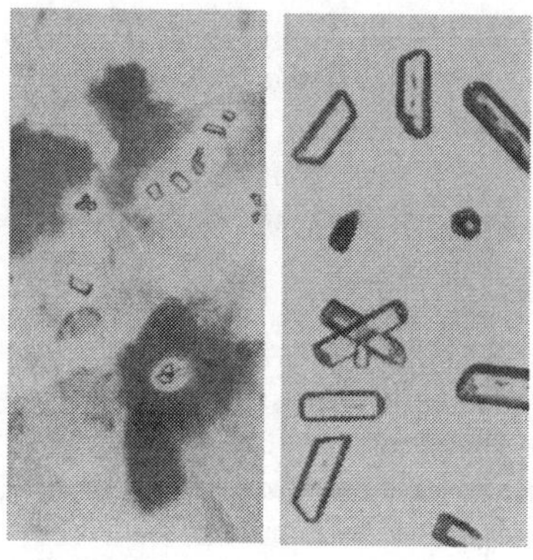

Abb. 4. Kobaltammoniumphosphat $CoNH_4PO_4 \cdot 6\,H_2O$ (nach GEILMANN, s. Fußnote 1, S. 175). Vergr. 75fach.

B. Weitere Nachweisreaktionen.

1. Nachweis als Kobaltammoniumphosphat $CoNH_4PO_4 \cdot 6\,H_2O$.

Kobalt bildet in ammoniakalischer Lösung bei Anwesenheit von Ammoniumchlorid mit Natriumphosphat ähnliche Kristalle wie Magnesium und Mangan (vgl. BEHRENS-KLEY).

Ausführung. Der neutrale Probetropfen wird mit wenig Natriumphosphat versetzt und zu dem hierbei entstandenen amorphen Niederschlag ein großer Überschuß von festem Ammoniumchlorid gegeben. Nach kurzer Zeit entstehen schwach rosa gefärbte große, meist scherenförmige Kristalle (s. Abb. 4).

Störungen. Mg, Mn, Fe, Zn und Ni stören, da sie isomorphe Kristalle bilden, sowie sämtliche anderen Elemente, die unter gleichen Bedingungen schwerlösliche Niederschläge bilden. Man kann jedoch die Kobaltverbindung davon unterscheiden, indem man ihr das Kristallwasser entzieht. Ersetzt man die wäßrige Lösung, in

[1] A. C. HUYSSE: Atlas zum Gebrauch bei der mikrochemischen Analyse. Leiden 1900.

der sich die Kristalle befinden, durch einen Tropfen Glycerin und erwärmt langsam, so verliert das Kobaltsalz langsam sein Kristallwasser und färbt sich dunkelblau, seine ursprüngliche Form behaltend (RICHTER). Mn und Fe sind vorher durch Ammoniak zu entfernen. Nickel bildet Mischkristalle, die den Nachweis von wenig Kobalt stören.

2. Nachweis mit Cäsiumchlorid (CsCl).

Kobalt(II)-chlorid bildet mit Cäsiumchlorid nach VERMANDE, DUCLOUX sowie YAGODA Doppelsalze von verschiedener Zusammensetzung, die bei Einhaltung bestimmter p_H-Werte und bei Beachtung der anwesenden Anionen einen spezifischen Nachweis für Kobalt gestatten. Man erhält je nach den Fällungsbedingungen hellblau bis grünlich gefärbte rhombische oder hexagonale Tafeln. Die Kristalle sind zerfließlich, zeigen eine deutliche Doppelbrechung, und ihre Polarisationsfarbe variiert von graublau bis zum Grün erster Ordnung.

Grenzkonzentration. 1 : 1000000 (10^{-6}).

3. Nachweis mit Kaliumtetraselenocyanatomercurat(II) ($K_2[Hg(SeCN)_4]$).

Nach BENEDETTI-PICHLER und SPIKES kann die Selenoverbindung in gleicher Weise wie das entsprechende Rhodansalz zum mikroskopischen Nachweis des Kobalts verwendet werden. Da jedoch die Grenzkonzentrationsverhältnisse beim Ersatz des Schwefels durch das Selen nur wenig günstiger werden und das Reagens sich zudem sehr leicht zersetzt, bringt dieser Nachweis gegenüber der Rhodanidreaktion keine wesentlichen Vorzüge.

4. Nachweis mit Kaliumchromat (K_2CrO_4).

Kobaltsalzlösungen geben mit festem Kaliumchromat nach ROSENTHALER einen braunen amorphen Niederschlag. In Gegenwart von Spuren Aluminium, Mangan oder Zinn entstehen braune Nadeln, die je nach den Umständen vereinzelt liegen oder Garben, Büschel, Sterne u. dgl. bilden. Die Reaktion ist wenig empfindlich.

5. Nachweis mit Dimethylglyoxim und Kaliumjodid.

Die Reaktion von LLACER und SOZZI mit Dimethylglyoxim und Kaliumjodid

$$\begin{array}{c} H_3C{-}C{=}NOH \\ | \\ HC_3{-}C{=}NOH \end{array}$$

Dimethylglyoxim

kann auch für den mikroskopischen Nachweis des Kobalts verwendet werden.

Ausführung. 1 Tropfen der Probelösung wird auf einem Objektträger mit 1 Tropfen 10%iger Kaliumjodidlösung vermischt und zur Trockne eingedampft. Nach dem Erkalten wird der Objektträger angehaucht, und 1 bis 2 Tropfen Dimethylglyoximlösung werden neben den Probetropfen gesetzt. Der Reagenstropfen verbreitet sich über den Rückstand, und man beobachtet zunächst eine Gelbfärbung der Lösung, aus der sich anschließend gelbe bis dunkelrote Kristalle abscheiden.

Erfassungsgrenze. 0,2 γ Co.

Grenzkonzentration. 1 : 50000 ($10^{-4,7}$).

Erfassungsgrenze. 5 γ Co.

Grenzkonzentration. 1 : 2000 ($10^{-3,3}$) bei Anwesenheit von Nickel im Verhältnis 1 : 80.

6. Nachweis mit Natriumdiäthyldithiocarbaminat.

Kobaltsalzlösungen bilden mit dem Reagens fast rechtwinklige blaugrüne Platten. Der entsprechende Nickelkomplex bildet sich nur schwer. Diese Reaktion kann daher auch zum Nachweis von Kobalt neben Nickel verwendet werden. Der Nickelnachweis ist unzuverlässig. Zum Nachweis des Kobalts wird die neutrale Probelösung, 0,3 ml, mit der gleichen Menge frisch bereiteter wäßriger Reagenslösung und der gleichen Menge Benzol in einem Reagensglas geschüttelt. Anschließend wird die Benzollösung abpipettiert, und 1 bis 2 Tropfen werden auf dem Objektträger verdunsten gelassen. Die gebildeten Kristalle werden bei schwacher Vergrößerung unter dem Mikroskop betrachtet (vgl. GRANT und MEGGY).

$S{=}C(SNa)N(C_2H_5)_2$

Natriumdiäthyldithiocarbaminat

7. Nachweis mit Martiusgelb (2,4-Dinitro-α-naphthol).

Der in Pyridin gelöste und mit der dreifachen Menge Wasser verdünnte Farbstoff gibt, nach MARTINI (a), mit Kobalt(II)-chloridlösungen zunächst einen amorphen Niederschlag, der nach einigem Stehen in gelbe, leicht orangegefärbte prismatische Kristalle übergeht, die sich zu Rosetten vereinigen. Nickel stört den Nachweis nicht.

Martiusgelb 2,4-Dinitro-α-naphthol

Erfassungsgrenze. 5 γ Co. **Grenzkonzentration.** 1:10000 (10^{-4}).

8. Nachweis mit Hexamethylentetramin (Urotropin).

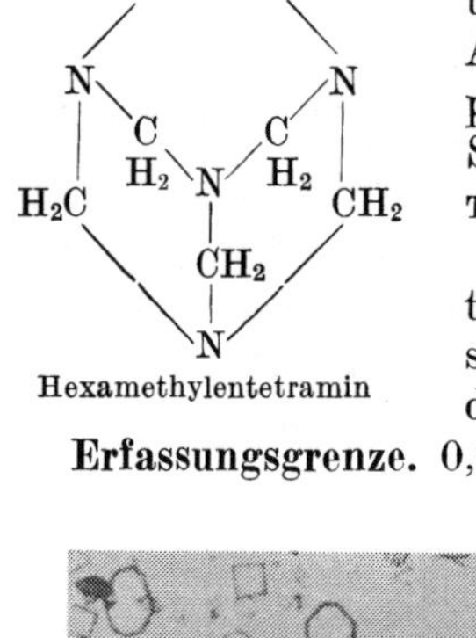

Hexamethylentetramin

a) Ammoniumrhodanid. Fügt man zu einem Tropfen Kobaltchloridlösung einen Tropfen Urotropinsulfatlösung und läßt an die Ränder des Tropfens Spuren von gesättigter Ammoniumrhodanidlösung zufließen, so bilden sich blaue prismatische Kristalle, $Co(SCN)_2 \cdot 2\,(CH_2)_6N_4$, des triklinen Systems, die sich zum Nachweis des Kobalts eignen [MARTINI (b), KORENMAN (b)] (s. Abb. 5), GEILMANN.

b) Natriumdithionat. Nach RAY und SARKAR bilden Urotropin und Natriumdithionat mit Kobaltsalzen charakteristische hellrote Kristalle, $CoS_2O_6 \cdot 2\,(CH_2)_6N_4$, die sich für den mikroskopischen Nachweis des Kobalts eignen (s. Abb. 6).

Erfassungsgrenze. 0,02 γ Co.

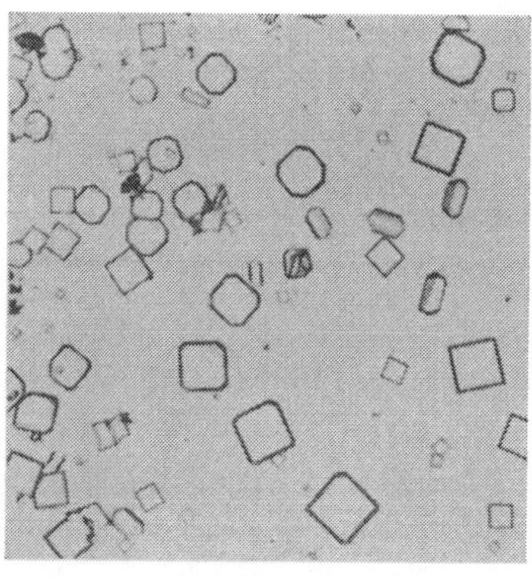

Abb. 5. Kobalt-Hexamethylentetraminrhodanid $Co(SCN)_2 \cdot 2(CH_2)_6N_4$ (nach GEILMANN[1]). Vergr. 70fach.

Abb. 6. Kobalt-Hexamethylentetramindithionat $CoS_2O_6 \cdot 2(CH_2)_6N_4$ (nach GEILMANN[1]). Vergr. 70fach.

[1] W. GEILMANN: Bilder zur qualitativen Mikroanalyse anorganischer Stoffe. Weinheim 1955.

9. Nachweis mit Anilin und Ammoniumrhodanid.

Fügt man zu einem Tropfen Kobaltnitratlösung einen Tropfen reines Anilin

NH_2

Anilin

und gesättigte Ammoniumrhodanidlösung im Überschuß, so bilden sich rosafarbene trikline Kristalle. Nickel gibt unter den gleichen Bedingungen einen grünlich kristallinen Niederschlag [MARTINI (c)].

10. Nachweis mit Pyridin und Ammoniumrhodanid.

Kobaltsalzlösungen geben mit Pyridin

Pyridin

und gesättigter Ammoniumrhodanidlösung einen rosafarbenen kristallinen Niederschlag $Co(SCN)_2 \cdot (C_5H_5N \cdot HSCN)_2$, der nach Zusatz von Salpetersäure blaue monoklin prismatische Kristalle bildet. [GEILMANN, MARTINI (c)] (s. Abb. 7).

Erfassungsgrenze. 0,01 γ Co.

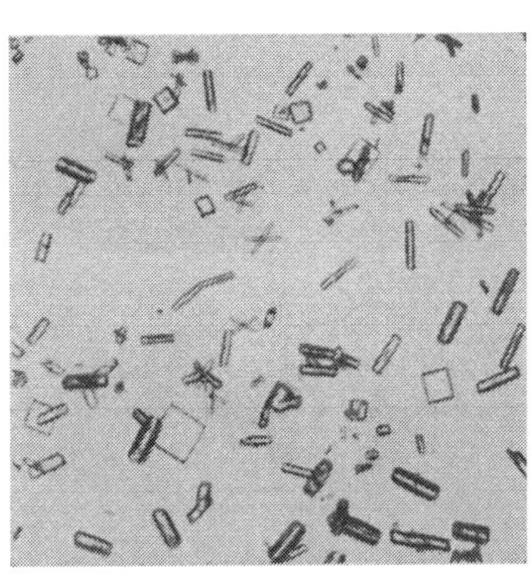

Abb. 7. Kobalt-Pyridinrhodanid $Co(SCN)_2 \cdot (C_5H_5N \cdot HSCN)_2$ (nach GEILMANN, s. Fußnote 1, S. 178). Vergr. 84fach.

11. Nachweis mit Chinolin und Ammoniumrhodanid.

Kobaltsalze bilden mit einer salpetersauren Chinolinlösung in Anwesenheit

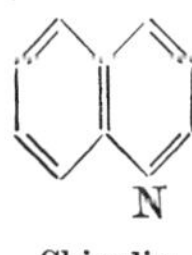

Chinolin

von Ammoniumrhodanid blaue bis hellblaue Prismen, Würfel und auch Kristalle anderer Formen, die sich zum Nachweis des Kobalts eignen [MARTINI (c), (d), KORENMAN (c)].

12. Nachweis mit Isochinolin und Ammoniumrhodanid.

Kobaltsalze bilden mit Isochinolin und Ammoniumrhodanid zunächst eine

N

Isochinolin

blaue ölige Verbindung, die nach einiger Zeit blaue Kristalle verschiedener Formen bildet (SCHAEFFER).

Grenzkonzentration. 1 : 4000 ($10^{-3,6}$).

13. Nachweis mit Pyramidon und Ammoniumrhodanid.

Bei Gegenwart von Ammoniumrhodanid und Pyramidon, beide in kalt ge-

Pyramidon

sättigter Lösung, sowie einen Tropfen Salpetersäure bilden Kobaltsalze blaugrüne sich zu Garben aggregierende Kristalle, die den Nachweis des Kobalts neben der 100fachen Menge Nickel gestatten [MARTINI (e)].

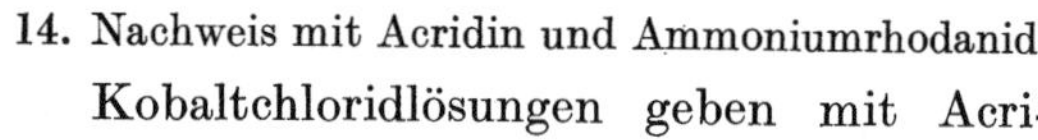

14. Nachweis mit Acridin und Ammoniumrhodanid.

Kobaltchloridlösungen geben mit Acri-

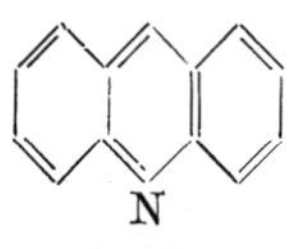

Acridin

diniumchlorid bei Anwesenheit von Ammoniumrhodanid blaue prismatische, dem triklinen System angehörende Kristalle [LANGER, MARTINI (f)] (s. Abb. 8).

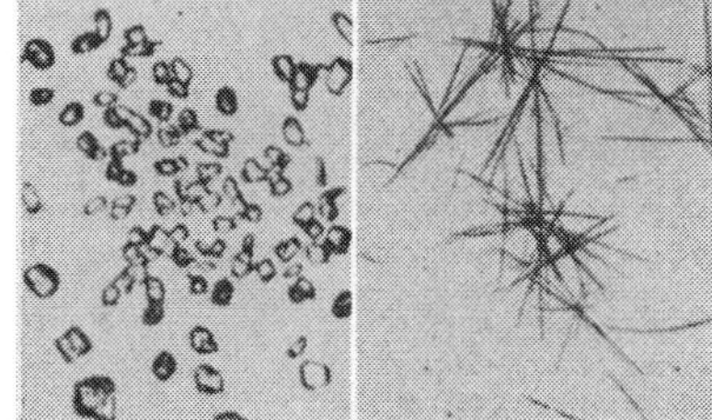

Abb. 8. Kobalt-Acridinrhodanid $H_2[Co(SCN)_4] \cdot 2(C_{13}H_9N)$ (nach GEILMANN, s. Fußnote 1, S. 178). Vergr. 84 fach.

15. Nachweis mit Spartein und Ammoniumrhodanid.

Kobaltsalze bilden mit Sparteinsulfat bei Anwesenheit von Ammoniumrhodanid blaue rechteckige Tafeln, die entweder einzeln oder in Rauten angeordnet sind. Die Kristalle zeigen zwischen gekreuzten Nicols eine starke Doppelbrechung; beim Drehen tritt Auslöschung bei einem Winkel von 15 bis 20° ein [MARTINI (g)].

Coramin

16. Nachweis mit Coramin, Pyridin-β-carbonsäure-diäthylamid und Kaliumrhodanid.

Nach MARTINI (h) bilden Kobaltsalzlösungen mit Coramin bei Anwesenheit von Kaliumrhodanid weiße bis graue Kristalle, die sich zu Büscheln vereinigen.

Erfassungsgrenze. 0,4 γ Co.

17. Nachweis mit Picrolonsäure.

Das Reagens gibt mit Kobaltsalzlösungen nach BERISSO einen kristallinen

Picrolonsäure

Niederschlag, der sich zum Nachweis des Kobalts eignet.

Grenzkonzentration. 1 : 10000 (10^{-4}).

18. Nachweis mit Methylorange (Helianthin).

Das Reagens bildet nach M. E. Pozzi-Escot (vgl. a. E. Pozzi-Escot sowie

$$HO_3S-C_6H_4-N{=}N-C_6H_4-N(CH_3)_2$$

Methylorange

Grimes, Bond und Shead) mit Kobaltsalzlösungen braune bis schwarze prismatische Kristalle.

19. Nachweis mit Pyridin und Kaliumdichromat.

Versetzt man auf dem Objektträger einen Tropfen einer Kobaltsalzlösung mit einem Tropfen gesättigter Kaliumdichromatlösung und setzt die Lösung Pyridindämpfen aus, so erhält man charakteristische Kristalle, die sich zum Nachweis des Kobalts eignen [Korenman (d), Paravano und Pasta, Briggs].

Erfassungsgrenze. 0,1 γ Co.

20. Nachweis mit Pikrinsäure.

Nach Korenman (e) bilden Kobaltsalze mit einer ammoniakalischen Pikrin-

$$C_6H_2(OH)(NO_2)_3$$

Pikrinsäure

säurelösung charakteristische Kristalle, die sich zu Nadelbüscheln vereinigen.

Erfassungsgrenze. 0,3 γ Co.

21. Nachweis mit Isonitrosodimedon.

Nach Gillis, Hoste und Pijck bildet das Reagens mit Kobalt in schwach-

$$(H_3C)_2C<\begin{matrix}H_2C-C{=}O\\ \\ H_2C-C{=}O\end{matrix}>C{=}NOH$$

Isonitrosodimedon

saurer Lösung rote doppelbrechende zu Rosetten aggregierte Kristalle, die sich sehr gut für den mikroskopischen Nachweis des Kobalts eignen. Grenzkonzentration 1 : 100000 (10^{-5}). Die meisten Ionen stören den Nachweis des Kobalts nicht (vgl. a. Guha-Sircar und Bhattacharjee sowie Shome).

II. Nachweis mit Hilfe von Tüpfelreaktionen.

A. Wichtige Nachweisreaktionen.

1. Nachweis als Kobalt-Zink-Tetrarhodanatomercurat(II) $Co[Hg(SCN)_4] \cdot Zn[Hg(SCN)_4]$ (Tüpfelplatte und Filtrierpapier).

Nach Cuvelier (c) kann man die Mischkristallbildung zwischen $Co[Hg(SCN)_4]$ und der entsprechenden Zinkverbindung sehr gut als Tüpfelreaktion ausnutzen, da Spuren von Kobalt den Zinkniederschlag blau färben [vgl. a. mikroskopische Nachweisverfahren, Korenman (a)].

Ausführung. Man erzeugt auf der Tüpfelplatte einen Niederschlag von $Zn[Hg(SCN)_4]$, indem man das Quecksilberreagens mit einer Zinksulfatlösung versetzt, und fügt 1 Tropfen der Probelösung hinzu. Blaufärbung des Niederschlags zeigt die Anwesenheit von Kobalt an.

Erfassungsgrenze. 0,1 γ Co.

Grenzkonzentration. 1 : 5000000 ($10^{-6,7}$).

Nach KUHLBERG kann diese Reaktion auch auf Filtrierpapier durchgeführt werden.

Ausführung. 1 Tropfen der essigsauren Probelösung wird auf ein Filtrierpapier gebracht und mit 1 Tropfen der Reagenslösung so versetzt, daß der Tropfen der Probelösung davon ganz überdeckt wird, sowie 1 Tropfen Natriumpyrophosphatlösung hinzugefügt. Anschließend wird das Papier getrocknet. Bei Anwesenheit von Kobalt erhält man einen blauen Fleck oder Ring. Dieser Nachweis kann in Anwesenheit aller Ionen ausgeführt werden.

2. Nachweis mit Ammonium- bzw. Kaliumrhodanid und Aceton (Tüpfelplatte).

Dieser Nachweis beruht auf der bereits besprochenen Blaufärbung von Kobaltsalzen mit Rhodaniden in saurer Lösung in Gegenwart höherer Alkohole, Aldehyde und Ketone [vgl. DITZ (a), KOLTHOFF (a), FEIGL (b), TANANAEFF]. Weitere Literatur s. WENGER und DUCKERT (b) Nr. 615—650.

Ausführung. Auf einer Tüpfelplatte wird 1 Tropfen der schwach sauren Probelösung mit 5 Tropfen einer gesättigten Lösung von Ammonium- bzw. Kaliumrhodanid in Aceton versetzt. Je nach der Kobaltmenge entsteht eine grüne bis blaue Färbung.

Erfassungsgrenze. 0,5 γ Co.

Grenzkonzentration. 1 : 1000000 (10^{-6}).

Störungen. Nickelsalze in größerer Menge stören durch ihre leichtblaue Färbung. Sollen Nickelsalze auf ihren Kobaltgehalt geprüft werden, so soll die zu prüfende Lösung nicht mehr als 0,3% Nickel enthalten. Eine solche Lösung ohne Kobalt gibt mit dem Reagens eine gelbgrüne Färbung. Bei Anwesenheit von weniger als 0,5 γ Co, was einem Verhältnis von Kobalt zu Nickel wie 1 : 200 entspricht, erhält man eine blaugrüne Färbung.

Kupfer gibt eine rotbraune Färbung oder einen Niederschlag von $Cu(SCN)_2$ und muß vorher als CuSCN entfernt werden.

Fe^{3+}-Ionen geben die bekannte Rotfärbung als $Fe(SCN)_3$ und stören den Kobaltnachweis. Sie werden am besten nach KOLTHOFF (b) mit Ammonium- oder Natriumfluorid komplex gebunden.

Ausführung bei Anwesenheit von Fe^{3+}: 1 oder 2 Tropfen der schwach sauren Probelösung werden auf der Tüpfelplatte mit einigen mg Ammonium- oder Natriumfluorid vermischt und mit 5 Tropfen einer 10%igen Lösung von Ammoniumrhodanid in Aceton versetzt. In Gegenwart von Kobalt entsteht die bekannte Blaufärbung.

Auf diese Weise kann 1 γ Co neben der tausendfachen Menge Eisen nachgewiesen werden.

3. Nachweis mit Natriumthiosulfat ($Na_2S_2O_3$) (Tüpfelplatte, Filtrierpapier).

Die Reaktion von Kobalt mit Natriumthiosulfat eignet sich nach DUVAL und DUVAL sehr gut für den Tüpfelnachweis des Kobalts.

Ausführung. Ein Tropfen der Probelösung wird auf der Tüpfelplatte oder auf Filtrierpapier mit einigen Kriställchen Natriumthiosulfat im Überschuß versetzt. Bei Anwesenheit von Kobalt tritt je nach dem Gehalt eine mehr oder weniger tiefe Blaufärbung bzw. ein blauer Rand um die Natriumthiosulfatkriställchen auf. Die gebildete Verbindung ist nicht löslich in Amylalkohol.

Erfassungsgrenze. 0,98 γ Co in 0,053 ml.

Grenzkonzentration. 1 : 180000 ($10^{-5,3}$).

Störungen. Kupfer bildet mit dem Reagens eine farblose Verbindung, Eisen(III)-lösungen werden heller, Uran(VI)-lösungen dunkler gefärbt. Nickel stört den Nachweis auch bei 100fachem Überschuß nicht, ebenso Aluminium, Beryllium, Thorium, Titan und Chromat. Silber und Wismut bilden mit Thiosulfat allmählich schwarze Niederschläge, die den Nachweis des Kobalts stören.

4. Nachweis als Kaliumhexanitritokobaltat(III) $K_3[Co(NO_2)_6]$ (Tüpfelplatte).

Nach Duval und Soye kann die Reaktion von Kobalt mit Kaliumnitrit auch als empfindlicher Tüpfelnachweis verwendet werden.

Ausführung. Man gibt auf die Tüpfelplatte 1 Tropfen Eisessig, 1 Tropfen konzentrierte Kaliumnitritlösung oder einige Kriställchen davon und 1 Tropfen Probelösung. Nach dem Umrühren mit einem ausgezogenen Glasstab erscheint nach einigen Minuten ein gelber Niederschlag oder eine Gelbfärbung vom gebildeten $K_3[Co(NO_2)_6]$.

Erfassungsgrenze. 0,04 γ Co.

Grenzkonzentration. 1 : 5000000 ($10^{-6,7}$).

Störungen. Wegen der schwach gelben Eigenfärbung des Kaliumnitrits ist bei geringen Kobaltmengen ein Blindversuch auszuführen. Kupfer(II)- und Chromationen sowie Vanadin(V)-verbindungen stören den Nachweis, wenn sie im 100fachen Überschuß gegenüber dem Kobalt vorhanden sind. Eisen(II)-, Eisen(III)-, Chrom(III)- und Uran(VI)-ionen stören erst bei einem Atomverhältnis von 500 : 1. Nickel-, Zink-, Mangan-, Cadmium-, Silber-, Vanadin(IV)- und Permanganationen beeinträchtigen die Reaktion bei dieser Konzentration nicht. Die Reaktion ist auf Tüpfelpapier nicht durchführbar.

5. Nachweis mit α-Nitroso-β-naphthol bzw. β-Nitroso-α-naphthol (Tüpfelplatte und Filtrierpapier).

Der Nachweis mit diesen Reagenzien sowie auch anderen aromatischen Ortho-

ON, OH

α-Nitroso-β-naphthol

OH, NO

β-Nitroso-α-naphthol

nitrophenolen läßt sich [vgl. Feigl (b)], auch sehr gut als Tüpfelreaktion für den Nachweis des Kobalts verwenden.

Ausführung. Auf eine Tüpfelplatte oder auf Filtrierpapier werden nacheinander je 1 Tropfen der neutralen oder schwach sauren Probelösung und der Reagenslösung gebracht. Als solche verwendet man eine Lösung von α-Nitroso-β-naphthol in 50 ml Eisessig, die mit Wasser auf 100 ml aufgefüllt wird. Bei Anwesenheit von Kobalt entsteht ein brauner Fleck oder ein weinroter Niederschlag. Bei stark sauren Probelösungen werden diese vorher auf ein Filtrierpapier gebracht und über Ammoniakdämpfe gehalten, dann wird ein Tropfen Reagenslösung aufgebracht und mit 1 Tropfen 2 n Schwefelsäure angetüpfelt.

Erfassungsgrenze. 0,05 γ Co.

Grenzkonzentration. 1 : 1000000 (10^{-6}).

Weniger als 0,006 γ Co in 0,01 ml Lösung können noch bestimmt werden, wenn man an Stelle der essigsauren Reagenslösung eine alkalische Lösung verwendet (0,1 g α-Nitroso-β-naphthol werden in warmem Wasser gelöst, das 1 ml verdünnte Lauge enthält, die Lösung wird filtriert und mit Wasser auf 200 ml verdünnt). Die Grenzkonzentration beträgt hier 1 : 5000000 ($10^{-6,7}$) [Böttger u. Schall, Atack].

Bei Verwendung des isomeren β-Nitroso-α-naphthols (1%ige alkoholische Lösung) steigt die Empfindlichkeit auf das Zehnfache, die Grenzkonzentration sinkt auf 1 : 50000000 ($10^{-7,7}$) (vgl. CACCIAPNOTI und FERLA).

Störungen. Fe^{3+}, UO_2^{2+}, Cu^{2+} sowie Pd-Ionen geben ebenfalls gefärbte Niederschläge. Unter geeigneten Bedingungen gelingt aber der Nachweis des Kobalts auch bei Anwesenheit größerer Mengen dieser Elemente.

a) Nachweis neben Eisen. Fe^{3+}-Ionen geben mit dem Reagens einen braunen Niederschlag. Obwohl die Eisenverbindung in Säuren löslich ist, löst sich der in den Poren des Filters festgesetzte Niederschlag nur sehr langsam. Bei Anwesenheit von Eisen ist es deshalb vorteilhaft, dieses zusammen mit Kobalt als Phosphat niederzuschlagen und dann das Reagens zuzugeben. Das einmal gebildete $FePO_4$ reagiert nicht mit dem Reagens, sondern nur das Kobaltphosphat.

Ausführung. 1 Tropfen der Probelösung wird auf der Tüpfelplatte oder auf Filtrierpapier mit 1 Tropfen der 1%igen Reagenslösung in Aceton und einigen Tropfen einer 10%igen Natriumphosphatlösung versetzt. In Anwesenheit von Kobalt bekommt man eine Braunfärbung, die bei sehr geringen Mengen mit einer Blindprobe verglichen werden muß.

Erfassungsgrenze. 0,5 γ Co.

Grenzkonzentration. 1 : 100000 (10^{-5}) bei 100fachem Überschuß an Eisen [vgl. FEIGL (b)].

b) Nachweis neben Uran. Uranylsalze reagieren mit Nitrosonaphthol unter Bildung eines gelben Niederschlags. Das Uran muß deshalb, besonders bei Anwesenheit geringer Mengen Kobalt, maskiert werden. Dies geschieht am besten in gleicher Weise wie beim Eisen durch Überführen in ein mit Nitrosonaphthol nicht reagierendes Phosphat durch Behandeln mit Ammoniumphosphat.

Erfassungsgrenze. 0,25 γ Co.

Grenzkonzentration. 1 : 200000 ($10^{-5,3}$) in Anwesenheit der 1000fachen Menge Uran [vgl. FEIGL (b)].

c) Nachweis neben Kupfer. Cu^{2+}-Ionen reagieren mit Nitrosonaphthol in gleicher Weise wie Kobalt und stören den Kobaltnachweis. CuJ reagiert nicht mit Nitrosonaphthol. Bei Anwesenheit von Cu^{2+}-Ionen werden diese durch Behandeln mit Kaliumjodid in CuJ übergeführt, und das frei gewordene Jod wird mit Natriumsulfit gebunden. Der weiße Niederschlag des CuJ stört den Nachweis des Kobalts nicht.

Ausführung. 1 Tropfen der sauren Probelösung, 1 Tropfen 2 n Salzsäure und einige Tropfen Kaliumjodidlösung werden mit einigen Tropfen Natriumsulfitlösung auf der Tüpfelplatte gemischt. Darauf gibt man 1 Tropfen der Reagenslösung und einige Tropfen einer gesättigten Natriumacetatlösung hinzu. Bei Anwesenheit von Kobalt erhält man eine mehr oder weniger tiefe Braunfärbung.

Erfassungsgrenze. 0,2 γ Co.

Grenzkonzentration. 1 : 250000 ($10^{-5,4}$) bei Anwesenheit der 2500fachen Menge Kupfer.

6. Nachweis mit Rubeanwasserstoffsäure (Filtrierpapier).

Die Reaktion mit Rubeanwasserstoffsäure kann auch als Tüpfelmethode zum

HN=C——C=NH
S S
Co

Kobaltrubeanat

Nachweis geringer Kobaltmengen verwendet werden (vgl. RAY, FEIGL und KAPULITZAS).

Ausführung. 1 Tropfen der schwach sauren Probelösung wird auf ein Filtrierpapier gegeben und dieses über Ammoniak gehalten, um ein nahezu neutrales Medium zu erhalten. Anschließend wird mit einer 1%igen alkoholischen Lösung von Rubeanwasserstoffsäure getüpfelt. Bei Anwesenheit von Kobalt erhält man einen braunen Fleck oder Ring auf dem Filtrierpapier.

Erfassungsgrenze. 0,03 γ Co.

Grenzkonzentration. 1 : 1660000 ($10^{-6,2}$), in gesättigter Lösung 1 : 20000000 ($10^{-7,3}$).

Störungen. Nickel und Kupfer reagieren unter den gleichen Bedingungen und geben einen blauen bzw. dunkelgrünen Niederschlag und stören den Nachweis des Kobalts. Die Empfindlichkeit des Nachweises wird durch einen großen Überschuß von Ammoniak herabgesetzt. Aluminium, Chrom, Zink und Rhenium setzen bis zu einem Verhältnis von 100 : 1 die Empfindlichkeit des Nachweises nicht herab. Fe^{3+}-Ionen können mit Fluorionen maskiert werden und setzen dabei die Empfindlichkeit des Kobaltnachweises um eine Zehnerpotenz herab. Auch Silber stört in größeren Mengen.

7. Nachweis mit 2-Nitroso-1-naphthol-4-sulfonsäure (Tüpfelplatte).

Der Nachweis mit diesem Reagens kann auch als Tüpfelmethode für geringe

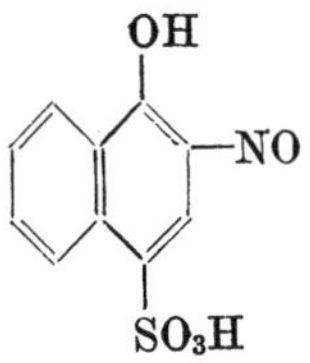

OH

—NO

SO_3H

2-Nitroso-1-naphtol-4-sulfonsäure

Mengen Kobalt angewendet werden (SARWER). Vgl. WENGER und DUCKERT (b).

Ausführung. 1 Tropfen der neutralen mit Natriumacetat gepufferten Probelösung wird auf der Tüpfelplatte mit 2 bis 3 Tropfen der 1%igen wäßrigen Reagenslösung versetzt. Bei Anwesenheit von Kobalt erhält man eine Rotfärbung.

Grenzkonzentration. 1 : 500000 ($10^{-5,7}$).

Störungen. Die Elemente Hg^{2+}, Pb, Bi, Cd, As, Sb, Sn, Au, Os, Ir, Pt, Se, Te, V, Al, Cr, U, Seltene Erden, Ti, Th, Be, Zn, Mn, Re und Ni setzen die Empfindlichkeit der Reaktion bis zu einem Verhältnis 100 : 1 nicht herab. Fe^{2+}- und Fe^{3+}-Ionen geben eine grüne bzw. grünbraune Färbung. Sie können nach Oxydation mit Fluorionen maskiert werden und geben bis zu einem Verhältnis von 100 : 1 dieselbe Empfindlichkeit. Eine große Anzahl von Ionen fällt bei dieser Reaktion aus und stört den Nachweis des Kobalts. Es sind dies das Ag, W, Mo, Zr, Tl und CrO_4^{2-}, die gelbe Niederschläge bilden. Sie stören schon, wenn sie in gleicher Menge zugegen sind wie Kobalt. Hg^{1+}, Cu^{1+}, Cu^{2+}, Ce^{4+} geben orange gefärbte Niederschläge, Rhodium und Palladium rote Niederschläge mit braunen oder schwarzen Rändern.

B. Weitere Nachweisreaktionen.

1. Nachweis mit Natriumhydrogencarbonat ($NaHCO_3$). (Tüpfelplatte, Filtrierpapier).

Die Reaktion von Kobaltsalzen mit Natriumhydrogencarbonat (FIELD, PALIT und DHAR) kann nach DUVAL bzw. DE SOUSA für den Tüpfelnachweis des Kobalts verwendet werden.

Ausführung. Man gibt auf die Tüpfelplatte bzw. das Filtrierpapier einen bis zwei Tropfen der neutralen oder schwachsauren Probelösung, einen Tropfen konzentrierte Natriumhydrogencarbonatlösung sowie einige Körnchen Natriumperoxyd

(DUVAL) bzw. einen Tropfen 3%iger Wasserstoffperoxydlösung (SOUSA). Nach kurzem Aufbrausen erscheint bei Gegenwart von Kobalt eine apfelgrüne Färbung, die durch Zusatz eines Tropfens Glycerin oder eines Körnchens Mannit stabilisiert werden kann.

Erfassungsgrenze. 0,43 γ Co (DUVAL); 5 bis 10 γ Co (SOUSA). Auf dem Tüpfelpapier sinkt die Empfindlichkeit auf 77 γ Co. Im Gebiet der Grenzkonzentration wird die Färbung nur gelblich und erfordert die Ausführung eines Blindversuchs.

Störungen. Nickel stört den Kobaltnachweis bis zum 200fachen Überschuß nicht. Eisen(III)-, Kupfer(II)- und Chrom(III)-ionen stören bis zu einem Verhältnis von 200 : 1 nicht. Stark gefärbte Ionen stören durch ihre Eigenfarbe. Ionen, die schwerlösliche Carbonate bilden, setzen die Empfindlichkeit des Nachweises herab.

2. Nachweis mit Kaliumhexacyanoferrat(II) $K_4[Fe(CN)_6]$ und Chlorwasserstoff (Filtrierpapier).

Gibt man auf ein Filtrierpapier 1 Tropfen 0,1 n $K_4[Fe(CN)_6]$-Lösung sowie 1 Tropfen 0,1 n Kobalt(II)-chloridlösung und hält das Filtrierpapier anschließend über trockenen Chlorwasserstoff, so wird der zunächst blaue Fleck violettblau. Mit der Zeit wird die Färbung tiefer. Kobaltlösungen und Chlorwasserstoff allein geben einen blauen Fleck, der mit der Zeit verblaßt. Nickel gibt unter den gleichen Bedingungen einen grünlichen Fleck (ROSSI).

Erfassungsgrenze. Etwa 10 γ Co.

3. Nachweis mit Natriumpentacyanopiperidin-ferrat(II) $Na_3[Fe(CN)_5 \cdot Pip.]$.

Nach MANCHOT und WORINGER geben Kobaltsalzlösungen mit dem Reagens einen grasgrünen gallertigen Niederschlag. Der Nachweis des Kobalts kann nach FEIGL und UZEL mit diesem Reagens auf zweierlei Weise durchgeführt werden:

a) Nachweis in reiner Kobaltlösung (Filtrierpapier). Auf ein Filtrierpapier

CH_2
CH_2 CH_2
CH_2 CH_2
NH

Piperidin

(Schleicher & Schüll 601) werden nacheinander je 1 Tropfen einprozentiger Reagenslösung und der neutralen oder schwach sauren Probelösung aufgetragen. Bei Anwesenheit von Kobalt erhält man einen grasgrünen Fleck oder Ring, der sich durch Wasser nicht mehr auswaschen läßt.

Erfassungsgrenze. 0,5 γ Co.

Grenzkonzentration. 1 : 1000000 (10^{-6}).

b) Nachweis neben Metallen der Schwefelwasserstoffgruppe. Quecksilber Hg^{2+} wird am besten mit Natriumsulfit, Kupfer mit Kaliumjodid, Silber als Chlorid, Blei als Sulfat und Wismut als Phosphat in saurer Lösung gebunden und die zurückbleibende Lösung dann auf das mit der Reagenslösung getränkte Filtrierpapier gegeben. Es können auf diese Weise noch 0,5 γ Co neben der 500fachen Menge Quecksilber und Kupfer nachgewiesen werden.

c) Nachweis neben den Metallen der Ammoniumsulfidgruppe. Nickel gibt mit dem Reagens einen grünlichweißen Niederschlag, der den Nachweis des Kobalts stört. Es läßt sich jedoch noch 1 γ Co neben der 250fachen Menge Nickel nachweisen, indem man die Probelösung auf der Tüpfelplatte mit festem Dimethylglyoxim und Natriumacetat verrührt und den entstandenen Brei auf das Reagenspapier bringt. Bei Anwesenheit von Kobalt bildet sich im Umkreis des festen Nickeldimethylglyoxims und des Natriumacetats ein grüner Ring. Dreiwertiges Eisen wird durch Dinatriumphosphat gefällt und der Nachweis des Kobalts in gleicher Weise durchgeführt. Auf diese Weise läßt sich noch 1 γ Co neben der 1000fachen Menge Eisen nachweisen. Bei gleichzeitiger Anwesenheit von Nickel und Eisen setzt man der Probelösung Phosphat und festes Dimethylglyoxim gleichzeitig hinzu. Die Erfassungsgrenze beträgt dann 1 γ Co neben der 100fachen Menge Nickel und der 500fachen Menge Eisen. Chrom(III)-salze stören nur in konzentrierter Lösung und werden am besten mit Wasser ausgewaschen. Bei Anwesenheit von Zink und Aluminium versetzt man die Probelösung mit überschüssiger Lauge und gibt das Gemisch auf das Reagenspapier. An der Stelle, wo sich Kobalthydroxyd gebildet hat, tritt ein grüner Fleck auf. Die Erfassungsgrenze beträgt 1 γ Co neben der 1000fachen Menge Zink. Uransalze im Verhältnis 200 : 1 stören den Kobaltnachweis nicht. Größere Mengen werden am besten als Natriumuranylacetat ausgeschieden. Ammoniumsalze erniedrigen die Empfindlichkeit des Kobaltnachweises.

4. Nachweis mit Dimethylglyoxim und Kaliumjodid (Filtrierpapier).

Der Nachweis (vgl. § 3) kann nach LLACER und SOZZI auch als Tüpfelreaktion

$$\begin{array}{l} CH_3\text{—}C\text{=}NOH \\ \quad\quad\;| \\ CH_3\text{—}C\text{=}NOH \end{array}$$

Dimethylglyoxim

durchgeführt werden.

Ausführung. Auf Filtrierpapier (Schleicher & Schüll 590) wird 1 Tropfen einer 10%igen Kaliumjodidlösung sowie 1 Tropfen einer 2%igen Dimethylglyoximlösung gegeben und trocknen gelassen. Sobald das Filtrierpapier trocken ist, gibt man 1 Tropfen der Probelösung auf die präparierte Zone. Ein gelber Fleck zeigt die Anwesenheit von Kobalt an.

Erfassungsgrenze. 0,05 γ Co.

Grenzkonzentration. 1 : 200000 ($10^{-5,3}$).

Störungen. Bei Anwesenheit von Nickel fällt der rote Nickelniederschlag aus und verhindert den Kobaltnachweis. In solchen Fällen gibt man mit einer Pipette eine 1 m Natriumhydrogencarbonatlösung auf die Mitte des roten Flecks und läßt sie auf dem Papier verlaufen. Die lösliche Kobaltverbindung verbreitet sich mit dem Hydrogencarbonat auf dem Papier und kann an der Peripherie des Flecks erkannt werden. Die Erfassungsgrenze sinkt beim Verhältnis Co : Ni wie 1 : 40 auf 0,8 γ Co, die Grenzkonzentration auf 1 : 12500. Es stören ferner alle Ionen, die Jod frei machen oder selbst gefärbt sind.

5. Nachweis mit 2-Isatoxim (Filtrierpapier).

2-Isatoxim gibt nach HOVORKA und DIVIS mit Kobaltsalzlösungen einen grünen

C=O
C=NOH
NH

2-Isatoxim

Niederschlag, der sich zum Tüpfelnachweis für Kobalt eignet.

Ausführung. Ein Blaubandfilter (Schleicher & Schüll) wird mit einer 0,1 %igen oder einer 1%igen, wäßrigen Lösung von 2-Isatoxim, die 30 g Natriumacetat auf 100 ml Lösung enthält, getränkt und getrocknet. Gibt man einen Probetropfen auf das so vorbereitete Papier und setzt ihn anschließend Ammoniakdämpfen aus, so erhält man bei Anwesenheit von Kobalt einen grünen Fleck oder Ring.

Erfassungsgrenze. 0,3 γ Co.

Störungen. Cu^{2+}, Fe^{2+}, Fe^{3+}, Ni^{2+}, Cr^{3+} stören den Nachweis und müssen vorher entfernt werden. Hg^{2+} kann mit Kaliumjodid maskiert werden. Bei Gegenwart von Ag, Zn, Cd, Pb, Bi, Tl, Sn, Sb und U setzt man vor dem Tüpfeln Tartrat hinzu.

6. Nachweis mit 2,7-Dinitroso-1,8-dioxynaphthalin-3,6-disulfonsäure.

Die 2,7-Nitrosochromotropsäure bzw. ihre tautomere Form (vgl. § 5, III, B 3)

```
          OH OH
           |  |
    ON—  /\  /\ —NO
        |  ||  |
  HO3S/  \/  \/ \SO3H
```

2,7-Dinitroso-1,8-dioxynaphthalin-3,6-disulfonsäure

ist nach STEIGMAN (a) ein sehr spezifisches und empfindliches Reagens auf Kobalt, das sich auch gut für den Tüpfelnachweis des Kobalts eignet.

Erfassungsgrenze. 0,08 γ Co.

7. Nachweis mit Antipyrin (Tüpfelplatte).

Die bekannte Farbreaktion von Antipyrin mit Kobalt in Gegenwart von

```
   HC═══C—CH3
    |     |
  O=C     N—CH3
     \   /
       N
       |
      C6H5
```

Antipyrin

Rhodanid kann nach OKAC und CELECHOWSKY in der folgenden Ausführungsform zu einem empfindlichen und selektiven Nachweis für Kobalt verwendet werden.

Ausführung. 1 Tropfen der Probelösung wird mit 3 Tropfen 1 n Salzsäure angesäuert und mit 1 Tropfen 5%iger Kaliumrhodanidlösung sowie 1 Tropfen einer wäßrigen 10%igen Antipyrinlösung sowie mit Chloroform versetzt. Bei Anwesenheit von Kobalt färbt sich das Chloroform blau. Der Nachweis wird durch Kupfer, Eisen(III), Titan, Gold und Chromat, Wolframat, Molybdat sowie solche Anionen gestört, die das Kobalt in komplexe oder unlösliche Verbindungen überführen.

8. Nachweis mit Diantipyrylmethan (Filtrierpapier).

Nach SHIWOPISZEW gibt Diantipyrylmethan in Gegenwart von Ammonium-

```
CH3—C═══C—CH2—C═══C—CH3
    |   |       |   |
CH3—N   C=O   O=C   N—CH3
     \ /         \ /
      N           N
      |           |
     C6H5        C6H5
```

Diantipyrylmethan

rhodanid mit einer Reihe 2wertiger Elemente schwerlösliche Komplexverbindungen, die sich zum Nachweis dieser Elemente, insbesondere von Kobalt eignen.

Ausführung. Ein quantitatives Filter wird mit einer 5%igen Lösung des Reagenses in 2 n Salzsäure sowie mit einer 10%igen Ammoniumrhodanidlösung befeuchtet und getrocknet. 1 Tropfen der Probelösung wird mit 1 bis 2 Tropfen 1 n Salzsäure und 1 bis 2 Tropfen 10%iger Natriumthiosulfatlösung schwach eingedampft, filtriert und das Filtrat auf das vorbereitete Filtrierpapier gebracht. Bei Anwesenheit von Kobalt entsteht ein blauer Fleck vom gebildeten Komplexsalz der Zusammensetzung $(C_{23}H_{24}O_2N_4)_2H_2[Co(CNS)_4]$.

Erfassungsgrenze. 0,06 γ Co.

Störungen. Cr^{3+}, Al^{3+}, Fe^{2+}, Mn^{2+}, Zn^{2+} sowie Alkali- und Erdalkalimetalle stören die Reaktion nicht, auch stört nicht ein größerer Thiosulfatüberschuß. Bei einem größeren Überschuß von Zink sinkt die Empfindlichkeit.

9. Nachweis mit Dimethylaminoantipyrin (Pyramidon) (Filtrierpapier).

Nach GUSSEW erhält man mit Pyramidon bei Anwesenheit von Ammonium-

```
CH3\
    >N—C═══C—CH3
CH3/   |    |
     O=C    N—CH3
        \  /
         N
         |
        C6H5
```

Pyramidon

rhodanid eine kornblumenblaugefärbte Komplexverbindung der Zusammensetzung $(Pyramidon)_2H_2[Co(CNS)_4]$. SHIWOPISZEW (b) stellte fest, daß je nach dem p_H der Lösung dieser Komplex in einen rhodanärmeren Komplex (beständig bei p_H 5 bis 6) der Zusammensetzung $Co(Pyramidon)_2(CNS)_2$ übergeht. Bei Erhöhung der Acidität wandelt er sich wieder in den kornblumenblauen um. Ein unmittelbarer Nachweis von Kobalt in saurem Medium ist jedoch wegen der sich leicht bildenden übersättigten Lösung nicht möglich. Bei Gegenwart von Zink, das selbst auch keinen Niederschlag gibt, bildet sich jedoch sofort ein hellblauer Niederschlag, der sich für den Nachweis des Kobalts eignet.

Ausführung. Auf Filtrierpapier wird 1 Tropfen der Reagenslösung (4 g Ammoniumrhodanid, 1,6 g Pyramidon und 10 ml 2 n Salzsäure in 100 ml Lösung), hierauf 1 Tropfen einer 2%igen Zinksulfatlösung sowie ein weiterer Tropfen Reagenslösung gegeben. Nach 1 Min. fügt man 1 Tropfen der Probelösung sowie einen weiteren Tropfen der Reagenslösung hinzu. Bei Anwesenheit von Kobalt entsteht ein charakteristischer hellblauer Fleck.

Erfassungsgrenze. 0,4 γ Co.

Störungen. Die Kationen der Alkali- und Erdalkalimetalle und der Ammoniumsulfidgruppe außer Fe^{3+} stören in saurem Medium nicht. Gefärbte Ionen wie Cr^{3+} und Ni^{2+} treten an der Peripherie des blauen Flecks auf und stören den Nachweis ebenfalls nicht. Fe^{3+}-Ionen müssen in deutlich saurem Medium maskiert werden.

10. Nachweis mit Isochinolin und Ammoniumrhodanid (Filtrierpapier).

Das von SCHAEFFER (b) für den mikrokristallinen Nachweis des Kobalts vor-

Isochinolin

geschlagene Reagens kann auch zum Tüpfelnachweis verwendet werden. Das Kobalt kann als Chlorid, Nitrat, Sulfat oder Acetat vorliegen, überschüssige Säure soll nicht vorhanden sein (vgl. SCHAEFFER sowie GOEDBLOED).

Ausführung. Man bringt in die Mitte eines quantitativen Rundfilters einen Tropfen 0,4 m Isochinolinlösung, nach kurzer Zeit auf die gleiche Stelle einen Tropfen 0,4 m wäßriger Ammoniumrhodanidlösung und läßt trocknen. Anschließend gibt man einen Tropfen der Probelösung genau in die Mitte des Reagensflecks. Bei Anwesenheit von Kobalt bildet sich um den Probetropfen ein unregelmäßiger blauer Hof.

Grenzkonzentration. 1 : 3000 ($10^{-3,5}$).

Die Reaktion eignet sich zum Nachweis des Kobalts neben Kupfer und Nickel.

11. Nachweis mit Hilfe von Ionenaustauschern (Tüpfelplatte).

Bringt man nach FUJIMOTO einen Tropfen Kobaltsalzlösung auf eine Tüpfelplatte und fügt einige Körnchen des Ionenaustauschers Amberlite IRA-400 (Chloridform) sowie einen Tropfen Ammoniumrhodanidlösung hinzu und rührt mit einer Platinöse um, so tritt je nach der Kobaltmenge eine klare Himmelblaufärbung der Austauschkörner nach einigen Minuten oder nach längerer Zeit auf.

Erfassungsgrenze. 0,16 γ Co.

Grenzkonzentration. 1 : 130000 ($10^{-5,1}$).

Störungen. Eisen(III) wird durch Kaliumfluorid maskiert. Nickel unter 0,5% stört nicht. Eine Störung durch Kupfer kann durch Kaliumjodid und Natriumthiosulfat beseitigt werden. Uranylsalze setzen die Empfindlichkeit des Kobaltnachweises herab.

C. Weitere Reaktionen, die als Tüpfelnachweis verwendet werden können.

Nach WENGER und DUCKERT (a) können folgende Nachweisreaktionen, die bereits eingehend in § 5, III, A u. B beschrieben sind, auch für den Tüpfelnachweis des Kobalts verwendet werden.

1. Nachweis mit β-Nitro-α-naphthol. Grenzkonzentration. 1 : 10000000 (10^{-7}).
2. Nachweis mit Dimethylglyoxim. Grenzkonzentration. 1 : 100000 (10^{-5}).
3. Nachweis mit Benzidin. Grenzkonzentration. 1 : 10000 (10^{-4}). An Stelle von Benzidin kann nach CULLINANE und CHARD vorteilhafter 2,7-Diaminophenylenoxyd verwendet werden, das in ähnlicher Weise reagiert, jedoch besser und empfindlicher als Benzidin.
4. Nachweis mit Diphenylthiocarbazon (Dithizon). Erfassungsgrenze. 0,03 γ Co.
5. Nachweis mit Eriochromblauschwarz B (G) und Eriochromrot B (G). Grenzkonzentration. 1 : 5000000 ($10^{-6,7}$).

III. Nachweis durch katalytisch beschleunigte Reaktionen.

1. Nachweis mit Butyraldehyd und Mangan(II)-salzen (Tüpfelplatte).

Mangan(II)-salze werden durch Butyraldehyd langsam zu Mangandioxyd-

$$CH_3—CH_2—CH_2—C\begin{matrix}/H \\ \backslash\backslash O\end{matrix}$$

Butyraldehyd

hydrat oxydiert. Durch anwesendes Kobalt wird diese Reaktion katalytisch beschleunigt. Nach WEST und LONGACRE kann diese Reaktion zum Tüpfelnachweis für Kobalt verwendet werden.

Ausführung. 1 Tropfen Probelösung wird auf der Tüpfelplatte mit 1 Tropfen 10%iger Ammoniumacetatlösung und 1 Tropfen Butyraldehyd sowie nach dem Durchmischen mit 1 Tropfen 1%iger Mangan(II)-nitratlösung versetzt und erneut durchmischt. Die Zeit bis zum Auftreten einer Braunfärbung an der Oberfläche wird dann mit der Zeit verglichen, in der sich eine Blindprobe braun zu färben beginnt.

Erfassungsgrenze. 1 γ Co.

Grenzkonzentration. 1 : 250000 ($10^{-5,4}$).

Störungen. Der Nachweis wird verhindert durch Nitrit-, Rhodanid-, Jodid-, Thiosulfat-, Pyrophosphat- und Metaphosphationen. Verzögernd wirken Tetrachloroaurat-, Beryllium, Quecksilber(II)-, Cer(III)-, Zirkon-, Thorium-, Antimon(III), Antimon(V)-, Sulfid-, Molybdationen, Citrate, Oxalate und Malonate. Durch ihre Eigenfarbe stören Eisen(II)- und (III)-, Ruthenium(III)-, Hexacyanoferrat(II)- und (III)-, Permanganat- und Chrom(III)-ionen.

2. Nachweis mit Brenzcatechin.

Durch Aktivierung der Oxydationswirkung von Natriumperborat in alkalischer

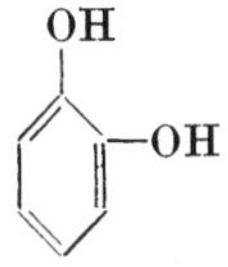

OH

—OH

Brenzkatechin

Lösung auf Brenzcatechin in Gegenwart von o-Toluidin, p-Phenylendiamin, p- und o-Anisidin lassen sich nach Bognár (a) 0,1 bis 0,001 γ Kobalt in 5 ml nachweisen.

3. Nachweis mit Alizarin.

Die Oxydation des Alizarins und einiger seiner Derivate mit Natriumperborat

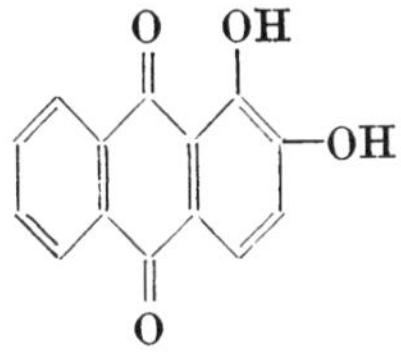

O OH

—OH

O

Alizarin

wird nach Bognár (b) durch die Anwesenheit geringer Mengen Kobalt außerordentlich beschleunigt. Die katalytische Beschleunigung der Oxydation zeigen nur die Derivate mit orthoständigen Hydroxylgruppen.

Ausführung. 1 ml der alkoholischen Alizarinlösung wird mit 2 ml doppelt destilliertem Wasser verdünnt, und 1 ml der auf Kobalt zu prüfenden Lösung sowie 1 ml Natriumperboratlösung werden zugegeben. Das Gemisch wird im Wasserbad auf 90° erhitzt und die zum Verschwinden der intensiven Färbung erforderliche Zeit ermittelt.

Erfassungsgrenze. 0,000001 γ Co je 5 ml für die meisten der untersuchten Verbindungen.

Störungen. Durch Komplexbildungs- und Fällungsreaktionen gelingt es, den störenden Einfluß der meisten Ionen auszuschalten.

IV. Nachweis mit Hilfe der Fluorescenzanalyse

1. Nachweis mit Cochenille.

Nach Goto wird auf Zusatz von Kobaltsalzen zu Cochenillelösungen deren Fluorescenz in alkalischer Lösung vernichtet. Eisen, Mangan und Nickel geben die gleiche Reaktion, jedoch nicht so ausgeprägt.

Erfassungsgrenze. 0,5 γ Co.

Grenzkonzentration. 1 : 100000 (10^{-5}).

§ 7. Nachweis in besonderen Fällen.

1. Nachweis in Mineralien und Gesteinen.

Nach LEITMEIER und FEIGL wird die frisch gepulverte Probe im Mikrotiegel abgeröstet, mit etwas Salzsäure gelöst und die Lösung im Reagensglas mit Kaliumrhodanid versetzt. Tritt infolge Anwesenheit von Eisen Rotfärbung auf, so ist diese durch Zusatz von Alkalifluorid zu zerstören. Die Lösung wird anschließend mit Äther und Amylalkohol überschichtet und gut durchgeschüttelt. Man erhält bei Anwesenheit von Kobalt eine blaugrüne bis blaue Färbung.

Grenzkonzentration etwa 1:1000 (10^{-3}).

2. Nachweis in Gläsern.

GEILMANN und MEYER-HOISSEN geben eine ausführliche Beschreibung des Arbeitsganges zum Nachweis des Kobalts als $Co[Hg(CNS)_4]$ bzw. in der Phosphorsalz- oder Boraxperle, nach Aufschluß mit Flußsäure und anschließender Elektrolyse. Der Nachweis kann ohne wesentliche Verletzung der Gläser durchgeführt werden. Die Erfassungsgrenzen liegen bei 0,1 γ Co für den mikrochemischen Nachweis, und bei 5 bzw. 1 γ Co bei Verwendung des Perlennachweises.

3. Nachweis in Legierungen.

Für den Nachweis von Kobalt in Legierungen eignet sich Diphenylthiocarbazon (Dithizon) in essigsaurer oder alkalischer Lösung. Einzelheiten darüber geben FISCHER und LEOPOLDI.

4. Nachweis in Stählen.

a) In Lösungen. Salzsaure Lösungen von Stählen, die Kobalt enthalten, zeigen eine blaugrüne Färbung, die selbst bei unter 1% Kobalt noch deutlich zu erkennen ist. Niedrigere Kobaltgehalte können nach dem Lösen in Salzsäure 1 : 1, Oxydieren mit Salpetersäure und Fällen des Eisens mit Zinkoxyd dadurch festgestellt werden, daß man einen Teil des Filtrats mit der dreifachen Menge konzentrierter Salzsäure aufkocht. Gehalte von 0,005% verraten sich noch durch eine grüne bis blaugrüne Färbung. Bei Anwesenheit von Nickel, das man an der grünen Farbe des Filtrats erkennt, wird dieses nach Zugabe von Natriumacetat mit Dimethylglyoxim gefällt, abfiltriert und das Filtrat durch Kochen mit konzentrierter Salzsäure geprüft (vgl. WEIHRICH).

ADAMOVICH empfiehlt, besonders bei Stählen, die saure Aufschlußlösung mit Salpetersäure zu erhitzen, einen Tropfen davon auf Filtrierpapier zu geben und so viel 10%ige Natriumpyrophosphatlösung hinzuzufügen, bis der Fleck farblos wird. Beim Hinzufügen eines Tropfens 1%iger α-Nitroso-β-naphthollösung in Aceton tritt bei Anwesenheit von Kobalt Rotfärbung auf. Der Nachweis gelingt bis zu 0,3% Kobalt im Stahl. Bei kleineren Mengen gibt man 2 bis 3 Tropfen der Probelösung auf eine Tüpfelplatte, fügt ebenfalls Natriumpyrophosphatlösung bis zur Farblosigkeit hinzu und weiterhin 3 bis 4 Tropfen einer 10%igen Ammoniumrhodanidlösung in Aceton. Bei Kobaltgehalten bis zu 0,1% erhält man je nach der Kobaltmenge eine Grün- bis Blaufärbung.

b) Mit Hilfe von Abdruckverfahren. Nach WEIHRICH und SCHWERTNER (vgl. a. WEIHRICH) bringt man auf die blanke, fettfreie Probe einen kleinen Tropfen einer Lösung, die 1 Teil konzentrierter Salzsäure, 1 Teil konzentrierter Phosphorsäure und 2 Teile 3%iger Wasserstoffperoxydlösung enthält, und saugt nach einer Einwirkungszeit von 30 bis 60 Sek. den Tropfen durch Aufdrücken des Reagenspapiers auf. Als Reagenspapier verwendet man einen Streifen nicht zu glatten

Filtrierpapiers, der mit einer 0,5%igen essigsauren Lösung von α-Nitroso-β-naphthol getränkt und getrocknet wurde. Der Reaktionsfleck auf dem Reagenspapier ist um so stärker, je höher der Kobaltgehalt der Probe ist. Der Nachweis wird noch sicherer, wenn das Reagenspapier nach dem Abdruck in saure Tartratlösung gelegt und anschließend mit Wasser gewaschen wird.

Nach einem Verfahren von NIESSNER wird ein mit Salpetersäure getränktes Gelatinepapier luftblasenfrei auf den zu prüfenden Schliff gelegt und nach einer Verweilzeit von 5 Min. das Abdruckbild am Gelatinepapier mit Rubeanwasserstoffsäure entwickelt. In Gegenwart von Kobalt bildet sich das braune Rubeanat. Nickel und Kupfer stören den Nachweis (vgl. a. EVANS und HIGGS).

5. Nachweis im Urin.

Nach DUVAL und LE GOFF lassen sich kleine Mengen Kobalt im Urin in der Weise bestimmen, daß der Urin in einem U-Rohr mit Elektroden in jedem Schenkel mit 60 bis 80 V und 0,2 A elektrolysiert wird. Der an der Kathode anfallende Niederschlag wird in Salpetersäure gelöst und Kobalt nach den üblichen Methoden nachgewiesen. Das Kobalt kann auf diese Weise in einer Konzentration von 1 : 1000000 (10^{-6}) und einer Menge von 0,05 γ nachgewiesen werden.

Literatur.

ADAMOVICH, L. P.: Chem. Abstr. **37**, 6584 (1943); Khim. Referat Zhur. (russ.) **4**, 70 (1941). — ANDRADE, C.: Pr. physic. Soc. **25**, 230 (1913). — ARDEN, T. V., F. H. BURSTALL, G. R. DAVIES, J. A. LEWIS u. R. P. LINSTEAD: C. **1949**, **II**, 447; Nature **162**, 691 (1948). — ARNOLD, E.: C. **1933**, **I**, 2846; Chem. Listy **27**, 73 (1933). — ALVAREZ, E. P.: C. **1907**, **I**, 424; Ann. Chim. anal. **11**, 445 (1906); Chem. N. **94**, 306 (1906). — ATACK, F. W.: C. **1915**, **II**, 491; J. Soc. chem. Ind. **34**, 641 (1915). — ATO, S.: Sci. Pap. Inst. Tôkyô **14**, 287 (1930). — AUGUSTI, S., u. V. PASCALINO: Mikrochemie **22**, 159 (1937). — AUSTIN, G. J.: Analyst **65**, 335 (1940). — AZZARELLO, E., A. ACCARDO u. F. ABRAMO: Aluminium Non-ferrous Rev. **2**, 210 (1937).

BAYLE, E., u. L. AMY: Bl. Soc. chim. (4) **43**, 604 (1928). — BAYLISS, N. S., u. R. W. PICKERING: Ind. eng. Chem. Anal. Edit. **18**, 446 (1946). — BEHRENS, H.-P. D. C. KLEY: Mikrochem. Analyse, I. Teil. Leipzig. — BELLUCCI, I.: C. **1920**, **IV**, 216; G. **49**, **II**, 294. — BENEDETTI-PICHLER, A. A., u. W. F. SPIKES: Mikrochemie **15**, 271 (1934). — BERG, E. W., u. J. E. STRASSNER: Anal. Chem. **27**, 127 (1955). — BERG, R.: J. pr. **115**, 178 (1927); Fr. **70**, 341 (1927). — BERISSO, B.: Chem. Abstr. **40**, 6016 (1946); Publ. inst. invest. microquim. Univ. nac. literal. (Rosario, Argentina) **7**, 53 (1943). — BERSIN, T.: Fr. **86**, 431 (1931); Mikrochemie **12**, 382 (1932). — BÖTTGER, W.: Qualitative Analyse. Leipzig 1925. — BÖTTGER, W., u. W. M. SCHALL: Mikrochemie (Emich Festschrift) 28 (1930). — BOGNÁR, J.: (a) C. **1953**, 1220; Magyar Chem. Folyóirat **57**, 357 (1951); (b) C. **1954**, 10307; Magyar Chem. Folyóirat **59**, 24 (1953). — BRAMBILLA, M.: Chem. Abstr. **34**, 6936 (1940); Ann. Chim. appl(ic). **29**, 513 (1939). — BRAU, E. F.: C. **1934**, **I**, 2797; Rev. Fac. Cienc. quim. La Plata **6**, 65 (1953). — BRIGGS, S. H. C.: Z. anorg. Ch. **56**, 246 (1907). — BRENNER, C.: Helv. **3**, 90 (1920). — BRUNCK, O.: Angew. Chem. **20**, 834, 1844, 1847 (1907). — BURGASS, R.: Angew. Chem. **9**, 596 (1896). — BURSTALL, F. H., G. R. DAVIES, R. P. LINSTEAD u. R. A. WELLS: C. **1950**, **I**, 899; Nature **163**, 64 (1949). — BUSCARONS, F., u. J. ARTIGAS: C. **1954**, 2679, 5583; An. Españ. **48**, 140 (1952); **49**, 375 (1953). — BRDIČKA, R.: (a) C. **1931**, **I**, 46, 2735; Coll. Trav. chim. Tchécosl. **2**, 489, 545 (1930); (b) C. **1932**, **I**, 499; Coll. Trav. chim. Tchécosl. **3**, 396 (1931).

CAMBI, L., u. G. DEVOTO: C. **1932**, **II**, 984; Rend. R. Accad. Naz. **15**, 27 (1932). — CACCIAPNOTI, B. N., u. F. FERLA: Ann. Chim. appl(ic). **29**, 166 (1939). — CANDEA, C., u. L. J. SAUCIUC: C. **1935**, **II**, 2554; Bl. sci. École polytechn. Timisoara **5**, 108 (1934). — CARNOT, A.: C. **1918**, **II**, 148; C. r. **166**, 329 (1918). — CARON, H., u. D. RAQUET: Ann. Chim. anal. **28**, 143 (1946). — CHARLOT, G.: Bl. (5) **4**, 676, 1235, 1247 (1937). — CHARITSCHKOW, K. W.: Ch. Z. **34**, 479 (1910). — CAMPO DEL, A., u. J. FERRER: Ch. Z. **35**, 797, 998, 1365 (1911). — CHANCEL: Jbr. **1866**, 805. — CHIAROTINO, A.: C. **1933**, **I**, 2145; Ind. chimica **8**, 32 (1933). — CULLINANE, N. M., u. S. J. CHARD: Chem. Abstr. **42**, 3278 (1948); Analyst **73**, 95 (1948). — CURTMANN, L. J., u. P. ROTHBERG: Am. Soc. **33**, 188 (1911). — CUVELIER, V.: (a) C. **1930**, **I**, 412; Natuurwetensch. Tijdschr. **11**, 131 (1929); (b) C. **1935**, **II**, 2096; Fr. **101**, 108 (1935); (c) C. **1935**, **I**, 441; Fr. **99**, 15 (1934).

DANZIGER, J. L.: Am. Soc. **24**, 578 (1902). — DELVAUX, G.: C. r. **92**, 229 (1881). — DENIGÈS, G.: (a) C. **1925, II**, 1075; C. r. **180**, 1748 (1925); C. r. **183**, 55 (1926); (b) C. **1933, I**, 2145; Bl. Soc. Pharm. Bordeaux **70**, 101 (1932). — DITZ, H.: (a) C. **1901, I**, 593; Ch. Z. **25**, 109 (1901); (b) Ch. Z. **46**, 122 (1922). — DITZ, H., u. R. HELLEBRAND: (a) Z. anorg. Ch. **219**, 97 (1934); (b) Z. anorg. Ch. **225**, 73 (1935). — DÖNGES, E.: Z. Naturforschg. **1**, 221 (1946); Z. anorg. Ch. **253**, 337, 345 (1947). — DONATH, E., u. J. MAYRHOFER: Fr. **20**, 386 (1888). — DORRINGTON, B. J. F., u. M. A. WARD: C. **1929, II**, 1186; Analyst **54**, 327 (1929). — DUBSKY, I. V.: (a) C. **1941, II**, 235; Chem. Listy **34**, 137 (1940); (b) Chem. Listy **34**, 1 (1940). — DUBSKY, I. V., u. A. OKAC: C. **1931, I**, 1951; Chem. Listy **24**, 492 (1930). — DUBSKY, I. V., u. N. WINTROWA: Chem. Abstr. **35**, 2446 (1941); Collect. czechoslov. chem. Commun. **11**, 526 (1939). — DUCLOUX, E. H.: C. **1924, II**, 2538; Mikrochemie **2**, 108 (1924). — DUFLOS, A., u. N. W. FISCHER: Pogg. Ann. **72**, 477 (1847). — DUVAL, CL.: Anal. chim. Acta **1**, 201 (1947). — DUVAL, R., u. CL. DUVAL: Anal. chim. Acta **2**, 307 (1948). — DUVAL, CL., u. C. SOYE: Anal. chim. Acta **1**, 205 (1947). — DUVAL, R., u. I. M. LE GOFF: C. r. **204**, 817 (1937); C. **1937, II**, 1416.

EDER, J. N., u. E. VALENTA: Atlas typischer Spektren, S. 19. Wien 1911. — EEGRIWE, E.: C. **1930, II**, 3608; Fr. **82**, 150 (1930). — EVANS, B. S., u. D. G. HIGGS: Chem. Abstr. **39**, 2265 (1945); Analyst **70**, 75 (1945). — EMELIANOVA, N. V.: C. **1925, II**, 1259; R. **44**, 528 (1925).

FAKTOR, F.: Fr. **39**, 345 (1900). — FALCIOLA, P.: Giorn. Chim. ind. ed applic. **8**, 612 (1926). — FEIGL, F.: (a) Ch. Z. **44**, 689 (1920); (b) Qualitative analysis by spot tests, 1947. — FEIGL, F., u. H. J. KAPULITZAS: Fr. **82**, 417 (1931). — FEIGL, F., u. R. STERN: Fr. **60**, 33 (1921). — FEIGL, F., u. L. v. TUSTANOWKA: B. **57**, 762 (1924). — FEIGL, F., u. R. UTZEL: Mikrochemie **19**, 132 (1935/36). — FEITKNECHT, W.: Helv. **21**, 766 (1938); Angew. Ch. **52**, 202 (1939). — FIELD, J.: Fr. **130**, 273 (1950); J. chem. Soc. **14**, 48 (1862). — FISCHER, E. J.: Wiss. Veröffentl. Siemens-Konzern **4**, 185 (1925). — FISCHER, H.: Angew. Ch. **42**, 1027 (1929); Mikrochemie **8**, 327 (1930). — FISCHER, H., u. G. LEOPOLDI: Ch. Z. **64**, 231 (1940). — FISCHER, W., W. DIETZ, K. BRÜNGER u. H. GRIENEISEN: Angew. Ch. **49**, 719 (1936). — FITZER, E.: Arch. Eisenhüttenw. **25**, 321 (1954). — FLOOD, H., u. A. SMEDSAAS: C. **1942, II**, 1269; Tidsskr. Kjemi, Bergves. Metallurgi **2**, 17 (1942). — FORMANEK, J.: Fr. **39**, 418 (1900). — FUJIMOTO, M.: Anal. Abstr. **1**, 2098 (1954); Bl. chem. Soc. Japan **27**, 48 (1954).

GARELLI, F., u. A. TETTAMANZI: C. **1933, II**, 1064; Ind. chimica **8**, 577 (1933). — GARRIDO, J.: Chem. Abstr. **42**, 3278 (1948); An. Españ. **43**, 1195 (1947). — GEILMANN, W., u. O. MEYER-HOISSEN: Glastechn. Ber. **12**, 302 (1934). — GERLACH, W., u. E. RIEDL: Die chemische Emissionsspektralanalyse, III. Teil, Tabellen zur qual. Analyse. Leipzig 1942. — GERLACH, W., u. K. RUTHARDH: C. **1933, I**, 3105; Z. anorg. Ch. **209**, 337 (1932). — GILLIS, J., J. HOSTE u. J. PIJCK: Mikrochim. A. **1953**, 244. — GLASUNOW, A.: C. **1930, II**, 1104; Chim. Ind. **23**, 311 (1930); Chem. Listy **25**, 352 (1931). — GORDON, S., u. J. M. SCHREYER: Anal. Chem. **23**, 381 (1951). — GRAMACHO, D.: Rev. brasil. chim. **15**, 269 (1943). — GRAMONT, A. DE: C. **1912, II**, 806; C. r. **155**, 276 (1912). — GOEDBLOED, L. A.: Chemist-Analyst **42**, 43 (1953). — GOTO, H.: C. **1941, I**, 1069; Sci. Rep. Tôhoku Imp. Univ., Ser. I **29**, 287 (1940). — GOLDBERG, G. S.: Chem. Abstr. **48**, 6905 (1954); Z. anal. Chim. (russ.) **9**, 56 (1954). — GRANT, J., u. F. A. MEGGY: C. **1936, II**, 2183; Analyst **61**, 401 (1936). — GROSSMANN, H., u. W. HEILBORN: B. **41**, 1878 (1908). — GROSSMANN, H., u. B. SCHÜCK: Ch. Z. **31**, 535, 911 (1907). — GUHA-SIRCAR, S. S., u. S. CH. BHATTACHARJEE: J. Indian chem. Soc. **18**, 155 (1941); Chem. Abstr. **35**, 7869 (1941). — GUSSEW, S. J.: Chem. Abstr. **41**, 347 (1947); Zhur. Anal. Khiem **1**, Nr. 2, S. 114 (1946). — GUTIEREZ DE CELIS, M.: C. **1931, II**, 92; An. Españ. **29**, 262 (1931).

HAGENBACH, A., u. H. KOHNEN: Atlas der Emissionsspektren der meisten Elemente, S. 42. Jena 1905. — HALL, D., u. H. H. WILLARD: Am. Soc. **44**, 2219, 2226 (1922); Fr. **65**, 67 (1924/25). — HARNACK, A.: Z. wiss. Photogr. **10**, 281 (1912). — HERFELD, H., u. O. GERNGROSS: Fr. **94**, 7 (1933). — HIEBER, W., u. F. LEUTERT: B. **60**, 2313 (1927). — HELLER, K.: Mikrochemie **12**, 375 (1933). — HLASIWETZ, H.: A. **122**, 93 (1862). — HOLZMÜLLER, W.: Fr. **115**, 81 (1938). — HOVORKA, V., u. V. SYKORA: C. **1938, II**, 1821; Coll. Trav. chim. Tchécosl. **10**, 83 (1938). — HOVORKA, V., u. L. DIVIS: Ref. Fr. **135**, 373 (1952); Coll. czechoslov. chem. Commun. **15**, 589 (1950). — HUNTER, M. S., J. R. CHURCHILL u. R. B. MEARS: Chem. Abstr. **37**, 573 (1943); Metal Progr. **42**, 1070 (1942).

ILINSKI, M., u. G. v. KNORRE: B. **18**, 699 (1885). — IIRKOWSKY, R.: Chem. Listy **25**, 254 (1931); C. **1931, II**, 1721.

JAFFE, E.: C. **1933, I**, 3221; Ann. Chim. appl(ic). **22**, 737 (1932). — JEAN, M.: Anal. chim. Acta **6**, 278 (1952). — JINDAL, S. J.: Chem. N. **130**, 34 (1925). — JONES, H. O., u. H. S. TASKER: J. chem. Soc. **95**, 1908 (1909); C. **1910, I**, 608. — JUNG, W., C. E. CARDINI u. M. FUKMAN: An. Argentina **31**, 122 (1943).

KEUNING, K. J., u. I. V. DUBSKY: Chem. Obzor **15**, 18 (1940). — KLOOSTER, H. S. VAN: C. **1922, II**, 111; Am. Soc. **43**, 746 (1921). — KOHN, M.: Anal. chim. Acta **3**, 569 (1949). — KOLTHOFF, J. M.: (a) Mikrochemie **8**, 176 (1930); (b) Chem. Weekbl. **21**, 22 (1924). — KOLTHOFF, I. M., V. A. STENGER u. B. MOSKOWITZ: Am. Soc. **56**, 812 (1934). — KORENMAN, J. M.: (a) Fr. **95**, 44 (1933); (b) C. **1930, I**, 869; P. C. H. **70**, 709 (1929); (c) Mikrochemie **9**, 223 (1929); (d) C. **1933, I**, 2146; P. C. H. **71**, 54 (1933); (e) C. **1931, II**, 282; J. chem. Ind. **8**, 276 (1931). —

Korenman, J. M., u. E. M. Ashbel: Chem. Abstr. **35**, 7871 (1941); Zavodskaja Lab. **10**, 493 (1941). — Kossolapow, B. M.: J. Chim. appl. **13**, 314 (1940). — Kraemer, W.: C. **1934, II**, 1653; Fr. **97**, 89 (1934). — Kraut, K.: Angew. Ch. **19**, 1793 (1906). — Kuhlberg, L. M.: C. **1936, I**, 1061; Ukrain. chem. J. **8**, 133 (1936); J. Chim. appl. **7**, 406 (1934). — Kuhn, R., u. E. Ludolphy: A. **564**, 35 (1949). — Kunz, J.: Helv. **15**, 854 (1932). — Kröhnke, F.: B. **60**, 529 (1927). — Krumholz, P., u. E. Krumholz: C. **1936, II**, 342; Mikrochemie **19**, 47 (1935).

Lacourt, A., J. Gillard, M. van der Walle: C. **1951, II**, 3215; Mikrochemie **35**, 262 (1950); C. **1951, I**, 1201; Nature **166**, 225 (1950). — Lacourt, A., Gh. Sommereyns, E. De Geyndt u. O. Jaquet: C. **1952**, 5463; Mikrochemie **36/37**, 117 (1951). — Lacourt, A., Gh. Sommereyns, O. Jaquet u. G. Wantier: C. **1952**, 6583; Bl. (5) **18**, 873 (1951). — Langer, A.: Mikrochemie **25**, 71 (1938). — Lavoye, C.: J. Pharm. Belg. **3**, 889 (1925). — Lehrman, L., E. A. Kabat u. H. Weissberg: Am. Soc. **56**, 1836 (1934). — Lehrman, L., u. J. Kramer: Am. Soc. **56**, 2648 (1934). — Leitmeier, H., u. F. Feigl: C. **1936, II**, 1394; Z. Krist., Abt. B **47**, 313 (1934). — Lewis, J. A., u. J. M. Griffiths: C. **1952**, 7541; Analyst **76**, 388 (1951). — Lemarchands: Bl. **35**, 1666 (1924); C. **1925, I**, 1348. — Liebig, J. v.: A. **41**, 291 (1842); **65**, 244 (1848); **87**, 128 (1853). — Lingane, J. J., u. H. Kerlinger: C. **1942, II**, 2825; Ind. eng. Chem. Anal. Edit. **13**, 77 (1941). — Llacer, A. J., u. J. A. Sozzi: Mikrochemie **36/37**, 239 (1951). — Lieberson, A.: C. **1930, I**, 3466; Am. Soc. **52**, 464 (1930). — Lundegårdh, H.: Die quantitative Spektralanalyse der Elemente. Jena 1934.

Malatesta, G., u. E. Di Nola: Bull. chim. farm. **52**, 819 (1913). — Manchot, W., u. P. Woringer: B. **46**, 3514 (1913). — Martini, A.: (a) Chem. Abstr. **33**, 7237 (1939); Publ. inst. investigaciones microquim. Univ. nac. litoral. **2**, 69 (1939); (b) C. **1928, I**, 1894; Mikrochemie **6**, 28 (1928); (c) C. **1929, I**, 2450; Mikrochemie **7**, 30 (1929); (d) Chem. Abstr. **36**, 1257 (1942); Publ. inst. investigaciones microquim. Univ. nac. litoral. **4**, 69 (1940); (e) C. **1935, I**, 2855; Mikrochemie **16**, 233 (1935); (f) C. **1930, II**, 2016; Mikrochemie **8**, 143 (1930); (g) C. **1937, II**, 1862; Mikrochim. A. **1**, 164 (1937); (h) Chem. Abstr. **36**, 1264 (1942); Publ. inst. investigaciones microquim. Univ. nac. litoral. **4**, 63 (1940). — Mayr, C.: Fr. **98**, 402 (1934). — Mazumdar, A. K: Chem. Abstr. **1942**, 3450; J. Indian. chem. Soc. **18**, 410 (1941). — Michaelis, L., u. S. Yamaguchi: C. **1930, I**, 3217; J. biol. Chem. **83**, 367 (1929). — Middleton, A. R., u. H. L. Miller: Am. Soc. **38**, 1705 (1916). — Mika, J.: C. **1926, II**, 2327; Kolloidchem. Beih. **23**, 309 (1926). — Mindalew, L.: Mitt. wiss.-techn. Arb. in der Republik (russ.) **13**, 57 (1924). — Moir, J.: C. **1929, II**, 610; J. S. African chem. Inst. **11**, 33 (1928). — Moore, G. E., u. K. A. Kraus: Am. Soc. **74**, 843 (1952). — Musante, C.: G. **78**, 536 (1948).

Nielssen, B., u. N. Paulsen: Chem. Abstr. **1940**, 6895; Tidsskr. Kjemi, Bergves. Metallurgi **20**, 52 (1940). — Niessner, M.: Mikrochemie **10**, 271 (1931); **12**, 1, 22 (1932). — Nichols, M. L., u. S. R. Cooper: Am. Soc. **47**, 1268 (1925). — Nieuwenburg, C. J. van: Chem. Weekbl. **29**, 118 (1932). — Noyes, A. A., u. W. C. Bray: A System of qualitative Analysis. New York 1927.

Okac, A., u. J. Celechowsky: C. **1950, I**, 441; Chem. Listy **43**, 7 (1949). — Ostroumow, E. A.: (b) C. **1936, I**, 4769; Zavodskaja Lab. **4**, 1317 (1935); (a) C. **1938, II**, 563; Zavodskaja Lab. **7**, 20 (1938); (c) C. **1939, I**, 3596; Ind. eng. Chem. Anal. Edit. **10**, 693 (1938). — Ostroumow, E. A., u. G. S. Maslenikowa: Ind. eng. Chem. Anal. Edit. **10**, 695 (1938).

Palit, C. C., u. N. R. Dhar: C. **1924, II**, 375; Chem. N. **128**, 293 (1924). — Parravano, N., u. A. Pasta: G. **37**, 252 (1907). — Parri, W.: Giorn. Farmac. Chim. Sci affini **73**, 177, 181, 211 (1924). — Pavlik, M.: C. **1931, II**, 390, 3079; Coll. Trav. chim. Tchécosl. **3**, 223, 302 (1931).— Pavolini, T.: C. **1931, II**, 283; Ind. chimica **5**, 862 (1930). — Perry, M. H., u. E. J. Serfass: Anal. Chem. **22**, 565 (1950). — Phipson, T. L.: C. r. **84**, 1460 (1877). — Podchainowa, V. M., u. V. J. Butorin: Chem. Abstr. **47**, 2630 (1953). — Pollard, F. H., F. W. McOmie u. J. J. M. Elbeih: J. chem. Soc. **1951**, 466. — Pollard, F. H., F. W. McOmie u. H. M. Stevens: J. chem. Soc. **1951**, 771. — Polya, J. B., u. B. Wilson: Austral. J. sci. **13**, 26 (1950). — Potratz, H. A., u. J. M. Rosen: C. **1950, II**, 85; Anal. Chem. **21**, 1276 (1949). — Powell, A. D.: J. Soc. chem. Ind. **36**, 273 (1917). — Pozzi-Escot, M. E.: C. **1909, II**, 656; Ann. Chim. anal. **14**, 207 (1909). — Pozzi-Escot, E.: Chem. Abstr. **38**, 1443 (1944); An. quim. labs. invest. cient. et ind. (Peru) **1943**, 33.

Raquet, D.: Chem. Abstr. **1948**, 6698; Bl. Soc. Pharm. Lille **1**, 16 (1946). — Ray, P.: C. **1930, I**, 1187; Fr. **79**, 94 (1929). — Ray, P., u. A. Bhaduri: J. Indian chem. Soc. **27**, 297 (1950); C. **1952**, 6106. — Ray, P., u. A. K. Chattopadhya: C. **1928, I**, 1684; Z. anorg. Ch. **169**, 99 (1928). — Ray, P., u. R. M. Ray: C. **1926, II**, 2158; J. Indian. chem. Soc. **3**, 118 (1926). — Ray, P., u. P. B. Sarkar: C. **1931, II**, 1030; Mikrochemie (Emich-Festschr.) 243 (1930). — Reichel, F.: Fr. **19**, 468 (1880). — Richter, O.: C. **1901, I**, 1340; Tschermak (2) **20**, 99 (1901).— Rimbach, R.: Forging. Stamping-Heat Treating **9**, 519 (1923). — Ripan, R.: Bl. Soc. Stiintje Cluj **4**, 150 (1928/29). — Rosenheim, A., u. E. Huldschinsky: B. **34**, 2050 (1902). — Rosenthaler, L.: C. **1934, II**, 1961; Mikrochemie **14**, 363 (1934). — Rossi, L.: Chem. Abstr. **1944**, 6236; Rev. Asoc. bioquím argent. **9**, Nr. 33, 11 (1943). — Rossi, L., u. P. G. Coronato: Chem. Abstr. **37**, 5673 (1943); Rev. Asoc. bioquím argent. **7**, Nr. 22, 11 (1941). — Rossi, L., C. A.

LEONARO u. J. LUSIN: C. **1939, I**, 479; Rev. Asoc. bioquím argent. **3**, Nr. 7, 5 (1938). — RUSSANOW, A. K.: C. **1933, II**, 2561; Z. anorg. Ch. **214**, 77 (1933).

SÁ, A.: C. **1935, I**, 3694; An. Farm. Bioquim. **4**, 77 (1935). — SAMUELSON, O.: Ion exchangers in analytical chemistry. New York 1952. — SANCHEZ, J. A.: Fr. **82**, 420 (1930). — SARVER, L. A.: C. **1938, II**, 3720; Ind. eng. Chem. Anal. Edit. **10**, 378 (1938). — SCHAEFFER, H. F.: (a) Chemist-Analyst **41**, 57 (1952); (b) Anal. Chem. **23**, 1674 (1951). — SCHLEICHER, A.: Z. El. Ch. **39**, 2 (1933); C. **1933, II**, 1062. — SCHNEIDER, H.: Fr. **125**, 185 (1943). — SCHOORL, N.: Chem. Weekbl. **4**, 815 (1907); Fr. **48**, 211 (1909). — SCOTT, A. W.: C. **1934, I**, 252; Am. Soc. **55**, 3647 (1933). — SERGEEW, A. P.: Chem. Abstr. **32**, 2865 (1938); Farm. Zhur. (russ.) **1**, 56 (1937). — SEN, D. CH.: C. **1936, I**, 4916; Sci. and Cult. **1**, 158 (1935); C. **1939, I**, 3597; J. Indian chem. Soc. **15**, 473 (1938). — SHIWOPISZEW, W. P.: (b) Z. obsc. Chim. **21**, 481 (1951); (a) C. **1951, I**. 1920; Ber. Akad. Wiss. UdSSR (N. S.) **73**, 1193 (1950). — SHOME, S. CH.: C. **1950, II**, 920, Anal. chim. Acta **3**, 679 (1949). — SHENAN, R. J.: Chem. Abstr. **1943**, 1095; J. Soc. chem; Ind. **61**, 164 (1942). — SKEY, W.: Chem. N. **16**, 201, 324 (1867). — SOUSA, A. DE: Mikrochemie **40**, 352 (1953). — STACKELBERG, M. VON: Polarographische Arbeitsmethoden. Berlin 1950. — STACKELBERG, M. VON, P. KLINGER, W. KOCH u. E. KRATH: Techn. Mitt. Krupp **2**, 59 (1939); Arch. Eisenhüttenw. **13**, 249 (1939). — STROMBERG, A. G., u. A. J. SELJANSKAJA: Sh. obschtsch. Chim. **15**, 303 (1945). — STEIGMAN, A.: (a) Chem. Abstr. **37**, 3689 (1943); J. Soc. chem. Ind. **62**, 42 (1943); (b) Chem. Abstr. **41**, 924 (1947); J. Soc. chem. Ind. **65**, 233 (1946); (c) Chem. Abstr. **42**, 1525 (1948); J. Soc. chem. Ind. **66**, 355 (1947). — SUPRUNOWITSCH, J. B.: C. **1939, II**, 3075; Chem. J. Ser. A **8**, 839 (1938).

TAMCHYNA, J. V.: C. **1930, I**, 3334; Chem. Listy **24**, 31 (1930). — TANANAEFF, N. A.: Z. anorg. Ch. **140**, 325 (1924). — TATTERSALL, T.: Chem. N. **39**, 66 (keine Angaben vorhanden); Fr. **18**, 474 (1879). — TERREIL, A.: C. r. **62**, 139 (1866). — THOMSON, TH. A.: Mikrochim. A. **2**, 280 (1937). — TSCHERNY, A. T.: C. **1936, II**, 825; Ukrain. chem. J. **11**, 13 (1936). — TWYMAN, F., u. C. ST. HITCHEN: C. **1932, I**, 843; Pr. Roy. Soc. London, Ser. A **133**, 72 (1931).

VERDIER, E. T.: C. **1940, II**, 1258; Coll. Trav. chim. Tchécosl. **11**, 233 (1939). — VERMANDE, G.: Pharm. Weekbl. **55**, 1131 (1918). — VESTNER: Diss. München 1909, 537. — VITALI, D.: Bol. chim. farm. **50**, 799 (1911). — VOGEL, H. W.: (a) B. **8**, 1537 (1875); (b) B. **12**, 3214 (1879). — VORTMANN, G.: (a) M. **4**, 1 (1883); Fr. **23**, 62 (1884); (b) Qualitative chemische Analyse anorg. Gemische mit einfachen Hilfsmitteln. Verlag Chemie 1933.

WAGENMANN, K.: Met. Erz **18**, 447 (1921). — WEIHRICH, R.: Die chemische Analyse in der Stahlindustrie, S. 90. Stuttgart 1942. — WEIHRICH, R., u. F. SCHWERTNER: C. **1943, I**, 1593; Arch. Eisenhüttenw. **16**, 45 (1942). — WEIL, H.: Bl. (4) **9**, 20 (1910); C. **1910, I**, 756. — WENGER, P., u. R. DUCKERT: (a) Helv. **24**, 657 (1941); (b) Reagents for qualitative inorganic analysis. 1948. — WEST, P. W., u. L. A. LONGACRE: Anal. chim. Acta **6**, 485 (1952). — WHEELER u. LUEDEKING: Fr. **26**, 604 (1887). — WILLARD, H. H., u. D. HALL: C. **1923, II**, 220; Am. Soc. **44**, 2219 (1922). — WÖHLER, F.: A. **70**, 256 (1849). — WOLFF, C. H.: Fr. **18**, 38 (1879). — WOLOKITIN, A. W.: C. **1937, I**, 4270; J. angew. Chem. (russ.) **8**, 1095 (1935). — WORONZEW, R. W.: C. **1936, I**, 2398; Chem. J. Ser. A **8**, 555 (1935). — WUNSCHENDORFF, H., u. P. VALIER: C. **1934, II**, 1960; Bl. [5] **1**, 85 (1934).

YASUDA, S. K., u. J. L. LAMBERT: Anal. Abstr. **2**, 1223 (1955); J. chem. Educat. **31**, 572 (1954). YAGODA, H.: C. **1934, I**, 2949; Chemist-Analyst **23**, 4 (1934). — YAGODA, H., u. H. M. PATRIDGE: C. **1931, I**, 1647; J. Am. chem. Soc. **52**, 4857 (1930).

Nickel.

Ni, Atomgewicht 58,69, Ordnungszahl 28.

Von HARRY HAHN, Kiel.

Mit 6 Abbildungen.

Inhaltsübersicht.

I. Vorkommen.

Nickel findet sich in gediegener Form mit Eisen legiert in vielen Eisenmeteoriten. Der durchschnittliche Gehalt der Meteorite an Nickel schwankt zwischen 5,5 und 20% Ni. Der Gehalt der Steinmeteorite an Nickel ist kleiner, er beträgt im Durchschnitt etwa 1,5%.

In gebundener Form findet sich Nickel hauptsächlich in sulfidischen, arsenidischen und antimonidischen Erzen sowie in einigen Silicaten. Der Gehalt der Erdrinde an Nickel beträgt etwa 0,018 Gew.-%.

Die wichtigsten Nickelmineralien sind: Gelbnickelkies (Millerit, Haarkies) NiS, Rotnickelkies (Arsennickel, Kupfernickel) NiAs, Breithauptit (Antimonnickel) NiSb, Weißnickelkies (Cholantit) $NiAs_2$, Gersdorffit (Arsennickelglanz) NiAsS und Ullmannit (Antimonnickelglanz) NiSbS. An silicatischen Mineralien sind zu nennen: Der Garnierit, ein durch Verwitterung entstandenes Magnesium-Nickelsilicat wechselnder Zusammensetzung mit bis zu 20% Nickel, der für die Gewinnung des Nickels von größerer Bedeutung ist als die vorher genannten Mineralien, sowie der Pimelith mit 5 bis 9% Nickel und der Schuchardit mit bis zu 25% Nickel. Außerdem enthalten manche Arten von Magnetkiesen oft bedeutende Mengen Nickel, im Durchschnitt etwa 3%, in isomorpher Beimengung.

II. Wertigkeit des Nickels und Verhalten seiner Verbindungen in analytischer Hinsicht.

Nickel tritt in seinen einfachen Verbindungen fast ausschließlich zweiwertig auf. Verbindungen des ein-, drei- und vierwertigen Nickels, die nur durch Komplexbildung stabilisiert sind, haben kaum eine analytische Bedeutung.

Die Verbindungen des zweiwertigen Nickels schließen sich in ihrem Verhalten an die Verbindungen anderer zweiwertiger Metalle an, wie z. B. Magnesium, Zink, Mangan, Eisen und Kobalt. Besonders deutlich tritt diese Verwandtschaft bei den Heptahydraten der Sulfate sowie den Ammoniumdoppelsulfaten auf. Die Verbindungen des zweiwertigen Nickels sind meist grün gefärbt.

Das analytische Verhalten des Nickels ist einerseits bedingt durch die Löslichkeit seines Hydroxyds in Ammoniaklösung unter Komplexbildung, besonders bei Anwesenheit von Ammoniumchlorid, sowie andererseits durch die schwere Löslichkeit seines Sulfids in alkalischer Lösung, das allerdings nach längerem Stehen in gleicher Weise wie das Kobaltsulfid auch in verdünnten Mineralsäuren unlöslich wird.

Für den Nachweis des Nickels ist seine große Neigung zur Bildung stark gefärbter, schwer löslicher Komplexverbindungen besonders mit organischen Oximverbindungen von großer Wichtigkeit.

Eine kritische Zusammenstellung von etwa 100 Nachweisreaktionen des Nickels geben WENGER, DUCKERT und BUSSET sowie PELTIER, DUVAL und DUVAL.

III. Aufschlußverfahren.

1. Erze.

In den Erzen ist Nickel in der Hauptsache als Arsenid, Antimonid, Sulfid, Oxyd oder Silicat enthalten. Als Begleitelemente sind regelmäßig Kobalt, Eisen, Mangan, Zink, Kupfer, Blei, Aluminium sowie zuweilen auch Spuren von Edelmetallen vorhanden. Die Gangart ist meist silicatischer Natur.

Fast sämtliche Nickelerze lassen sich durch Erhitzen mit Königswasser aufschließen. Bei arsen-, antimon- und schwefelreichen Erzen läßt sich auch der Freiberger Aufschluß sowie konzentrierte Schwefelsäure mit Erfolg anwenden. Bei sehr nickelreichen Erzen empfiehlt sich auch ein vorheriges Abrösten der Proben und Überführen in die Oxyde, die sich dann mit Königswasser leicht aufschließen lassen. Nickelarme silicatische Mineralien werden am besten mit Soda aufgeschlossen.

Zum Aufschluß schwer aufschließbarer oxydischer Erze empfiehlt POWEL das fein gepulverte Material mit der doppelten Menge feinster Schwefelblume zu vermischen und im glasierten Porzellantiegel zum Schmelzen zu bringen und einige Minuten bei Rotglut zu belassen. Die so behandelte Probe läßt sich dann in Salpetersäure leicht auflösen.

2. Hüttenprodukte.

Bei der Analyse von Hüttenprodukten wie Speisen, Steinen, Rückständen und Schlacken wird in gleicher Weise verfahren wie bei den Erzen. Neben dem Aufschluß mit Königswasser kann auch hier vorteilhaft konzentrierte Schwefelsäure sowie der Freiberger Aufschluß angewendet werden.

3. Nickelmetall und Nickellegierungen.

Das reine Metall ist in Salpetersäure besser löslich als in Salzsäure. Nickellegierungen, insbesondere nickelreiche Spezialstähle, werden in einem Gemisch von Salpetersäure und Schwefelsäure oder in Königswasser gelöst.

IV. Übersicht über die analytische Gruppe und Abtrennung des Nickels von seinen Begleitern.

Bei den üblichen Trennungsgängen für Kationen verbleibt das Nickel im sauren Filtrat der Schwefelwasserstoffällung. Aus diesem wird es zusammen mit Aluminium, Eisen, Chrom, Kobalt, Zink und Mangan in der Regel nach Rose mit Ammoniak und Ammoniumsulfid gefällt, wobei es als Sulfid in den Niederschlag geht. Außer diesen Elementen kann der Niederschlag auch noch folgende selteneren und seltenen Elemente enthalten: Beryllium, Gallium, Indium, Titan, Zirkon, Hafnium, Thorium, die seltenen Erden, Scandium, Yttrium, Niob, Tantal, Vanadin, Wolfram und Uran.

A. Abtrennung des Nickels von seinen Begleitern bei Abwesenheit von seltenen Elementen und störenden Anionen.

In einfachen Fällen, in Abwesenheit von seltenen Elementen und störenden Anionen, wird das saure Filtrat der Schwefelwasserstoffällung mit Ammoniak und Ammoniumsulfid versetzt. Bei Anwesenheit von viel Magnesium ist vorher Ammoniumchlorid zuzusetzen, um das Magnesium in Lösung zu halten (Böttger, Vestner). Nach einigem Stehen wird der Niederschlag der Sulfide und Hydroxyde mit ammoniumsulfid- und ammoniumchloridhaltigem Wasser gewaschen und anschließend mit 2 n Salzsäure behandelt. Dabei bleiben Nickel und Kobalt als schwarze Sulfide zurück.

Nickelsulfid ist in frisch gefälltem Zustande in verdünnten Säuren, selbst in Essigsäure löslich. Die Löslichkeit des Nickelsulfids nimmt jedoch mit der Zeit, besonders unter der Einwirkung des Luftsauerstoffs auf die darüberstehende Ammoniumsulfidlösung, schnell ab, so daß es selbst in verdünnten Mineralsäuren unlöslich wird. Dieser Unterschied in der Löslichkeit wird nach neueren Untersuchungen von Dönges damit erklärt, daß bei der Fällung des Nickels als Sulfid in alkalischer Lösung der entstehende Niederschlag Sauerstoff aufnimmt und zum Teil in ein basisches Sulfid der Zusammensetzung Ni(OH)S übergeht. Dieses basische Sulfid wirkt nun seinerseits katalytisch auf die Oxydation des Ammoniumsulfids durch den Luftsauerstoff. Der dabei gebildete Schwefel verbindet sich mit dem Nickelsulfid zu höher geschwefelten Produkten, die nun in verdünnten Mineralsäuren schwer löslich sind.

Da Nickelsulfid beim Fällen mit Ammoniumsulfid häufig kolloidal in Lösung bleibt, empfiehlt Ostroumow (a), die Fällung des Nickels in Pyridinchlorhydrat enthaltender Lösung mit Schwefelwasserstoff vorzunehmen, da es hierbei kristallin und besonders gut filtrierbar ausfällt.

Der so erhaltene Niederschlag von Nickel- und Kobaltsulfid wird in Salpetersäure, Königswasser oder einem Gemisch von Essigsäure und Wasserstoffperoxyd gelöst und die Lösung weiter untersucht.

B. Weitere Methoden zur Abtrennung des Nickels in der Gruppe.

Bei Anwesenheit von selteneren Elementen wird am besten nach den bekannten Trennungsgängen von AUSTIN; AZZARELLO, ACCARDO und ABRAMO; NOYES und BRAY sowie FISCHER, DIETZ, BRÜNGER und GRIENEISEN verfahren.

Von weiteren Trennungsmöglichkeiten der zweiwertigen Ionen von den höherwertigen dieser Gruppe sind noch zu nennen:

1. *Hexamethylentetramin* (Urotropin) vgl. RAY und CHATTOPADHYA; CHARLOT; LEHRMAN, KABAT und WEISBERG.

2. *Ammoniumbenzoat* nach KOLTHOFF, STENGER und MOSKOWITZ aus schwach essigsaurer ammoniumchloridhaltiger Lösung.

3. *Pyridin* nach OSTROUMOW (b) ebenfalls aus schwach saurer ammoniumchloridhaltiger Lösung.

C. Abtrennung des Nickels von seinen häufigsten Begleitern.

1. Abtrennung des Nickels vom Kobalt.

Eine Abtrennung des Nickels vom Kobalt zum Nachweis des Nickels ist nicht unbedingt erforderlich, da die besten Nachweisreaktionen des Nickels auch neben einem größeren Überschuß von Kobalt genügend sicher und empfindlich sind. Soll dennoch eine Trennung durchgeführt werden, so sind folgende Methoden mit Erfolg anwendbar:

a) Eine der sichersten und bequemsten Methoden ist die Abtrennung des Nickels mit Dimethylglyoxim, BRUNCK. Sie wird in essigsaurer, acetatgepufferter Lösung durchgeführt (vgl. a. MIDDLETON und MILLER).

b) Zur Abtrennung größerer Mengen Kobalt von wenig Nickel eignet sich das von LIEBIG ausgearbeitete und von WÖHLER modifizierte Verfahren, das die Unbeständigkeit des Nickelcyanidkomplexes gegen Oxydationsmittel in alkalischer Lösung zur Trennung vom Kobalt verwendet.

c) Die von DUFLOS und FISCHER entdeckte Methode zur Abtrennung des Kobalts mit Kaliumnitrit in essigsaurer Lösung eignet sich besonders zur Trennung von wenig Kobalt von viel Nickel.

d) Die Rhodanid-Äthermethode, die auf der Löslichkeit des Tetrarhodanatokomplexes des Kobalts in einem Amylalkohol-Äthergemisch beruht, ist für jedes Mengenverhältnis zwischen Kobalt und Nickel anwendbar (ROSENHEIM und HULDSCHINSKY; CANDEA und SAUCIUC).

e) GROSSMANN und SCHÜCK sowie GROSSMANN und HEILBORN verwenden zur Trennung des Nickels vom Kobalt die Fällung des Nickels mit Dicyandiamidinsulfat in einer 10% Rohrzucker enthaltenden Lösung, wobei sich Nickel als Dicyandiamidinverbindung abscheidet und Kobalt in Lösung gehalten wird.

f) FEIGL und KAPULITZAS benützen für die Trennung, wenn keine anderen Elemente zugegen sind, das Verhalten der komplexen Cyanide des Nickels und Kobalts gegenüber Formaldehyd. Der 3wertige Kobaltkomplex ist gegenüber Formaldehyd beständig, der Nickelkomplex wird in das Nickelcyanid übergeführt.

g) Die von ILINSKI und KNORRE ausgearbeitete Methode zur Fällung des Kobalts mit α-Nitroso-β-naphthol eignet sich zur Abtrennung von wenig Kobalt von größeren Nickelmengen.

h) Von weiteren Trennungsmöglichkeiten wären noch zu nennen: Die Methode nach SANCHEZ — Fällung der komplexen Cyanide mit Silbernitrat —, das Verfahren nach KUNZ — Fällung des Kobalts als Kobalt(III)-hydroxyd aus essigsaurer, acetatgepufferter Lösung —, die Methode nach SCHNEIDER — Behandeln der höheren Oxyde des Nickels und Kobalts mit ammoniumchloridhaltiger Ammoniaklösung —, die Fällung des Nickels aus ammoniakalischer Lösung mit Kalilauge nach Oxydation des Kobalts mit Hypochlorit, TERREIL, DEVELAUX, VORTMANN, sowie die Trennung mit Alkaliphosphat nach WUNSCHENDORFF und VALIER.

2. Abtrennung des Nickels vom Eisen.

Eine Trennung des Nickels vom Eisen zum Nachweis des Nickels ist nicht unbedingt erforderlich, da die für das Nickel üblichen Nachweismethoden bei geeigneter Arbeitsweise auch neben größeren Mengen Eisen genügend sicher und empfindlich sind. Soll eine Trennung dennoch durchgeführt werden, so sind neben den zur Trennung der 2wertigen Elemente von den 3wertigen üblichen Methoden folgende weitere anwendbar:

a) Bei Anwesenheit von 3wertigem Eisen die Fällung des Nickels mit Dimethylglyoxim in ammoniakalischer weinsäurehaltiger Lösung. In gleicher Weise kann auch das Nickel von Aluminium und Chrom getrennt werden (BRUNCK).

b) Bei Anwesenheit von 2wertigem Eisen gelingt die Trennung durch Fällen des Nickels mit Diacetyldioxim in essigsaurer Lösung.

c) Die Extraktion des 3wertigen Eisens aus stark salzsaurer Lösung mit Äther nach ROTHE. Diese Methode empfiehlt sich besonders bei Anwesenheit größerer Mengen von Eisen neben sehr wenig Nickel.

d) Die Fällung des 3wertigen Eisens mit Zinkoxyd.

3. Abtrennung des Nickels vom Zink.

Die geeignetste Methode ist die Fällung des Nickels in essigsaurer Lösung mit Dimethylglyoxim.

4. Die Abtrennung des Nickels vom Mangan.

Die geeignetste Methode ist die Fällung des Nickels in essigsaurer Lösung mit Dimethylglyoxim. OSTROUMOW und MASLENIKOWA schlagen auch die Fällung des Nickels aus einer heißen Lösung von Pyridin oder Pyridinchlorhydrat mit Schwefelwasserstoff vor, wobei das Mangan in Lösung bleibt.

5. Nachweis des Nickels neben Kupfer.

Die störende Wirkung des Kupfers bei der Abscheidung des Nickels mit Dimethylglyoxim kann nach RANEDO dadurch beseitigt werden, daß die schwach saure acetatgepufferte Probelösung vor der Zugabe des Dimethylglyoxims mit einer 10%igen Natriumdithionitlösung bis zur Entfärbung auf schwach gelb versetzt wird.

D. Physikalisch-chemische Trennverfahren.

1. Chromatographische Trennungsmethoden.

In neuerer Zeit ist auch eine Reihe von chromatographischen Trennungsmethoden ausgearbeitet worden, vor allem im Mikromaßstab, die jedoch größeres Interesse für die quantitative Bestimmung als für den qualitativen Nachweis der Komponenten haben. Von diesen Methoden sind zu nennen: Die Arbeiten von LEWIS und GRIFFITHS sowie BURSTALL, DAVIES, LINSTEAD und WELLS über Chromatographie an Cellulose; die Arbeit von FLOOD und SMEDSAAS sowie mehrere Arbeiten über papierchromatographische Trennungsmethoden, wie die von ARDEN, BURSTALL, DAVIES, LEWIS und LINSTEAD; POLLARD, MCOMIE und ELBEIH; POLLARD, MCOMIE und STEVENS; LACOURT, GILLARD und van der WALLE; LACOURT, SOMMEREYNS DE GEYNDT und JACQUET; LACOURT, SOMMEREYNS, JACQUET und WANTIER; BERG und STRASSNER.

2. Trennungen mit Hilfe von Ionenaustauschern.

Nach MOORE und KRAUS wird in 3 bis 9 n salzsaurer Lösung Kobalt durch Anionenaustauscher gebunden, während Nickel in Lösung bleibt. Weitere Literaturangaben sind von SAMUELSON zusammengestellt.

Nachweismethoden.

§ 1. Nachweis auf spektralanalytischem Wege.

Allgemeines. Über den Nachweis des Nickels in den verschiedensten Materialien, insbesondere in den verschiedenen Legierungen mit Hilfe der Spektralanalyse liegt eine größere Anzahl von Arbeiten vor, die alle zeigen, daß der Nachweis des Nickels auf diesem Wege keine Schwierigkeiten macht.

Das Flammenspektrum des Nickels zeigt große Ähnlichkeit mit dem Spektrum des Kobalts und des Eisens. Der Bogen und der Funken sind zur Anregung des Nickels gleich gut geeignet. Beide Spektren sind sehr linienreich und wenig charakteristisch.

Für den Nachweis des Nickels im Bogen- und im Funkenspektrum ist eine Reihe von Linien geeignet. Ihre Wellenlängen, ihre Koinzidenzen und Störlinien sind am besten aus den Tabellen von GERLACH und RIEDL zu ersehen. Ihre nähere Behandlung würde im Rahmen dieses Kapitels zu viel Raum einnehmen. Im sichtbaren Spektrum kann das Nickel durch die Linie 5476,9 Å identifiziert werden, DE ANDRADE GOUVEIA.

Nachweisverfahren.

A. Emissionsspektrum.

1. Nachweis in Lösungen.

Bei der Verwendung des Acetylenluftbrenners nach LUNDEGÅRDH kann Nickel mit Hilfe der Linien 3414,8 und 3524,5 Å nachgewiesen und bestimmt werden. Von RUSSANOW wird dieses Verfahren wegen der Einfachheit der Spektren auch für die Bestimmung des Nickels in Mineralien empfohlen. Im allgemeinen wird für die Lösunganalyse die Bogen- oder die Funkenentladung benutzt. Nach BOYLE und AMY lassen sich Nickelspuren, die auf einer Kupferkathode abgeschieden sind, noch bis zu etwa 10^{-5} g nachweisen. TWYMAN und HITCHEN geben eine Spezialanordnung für den Nachweis von Nickel und auch anderen Metallen in Lösungen mit Hilfe des Funkens an und machen nähere Angaben über die Beeinflussung der Linien durch andere Bestandteile. Über den Nachweis des Nickels in Düngesalzen siehe BARTELT.

2. Nachweis in Legierungen.

Der Nachweis in Legierungen wird in der Regel so durchgeführt, daß das Metall selbst als Elektrode dient. Der Nachweis von Nickel in Stählen auf spektrographischem Wege wird nur bei höher legierten Stählen angewendet, da es erst ab 1% nachgewiesen werden kann. Über den Nachweis des Nickels in Stählen berichtet HOLZMÜLLER näher, auch unter Angabe der günstigsten Linien sowie der möglichen Störungen. Nach DAIN, GRANOWSKI und PUSENKIN kann man den Nachweis des Nickels in Stählen empfindlicher gestalten, wenn man das Eisen vorher nach ROTHE ausäthert.

3. Nachweis in gehärteten Fetten.

Die Isolierung zum spektralanalytischen Nachweis erfolgt durch Ausschütteln mit konzentrierter Salzsäure und anschließende elektrolytische Abscheidung auf einer verkupferten Platinspitze. Die Anregung erfolgt durch den Funken, KAUFMANN und KELLER.

4. Nachweisempfindlichkeit.

Über die Nachweisempfindlichkeit der spektrographischen Methoden liegen nur ungenaue Angaben vor. SCHLEICHER gibt die Erfassungsgrenze nach Abscheidung des Nickels nach der Methode von BOYLE und AMY auf einer Kupferkathode mit 10 γ Ni und einer Grenzkonzentration von 10^{-7} g/ml an.

B. Absorptionsspektrum.

Nach FISCHER und WEYL geben Nickeldithizonatlösungen in Tetrachlorkohlenstoff ein charakteristisches Absorptionsspektrum im Bereich von 4000 bis 7000 Å.

§ 2. Elektrographischer Nachweis.

Nach GLASUNOW bzw. ARNOLD wird die Probe nach guter Reinigung der Oberfläche und nach Entfernung metallischer oder anderer Überzüge als Anode unter Zwischenlage des feuchten Reagenspapiers gegen ein als Kathode geschaltetes Aluminiumblech mit einer Gleichstromquelle verbunden. Als Reagenspapier wird ein mit einer einprozentigen Natriumsulfidlösung oder einer einprozentigen Benzidinlösung in 10%iger Essigsäure getränktes Filtrierpapier verwandt. Bei Gegenwart von Nickel verfärbt sich das Natriumsulfidpapier beim Stromdurchgang dunkelgrün, auf dem Benzidinpapier entsteht eine graublaue bis blaue Färbung. Der Benzidinfleck färbt sich auf Zusatz einer ammoniakalischen Dimethylglyoximlösung rot. IIRKOWSKI modifiziert die Methode von GLASUNOW dahingehend, daß er beim Nachweis geringer Mengen Nickel in Stählen das Filtrierpapier kurz in eine Dimethylglyoximlösung taucht und bei 4 mA 2 bis 3 Min. exponiert. Zur Entfernung der Eisenfärbung wird das Papier anschließend mit einer Lösung von Eisencyanoferrat(II) und Oxalsäure behandelt (vgl. a. HUNTER, CHURCHILL und MEARS sowie FITZER).

§ 3. Polarographischer Nachweis.

Über das polarographische Verhalten des Nickels liegt eine größere Anzahl von Arbeiten vor, die von STACKELBERG zusammengestellt worden sind. Die polarographischen Methoden werden weniger zum qualitativen Nachweis des Nickels verwendet. Sie haben eine weit größere Bedeutung für die quantitative Bestimmung des Nickels. Nickel läßt sich polarographisch gut bestimmen. Sein Verhalten ist dem Verhalten des Kobalts sehr ähnlich.

Das Halbstufenpotential des Nickels variiert mit der Zusammensetzung der Leitsalzlösungen. Es beträgt für ein indifferentes Leitsalz (z. B. 1 n KCl) —1,1 V; für eine 1 n Ammoniak —1 n Ammoniumchloridlösung —1,14 V (STACKELBERG, KLINGER, KOCH und KRATH); für eine 0,1 m Pyridin —0,1 m Pyridiniumchloridlösung —0,82 V (LINGANE und KERLINGER); für eine 1 n Kaliumcyanidlösung —1,44 V (EMELIANOVA; LINGANE und KERLINGER) und für eine 1 n Kaliumrhodanidlösung —0,74 V (LINGANE und KERLINGER).

Die Nickelstufe im indifferenten Leitsalz bei 1,1 V ist flach, wenn auch etwas steiler als beim Kobalt. Sie wird zu positiveren Potentialen verschoben durch Temperaturerhöhung (PAVLIK), durch Pyridin (STACKELBERG, KLINGER, KOCH und KRATH; LINGANE und KERLINGER), durch Kaliumrhodanid (PAVLIK; LINGANE und KERLINGER) sowie durch höchstkonzentrierte Chloride (PAVLIK).

In saurer Lösung addiert sich die Wasserstoffstufe zur Nickelstufe. In alkalischer Lösung erscheint auch bei höchster Galvanometerempfindlichkeit keine Nickelstufe.

In Ammoniak-Ammoniumchlorid-, in Pyridin- und in Kaliumcyanid- sowie Kaliumrhodanidlösungen erhält man gut ausgeprägte Nickelstufen. In Oxalat- und Tartratlösungen tritt keine Nickelstufe auf, wohl aber in einer ammoniakalischen Tartratlösung eine gute Stufe, die für den Nachweis von Nickel neben Mangan brauchbar ist (KIESELBACH). Wenig Nickel neben viel Kupfer wird am besten in einer alkalischen Kaliumcyanidlösung nachgewiesen (MILNER).

§ 4. Nachweis auf trockenem Wege.

1. Flammenfärbung.

Nickel und Nickelsalze zeigen in der Bunsenbrennerflamme keine charakteristische Flammenfärbung.

2. Perlenprobe.

a) Verhalten in der Boraxperle. Nickelsalze färben die Boraxperle in der Oxydationsflamme in der Hitze rötlichviolett. Die Färbung ist jedoch nur kurze Zeit zu erkennen. In der Reduktionsflamme werden Nickelsalze in der Boraxperle zu elementarem Nickel reduziert. Die heiße Perle sieht farblos aus, die kalte Perle ist vom ausgeschiedenen Nickel trübe und grau. Bei Anwesenheit von Eisen ist die Oxydationsperle in der Hitze braunrot, in der Kälte braun, die Reduktionsperle nach dem Ausscheiden des Nickels grün gefärbt.

Die Nachweisgrenze des Nickels in der Boraxperle wird von AUGUSTI und PASCALINO mit 5 γ Ni angegeben.

b) Verhalten in der Phosphorsalzperle. Nickelsalze färben die Phosphorsalzperle in der Hitze in der Oxydationsflamme rötlichbraun, in der Kälte gelb bis rötlichgelb. Die Reduktionsperle ist sowohl in der Hitze wie auch in der Kälte rötlich bis gelb gefärbt. Bei Zugabe von Zinn(II)-chlorid wird das Nickel reduziert und die Perle vom ausgeschiedenen metallischen Nickel trübe und grau gefärbt.

Die Nachweisgrenze für Nickel in der Phosphorsalzperle wird von AUGUSTI und PASCALINO mit 7,5 γ Ni angegeben.

3. Verhalten vor dem Lötrohr.

a) Verhalten auf Kohle. Nickelverbindungen, mit Soda vermischt, werden beim Glühen auf der Holzkohle vor dem Lötrohr zu elementarem Nickel reduziert. Dieses verbleibt nach dem Abschlämmen als schwarzes, magnetisches Pulver zurück, das in Salpetersäure leicht löslich ist und für andere eindeutigere Nachweisreaktionen verwendet werden kann.

b) Verhalten auf Kreide. Beim Erhitzen von Nickelsalzlösungen mit einigen Körnchen Kaliumjodid in der Aushöhlung eines Kreidestückes mit der Flamme bildet sich ein grauvioletter Beschlag, der bis zu 5 γ Nickel nachzuweisen gestattet SERGEEW.

4. Nachweis mit Methylaminhydrochlorid.

Erhitzt man nach REICHARD wasserfreie Nickelsalze in einem Porzellantiegel oder -schälchen mit der gleichen Menge trockenen Methylaminhydrochlorids, so färbt sich die Masse tiefblau. Beim Erkalten verschwindet die Farbe und taucht

$$\overset{\oplus}{[CH_3 \cdot NH_3]}\overset{\ominus}{Cl}$$

Methylaminhydrochlorid

bei erneutem Erwärmen, so lange noch Methylaminhydrochlorid zugegen ist, wieder auf. Wasserfreie Kobaltsalze geben die gleiche Reaktion, allerdings verschwindet bei diesen beim Abkühlen die Färbung nicht. Die Erfassungsgrenze beträgt etwa 0,0001 g Nickel.

§ 5. Nachweis auf nassem Wege.

Für den Nachweis des Nickels sind anorganische Nachweisreaktionen weniger geeignet, da das Nickel mit anorganischen Reagenzien keine spezifischen und sehr empfindlichen Reaktionen eingeht. Dagegen bildet es mit einer Reihe organischer Verbindungen, insbesondere mit Dioximen stark gefärbte innere Komplexsalze, die sich zum Nachweis des Nickels sehr gut eignen.

I. Verhalten gegen anorganische Reagenzien.

1. Einwirkung von Alkalihydroxyden.

Bei der Einwirkung von Natrium- oder Kaliumhydroxyd auf Nickelsalzlösungen entsteht stets hellgrün gefärbtes Nickel(II)-hydroxyd, das im Überschuß der Laugen unlöslich ist. Durch Einwirkung starker Oxydationsmittel, wie z. B. Chlor oder Bromwasser, geht das Nickelhydroxyd in höherwertige Oxydhydrate über, vgl. GLEMSER und EINERHAND.

2. Einwirkung von Ammoniak.

Bei der Einwirkung von Ammoniak auf Nickelsalzlösungen entsteht zuerst das hellgrüne Nickel(II)-hydroxyd, das sich im Überschuß des Ammoniaks unter Bildung des Hexamminnickel(II)-ions auflöst. Bei Anwesenheit von Ammoniumsalzen unterbleibt die Fällung des Hydroxyds.

3. Einwirkung von Alkalicarbonaten und Ammoniumcarbonat.

Alkalicarbonate und auch Ammoniumcarbonat fällen aus Nickelsalzlösungen hellgrün gefärbtes Nickelcarbonat. Im Überschuß von Ammoniumcarbonat löst sich Nickelcarbonat unter Komplexsalzbildung.

4. Einwirkung von Natriumhydrogencarbonat.

Nach PALIT und DHAR fällt Natriumhydrogencarbonat aus einer verdünnten Nickelsalzlösung einen schwach grünen Niederschlag, der sich im Gegensatz zum Kobalt im Überschuß des Fällungsmittels nicht auflöst. Bei Zugabe von Bromwasser und Erwärmen erhält man einen blauschwarzen Niederschlag, der sich als dünne Schicht auf der Innenseite des Reagensglases absetzt. In der Kälte tritt die blauschwarze Färbung nicht auf.

Fügt man einige Tropfen Brom zu einer gesättigten Natriumhydrogencarbonatlösung, die gleichzeitig Nickel und Kobalt enthält, so zeigt eine apfelgrüne Farbe beim Schütteln in der Kälte zunächst Kobalt an. Beim Erwärmen entsteht dann der blauschwarze Niederschlag, der das Nickel anzeigt. Die Reaktionen sind auch bei einem größeren Überschuß des anderen Elements deutlich. Die Grenzkonzentration für Nickel ist 1 : 500000 ($10^{-5,7}$).

5. Einwirkung von Phosphaten.

Ammonium- und Alkaliphosphate fällen in neutraler oder alkalischer Lösung Nickelphosphate wechselnder Zusammensetzung, die sowohl in Säuren als auch in Ammoniak löslich sind.

6. Einwirkung von Schwefelwasserstoff.

In mineralsauren oder stark essigsauren Lösungen wird durch Schwefelwasserstoff kein Nickelsulfid gefällt. Nur aus schwach essigsaurer, acetatgepufferter Lösung fällt quantitativ kristallines Nickel(II)-sulfid aus, das in kalter verdünnter Salzsäure unlöslich ist.

7. Einwirkung von Ammonium- bzw. Natriumsulfid.

Mit farblosem Ammonium- bzw. Natriumsulfid wird aus Nickelsalzlösungen röntgenamorphes NiS gefällt, das sich, sofern es noch sauerstofffrei ist, in verdünnter Salzsäure leicht löst. Mit gelbem Ammoniumsulfid bzw. Natriumpolysulfid gefällte Nickelsulfidniederschläge sind ebenfalls röntgenamorph, jedoch von vornherein durch ihren höheren Schwefelgehalt in verdünnten kalten Mineralsäuren schwer löslich. Auch mit farblosem Ammoniumsulfid gefälltes Nickelsulfid, an dem noch überschüssiges Ammoniumsulfid haftet, erfährt beim Stehen an der Luft in kurzer Zeit durch Oxydation des Ammoniumsulfids eine Schwefelanreicherung, die es ohne Übergang in die kristalline hexagonale Form in verdünnten Mineralsäuren unlöslich macht, vgl. Dönges. Die Oxydation des Ammoniumsulfids wird in gleicher Weise wie beim Kobalt durch ein durch die Einwirkung des Luftsauerstoffs gebildetes Ni(OH)S katalysiert.

8. Einwirkung von Alkalicyaniden.

Alkalicyanide fällen aus neutralen Nickelsalzlösungen zunächst ein hellgrün gefärbtes Nickel(II)-cyanid, das sich im Überschuß des Fällungsmittels mit gelber Farbe unter Bildung des Komplexsalzes $K_2[Ni(CN)_4]$ auflöst. Aus dieser Lösung wird durch Laugen kein Nickelhydroxyd gefällt. Dagegen bildet sich zum Unterschied vom Kobalt mit Oxydationsmitteln, z. B. Bromwasser, in alkalischer Lösung ein schwarzes höheres Oxydhydrat.

9. Einwirkung von Halogenwasserstoffsäuren.

Nach Deniges (a) bilden Nickelsalze mit konzentrierter Salzsäure eine blutrot gefärbte Lösung, ähnlich dem Eisen(III)-rhodanid, mit Jodwasserstoffsäure eine granatrote Lösung. Die Jodwasserstoffsäure muß jedoch vorher von freiem Jod befreit werden.

II. Nachweis mit organischen Reagenzien.

A. Wichtige Nachweismethoden.

1. Nachweis mit Dimethylglyoxim (Diacetyldioxim).

Dimethylglyoxim ist das von Tschugaeff gefundene klassische Reagens auf

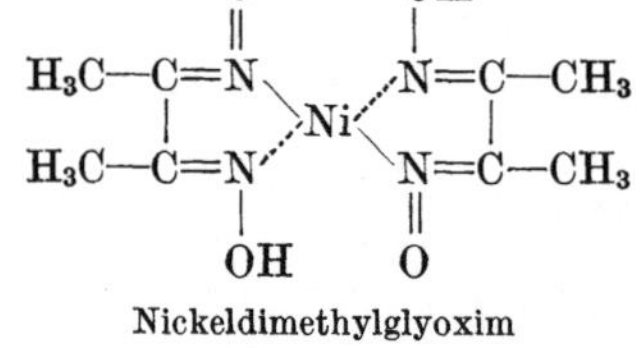

```
              O       OH
              ||      |
  H3C—C=N\        /N=C—CH3
       |      Ni       |
  H3C—C=N/        \N=C—CH3
       |               ||
       OH              O
```

Nickeldimethylglyoxim

Nickel. Es gibt mit Nickelsalzen in ammoniakalischer oder schwach essigsaurer Lösung einen scharlachroten Niederschlag obenstehender Zusammensetzung, der aus kleinen Nädelchen besteht. Als Reagenslösung verwendet man am besten eine 1%ige alkoholische Lösung.

Ausführung. Die Probelösung wird schwach ammoniakalisch gemacht, bei Anwesenheit von Kobalt mehrmals durchgeschüttelt, um das Kobalt in die dreiwertige Form überzuführen, und anschließend die Reagenslösung hinzugegeben.

Grenzkonzentration. 1 : 500000 ($10^{-5,7}$).

Störungen. Der Nachweis des Nickels mit Dimethylglyoxim ist für Nickel spezifisch und sehr zu empfehlen. Außer Nickel reagieren nur noch Palladium, das in saurer Lösung einen gelben Niederschlag gleicher Zusammensetzung gibt, das zweiwertige Eisen, das in ammoniakalischer Lösung eine rote und das Kobalt, das unter gleichen Bedingungen eine bräunliche Lösung liefert. Bei Anwesenheit von Palladium im Verhältnis 100 : 1 muß in ammoniakalischer Lösung gearbeitet und ein Überschuß an Reagenslösung zugesetzt werden. Eisen(II)-ionen müssen vorher oxydiert und in ammoniakalischer Lösung mit Citrationen gebunden werden. Das Eisen setzt dann selbst im 2000fachen Überschuß die Empfindlichkeit des Nickelnachweises nicht herab. Kobalt(II)-ionen stören durch die braune Färbung des entsprechenden Kobaltkomplexes den Nickelnachweis nicht, setzen aber bei einem sehr großen Überschuß die Empfindlichkeit etwas herab. Kupfer stört den Nachweis und muß vorher entfernt werden. Alle anderen Ionen, selbst bei großem Überschuß auch im Verhältnis 100 : 1, stören den Nachweis des Nickels nicht.

Der Nachweis des Nickels mit Dimethylglyoxim läßt sich nach STONE sowie BELOUSSOW und BELOUSSOWA noch dadurch empfindlicher gestalten, daß man die wäßrige Lösung mit dem Niederschlag mit einer organischen mit Wasser nicht mischbaren Flüssigkeit, z. B. Amylalkohol, schüttelt. Der Nickeldimethylglyoximniederschlag sammelt sich dann in der Grenzfläche zwischen den beiden Flüssigkeitsphasen und kann so auch in geringeren Mengen besser erkannt werden (vgl. a. KORENMAN und DUDNICK; vgl. a. Mikroskopische Methoden und Tüpfelnachweis).

2. Nachweis mit Diphenylglyoxim (α-Benzildioxim).

Nach ATACK sowie GUTZEIT gibt das Reagens mit Nickelionen eine dem Nickel-

$$\begin{array}{l} C_6H_5-C{=}NOH \\ \qquad\quad | \\ C_6H_5-C{=}NOH \end{array}$$

Diphenylglyoxim

dimethylglyoxim sehr ähnliche orangerot gefärbte Komplexverbindung, die sich zum Nachweis des Nickels sehr gut eignet.

Ausführung. Die schwach saure Probelösung wird schwach ammoniakalisch gemacht, mit 3 bis 5 Tropfen einer heiß gesättigten alkoholischen Lösung des Reagenses versetzt und auf 80 bis 100° C erhitzt. Bei Anwesenheit von Nickel erhält man einen orangerot gefärbten Niederschlag.

Grenzkonzentration. 1 : 10000000 (10^{-7}).

Störungen. Der Nachweis ist sehr empfindlich und spezifisch bei Abwesenheit von Kobalt. Kobalt(II)-ionen geben eine Gelbfärbung, die zwar die Empfindlichkeit des Nickelnachweises nicht herabsetzt, den Nachweis selbst jedoch sehr unsicher macht. Alle anderen Ionen stören den Nachweis nicht, bis auf Kupfer, das die Empfindlichkeit bei Anwesenheit größerer Mengen herabsetzt.

3. Nachweis mit o-Cyclohexandiondioxim (Nioxim).

Nach WALLACH und WEISSENBORN gibt eine wäßrige Lösung des Reagenses

$$\begin{array}{ccc} & CH_2 & \\ H_2C & & C{=}NOH \\ H_2C & & C{=}NOH \\ & CH_2 & \end{array}$$

o-Cyclohexandiondioxim

in ammoniakalischer Lösung mit Nickelionen eine intensiv rote Komplexverbindung, die wahrscheinlich ebenso gebaut ist wie das Nickeldimethylglyoxim.

Ausführung. Die ammoniakalische Probelösung wird mit einigen ml der 0,02%-igen wäßrigen Reagenslösung versetzt. Bei Anwesenheit von Nickel fällt ein roter flockiger Niederschlag aus, der bei sehr geringen Nickelkonzentrationen erst nach 10 bis 15 Min. erscheint.

Grenzkonzentration. 1 : 2500000 ($10^{-6,4}$). Nach JOHNSON und SIMMONS kann Nickel mit diesem Reagens auch noch in einer Verdünnung von $5 \cdot 10^{-9}$ nachgewiesen werden.

Störungen. Der Nachweis ist für Nickel sehr spezifisch. Palladium gibt einen gelben Niederschlag, der den Nickelnachweis nicht stört. Kupfer gibt mit dem Reagens einen hellgrünen Niederschlag und setzt die Empfindlichkeit des Nickelnachweises etwas herab, stört aber besonders in ammoniakalischer Lösung nicht. Störungen durch Wismut und Eisen(III) lassen sich durch Zusatz von Tartrat beheben. Kobalt gibt mit dem Reagens in saurer Lösung eine Braunfärbung und fällt zusammen mit dem Nickel aus. In ammoniakalischer, ammoniumchloridhaltiger Lösung stört es den Nickelnachweis nicht.

4. Nachweis mit α-Furildioxim.

Nach SOULE gibt eine wäßrige oder alkoholische Lösung des Reagenses mit

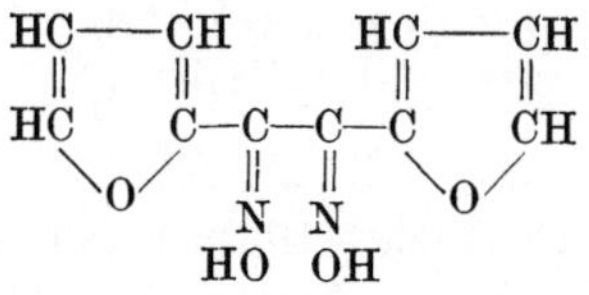

```
HC——CH      HC——CH
||   ||      ||   ||
HC   C—C—C—C      CH
 \O/   ||  ||  \O/
       N   N
      HO   OH
```

α-Furildioxim

Nickelsalzen ein rotes Komplexsalz gleichen Aufbaues wie bei anderen Nickeldioximverbindungen, das sich zum Nachweis des Nickels gut eignet.

Ausführung. Die schwach ammoniakalische Probelösung wird mit einigen Tropfen der wäßrigen Reagenslösung versetzt. Bei Anwesenheit von Nickel erhält man einen roten Niederschlag.

Grenzkonzentration. 1 : 500000 ($10^{-5,7}$).

Störungen. Kobalt(II)-ionen geben mit dem Reagens eine dunkle Färbung, die bei einem größeren Kobaltüberschuß störend wirkt. Sie kann durch Oxydation des Kobalts aufgehoben werden. Eisen(II)-ionen geben mit dem Reagens ebenfalls einen Niederschlag und müssen nach vorheriger Oxydation mit Citrat- bzw. Tartrationen maskiert werden (vgl. a. Tüpfelnachweis).

5. Nachweis mit Diacetylmonoxim.

Nach MIRONOW erhält man mit dem Reagens und Nickelsalzen einen roten

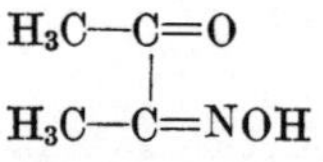

$$\begin{array}{l} H_3C—C{=}O \\ \qquad\;\; | \\ H_3C—C{=}NOH \end{array}$$

Diacetylmonoxim

Niederschlag, der sich gut zum Nachweis des Nickels eignet. Der Mechanismus dieser Reaktion ist noch nicht näher untersucht.

Ausführung. Die schwach ammoniakalische Probelösung wird mit einigen Tropfen der 4%igen alkoholischen Reagenslösung versetzt. Bei Anwesenheit von Nickel erhält man, bei geringen Konzentrationen erst nach einigen Minuten, einen roten Niederschlag.

Grenzkonzentration. 1 : 100000 (10^{-5}).

Störungen. Die Reaktion ist für den Nickelnachweis zu empfehlen. Palladium gibt mit dem Reagens einen gelben Niederschlag, der jedoch den Nickelnachweis nicht weiter stört. Kobalt(II)-ionen geben eine gelbbraune Färbung, die ebenfalls nicht stört. Kupfer reagiert auch mit dem Reagens und muß vorher entfernt werden. Alle anderen Ionen stören den Nachweis des Nickels selbst bei 100fachem Überschuß nicht (vgl. a. Tüpfelnachweis).

6. Nachweis mit Rubeanwasserstoffsäure.

Nach RAY und RAY bildet Nickel mit Rubeanwasserstoffsäure ein Komplexsalz

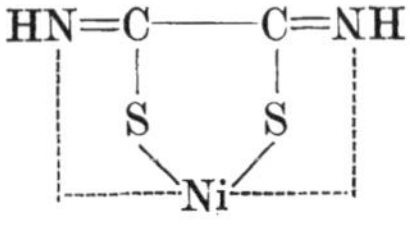

Nickelrubeanat

nebenstehender Zusammensetzung, das sich zum Nachweis des Nickels gut eignet.

Ausführung. Die schwach saure, am besten mit Natriumacetat gepufferte Probelösung wird mit einigen Tropfen der gesättigten alkoholischen Reagenslösung versetzt. Eine tief dunkelblaue Färbung zeigt die Anwesenheit von Nickel an.

Grenzkonzentration. 1 : 2000000 ($10^{-6,3}$).

Störungen. Kobalt gibt mit dem Reagens eine rotbraune Färbung, stört jedoch den Nachweis des Nickels nicht. Kupfer gibt einen dunkelgrünen, Silber und Quecksilber(II)-ionen geben einen schwarzen Niederschlag und müssen daher vorher abgetrennt werden. Eisen(III)-ionen stören den Nachweis des Nickels ebenfalls, sie können jedoch mit Fluorionen maskiert werden. Bei Anwesenheit größerer Mengen wird jedoch die Empfindlichkeit des Nickelnachweises herabgesetzt. Alle anderen Ionen stören selbst bei Anwesenheit größerer Mengen den Nickelnachweis nicht (vgl. a. Tüpfelnachweis).

Durch chromatographische Adsorption an Aluminiumoxyd und anschließende Entwicklung mit Rubeanwasserstoffsäure lassen sich nach SCHWAB und GOSH noch 0,04 γ Ni nachweisen.

B. Weitere Nachweisreaktionen.

1. Nachweis mit Dicyandiamidinsulfat.

Nach GROSSMANN und SCHÜCK bildet Nickel mit Dicyandiamidinsulfat in stark alkalischer Lösung einen gelben Niederschlag der Zusammensetzung $Ni(C_2H_5ON_4)_2$,

$$\left[HN{=}C\begin{matrix}\diagup NH{-}CN \\ \oplus \\ \diagdown NH_3\end{matrix}\right]_2 SO_4^{2\ominus}$$

Dicyandiamidinsulfat

der sich zum Nachweis des Nickels, besonders aber zu seiner quantitativen Bestimmung eignet. Eisen wird durch Weinsäure komplex in Lösung gehalten. Größere Mengen von Ammonsalzen sind zu vermeiden. Kobalt und Zink stören den Nachweis nicht. Die Empfindlichkeit dieser Reaktion ist geringer als die mit Dimethylglyoxim (vgl. a. GROSSMANN und HEILBORN).

2. Nachweis mit Oxaldiuramiddioxim.

Das Reagens gibt nach TSCHUGAEFF und SUREJANZ mit ammoniakalischen

$$\begin{matrix} H_2N{-}CO{-}NH{-} & C & {-} & C & {-}NH{-}CO{-}NH_2 \\ & \| & & \| & \\ & HON & & NOH & \end{matrix}$$

Oxaldiuramiddioxim

Nickelsalzlösungen nach Erhitzen zum Sieden einen orange gefärbten Niederschlag. Gegenwart von Kobalt stört nicht.

Grenzkonzentration. 1 : 150000 ($10^{-5,2}$) vgl. a. FEIGL und CHRISTIANI-KORNWALD sowie OKAC).

3. Nachweis mit Oxalamiddioxim (Niccolox).

Das Reagens bildet nach KURAS mit ammoniakalischen Nickelsalzlösungen eine orange gefärbte Komplexverbindung der Zusammensetzung $Ni(C_4H_{10}N_8O_4) \cdot 2\,H_2O$,

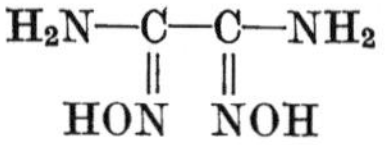

$$\begin{matrix} H_2N\text{—}C\text{—}C\text{—}NH_2 \\ \| \quad \| \\ HON \quad NOH \end{matrix}$$

Oxalamiddioxim

die sich zum qualitativen Nachweis und zur quantitativen Bestimmung des Nickels eignet. Mangan, Kobalt, Zink, Aluminium, Ammonium- und Alkalisalze stören den Nachweis des Nickels nicht. Eisen, Chrom und eventuell auch größere Mengen von Aluminium, die mit Ammoniak einen Niederschlag geben, müssen vorher abgetrennt werden, vgl. a. CHATTERJEE.

4. Nachweis mit Cycloheptandiondioxim (Heptoxim).

Das wasserlösliche Reagens bildet nach VOTER und BANKS oberhalb $p_H = 2{,}7$

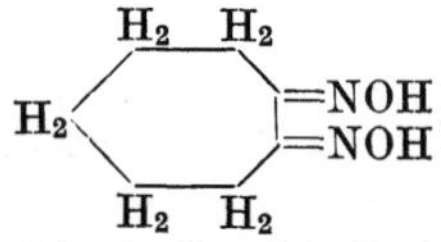

H₂ H₂ / H₂ =NOH =NOH / H₂ H₂

Cycloheptandion-(1,2)-dioxim

mit Nickelsalzlösungen einen gelben Niederschlag der Zusammensetzung $Ni(C_7H_{11}N_2O_2)_2$, der sich zum qualitativen Nachweis und zur quantitativen Bestimmung des Nickels eignet.

Störungen. Aluminium, Chrom, Eisen(III), Titan, Arsen, Antimon und Wismut müssen vor der Fällung des Nickels durch Tartrat oder Citrat komplex gebunden werden. Kobalt bildet mit dem Reagens eine braune Komplexverbindung, die bei nicht zu hohen Kobaltkonzentrationen in Lösung bleibt. Kupfer bildet mit dem Reagens einen braunen Niederschlag, es kann jedoch durch einen Überschuß von Rhodanionen maskiert werden.

5. Nachweis mit 1,2-Diaminoanthrachinon-3-sulfonsäure.

Eine alkalische Lösung des Reagenses bildet mit Nickelsalzlösungen nach MALATESTA und DI NOLA einen blauen Niederschlag bis zur Verdünnung von

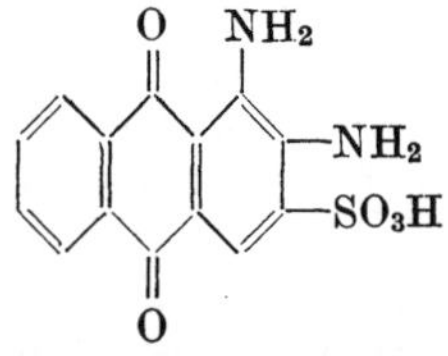

O NH₂ —NH₂ —SO₃H O

1,2-Diaminoanthrachinon-3-sulfonsäure

0,2 mg im ml. Die Empfindlichkeit der Reaktion wird durch Zusatz von Spuren Ammoniak gesteigert. Überschüssiges Ammoniak läßt die Färbung des Niederschlages nach rot umschlagen.

Erfassungsgrenze. $5\,\gamma$ Ni im ml.

Störungen. Kobalt und Kupfer geben ähnliche Reaktionen.

6. Nachweis mit Methylaminhydrochlorid.

Erhitzt man nach REICHARD wasserfreie Nickelsalze in einem Porzellantiegel oder -schälchen mit der gleichen Menge trockenen Methylaminhydrochlorids, so

$$[\overset{\oplus}{CH_3 \cdot NH_3}]\,\overset{\ominus}{Cl}$$

Methylaminhydrochlorid

färbt sich die Masse tiefblau. Beim Erkalten verschwindet die Farbe. Wasserfreie Kobaltsalze geben die gleiche Reaktion, allerdings verschwindet bei diesen beim Abkühlen die Färbung nicht. Die Erfassungsgrenze ist etwa 0,0001 g Nickel.

C. Weitere weniger empfehlenswerte bzw. unsichere Nachweisreaktionen.

1. Nachweis mit Salicylaldoxim.

Salicylaldoxim sowie sein 5-Chlor-, 3,5-Dibrom- und 5-Nitroderivat eignen

OH
CH=NOH

Salicylaldoxim

sich nach Martini (a) sowie Flagg und Fuhrman zum Nachweis des Nickels. Erfassungsgrenze: 0,1 γ Ni. Es stören Kupfer, Kobalt und Nickel, die ähnliche Reaktionen geben.

2. Nachweis mit Phenanthrenchinon-monoxim.

Das Reagens bildet mit Nickelsalzen nach Keuning und Dubsky einen scho-

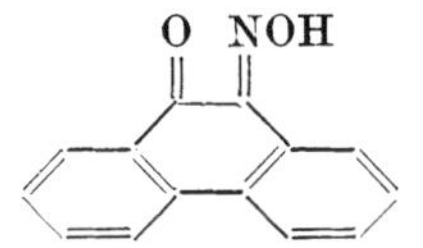

Phenanthrenchinon-monoxim

koladebraunen Niederschlag.

3. Nachweis mit Phenanthrenchinoxim.

Das Reagens bildet nach Pavolini mit Nickelsalzen einen ockergelben Nieder-

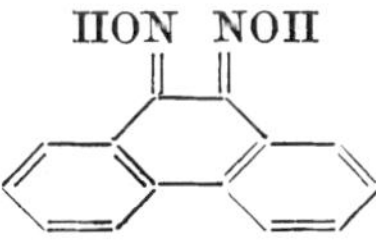

Phenanthrenchinoxim

schlag.

4. Nachweis mit β-Isatoxim.

β-Isatoxim bildet mit Nickelsalzen bei Anwesenheit von Natriumacetat in der

C=NOH
C=O
N
H

β-Isatoxim

Wärme einen grünlichgelben Niederschlag. Die Reaktion wird durch Kobalt, Eisen, Uran, Silber und Blei gestört [Hovorka und Sykora (a)].

5. Nachweis mit Isonitroso-N-phenyl-3-methylpyrazolon.

Eine 1%ige alkoholische Lösung der Verbindung gibt nach HOVORKA und

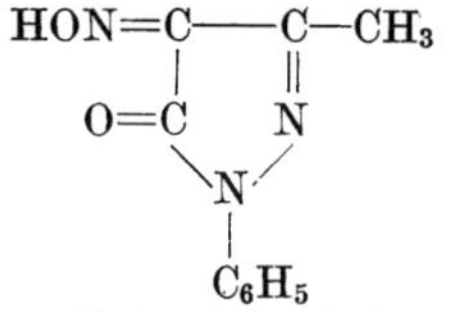

HON=C——C—CH_3
O=C N
N
C_6H_5

Isonitroso-N-phenyl-3-methylpyrazolon

SYKORA (b) mit Nickelsalzen eine hellgrüne Fällung.

6. Nachweis mit Benzhydroxamsäure.

Benzhydroxamsäure sowie einige ihrer Derivate geben nach MUSANTE mit

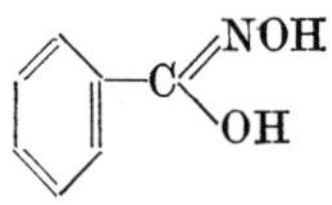

C NOH
OH

Benxhydroxamsäure

Nickelsalzen unter geeigneten Bedingungen grün gefärbte Niederschläge.

7. Nachweis mit 2,7-Dinitroso-1,8-dioxynaphthalin-3,6-disulfonsäure.

Die 2,7-Dinitrosochromotropsäure bzw. ihre tautomere Form sind nach STEIG-

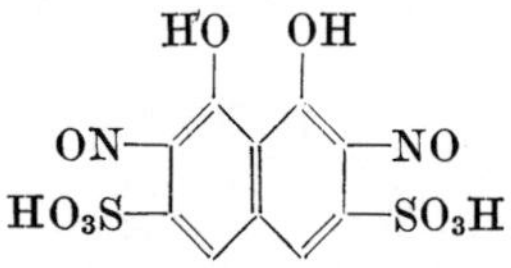

HO OH
ON— —NO
HO_3S— —SO_3H

2,7-Dinitrosochromotropsäure

MAN (a) ein sehr empfindliches Reagens auf Nickel. Es stören jedoch Kupfer, Kobalt und Palladium.

8. Nachweis mit 8-Isonitramino-menthonsemicarbazon bzw. -oxim.

Beide Verbindungen bilden mit Nickelsalzen nach BRAMBILLA tief gefärbte

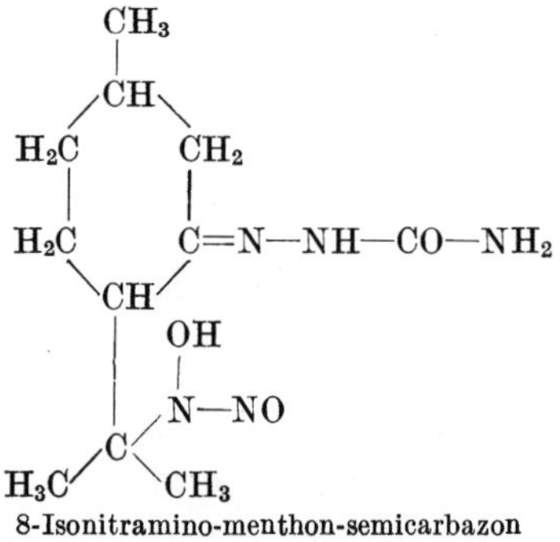

CH_3
CH
H_2C CH_2
H_2C C=N—NH—CO—NH_2
CH
OH
N—NO
C
H_3C CH_3

8-Isonitramino-menthon-semicarbazon

Niederschläge, die in Äthanol löslich, in Wasser und Äther unlöslich sind.

9. Nachweis mit 2-Naphthylthioharnstoff.

Eine frisch bereitete 1%ige alkoholische Lösung der Verbindung gibt

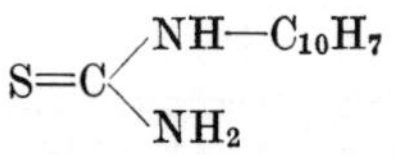

NH—$C_{10}H_7$
S=C
NH_2

2-Naphthylthioharnstoff

mit einer ammoniakalischen Nickelsalzlösung einen blaugrünen Niederschlag, mit einer essigsauren Nickelsalzlösung eine blaugrüne Färbung (BHATKI und KABADI).

10. Nachweis mit β-Isothioureidopropionsäure.

Das Reagens bildet nach UHLIG und FREISER mit ammoniakalischen Nickel-

$$HN{=}C\begin{cases} S{-}CH_2{-}CH_2{-}COOH \\ NH_2 \end{cases}$$

β-Isothioureidopropionsäure

salzlösungen rotbraun gefärbte Komplexverbindungen, die sich zum qualitativen Nachweis sowie zur quantitativen Bestimmung des Nickels eignen. Es stören Eisen und Kobalt.

11. Nachweis mit S-Benzylthiouroniumchlorid.

Das Reagens erlaubt nach STEIGMAN (b) sehr geringe Mengen Nickel nach-

$$\left[C_6H_5\cdot CH_2{-}S{-}C\begin{cases} \overset{\oplus}{N}H_2 \\ NH_2 \end{cases}\right]\overset{\ominus}{Cl}$$

S-Benzylthiouroniumchlorid

zuweisen. Es stört Kobalt.

12. Nachweis mit Thiodiphenylcarbazid (Diphenylthiocarbohydrazid).

Die Verbindung bildet nach PARRI (a) mit Nickelsalzen einen zunächst gelben

$$S{=}C\begin{cases} NH{-}NH\cdot C_6H_5 \\ NH{-}NH\cdot C_6H_5 \end{cases}$$

Thiodiphenylcarbazid

später grünlich werdenden, in Essigsäure unlöslichen Niederschlag, der unter Einwirkung von Kalilauge dunkelbraun und nach anschließender Behandlung mit Essigsäure dunkelgrün wird.

13. Nachweis mit Dinaphthylthiocarbazon.

Das Reagens bildet nach SUPRUNOWITSCH mit Nickelsalzen einen in Wasser

$$S{=}C\begin{cases} NH{-}NH\cdot C_{10}H_7 \\ N{=}N\cdot C_{10}H_7 \end{cases}$$

Dinaphthylthiocarbazon

unlöslichen dunkelvioletten Niederschlag, der in Tetrachlorkohlenstoff, Chloroform und Schwefelkohlenstoff leicht löslich ist.

14. Nachweis mit Ammoniumdithiocarbaminat.

Ammoniumdithiocarbaminat bildet nach PARRI (b) mit schwach alkalischen

$$\left[S{=}C\begin{cases} \overset{\ominus}{S} \\ NH_2 \end{cases}\right]\overset{\oplus}{NH_4}$$

Ammoniumdithiocarbaminat

oder neutralen Nickelsalzlösungen einen karminroten Niederschlag in roter Lösung, die sich nach Zugabe von Essigsäure unter Auflösen des Niederschlages braun färbt (vgl. a. GERMUTH).

15. Nachweis mit Cyclohexyläthylamindithiocarbaminat (Volcocit).

Das Reagens bildet nach HERMANN-GARFINKEL mit Nickelsalzen einen grünen

$$\left[S{=}C\langle{}^{S^{\ominus}}_{NH_2}\right]\left[\overset{\oplus}{H_3N}{-}CH_2{-}CH_2{-}C(H)\langle{}^{H_2\,H_2}_{H_2\,H_2}\rangle H_2\right]$$

Cyclohexyläthylamin-dithiocarbaminat

Niederschlag. Kobalt reagiert in gleicher Weise.

16. Nachweis mit Oxanilthioamid.

Oxanilthioamid bildet nach MAZUMDAR mit essigsauren, acetathaltigen Nickel-

$$C_6H_5{-}NH{-}CO{-}\underset{\underset{S}{\|}}{C}{-}NH_2$$

Oxanilthioamid

salzlösungen einen körnigen braunen Niederschlag. Kobalt gibt die gleiche Reaktion.

17. Nachweis mit 3-Anilino-5-mercapto-4-phenyl-1,2,4-triazol.

Die Verbindung bildet nach DUBSKY und TRTILEK (a) mit Nickelsalzen bei

$$\begin{array}{c} C_6H_5{-}NH{-}C{=\!=}N{-}C_6H_5 \\ \| \qquad \| \\ N \qquad C{-}SH \\ \diagdown\ \diagup \\ NH \end{array}$$

3-Anilino-5-mercapto-4-phenyl-1,2,4-triazol

Anwesenheit von Natriumacetat einen grünlichweißen Niederschlag.

18. Nachweis mit 3-Phenyl-2,5-dithion-1,3,4-thiodiazolidin-Kalium.

Die Verbindung bildet nach DUBSKY und TRTILEK (b) mit Nickelsalzen einen

$$\left[\begin{array}{c} C_6H_5{-}N{-\!-}N \\ | \qquad \| \\ S{=}C \qquad C{-}S^{\ominus} \\ \diagdown\ \diagup \\ S \end{array}\right]K^{\oplus}$$

3-Phenyl-2,5-dithion-1,3,4-thiodiazolidin-Kalium

grünen Niederschlag.

19. Nachweis mit Cystin.

Eine 1%ige salzsaure Cystinlösung bildet mit ammoniakalischen Nickelsalz-

$$\begin{array}{c} CH_2{-}S{-}S{-}CH_2 \\ | \qquad\qquad | \\ HOOC{-}CH{-}NH_2\ H_2N{-}CH{-}COOH \end{array}$$

Cystin

lösungen nach RAY und BHADURI einen hellgrünen Niederschlag.

20. Nachweis mit Juglon, o-Oxy-p-naphthochinon.

Das Reagens gibt mit einer essigsauren Nickelsalzlösung nach CIUSA eine

[Strukturformel: Juglon (5-Hydroxy-1,4-naphthochinon), O / OH O]

Juglon

schwache, aber deutlich sichtbare Violettfärbung.

21. Nachweis mit Phenyl-5-azo-8-oxychinolin.

Das Reagens sowie ähnliche Derivate des 8-Oxychinolins geben mit salpeter-

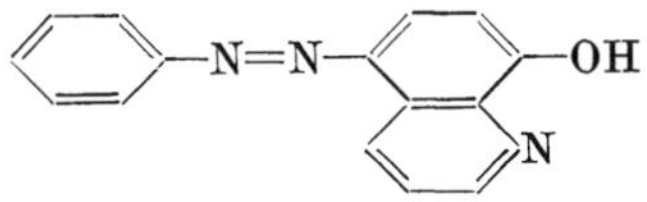

Phenyl-5-azo-8-oxychinolin

sauren Nickelsalzlösungen nach GUTZEIT und MONNIER sowie MILLER violett gefärbte Lösungen bzw. rote Niederschläge (vgl. a. GIETZ und SA).

Erfassungsgrenze. 5 bis 20 γ Ni.

22. Nachweis mit Resorzin.

Resorzin bildet nach LAVOYE mit ammoniakalischen Nickelsalzlösungen beim

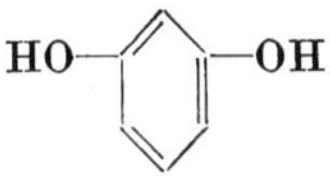

Resorcin

Erhitzen einen blaugrünen Niederschlag.

23. Nachweis mit 2,4-Dioxybenzolazo-4-nitrobenzol.

Die Verbindung bildet mit ammoniakalischen Nickelsalzlösungen eine blaue

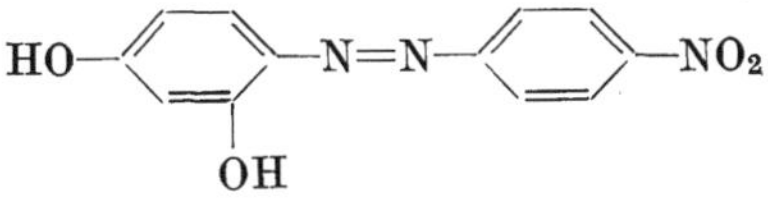

2,4-Dioxybenzolazo-4-nitrobenzol

Adsorptionsverbindung. Ähnlich reagieren auch Kobalt und Magnesium. DUBSKY und OKAC.

24. Nachweis mit Resorufin.

Resorufin gibt nach EICHLER mit ammoniakalischen Nickelsalzlösungen einen

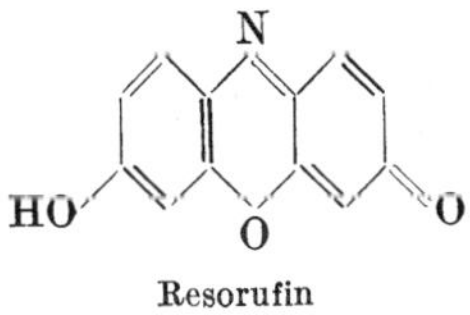

Resorufin

charakteristisch gefärbten Niederschlag, der in der intensiv gelbrot gefärbten fluorescierenden Lösung im auffallenden Licht dunkel erscheint und in kleineren Mengen gut zu erkennen ist.

25. Nachweis mit Gallocyanin.

Das Reagens wird von DUBSKY (a) neben anderen Elementen auch zum Nach-

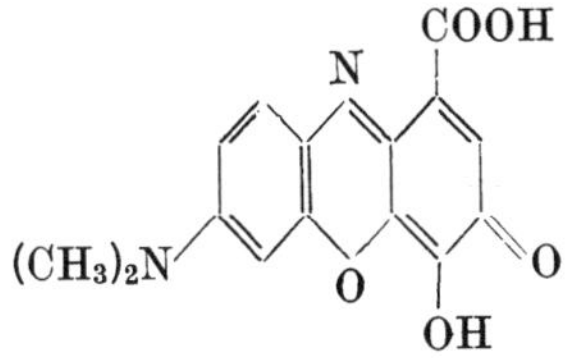

Gallocyanin

weis des Nickels vorgeschlagen.

26. Nachweis mit Hämatoxylin.

Hämatoxylin bildet nach DUBSKY (b) mit neutralen Nickelsalzlösungen einen

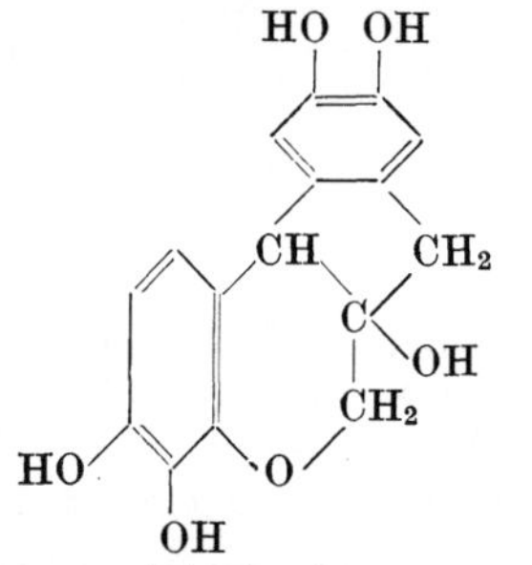

Hämatoxylin

blauvioletten, mit ammoniakalischen einen rotvioletten Niederschlag, der in Alkohol und Äther unlöslich ist und sich in Säuren mit roter Farbe auflöst.

27. Nachweis mit Nitrosophenolphthalein.

Das Reagens bildet mit Nickelsalzlösungen nach KONECNY einen rotbraunen

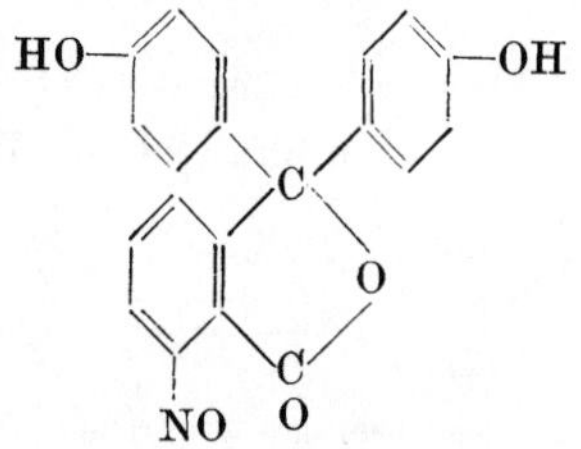

Nitrosophenolphthalein

Niederschlag.

28. Nachweis mit Triäthanolamin.

Triäthanolamin bildet nach JAFFE mit Nickelsalzlösungen eine blaue Färbung,

$$N{\left\langle\begin{array}{l}CH_2—CH_2—OH\\ CH_2—CH_2—OH\\ CH_2—CH_2—OH\end{array}\right.}$$

Triäthanolamin

die mit Kalilauge im Überschuß in eine gelblichgrüne, bei Zugabe von Ammoniak und Glycerin in eine rein samaragdgrüne Färbung übergeht.

29. Nachweis mit Oxamid.

Oxamid bildet nach LISKA mit Nickelsalzlösungen beim Kochen und anschlie-

$$H_2N—CO—CO—NH_2$$

Oxamid

ßender Zugabe von konzentrierter Lauge einen gelben Niederschlag. Für diesen Nachweis des Nickels kann auch ein Gemisch von Oxamid und Calcium- bzw. Bariumhydroxyd verwendet werden. Dieser Nachweis gelingt nur bei Abwesenheit anderer Kationen.

30. Nachweis mit Carbohydrazimin.

Carbohydrazimin gibt mit ammoniakalischen Nickelsalzlösungen nach DE-

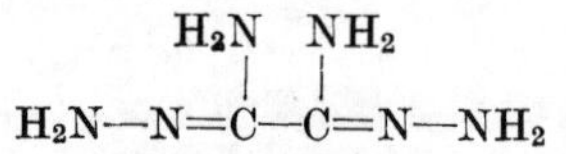

$$H_2N—N{=}\underset{\displaystyle |}{\overset{H_2N}{C}}—\overset{NH_2}{C}{=}N—NH_2$$

Carbohydrazimin

DICHEN eine Blaufärbung.

Grenzkonzentration. 1 : 3000000 ($10^{-6,5}$). In ähnlicher Weise reagiert eine große Anzahl anderer Kationen.

31. Nachweis mit 5-Brom-2-aminobenzoesäure.

Das Reagens wird von SHENNAN für den Nachweis des Nickels vorgeschlagen.

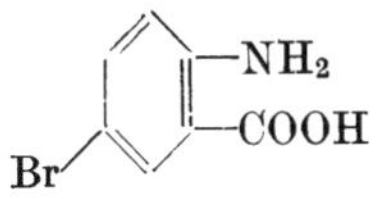

5-Brom-2-aminobenzoesäure

In ähnlicher Weise reagieren jedoch auch Kupfer und Kobalt.

32. Nachweis mit 3,5-Dibromanthranilsäure.

Das Reagens eignet sich nach BHATKI und KABADI in neutraler wäßriger Lösung zum Nachweis des Nickels.

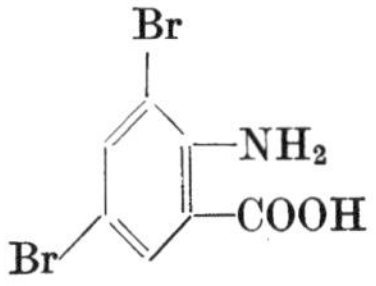

3,5-Dibromanthranilsäure

33. Nachweis mit Harnsäure und Kaliumpermanganat.

Harnsäure bildet mit Nickelsalzen bei Anwesenheit von Kaliumpermanganat einen gelbgrünen Niederschlag (VITALI).

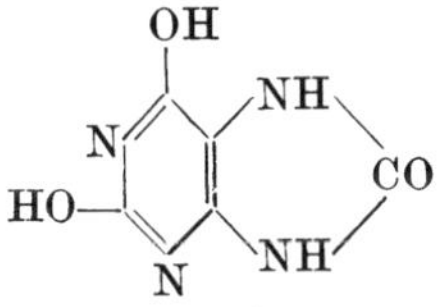

Harnsäure

34. Nachweis mit Natrium-2-dibromanilinobenzanthronsulfonat.

Das Reagens gibt mit Nickelsalzen eine Gelbfärbung (UPDIKE, ASHWORTH und KEYES).

§ 6. Mikrochemische Nachweismethoden.

I. Mikroskopische Methoden.

A. Wichtige Nachweisreaktionen.

1. Nachweis mit Dimethylglyoxim.

Die von TSCHUGAEFF angegebene Reaktion ist trotz ihrer geringeren Empfindlichkeit wegen ihrer großen Zuverlässigkeit die empfehlenswerteste mikroskopische Nachweisreaktion für das Nickel.

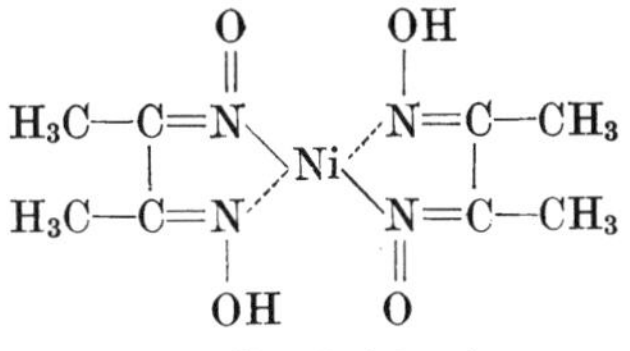

Nickeldimethylglyoxim

Ausführung. Der schwach essigsaure bzw. ammoniakalische Probetropfen wird auf dem Objektträger mit einigen Nädelchen Dimethylglyoxim bis zum Sieden erhitzt. Bei Anwesenheit von Nickel scheidet sich das rote Nickeldimethylglyoxim in Form sehr feiner dichroitischer charakteristischer Nadeln ab (s. Abb. 1).

Erfassungsgrenze. 0,1 γ Ni.

Grenzkonzentration. 1 : 100000 (10^{-5}).

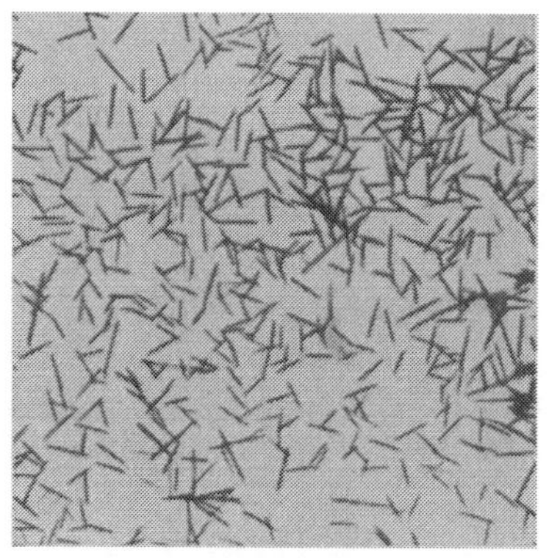

Abb. 1. Nickeldimethylglyoxim $Ni(C_4H_7O_2N_2)_2$ (nach GEILMANN, s. Fußnote 1, S. 175). Vergr. 260fach.

Störungen. Der Nachweis ist für Nickel sehr spezifisch und erlaubt auch die Erkennung sehr kleiner Nickelmengen in Kobaltsalzen. Bei Anwesenheit zweiwertiger Elemente wird am besten in essigsaurer Lösung, bei Anwesenheit dreiwertiger Elemente in ammoniakalischer weinsäurehaltiger Lösung gearbeitet. Eisen(II)-ionen stören infolge Rotfärbung der Lösung und müssen vorher oxydiert werden.

Nach KORENMAN (a) arbeitet man bei Lösungen, in denen das Nickel mit Dimethylglyoxim nicht mehr nachgewiesen werden kann, folgendermaßen: Die Probelösung wird mit 1 bis 2 Tropfen konzentrierter Zinksulfat- oder Zinknitratlösung und 1 Tropfen Ammonium-Quecksilberrhodanid-Reagenslösung versetzt. Der ausfallende Niederschlag von $Zn[Hg(SCN)_4]$ reißt das Nickel in Form des isomorphen Nickelsalzes mit. Der Niederschlag wird von der Flüssigkeit getrennt, an einem Stäbchen aus zusammengedrehtem Filtrierpapier verascht, in einem Tropfen konzentrierter Salzsäure gelöst, mit Ammoniak gesättigt und mit einer gesättigten Lösung von Dimethylglyoxim in konzentriertem Ammoniak betupft und unter dem Mikroskop beobachtet. Mit Hilfe dieser Methode können noch 0,006 γ Ni in 1 ml nachgewiesen werden.

Bei sehr kleinen Mengen Nickel empfiehlt KIRSCHNER die Beobachtung im Dunkelfeld, wobei die Nickeldimethylglyoximnadeln smaragdgrün und deutlicher sichtbar erscheinen.

2. Nachweis mit Ammoniummolybdat.

Nach M. E. POZZI-ESCOT (a) und VAN ZIJP erhält man beim Versetzen einer schwach sauren Nickelsalzlösung mit einer gesättigten Ammoniummolybdatlösung farblose Würfel, die sich zum mikroskopischen Nachweis des Nickels, besonders in Gegenwart von Kobalt, eignen.

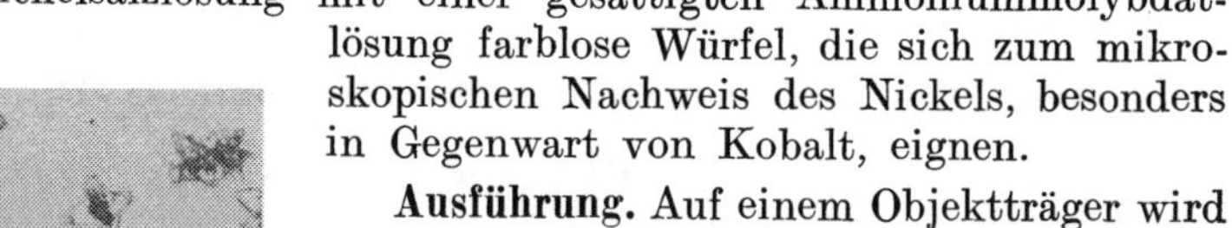

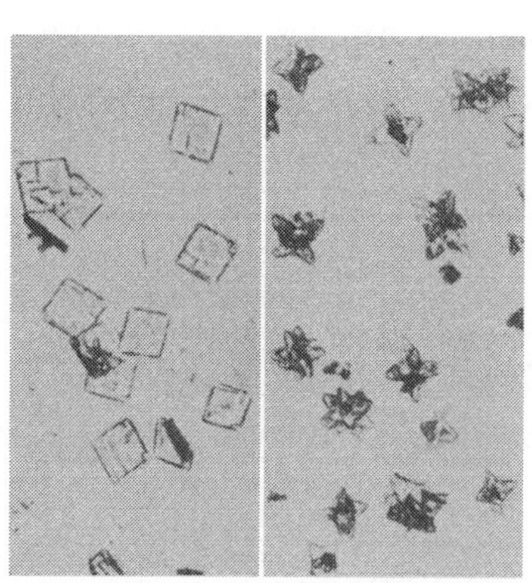

Abb. 2. Nickelmolybdat (nach GEILMANN, s. Fußnote 1, S. 178). Vergr. 120fach.

Ausführung. Auf einem Objektträger wird 1 Tropfen der schwach sauren Probelösung mit 1 Tropfen einer frisch bereiteten gesättigten Ammoniummolybdatlösung versetzt. Bei Anwesenheit von Nickel erhält man kleine farblose Würfel.

Grenzkonzentration. 1 : 5000 ($10^{-3,7}$).

Störungen. Die meisten Kationen der Ammoniumsulfidgruppe geben amorphe Niederschläge mit Ammoniummolybdat, die den Nachweis des Nickels erschweren, die Empfindlichkeit des Nachweises jedoch nicht herabsetzen. Das gilt auch für Aluminium, Cer, Thallium und Mangan. Eisen(III)-ionen müssen mit Fluorionen maskiert werden. Kobalt und Perrhenat reagieren nicht, so daß man mit Hilfe dieses Nachweises sehr leicht zwischen Kobalt und Nickel unterscheiden kann (s. Abb. 2), WENGER und DUCKERT.

Nach E. POZZI-ESCOT (a) kann auch *Aniliniummolybdat* zum Nachweis des Nickels verwendet werden, das in gleicher Weise reagiert wie Ammoniummolybdat.

B. Weitere Nachweisreaktionen.

1. Nachweis mit Dicyandiamidinsulfat.

Der Nachweis mit Dicyandiamidinsulfat nach GROSSMANN und SCHÜCK sowie GROSSMANN und HEILBORN (vgl. a. WENGER und DUCKERT) kann auch als

$$\left[HN{=}C\begin{matrix}\diagup NHCN\\ \oplus\\ \diagdown NH_3\end{matrix}\right]_2 \overset{2\ominus}{SO_4}$$

Dicyandimamidinsulfat

Kristallreaktion unter dem Mikroskop verwendet werden (s. Abb. 3).

Grenzkonzentration. 1 : 1000 (10^{-3}).

2. Nachweis mit Kaliumdichromat und Pyridin.

Nach KORENMAN (b) läßt sich die von PARAVANO und PASTA sowie BRIGGS beschriebene Bildung von Komplexverbindungen einiger Schwermetalle mit Dichromationen und Pyridin zum mikroskopischen Nachweis des Nickels verwenden.

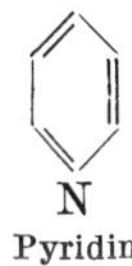

Pyridin

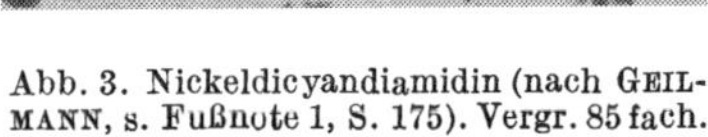

Abb. 3. Nickeldicyandiamidin (nach GEILMANN, s. Fußnote 1, S. 175). Vergr. 85 fach.

Ausführung. 1 Tropfen der Probelösung wird mit 1 Tropfen kalt gesättigter Kaliumdichromatlösung auf dem Objektträger vermischt und das Gemisch Pyridindämpfen ausgesetzt. Bei Anwesenheit von Nickel erhält man feine gelbe Rechtecke der Zusammensetzung $[Ni(Pyr.)_4]Cr_2O_7$.

Erfassungsgrenze. 0,4 γ Ni.

Grenzkonzentration. 1 : 125000 ($10^{-5,1}$).

3. Nachweis als Kalium-Nickel-Bleinitrit $[K_2NiPb(NO_2)_6]$.

Setzt man zu einer ammoniakalischen Nickelsalzlösung Kaliumnitrit und danach wenig Bleiacetat, so erhält man zunächst einen weißen Niederschlag von schwer löslichen Bleisalzen. Nach Zugabe 1 Tropfens Essigsäure schlägt sich dann das Tripelnitrit in Form von gelben Würfeln auf und neben dem Bleisalz nieder (s. Abb. 4), vgl. BEHRENS-KLEY.

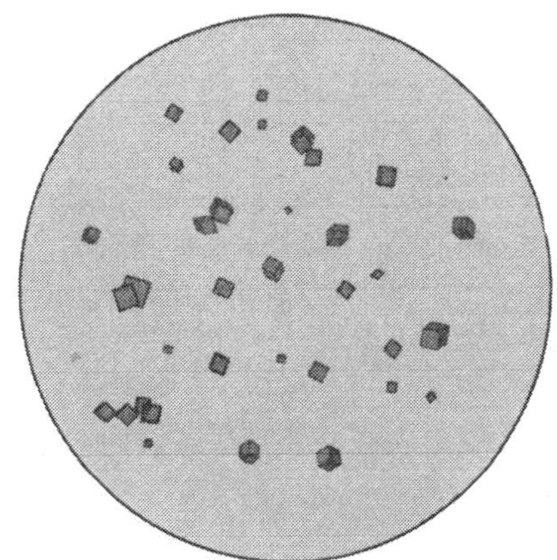

Abb. 4. Kalium-Nickel-Bleinitrit $K_2NiPb(NO_2)_6$ (nach HUYSSE, s. Fußnote 1, S. 176). Vergr. 240 fach.

Erfassungsgrenxe. 0,008 γ Ni.

4. Nachweis als Kalium-Nickel-Strontiumnitrit $[K_2NiSr(NO_2)_6]$.

Nach MARTINI (a) eignet sich die Bildung von gelblichweißen kubischen Kristallen dieses Tripelnitrits in essigsaurer Lösung zum mikroskopischen Nachweis des Nickels. Nach MARTINI und RIZZA geben Bariumsalze ähnliche Kristalle $[K_2NiBa(NO_2)_6 \cdot 3H_2O]$, die sich ebenfalls zum Nachweis des Nickels eignen.

Erfassungsgrenze. 0,01 γ Ni.

5. Nachweis als Ammoniumnickelphosphat $NH_4NiPO_4 \cdot 6H_2O$.

Gibt man zu einer neutralen Nickelsalzlösung Natriumphosphat und versetzt den entstandenen Niederschlag mit einem großen Überschuß von festem Ammoniumchlorid, so bildet sich nach einigen Minuten das gewünschte Doppelsalz. Die Bildung des Salzes verläuft träge und ist nicht sehr geeignet zum Nachweis des Nickels. Die Kristalle des Ammoniumnickelphosphats sind kürzer als die des entsprechenden Kobaltsalzes. Sie haben oft das Aussehen von quadratischen Täfelchen. Sie werden durch Wasserstoffperoxyd in alkalischer Lösung nicht gebräunt, BEHRENS-KLEY (s. Abb. 5).

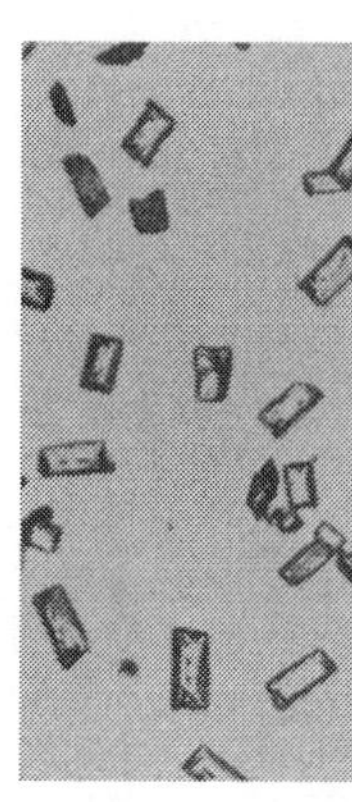

Abb. 5. Nickelammoniumphosphat $NiNH_4PO_4 \cdot 6H_2O$ (nach GEILMANN, s. Fußnote 1, S. 175). Vergr. 125fach.

6. Nachweis mit Ammonium-Quecksilberrhodanid $(NH_4)_2[Hg(SCN)_4]$.

Reine Nickelsalze geben mit dem Reagens keinen Niederschlag. Bei Anwesenheit von Zinkionen tritt jedoch nach KORENMAN (c) die Bildung schmutzig grüner Mischkristalle auf, etwa der Zusammensetzung $Zn[Hg(SCN)_4] \cdot Ni[Hg(SCN)_4]$, die sich zum Nachweis des Nickels eignen (vgl. a. GRAMACHO).

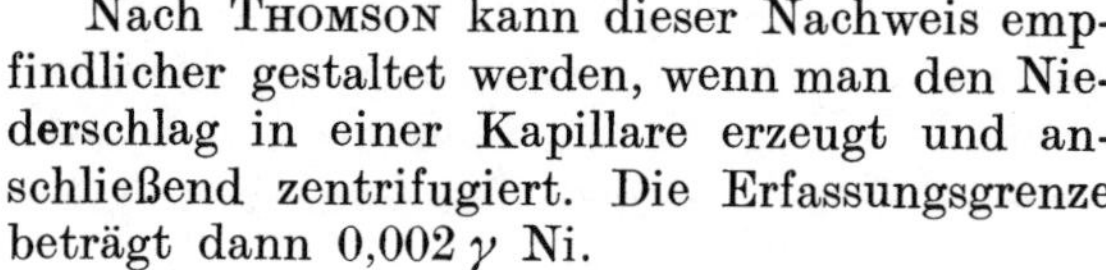

Nach THOMSON kann dieser Nachweis empfindlicher gestaltet werden, wenn man den Niederschlag in einer Kapillare erzeugt und anschließend zentrifugiert. Die Erfassungsgrenze beträgt dann 0,002 γ Ni.

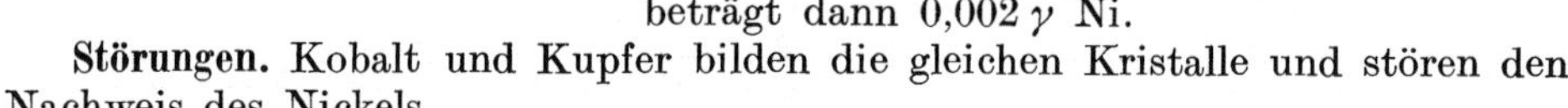

Störungen. Kobalt und Kupfer bilden die gleichen Kristalle und stören den Nachweis des Nickels.

Kalium-Quecksilberrhodanid und *Kalium-Quecksilberselenocyanid* geben ähnliche Kristalle mit Nickelsalzen, die sich ebenfalls mit den gleichen Einschränkungen zum Nachweis des Nickels eignen.

7. Nachweis mit Alkalihalogeniden.

Nach AGRESTINI geben Alkalijodide mit einer ammoniakalischen Nickelsalzlösung reguläre violettbläuliche Oktaeder der Zusammensetzung $[Ni(NH_3)_6]J_2$. Da Kobaltsalze nach Oxydation in ammoniakalischer Lösung diese Reaktion nicht geben, eignet sich dieser Nachweis besonders in Gegenwart von Kobalt. Die entsprechende Bromidverbindung ist leichter löslich.

Nach ARREGUINE erhält man mit *Natriumnitrit* unter den gleichen Bedingungen ähnliche Kristalle der Zusammensetzung $[Ni(NH_3)_6](NO_2)_2$.

8. Nachweis als $[Ni(NH_3)_6]_2[Fe(CN)_6]$.

Versetzt man nach KOZLOW eine 0,01 m-Nickel(II)-nitratlösung mit einer 0,01 m-Kaliumcyanoferrat(II)-lösung und löst das gebildete grünliche Nickelcyanoferrat(II) in konzentriertem Ammoniak, so scheiden sich nach 1 bis 2 Min., rascher beim Reiben mit einem Glasstab, hellviolette monoklin erscheinende Kristalle obiger Zusammensetzung aus, die sich zum Mikronachweis des Nickels eignen.

Erfassungsgrenze. 0,1 γ Ni.

Störungen. Alkalien, Erdalkalien und Kupfer stören nicht. Durch Ammoniak ausfällbare Ionen sind vorher zu entfernen. Zink, Cadmium und Silber wirken störend, Kobalt stört nicht bis zur gegenüber dem Nickel doppelten Menge.

9. Nachweis mit Kaliumpermanganat.

Läßt man nach POLUEKTOFF und NASARENKO auf 1 Tropfen einer Nickelsalzlösung 1 Tropfen Kaliumpermanganatlösung und 1 Tropfen konzentrierte Ammoniaklösung einwirken, so erhält man dunkelviolette fast schwarze, schnell zerfließende Würfel und Rechtecke.

Erfassungsgrenze. 0,2 γ Ni.

10. Nachweis als $Cs_2[Ni(SeO_3)_2]$.

Versetzt man eine Nickelchloridlösung (1%ig) mit einem Tropfen einer gesättigten Natriumselenitlösung sowie einigen Kriställchen Cäsiumchlorid, so bilden sich beim Verreiben grünlichweiße Streifen von Mikrokriställchen, die sich in oktaedrische Kristalle und andere Kristallkombinationen umwandeln [MARTINI (d)].

11. Nachweis mit Kaliumdithiooxalat.

Nach JONES und TASKER bilden Nickelsalze mit Kaliumdithiooxalat in konzen-

S=C—C=S
| |
KO OK

Kaliumdithiooxalat

trierter Lösung kleine, fast schwarz schillernde Nadeln der Zusammensetzung $K_2NiC_4O_4S_4$, die beim Stehen mitunter in dunkle Oktaeder gleicher Zusammensetzung übergehen. Die Lösung der Kristalle gibt nicht die üblichen Nickelreaktionen. Die Verbindung wird durch konzentrierte Salzsäure und durch Kaliumcyanid zerstört. Eisen stört den Nickelnachweis nicht (vgl. a. FAIRHALL).

Grenzkonzentration. 1 : 8000000 ($10^{-6,9}$).

12. Nachweis mit Pikrinsäure.

Nach KORENMAN (d) bilden Nickelsalze mit einer ammoniakalischen Pikrin-

NO_2

O_2N NO_2

OH

Pikrinsäure

säurelösung rechteckige Kristalle (vgl. a. ORLENKO und FESSENKO).

Erfassungsgrenze. 0,1 γ Ni.

13. Nachweis mit o-Toluidin und Ammoniumrhodanid.

Wird nach MARTINI (c) eine Nickelsalzlösung mit Ammoniak, einer konzen-

CH_3

NH_2

o-Toluidin

trierten Ammoniumrhodanidlösung und o-Toluidin versetzt, so bilden sich farblose Prismen mit einem Auslöschungswinkel von 30 und 45°.

14. Nachweis mit Acridin und Ammoniumrhodanid.

Acridinhydrochlorid und Ammoniumrhodanid bilden nach MARTINI (c) mit

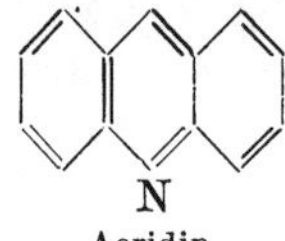

Acridin

Nickelsalzen blaugrüne prismatische Kristalle des triklinen Systems.

Erfassungsgrenze. 0,4 γ Ni.

15. Nachweis mit Hexamethylentetramin (Urotropin) und Natriumdithionat ($Na_2S_2O_6$).

Versetzt man eine Nickelsalzlösung mit Urotropin und Natriumdithionat, so erhält man nach RAY und SARKAR hellgrüne, charakteristische Kristalle der Zu-

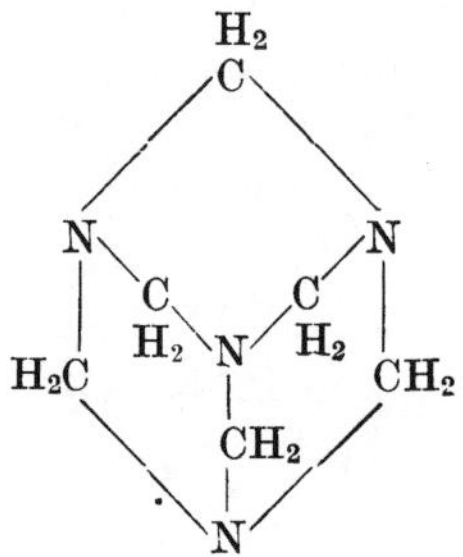

Hexamethylentetramin

sammensetzung $NiS_2O_6 \cdot 2(CH_2)_6N_4$ (s. Abb. 6).

Erfassungsgrenze. 0,15 γ Ni.

Störungen. Es stören zahlreiche Metalle, insbesondere Kobalt und Kupfer.

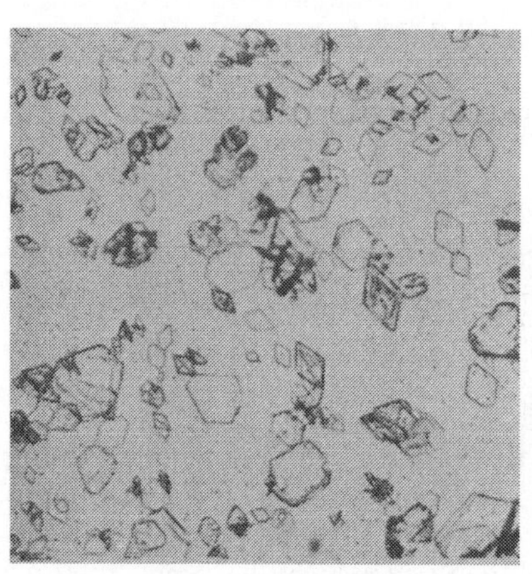

Abb. 6. Nickel-Hexamethylentetramindithionat $NiS_2O_6 \cdot 2(CH_2)_6N_4$ (nach GEILMANN, s. Fußnote 1, S. 178). Vergr. 70 fach.

16. Nachweis mit Methylorange (Helianthin).

Das Reagens bildet nach M. E. POZZI-ESCOT (b) mit Nickelsalzen einen gelben Niederschlag, der aus heißem Wasser in

$(H_3C)_2N-C_6H_4-N=N-C_6H_4-SO_3H$

Methylorange

hexagonalen Tafeln kristallisiert [vgl. a. E. POZZI-ESCOT (b) sowie GRIMES, BOND und SHEAD].

II. Nachweis mit Hilfe von Tüpfelreaktionen.

A. Wichtige Nachweisreaktionen.

1. Mit Dimethylglyoxim (Diacetyldioxim) (Tüpfelplatte und Filtrierpapier).

Der Nachweis des Nickels mit Dimethylglyoxim nach TSCHUGAEFF kann auch

```
          O           OH
          ‖           |
H3C—C=N\         ,N=C—CH3
     |     \Ni/      |
H3C—C=N/         \N=C—CH3
          |           ‖
          OH          O
```

Nickeldimethylglyoxim

sehrt vorteilhaft zum Tüpfelnachweis verwendet werden (vgl. FEIGL).

Ausführung. 1 Tropfen der schwach sauren Probelösung und 1 Tropfen der gesättigten alkoholischen Reagenslösung werden nacheinander auf ein Filtrierpapier oder eine Vertiefung der Tüpfelplatte gegeben und über Ammoniak gehalten oder mit einem Tropfen Ammoniaklösung versetzt. Ein roter Fleck oder Ring bzw. ein roter Niederschlag zeigen die Anwesenheit von Nickel an.

Erfassungsgrenze. 0,16 γ Ni.

Grenzkonzentration. 1 : 300000 ($10^{-5,5}$).

Man kann den Nachweis noch empfindlicher gestalten, wenn man ein mit dem Reagens getränktes trockenes Filtrierpapier verwendet. Die Imprägnierung wird am besten mit einer gesättigten Lösung von Dimethylglyoxim in Aceton vorgenommen (vgl. FEIGL und KAPULITZAS).

Erfassungsgrenze. 0,015 γ Ni.

Grenzkonzentration. 1 : 3330000 ($10^{-6,5}$).

Störungen. Die Fällung des Nickels wird verhindert bei Anwesenheit größerer Mengen oxydierender Substanzen, wie Wasserstoffperoxyd, Halogene, Salpetersäure usw. Man erhält dann nur eine Rotfärbung, die sich aber auch für den Nachweis des Nickels eignet. Palladium und Platin geben einen in Säuren unlöslichen gelben Niederschlag gleicher Struktur wie die Nickelverbindung. Eisen(II)-ionen geben in ammoniakalischer, auch tartrathaltiger Lösung eine Rotfärbung, die den Nickelnachweis verhindert. Kobaltsalze reagieren gleichfalls mit dem Reagens und geben lösliche braune Komplexverbindungen des zwei- und dreiwertigen Kobalts. Dadurch wird bei größeren Mengen Kobalt das Reagens verbraucht, wodurch die Empfindlichkeit des Nickelnachweises bei einem 100fachen Kobaltüberschuß um eine Zehnerpotenz herabgesetzt wird. Kupferionen geben mit dem Reagens violette Komplexverbindungen und stören den Nickelnachweis, indem sie die Empfindlichkeit sehr stark herabsetzen. Alle anderen Ionen, auch im 100fachen Überschuß, stören den Nachweis des Nickels nicht.

a) Nachweis in Anwesenheit von Eisen. Nickel kann in Anwesenheit beträchtlicher Mengen von Eisen(III)-salzen nachgewiesen werden, wenn man folgendermaßen verfährt: 1 Tropfen der Probelösung, 1 Tropfen einer gesättigten Natriumtartratlösung, 2 Tropfen einer gesättigten Natriumcarbonatlösung und zuletzt 1 Tropfen der Reagenslösung werden nacheinander auf die Tüpfelplatte gegeben. Bei Anwesenheit von Nickel bildet sich der rote Niederschlag am Rande und an der Oberfläche der Lösung.

Erfassungsgrenze. 0,5 γ Ni.

Grenzkonzentration. 1 : 100000 (10^{-5}) bei Anwesenheit der 1000fachen Menge Eisen in 2 n Salzsäure.

b) Nachweis bei Anwesenheit von Kobalt, Kupfer und Mangan. Auf der Tüpfelplatte: Wenn Kobalt in mehr als 50facher Menge in ammoniakalischer Lösung zugegen ist, wird der Nachweis von Nickel schwierig, da das Reagens vom Kobalt verbraucht wird, und geringe Mengen Nickeldimethylglyoxim in den entsprechenden Kobaltkomplexen löslich sind. Liegt jedoch das Kobalt in dreiwertiger Form vor, so kann Nickel auch noch in Anwesenheit der 200fachen Menge Kobalt nachgewiesen werden.

Ausführung. 1 Tropfen der sauren Probelösung, 1 Tropfen dreiprozentige Wasserstoffperoxydlösung sowie 1 Tropfen gesättigter Natriumcarbonatlösung werden nacheinander auf die Tüpfelplatte gegeben. Bei größeren Mengen Kobalt bildet sich ein grüner Niederschlag, bei kleineren Mengen eine grüne Lösung. Bei der Zugabe eines Tropfens der Reagenslösung bildet sich an der Oberfläche der Lösung der rote Nickel-Niederschlag.

Erfassungsgrenze. 1,25 γ Ni.

Grenzkonzentration. 1 : 40000 bei Anwesenheit der 200fachen Menge Kobalt.

Bei gleichzeitiger Anwesenheit von Mangan wird die Empfindlichkeit dieses Nachweises durch die Bildung von Mangandioxyd herabgesetzt auf 2,5 γ Ni neben der 80fachen Menge Kobalt und Mangan.

Auf Filtrierpapier. Der Nachweis des Nickels mit Hilfe von imprägniertem Filtrierpapier kann auch für den Nachweis des Nickels in Anwesenheit größerer Mengen Kobalt, Kupfer und Mangan verwendet werden.

Ausführung. 1 Tropfen der Probelösung wird auf ein mit dem Reagens imprägniertes Filtrierpapier gegeben und dieses anschließend in verdünnte Ammoniaklösung getaucht. Das gefällte Kobalt- und Kupferdimethylglyoxim werden dadurch gelöst, und es hinterbleibt nur der rote Nickelniederschlag auf dem Filtrierpapier.

Erfassungsgrenze. 0,8 γ Ni.

Grenzkonzentration. 1 : 650000 ($10^{-5,8}$) bei Anwesenheit der 1250fachen Menge Kobalt und 1,7 γ Ni und einer Grenzkonzentration von 1 : 29400 bei Anwesenheit der 590fachen Menge Kupfer.

Bei Anwesenheit von Mangan verwendet man an Stelle von Ammoniak vorteilhafter Ammoniumcarbonat, da hierbei kein Mangandioxyd gebildet wird, das sonst den Nachweis stört. Da jedoch der Kobalt- und der Kupferkomplex in Ammoniumcarbonat nicht vollständig löslich sind, ist diese Methode nur bei Anwesenheit von Mangan allein zu empfehlen.

Erfassungsgrenze. 0,1 γ Ni.

Grenzkonzentration. 1 : 500000 ($10^{-5,7}$) bei Anwesenheit der 1000fachen Menge Mangan.

KORENMAN (e) schlägt für den Nachweis des Nickels auch mit Dimethylglyoxim imprägniertes Silberbromidphotopapier vor und erreicht damit eine Erfassungsgrenze von 0,0003 γ Ni.

2. Nachweis mit Dimethylglyoxim in Anwesenheit von Oxydationsmitteln (Tüpfelplatte).

In Anwesenheit von oxydierenden Substanzen, auch größeren Mengen Nitrat, geben kleine Mengen Nickel mit Dimethylglyoxim keinen Niederschlag, sondern eine rote bis orangegelbe Färbung (vgl. FEIGL sowie ROLLET). Die rote Lösung enthält einen Komplex des vierwertigen Nickels. Diese Erscheinung ermöglicht es, den Nachweis des Nickels mit Dimethylglyoxim empfindlicher zu gestalten. Da die Komplexverbindung des vierwertigen Nickels auch in Gegenwart von Cyanid stabil ist, kann dieser Nachweis auch in cyanidhaltigen Lösungen durchgeführt werden.

Ausführung. 1 Tropfen der Probelösung wird mit 1 bis 2 Tropfen Bromwasser so lange, bis die Bromfarbe nicht mehr verschwindet, sowie mit einem Überschuß von Ammoniak zur Bindung des freien Broms versetzt. An Stelle von Bromwasser kann auch Peroxydisulfat mit einer geringen Menge Silbernitrat als Oxydationsmittel verwendet werden. Die Oxydation ist durch das gebildete Hypobromid in etwa 1 bis 2 Min. vollständig. Nach Zugabe eines Tropfens der Reagenslösung erhält man bei Anwesenheit von Nickel eine rote Lösung.

Erfassungsgrenze. 0,12 γ Ni.

Grenzkonzentration. 1 : 400000 ($10^{-5,6}$).

3. Nachweis mit Rubeanwasserstoffsäure (Filtrierpapier).

Die Reaktion der Rubeanwasserstoffsäure mit Nickelsalzen nach RAY und

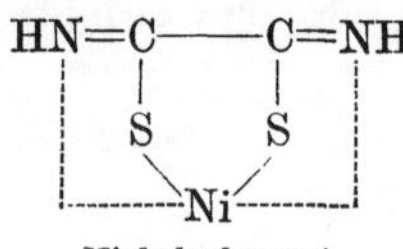

Nickelrubeanat

RAY eignet sich auch sehr gut zum Tüpfelnachweis für das Nickel (FEIGL, RAY).

Ausführung. 1 Tropfen der schwach sauren Probelösung wird auf ein Filtrierpapier gegeben, Ammoniakdämpfen ausgesetzt und mit 1 Tropfen der gesättigten alkoholischen Reagenslösung versetzt. Bei Anwesenheit von Nickel entsteht ein bläulichvioletter bis blauer Fleck.

Erfassungsgrenze. 0,012 γ Ni.

Grenzkonzentration. 1 : 25000000 ($10^{-7,4}$).

Störungen. Viel Ammoniumsalze setzen die Empfindlichkeit der Reaktion stark herab. Kobalt gibt einen rotbraunen Fleck und stört den Nickelnachweis nicht. Kupfer gibt einen dunkelgrünen Niederschlag und verhindert den Nachweis des Nickels, desgleichen auch Silber und einwertiges Quecksilber, die einen schwarzen Niederschlag geben. Eisen(III)-ionen müssen mit Fluorionen maskiert werden. Bei einem 100fachen Überschuß an Eisen wird allerdings die Empfindlichkeit des Nickelnachweises stark herabgesetzt.

Grenzkonzentration. 1 : 100000 (10^{-5}).

a) Nachweis in Gegenwart von Kobalt, Eisen und Kupfer. Obwohl Rubeanwasserstoffsäure mit Kobalt, Eisen und Kupfer gefärbte, den Nickelnachweis störende Niederschläge gibt, kann man nach Feigl und Kapulitzas die verschiedene Diffusionsgeschwindigkeit der Ammine dieser Metalle in Filtrierpapier zum Nachweis des Nickels neben diesen Metallen verwenden. Die Diffusionsgeschwindigkeit des Nickelhexammins ist unter diesen Bedingungen am größten. Gibt man einen Tropfen der ammoniakalischen Lösung dieser Metalle auf ein Filtrierpapier oder hält einen Tropfen der neutralen Lösung dieser Metalle über Ammoniak, so diffundiert das Nickel in die äußerste Zone des entstandenen Flecks. Setzt man nun an den Rand des Flecks einen Tropfen der Reagenslösung, so erhält man in der äußeren Zone einen blauen Ring des Nickelrubeanats und nach Innen zu einen braunen, grünen und einen braunen Ring der entsprechenden Kobalt- und Kupferverbindung. Das Eisen befindet sich als Hydroxyd in der Mitte des Flecks.

Man kann auf diese Weise 0,32 γ Nickel neben der 480fachen Menge Kobalt sowie der 4800fachen Menge Eisen nachweisen.

B. Weitere Nachweisreaktionen.

1. Nachweis mit o-Cyclohexandiondioxim (Tüpfelplatte, Filtrierpapier).

Dieses von Wallach und Weissenborn zum Nickelnachweis vorgeschlagene

H_2 / H_2 / =NOH / H_2 / =NOH / H_2

o-Cyclohexandiondioxim

Reagens kann auch sehr gut zum Tüpfelnachweis verwendet werden (Wenger und Duckert).

Ausführung. Einige Tropfen der Probelösung werden auf der Tüpfelplatte mit Ammoniak alkalisch gemacht. Bei Anwesenheit von mit Ammoniak fällbaren Ionen wird ein Tropfen des durch Filtration mit einer Kapillarpipette gewonnenen Filtrats auf der Tüpfelplatte bzw. auf einem Filtrierpapier mit einem Tropfen der gesättigten wäßrigen Reagenslösung versetzt. Bei Anwesenheit von Nickel erhält man einen roten Niederschlag bzw. Fleck, der bei großer Verdünnung erst nach 10 bis 15 Min. erscheint.

Erfassungsgrenze. 0,16 γ Ni.

Grenzkonzentration. 1 : 300000 ($10^{-5,5}$).

Bei der Verwendung von Filtrierpapier ist die Empfindlichkeit der Reaktion etwas geringer.

Störungen. Palladium gibt mit dem Reagens einen gelben Niederschlag, der jedoch bei der Verwendung von Filtrierpapier den Nickelnachweis nicht stört. Kupfer gibt mit dem Reagens eine hellgrüne Färbung und setzt die Empfindlichkeit des Nickelnachweises um eine Zehnerpotenz herab, wenn es im Verhältnis 100 : 1 zugegen ist. Alle anderen Elemente, auch wenn sie im 100fachen Überschuß zugegen sind, setzen die Empfindlichkeit dieses Nachweises nicht herab. Bei Anwesenheit von Eisen arbeitet man nach FEINSTEIN in schwach ammoniakalischer, mit Tartrat bzw. Citrat gepufferter Lösung. Es lassen sich dann noch 0,07 γ Ni neben der 100fachen Menge Eisen nachweisen.

2. Nachweis mit Diacetylmonoxim (Tüpfelplatte, Filtrierpapier).

Dieser Nachweis des Nickels nach MIRONOW läßt sich auch als Tüpfelreaktion

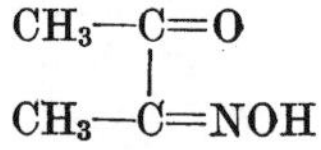

$$\begin{array}{l} CH_3\text{—}C\text{=}O \\ \qquad\;\;| \\ CH_3\text{—}C\text{=}NOH \end{array}$$

Diacetylmonoxim

durchführen (WENGER und DUCKERT).

Ausführung. 1 Tropfen der Probelösung wird auf der Tüpfelplatte bzw. auf einem Filtrierpapier, sofern keine störenden Elemente zugegen sind, mit einem Tropfen Ammoniak alkalisch gemacht und mit einem Tropfen der 4%igen alkoholischen Reagenslösung versetzt. Bei Anwesenheit von Nickel erhält man einen roten Niederschlag bzw. Fleck, der bei zu großer Verdünnung erst nach einigen Minuten erscheint. Sollte beim Versetzen der Probelösung mit Ammoniak ein Hydroxydniederschlag entstehen, so wird die Lösung durch Filtration mit einer Kapillarpipette vom Niederschlag getrennt und der Nachweis mit der reinen Lösung durchgeführt.

Erfassungsgrenze. 0,16 γ Ni.

Grenzkonzentration. 1 : 300000 ($10^{-5,5}$).

Störungen. Diese Reaktion ist für den Nachweis des Nickels sehr geeignet. Palladium gibt zwar unter den gleichen Bedingungen einen gelben Niederschlag und Kobalt eine gelbe bis hellbraune Färbung, der Nachweis des Nickels wird jedoch dadurch nicht beeinträchtigt. Kupfer stört den Nachweis und muß vorher entfernt werden. Alle anderen Ionen beeinträchtigen die Empfindlichkeit des Nickelnachweises nicht, auch wenn sie im 100fachen Überschuß zugegen sind.

3. Nachweis mit α-Furildioxim (Tüpfelplatte).

Die Reaktion von α-Furildioxim mit Nickelsalzen nach SOUL kann auch als

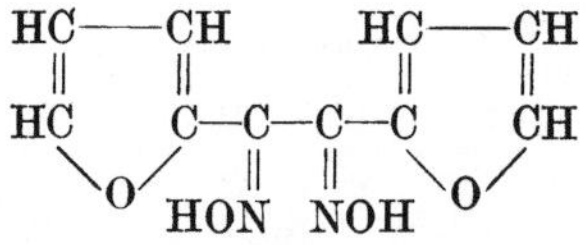

$$\begin{array}{ccccccc} HC\text{——}CH & & HC\text{——}CH \\ \| \qquad \| & & \| \qquad \| \\ HC \quad C\text{—}C & \text{—} & C\text{—}C \quad CH \\ \diagdown_{O}\diagup \;\; \| & & \| \;\; \diagdown_{O}\diagup \\ \quad HON & & NOH \end{array}$$

α-Furildioxim

Tüpfelreaktion am besten auf der Tüpfelplatte ausgeführt werden.

Ausführung. 1 Tropfen der ammoniakalischen Probelösung wird mit 1 Tropfen der alkoholischen Reagenslösung versetzt. Bei Anwesenheit von Nickel entsteht ein roter Niederschlag. Eventuell ausgefallene Hydroxyde müssen vorher von der Lösung getrennt werden.

Erfassungsgrenze. 0,1 γ Ni.

Grenzkonzentration. 1 : 2000000 ($10^{-6,3}$).

Störungen. Kobalt gibt unter den gleichen Bedingungen eine dunkle Färbung. Bei Gegenwart von viel Kobalt kann die durch die Färbung hervorgerufene Störung des Nickelnachweises durch Oxydation des Kobalts aufgehoben werden. Eisen(II)-ionen geben gleichfalls einen Niederschlag und stören den Nickelnachweis, sie können jedoch durch Oxydation in dreiwertiges Eisen übergeführt werden, das in Anwesenheit von Tartrat- bzw. Citrationen keine Reaktion mit dem Reagens gibt.

4. Nachweis mit Azoderivaten des 8-Oxychinolins (Tüpfelplatte und Filtrierpapier).

Boyd, Degering und Shreve schlagen einige Azoderivate des 8-Oxychinolins wie 5-(3-chlorphenylazo)-, 5-(4-chlorphenylazo)-, 5-(2,5-dichlorphenylazo)- und 5-(3-tolylazo)-8-oxychinolin zum Tüpfelnachweis für das Nickel vor (vgl. a. Gutzeit und Monnier, Miller sowie Gietz und Sá).

5. Nachweis mit p-Aminophenol (Filtrierpapier).

Das Reagens gibt nach Kocsis mit Nickelsalzen auf Filtrierpapier einen blau-

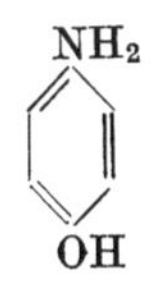

p-Aminophenol

grünen Fleck mit einem lachsfarbenen Rand, m-Aminophenol reagiert ähnlich.

Erfassungsgrenze. 0,4 γ Ni.

Grenzkonzentration. 1 : 62500 ($10^{-4,8}$).

Die Erfassungsgrenze kann auf 0,015 bis 0,0075 γ Ni herabgesetzt werden, wenn das mit einem Tropfen Probelösung und einem Tropfen Reagenslösung betupfte Filtrierpapier Ammoniakdämpfen ausgesetzt wird (vgl. Peletier, Duval und Duval).

6. Nachweis mit Phenolphthalein (Tüpfelplatte).

Nach Sachs wird Nickel(II)-hydroxyd von einer 1%igen alkoholischen Phenolphthaleinlösung rot gefärbt.

§ 7. Nachweis in besonderen Fällen.

1. Nachweis in Legierungen.

a) Nach vorausgegangenem Lösen. Einen Nachweis von Nickel in Legierungen gibt Fortini an. Oberflächlich vorhandenes Nickeloxyd wird mit einem Tropfen Ammoniak gelöst, mit Filtrierpapier aufgenommen und dort mit Dimethylglyoxim nachgewiesen. Um den Nachweis empfindlicher zu gestalten, empfiehlt er vorherige Oxydation der Legierungsoberfläche mit der Lötrohrflamme.

Zum Nachweis des Nickels in Stählen empfehlen Thanheiser und Waterkamp folgendes Verfahren: Auf die gereinigte Stahloberfläche bringt man mittels eines Watteflöckchens 2 bis 3 Tropfen Salzsäure, Salpetersäure oder eine Mischung beider Säuren. Wenn alle Säure verbraucht ist, hebt man die Watte mit der Pinzette ab und bringt sie in die Vertiefung einer Tüpfelplatte, oxydiert mit einem Tropfen Wasserstoffperoxyd (5%) und fügt Ammoniak hinzu, bis der Lösungstropfen alkalisch reagiert. Dann bedeckt man Flüssigkeit samt Niederschlag mit einem Stückchen Filtrierpapier und saugt mit einem zweiten, etwas kleineren, einen Teil der Flüssigkeit hoch. Auf dieses Probepapier bringt man einen Tropfen gesättigter alkoholischer Dimethylglyoximlösung. Rotfärbung zeigt Nickel noch bis zu 0,1% gut an. Bei geringeren Gehalten kann man auch ein mit Reagenslösung getränktes und getrocknetes Filtrierpapier kreuzweise falten und mit der Faltspitze über den bedeckten Niederschlag fahren. In der Faltspitze findet dann eine Anreicherung des Nickels statt. Bei Anwesenheit von viel Kobalt neben wenig Nickel führt das von FEIGL und KAPULITZAS empfohlene Verfahren zum Ziel. Zu weiteren ähnlichen Verfahren vergleiche auch THRUN und BARTELT.

b) Abdruckverfahren. THANHEISER und WATERKAMP, vgl. auch NIESSNER sowie WEIHRICH und SCHWERTNER, empfehlen folgendes Verfahren: Die blanke Stahlfläche wird 5 bis 10 Min. über Salpetersäure (1,4) geräuchert und dann mit Filtrier- bzw. Gelatinepapier bedeckt, das mit Ammoniak getränkt ist. Nach einer Einwirkungszeit von 1 bis 2 Min. ist Nickel bei Gehalten über 0,2% auf dem Filtrier- bzw. Gelatinepapier durch Betupfen mit Rubeanwasserstoffsäure in alkoholischer Lösung nachzuweisen. Das Verfahren eignet sich auch zur Feststellung ungleichmäßiger Verteilung von Nickel. An Stelle von Rubeanwasserstoffsäure kann auch Dimethylglyoxim verwendet werden.

2. Nachweis in Fetten und Ölen.

Nach WAGENAAR bringt man ein Röllchen Filtrierpapier (20 × 2,5 cm) als Kerzendocht in die Schale mit geschmolzenem Fett (30 g) und zündet den Docht an, worauf das Fett langsam verbrennt. Schließlich verascht man den Docht, feuchtet die Asche mit Salzsäure oder Salpetersäure an, macht ammoniakalisch und weist das Nickel mit Dimethylglyoxim nach. Der Nachweis ist bei einem Gehalt von $1:10^7$ noch positiv.

Nach TORRICELLI zieht man das Fett mit 25%iger Salzsäure aus, filtriert die Lösung, dampft ein, nimmt den Rückstand mit etwas Wasser auf und verdampft die Lösung auf einem Filtrierpapier in einer Porzellanschale und tüpfelt anschließend mit einem Tropfen Dimethylglyoximlösung und Ammoniak. Nach dieser Methode lassen sich bis 0,2 mg Nickel pro 1 kg Fett nachweisen.

Nach STRUSZYNSKI wird das Fett mit Salzsäure, Salpetersäure und Kaliumchlorat aufgeschlossen und verglüht. Der Rückstand wird mit einem Tropfen Salzsäure und einem Tropfen Salpetersäure aufgenommen, mit 2 ml Wasser in ein Reagensglas gespült, mit wenig Weinsäure und Kaliumhydrogentartrat zur Bindung des Eisens versetzt, ammoniakalisch gemacht, und das Nickel wird mit Dimethylglyoxim ausgefällt. Anschließend wird mit 1 bis 2 ml Chloroform geschüttelt; dabei geht der Nickeldimethylglyoximniederschlag in die Chloroformphase. Man trennt von der Lösung und dampft das Chloroform ab. Spuren von Nickel hinterbleiben als roter Fleck oder Ring.

Erfassungsgrenze. 0,02 γ Ni.

3. Nachweis in Drogen und Pflanzen.

Der Nachweis in Drogen und Pflanzenmaterial erfolgt nach dem Veraschen gewöhnlich mit Dimethylglyoxim (vgl. ROSENTHALER, REICHEN sowie PRAT).

4. Phytochemischer Nachweis des Nickels.

In Schnitten verschiedener Pflanzen weist MARTINI (d) das Nickel nach, indem er den Schnitt mit einem Tropfen gesättigter Cäsiumchloridlösung und einem Tropfen gesättigter Natriumselenitlösung behandelt. In den Zellwänden treten dann bei Anwesenheit von Nickel hellgrüne charakteristische kleine oktaedrische Kristalle der Zusammensetzung $Cs_2[Ni(SeO_3)_2]$ auf.

5. Nachweis in Mineralwässern.

Der Nachweis des Nickels in Mineralwässern erfolgt am besten nach HELLER, KUHLA und MASCHEK nach extraktiver Anreicherung mit Dithizon und Tetrachlorkohlenstoff (H. FISCHER) oder durch Ausschütteln von Pyridin-Rhodansalzen mit Tetrachlorkohlenstoff und Dimethylglyoxim.

Literatur.

ANDRADE GOUVEIA, A. J. DE: C. **1932, II**, 412; Rev. Chim. pura appl. [3] **5**, 41. — ARDEN, T. V., F. H. BURSTALL, G. R. DAVIES, J. A. LEWIS u. R. P. LINSTEAD: C. **1949, II**, 447; Nature **162**, 691 (1948). — ARNOLD, E.: C. **1933, I**, 2846; Chem. Listy **27**, 73 (1933). — ARREGUINE, V.: Chem. Abstr. **39**, 3221 (1945); Rev. univ. nacl. Cordoba (Argentina) **31**, 1699 (1944). — ATACK, F. W.: C. **1913, II**, 540; Ch. Z. **37**, 773 (1913); Analyst **38**, 316 (1913). — AUGUSTI, S., u. V. PASCALINO: C. **1937, II**, 2718; Mikrochemie **22**, 159 (1937). — AGRESTINI, A.: C. **1919, II**, 644; G. **48**, 30 (1918). — AUSTIN, G. J.: Analyst **65**, 335 (1940). — AZZARELLO, E., A. ACCARDO u. F. ABRAMO: C. **1937, II**, 3783; Aluminium-Nonferrous Rev. **2**, 210 (1937).

BARTELT, O.: C. **1938, II**, 3445; Forschungsdienst Sonderheft **7**, 144 (1938). — BAYLE, E., u. L. AMY: Bl. Soc. Chim. (4) **43**, 604 (1928). — BERG, E. W., u. J. E. STRASSNER: Anal. Chem. **27**, 127 (1955). — BRAMBILLA, M.: Chem. Abstr. **34**, 6936 (1940); Ann. Chim. appl. **29**, 513 (1939). — BHATKI, K. S., u. M. B. KABADI: Chem. Abstr. **47**, 9849 (1953); Sci. and Cult. (India) **18**, 548 (1953). — BEHRENS, H., u. P. D. C. KLEY: Mikrochem. Analyse, I. Teil. Leipzig. — BELOUSSOW, A. M., u. A. G. BELOUSSOWA: C. **1935, II**, 1920; Chem. J. Ser. B **7**, 837 (1934). — BRIGGS, S. H. C.: Z. anorg. Ch. **56**, 246 (1908). — BÖTTGER, W.: Qualitative Analyse, S. 441 ff. Leipzig 1925. — BRUNCK, O.: Angew. Ch. **20**, 834, 1844, 1847 (1907). — BOYD, TH., E. F. DEGERING u. R. N. SHREVE: C. **1939, II**, 480; Ind. eng. Chem. Anal. Edit. **10**, 606 (1938). — BURSTALL, F. H., G. R. DAVIES, R. P. LINSTEAD u. R. A. WELLS: C. **1950, I**, 899; Nature **163**, 64 (1949).

CANDEA, C., u. L. J. SAUCIUC: C. **1935, II**, 2554; Bull. sci. École polytechn. Timisoara **5**, 108 (1934). — CHARLOT, G.: Bl. (5) **4**, 676, 1235, 1247 (1937). — CHATERJEE, R.: C. **1938, II**, 2310; Sci. and Cult. **3**, 443 (1938). — CIUSA, R.: Ann. Chim. appl. **16**, 122 (1926); C. **1926, II**, 571.

DEDICHEN, G.: Chem. Abstr. **31**, 4985 (1937); Avh. norske Vidensk.-Akad. Oslo **5**, 1 (1936). — DAIN, B. J., J. W. GRANOWSKI u. E. S. PUSENKIN: C. **1938, II**, 2977; Ber. Inst. physik. Chem. Akad. Wiss. UkrSSR **5**, 267 (1936). — DENIGÈS, G.: (a) C. **1927, I**, 1712; Bl. Soc. Pharm. Bordeaux **64**, 217 (1926); (b) C. **1932, I**, 2870; C. r. **194**, 895 (1932); C. **1933, I**, 2146; Bl. Soc. Pharm. Bordeaux **70**, 101 (1932). — DEVELAUX, G.: C. r. **92**, 229 (1881). — DÖNGES, E.: Z. Naturforschg. **1**, 221 (1946); Z. anorg. Ch. **253**, 337, 345 (1947). — DUBSKÝ, I. V.: (a) C. **1941, II**, 235; Chem. Listy **34**, 137 (1940); (b) Chem. Abstr. **34**, 5370 (1940); Chem. Listy **34**, 1 (1940). — DUBSKÝ, I. V., u. A. OKAC: C. **1931, I**, 1951; Chem. Listy **24**, 492 (1930). — DUBSKÝ, I. V., u. J. TRTILEK: (a) C. **1935, II**, 1924; Chem. Listy **29**, 33 (1935); (b) C. **1935, II**, 1924; Chem. Obzor **10**, 203 (1934). — DUFLOS, A., u. N. W. FISCHER: Pogg. Ann. **72**, 477 (1847).

EICHLER, H.: C. **1934, I**, 1843; Fr. **96**, 22 (1934). — EMELIANOVA, N. V.: C. **1925, II**, 1259; R. **44**, 528 (1925).

FAIRHALL, T.: C. **1927, I**, 774; J. med. Hygiene **8**, 528 (1926). — FISCHER, W., W. DIETZ, K. BRÜNGER u. H. GRIENEISEN: Angew. Ch. **49**, 719 (1936). — FEIGL, F.: Qualitative analysis by spot tests, 1947. — FEIGL, F., u. A. CHRISTIANI-KORNWALD: C. **1925, I**, 1701; Fr. **65**, 341 (1925). — FEIGL, F., u. H. J. KAPULITZAS: C. **1931, I**, 1647; Fr. **82**, 417 (1930). — FEINSTEIN, H. J.: C. **1951, I**, 2339; Anal. Chem. **22**, 723 (1950). — FISCHER, H.: Angew. Ch. **42**, 1027 (1929); Mikrochemie **8**, 319 (1930). — FISCHER, H., u. W. WEYL: C. **1935, II**, 1922; Wiss. Veröffentl. Siemens-Konzern **14**, Nr. 2, 41 (1935). — FITZER, E.: Arch. Eisenhüttenw. **25**, 321 (1954). — FLAGG, J. F., u. N. H. FUHRMAN: C. **1942, I**, 1664; Ind. eng. Chem. Anal. Edit. **12**, 529 (1940). — FLOOD, H., u. A. SMEDSAAS: C. **1942, II**, 1269; Tidsskr. Kjemi, Bergves. Metallurgi **2**, 17 (1942). — FORTINI, V.: C. **1913, I**, 463; Ch. Z. **36**, 1461 (1912).

GERLACH, W., u. E. RIEDL: Die chemische Emissionsspektralanalyse, III. Teil, Tabellen zur qual. Analyse. Leipzig 1942. — GERMUTH, F. G.: C. **1929, I**, 2560; Chemist-Analyst **18**, 22 (1929). — GIETZ, C. E., u. A. SÁ: C. **1936, I**, 4767. — GLASUNOW, A.: Chim. Ind. **23**, 311 (1930); **27**, 332 (1932); Chem. Listy **25**, 352 (1931). — GLEMSER, O., u. J. EINERHAND: Z. anorg. Ch. **261**, 26 (1950). — GROSSMANN, H., u. W. HEILBORN: B. **41**, 1878 (1908). — GRAMACHO, D.: Rev. brasil. chim. **15**, 269 (1943). — GROSSMANN, H., u. B. SCHÜCK: Ch. Z. **31**, 535, 911 (1907). — GRIMES, M. D., J. M. BOND u. A. C. SHEAD: Chem. Abstr. **35**, 1287 (1941); Pr. Oklahoma Acad. Sci. **20**, 111 (1940). — GUTZEIT, G.: C. **1929, II**, 3166; Helv. **12**, 829 (1929). — GUTZEIT, G., u. R. MONNIER: C. **1933, I**, 2981; Helv. **16**, 233 (1933).

HELLER, K., G. KUHLA u. F. MACHEK: C. **1936, I,** 4343; Mikrochemie **18,** 193 (1935). — HERMANN-GARFINKEL, M.: C. **1939, II,** 2449; Bl. Soc. chim. Belg. **48,** 94 (1939). — HOLZMÜLLER, W.: Fr. **115,** 81 (1938). — HOVORKA, V., u. V. SYKORA: (a) C. **1938, II,** 1821; Coll. Trav. chim. Tschecosl. **10,** 83 (1938); C. **1939, II,** 2122; (b) Coll. Trav. chim. Tschecosl. **11,** 70 (1939). — HUNTER, M. S., J. R. CHURCHILL u. R. B. MEARS: Chem. Abstr. **37,** 573 (1943); Metal Progr. **42,** 1070 (1942).

IIRKOWSKI, R.: C. **1931, II,** 1721; Chem. Listy **25,** 254 (1931). — ILINSKI, M., u. G. v. KNORRE: B. **18,** 699 (1885).

JAFFE, E.: C. **1933, I,** 3221; Ann. Chim. appl. **22,** 737 (1932). — JOHNSON, W. C., u. M. SIMMONS: Analyst **71,** 554 (1946). — JONES, H. O., u. H. S. TASKER: J. chem. Soc. **95,** 1908 (1909).

KAUFMANN, H. P., u. M. KELLER: C. **1930, I,** 2819; Chem. Umschau Gebiete Fette, Öle, Wachse, Harze **37,** 49 (1930). — KEUNING, K. J., u. I. V. DUBSKY: Chem. Obzor. **15,** 18 (1940). — KIESELBACH, Dissert.: Bonn 1938. — KIRSCHNER, F.: C. **1924, I,** 1978; Mikrochemie **1,** 88 (1923). — KOCSIS, E. A., G. FEUER, T. HORVATH, E. KOVÁČS u. L. MOLNAR: C. **1942, I,** 2685; Mikrochemie **29,** 166 (1941). — KOLTHOFF, I. M., V. A. STENGER u. B. MOSKOWITZ: Am. Soc. **56,** 812 (1934). — KONECNY, J.: Mikrochemie **35,** 384 (1950). — KORENMAN, J. M.: (a) C. **1931, II,** 282; J. chem. Ind. **8,** 276 (1931); (b) C. **1933, I,** 2146; P. C. H. **71,** 54 (1933); (a) C. **1939, II,** 179; Betriebslab. **7,** 428 (1938); (c) C. **1934, I,** 578; Fr. **95,** 44 (1933); (e) C. **1937, I,** 2825; Mikrochemie **21,** 17 (1936). — KORENMAN, J. M., u. W. W. DUDNICK: C. **1940, I,** 2833; J. Chim. appl. **12,** 1742 (1939). — KOZLOV, A. S.: Chem. Abstr. **48,** 8691 (1954); Doklady Akad. Nauk SSSR **94,** 705 (1954). — KUNZ, J.: Helv. **15,** 854 (1932). — KURAS, M.: Chem. Abstr. **41,** 7299 (1947); Collect. czechslov. chem. Commun. **12,** 198 (1947).

LACOURT, A., J. GILLARD u. M. VAN DER VALLE: C. **1951, I,** 1201; **II,** 3215; Nature **166,** 225 (1950); Mikrochemie **35,** 262 (1950). — LACOURT, A., GH. SOMMEREYNS, E. DE GEYNDT u. O. JACQUET: C. **1952,** 5463; Mikrochemie **36/37,** 117 (1951). — LACOURT, A., GH. SOMMEREYNS, O. JACQUET u. G. WANTIER: C. **1952,** 6583; Bl. (5) **18,** 873 (1951). — LAVOYE, C.: J. Pharm. Belg. **3,** 889 (1925). — LEHRMAN, L., E. A. KABAT u. H. WEISSBERG: Am. Soc. **56,** 1836 (1934). — LEWIS, J. A., u. J. M. GRIFFITHS: C. **1952,** 7541; Analyst **76,** 388 (1951). — LINGANE, J. J., u. H. KERLINGER: C. **1942, II,** 2825; Ind. eng. Chem. Anal. Edit. **13,** 77 (1941). — LIEBIG, J. v.: A. **41,** 291 (1842); **65,** 244 (1848); **87,** 128 (1853). — LISKA, J.: C. **1929, II,** 2229; Chem. Listy **23,** 402 (1929). — LUNDEGÅRDH, H.: Die Quantitative Spektralanalyse der Elemente. Jena 1934.

MALATESTA, M. G., u. E. DI NOLA: C. **1914, I,** 820; Bl. chim. Farm. **52,** 819 (1913). — MARTINI, A.: (a) Chem. Abstr. **36,** 1258 (1942); Publ. inst. investigaciones microquim. Univ. nac. litoral. **4,** 69 (1940); (b) Chem. Abstr. **36,** 1264 (1942); Publ. inst. investigaciones microquim. Univ. nac. litoral. **4,** 63 (1940); Chem. Abstr. **36,** 367 (1942); Publ. inst. investigaciones microquim. Univ. nac. litoral. **4,** 75 (1940); (c) C. **1930, II,** 2016; Mikrochemie **8,** 143 (1930); (d) C. **1930, I,** 1506; Mikrochemie **8,** 41 (1930). — MARTINI, A., u. L. S. RIZZA: Chem. Abstr. **38,** 528, 5163 (1944); An. Argentina **31,** 83 (1943). — MIDDLETON, A. R., u. H. L. MILLER: Am. Soc. **38,** 1705 (1916). — MILLER, C. F.: C. **1937, I,** 3524; Chemist-Analyst **25,** 86 (1936). — MAZUMDAR, A. K.: Chem. Abstr. **1942,** 3450; J. Indian chem. Soc. **18,** 419 (1941). — MILNER, G. W. C.: Analyst **70,** 468 (1945). — MIRONOW, J.: Bl. Soc. chim. Belg. **45,** 1 (1936); C. **1936, I,** 3874. — MOORE, G. E., u. K. A. KRAUS: Am. Chem. J. **74,** 843 (1952). — MUSANTE, C.: G. **78,** 536 (1948).

NIESSNER, M.: C. **1933, I,** 977; Mikrochemie **12,** 1 (1932). — NOYES, A. A., u. W. C. BRAY: A System of qualitative Analysis. New York 1927.

OKAČ, A.: C. **1950, II,** 2836; Chem. Listy **44,** 23 (1950). — ORLENKO, A. F., u. N. G. FESSENKO: C. **1937, I,** 3992; Fr. **107,** 411 (1936). — OSTROUMOW, E. A.: (b) C. **1936, I,** 4769; Betriebslab. **4,** 1317 (1935); (a) C. **1938, II,** 563; Betriebslab. **7,** 20 (1938); (a) C. **1939, I,** 3596; Ind. eng. Chem. Anal. Edit. **10,** 693 (1938). — OSTROUMOW, E. A., u. G. S. MASLENIKOWA: C. **1939, I,** 1012; Betriebslab. **7,** 267 (1938); Ind. eng. Chem. Anal. Edit. **10,** 695 (1938).

PALIT, C. C., u. N. R. DHAR: C. **1924, II,** 375; Chem. N. **128,** 293. — PAVLIK, M.: C. **1931, II,** 390, 3079; Coll. Trav. chim. Tchecosl. **3,** 223, 302 (1931). — PARRI, W.: (b) C. **1924, II,** 2190; Giorn, Farmac. Chim. Sci. affini **73,** 177 (1924); (a) C. **1924, II,** 2683; Giorn. Farmac, Chim. Sci. affini **73,** 207 (1924). — PAVOLINI, T.: C. **1931, II,** 283; Ind. chimica **5,** 862 (1930). — PARAVANO, M., u. A. PASTA: G. **37,** 252 (1907). — PELTIER, S., TH. DUVAL u. CL. DUVAL: Anal. chim. Acta **2,** 301 (1948). — POLLARD, F. H., W. F. MCOMIE u. J. J. M. ELBEIH: J. chem. Soc. **1951,** 466. — POLLARD, F. H., F. W. MCOMIE u. H. M. STEVENS: J. chem. Soc. **1951,** 771. — POLUEKTOFF, N. S., u. W. A. NASARENKO: C. **1934, II,** 1810; P. C. H. **75,** 424 (1934). — POWEL, G. W.: C. **1930, I,** 1832; Chemist-Analyst **19,** 10 (1930). — POZZI-ESCOT, M. E.: (a) C. **1907, II,** 1356; C. r. **145,** 435 (1907); (a) C. **1908, II,** 99; Ann. Chim. appl. **13,** 185 (1908); (b) C. **1909, II,** 656; Ann. Chim. anal. **14,** 207 (1909). — POZZI-ESCOTT, E.: (a) Chem. Abstr. **38,** 1445 (1944); Anales quím. labs. invest. cient. e ind. E. Pozzi-Escot (Peru) Okt. **1943,** 9; (b) Chem. Abstr. **38,** 1443 (1944); Anales quim. labs. invest. cient. e ind. E. Pozzi-Escot (Peru) Okt. **1943,** 33. — PRAT, S.: C. **1937, II,** 3635; Mikrochemie Hans Molisch Festschr. 342 (1936). — PRAJZLER, J.: C. **1932, I,** 499; Coll. Trav. chim. Tchécosl. **3,** 406 (1931).

RANEDO, J.: C. **1934, II**, 3411; An. Españ. **32**, 611 (1934). — RAY, P.: C. **1930, I**, 1187; Fr. **79**, 94 (1929). — RAY, P., u. A. BHADURI: C. **1952**, 6106; J. Indian chem. Soc. **27**, 297 (1950). — RAY, P., u. A. K. CHATTOPADHYA: C. **1928, I**, 1684; Z. anorg. Ch. **169**, 99 (1928). — RAY, P., u. R. M. RAY: C. **1926, II**, 2158; J. Indian chem. Soc. **3**, 118 (1926). — RAY, P., u. P. B. SARKAR: C. **1931, II**, 1030; Mikrochemie, Emichfestschr., S. 243 (1930). — REICHARD, C.: C. **1906, II**, 166; Ch. Z. **30**, 556 (1906). — REICHEN, L. E.: Anal. Chem. **23**, 727 (1951). — ROLLET, A. P.: C. **1926, II**, 1671; C. r. **183**, 212 (1926). — ROSENHEIM, A., u. E. HULDSCHINSKY: B. **34**, 2050 (1902). — ROSENTHALER, L.: C. **1930, II**, 775; P. C. H. **71**, 241 (1930). — ROTHE, J. W.: Stahl Eisen **12**, 1052 (1892). — RUSSANOW, A. K.: C. **1933, II**, 2561; Z. anorg. Ch. **214**, 77 (1933).

SACHS, G.: Am. Soc. **62**, 3514 (1940). — SAMUELSON, O.: Ion exchangers in analytical chemistry, N. Y. 1952. — SANCHEZ, J. A.: Fr. **82**, 420 (1930). — SCHLEICHER, A.: C. **1933, II**, 1062; Z. El. Ch. **39**, 2 (1933). — SCHNEIDER, H.: Fr. **125**, 185 (1943). — SCHRAGER, B.: C. **1929, II**, 701, 1136; Coll. Trav. chim. Tchécosl. **1**, 275 (1929); Chem. N. **138**, 354 (1929). — SCHWAB, G. M., u. A. N. GHOSH: Angew. Ch. **53**, 39 (1940). — SERGEEW, A. P.: Chem. Abstr. **32**, 2865 (1938); Farm. Zhur. **1**, 56 (1937). — SHENNAN, R. J.: Chem. Abstr. **37**, 1095 (1943); J. Soc. chem. Ind. **61**, 164 (1942). — SOULE, A.: C. **1925, II**, 222; Am. Soc. **47**, 981 (1925). — STACKELBERG, M. VON: Polarographische Arbeitsmethoden. Berlin 1950. — STEIGMAN, A.: (b) Chem. Abstr. **41**, 924 (1947); J. Soc. chem. Ind. **65**, 233 (1946); (a) Chem. Abstr. **37**, 3689 (1943); J. Soc. chem. Ind. **62**, 42 (1943). — STACKELBERG, M. VON, P. KLINGER, W. KOCH u. E. KRATH: Techn. Mitt. Krupp **2**, 59 (1939); Arch. Eisenhüttenw. **13**, 249 (1939). — STONE, I.: C. **1932, II**, 1043; Ind. eng. Chem. Anal. Edit. **3**, 325 (1931). — STRUSZYNSKI, M.: C. **1935, II**, 2306; Przemysl Chem. **19**, 48 (1935). — SUPRUNOWITSCH, J. B.: C. **1939, II**, 3075; Chem. J. Ser. A **8**, 839 (1938).

TERREIL, A.: C. r. **62**, 139 (1866). — THANHEISER, G., u. M. WATERKAMP: Mit. K. W. I. Eisenforschg. (Düsseldorf) **23**, 81 (1941). — THOMSON, TH. A.: Mikrochim. A. **2**, 280 (1933). — THRUN, E., u. C. H. BARTELT: Iron Age **160**, Nr. 17, 40 (1947). — TORRICELLI, A.: C. **1937, I**, 5077. — TSCHUGAEFF, L.: B. **38**, 2520 (1905); C. r. **145**, 679 (1907). — TSCHUGAEFF, L., u. J. SURENJANZ: C. **1907, I**, 709; B. **40**, 181 (1907). — TWYMAN, F., u. C. ST. HITCHEN: C. **1932, I**, 893; Pr. Roy. Soc. London Ser. A **133**, 72 (1931).

UHLIG, L. J., u. H. FREISER: C. **1953**, 2654; Anal. Chem. **23**, 1014 (1951). — UPDIKE, J. A., J. T. ASHWORTH u. B. M. KEYES: Chem. Abstr. **35**, 999 (1941); Virginia J. Sa. **1**, 131 (1940).

VESTNER: Diss. München 1909, S. 537. — VITALI, D.: C. **1912, I**, 1252; Boll. chim. farm. **50**, 799 (1911). — VOTER, R. C., u. C. BANKS: Anal. Chem. **21**, 1320 (1949). — VORTMANN, G.: M. **4**, 1 (1883); Fr. **23**, 62 (1884).

WALLACH, O.: C. **1924, I**, 1774; Nachr. Götting. Ges. 85 (1923). — WALLACH, O., u. A. WEISSENBORN: A. **437**, 148 (1924); Nachr. Götting. Ges. 238 (1927). — WAGENAAR, M.: C. **1926, II**, 129; Pharm. Weekbl. **63**, 570 (1926). — WEIHRICH, R., u. F. SCHWERTNER: C. **1943, I**, 1593; Arch. Eisenhüttenw. **16**, 45 (1942). — WENGER, P., R. DUCKERT u. M. L. BUSSET: Helv. **24**, 889 (1941). — WENGER, P., u. R. DUCKERT: Reagents for qualitative inorganic Analysis, 1948. WÖHLER, F.: A. **70**, 256 (1849). — WUNSCHENDORFF, H., u. P. VALIER: C. **1934, II**, 1960; Bl. [5] **1**, 85 (1934).

ZIJP, C. VAN: Pharm. Weekbl. **72**, 414 (1935); C. **1935, II**, 1065.

Zeitfracht Medien GmbH
Ferdinand-Jühlke-Straße 7
99095 Erfurt, Deutschland
produktsicherheit@kolibri360.de